园林绿化工程

项目负责人人才评价培训教材

营造技艺

YUANLIN LÜHUA GONGCHENG

XIANGMU FUZEREN RENCAI PINGJIA PEIXUN JIAOCAI

YINGZAO JIYI

江苏省风景园林协会 编著

U0172860

中国建筑工业出版社

图书在版编目（CIP）数据

园林绿化工程项目负责人人才评价培训教材 . 3，营造技艺 / 江苏省风景园林协会编著 . —北京：中国建筑工业出版社，2020.12（2022.5 重印）

ISBN 978-7-112-25626-6

Ⅰ . ① 园… Ⅱ . ① 江… Ⅲ . ① 园林－绿化－工程管理－技术培训－教材 Ⅳ . ① TU986.3

中国版本图书馆 CIP 数据核字（2020）第 236936 号

《园林绿化工程项目负责人人才评价培训教材》
编 委 会

主　　编：王　翔　强　健

副主编：刘殿华　纪易凡

编　　委：周　军　黄　顺　方应财　孙丽娟　刘玉华　曹绪峰

　　　　　陆文祥　薛　源　姚锁平　蔡　婕　赵康兵　朱　凯

　　　　　梁珍海　王宜森　陆　群　毛安元　周　益　申　晨

　　　　　陈卫连

统　　筹：陆文祥　薛　源

《营造技艺》编委会

主　　编：方应财

副主编：刘玉华　潘静霞

编　　委：曹丽娜　刘建英　程亚兰　薛　源　朱　凯

审　　校：刘玉华　梁珍海　陈卫连　孔德金　周　益　毛安元

序

园林绿化是城市有生命的基础设施，在城市生态环境营造、人居环境改善、城乡建设可持续发展中发挥着重要作用。广大园林绿化工作者积极投身城乡建设实践，为我国园林绿化事业发展，为美丽中国建设做出了巨大贡献。近年来，随着我国改革发展的深化，城市园林绿化行业已进入变革与转型期，要求园林绿化工程建设不仅要有量的增长，更要有质的提高，高质量发展离不开高水平人才建设，这对行业人才需求和规范管理也提出了新的要求。

2017年，住房和城乡建设部出台了《园林绿化工程建设管理规定》（建城〔2017〕251号），明确要求"园林绿化工程施工实行项目负责人负责制"，项目负责人是园林绿化工程组织管理的关键，实施园林绿化工程项目负责人人才评价工作是落实项目负责人制度、深化园林绿化工程建设市场化改革的重要内容。为推进园林绿化工程项目负责人制度实施，加强园林绿化工程建设管理，中国风景园林学会在全国园林绿化行业统一组织开展园林绿化工程项目负责人人才评价工作，并正式发布团体标准《园林绿化工程项目负责人评价标准》T/CHSLA 5004—2019，为规范评价工作奠定了基础。

培训教育是人才评价工作的重要环节，完善项目负责人培训、考试体系，编写一套科学合理的培训教材显得尤其重要。江苏省风景园林协会在项目负责人培训考试试点基础上，组织有关院校、园林企业中有着丰富实践经验的专家、学者，开展考纲编制和相关教材编写工作，形成了《园林绿化工程项目负责人人才评价培训教材》。这套教材内容以《园林绿化工程项目负责人评价标准》T/CHSLA 5004—2019为依据，以考纲为框架，突出园林行业特点，系统地介绍园林绿化工程建设、管理基本原理及其方法，注重园林绿化工程知识及其分析方法在工程实践中的运用。教材条理清晰、重点突出、通俗易懂，实用性强，与项目负责人人才评价考试要求相结合，是项目负责人考试培训学习的重要辅助。教材内容编写顺应行业发展趋势，增加园林绿化行业发展新理念、新技术、新工艺、新材料等知识点，有利于提高项目管理人员知识定位，也为一线园林绿化项目管理人员自学专业知识、提高专业水平提供了参考资料。

这套《园林绿化工程项目负责人人才评价培训教材》在总结以往经验基础上，系统地梳理现场施工经验，较为全面地归纳了园林绿化工程项目建设现场管理的相关专业知识，强调实操能力，增加案例教学内容，并用案例说明知识点的应用，让从事园林绿化工程的项目负责人能够快速理解、有效掌握工程项目管理的相关理论、方法、技术和工具以及法律法规和技术标准，以适用园林绿化施工项目进行计划、组织、监管、控制、协调等全过程的管理，确保工程项目的工期、质量、安全与成本按照相关法规、标准和合同约定完成。

希望这套教材能够在园林绿化工程项目负责人人才培训和考试应用中发挥更大作用，促进园林绿化工程施工项目负责人负责制度实施，培养出更多具有相应能力的园林绿化工程项目负责人，也为园林绿化工程其他项目管理人员学习提高专业知识水平给予帮助。针对行业发展的实际情况和企业用人需要，通过科学的人才培养评价体系，调动园林绿化从业者的积极性，激励行业人才脱颖而出，服务园林绿化企业，不断提高园林绿化工程建设水平，促进园林绿化行业健康、可持续、高质量发展。

江苏省风景园林协会理事长

中国风景园林学会副理事长

2020 年 10 月

前　　言

住房和城乡建设部于 2017 年发布《园林绿化工程建设管理规定》（建城〔2017〕251号），明确提出园林绿化工程施工实行项目负责人负责制。项目负责人对工程建设全过程进行管理，全面负责工程建设组织、施工、技术质量指标和经济指标，是园林绿化工程建设的关键技术人才。

为做好园林绿化工程项目负责人培训及评价工作，江苏省风景园林协会组织金陵科技学院、江苏农林职业技术学院、苏州农业职业技术学院、金埔园林股份有限公司、南京市园林经济开发有限责任公司、景古环境建设股份有限公司、南京万荣园林实业有限公司、徐州九州生态园林股份有限公司、江苏山水环境建设集团股份有限公司、苏州园林发展股份有限公司、苏州园科生态建设集团有限公司、苏州金螳螂园林绿化景观有限公司等高校、企业相关专业的专家、学者编写了《园林绿化工程项目负责人人才评价培训教材》（简称《教材》）。《教材》共分《项目管理》《经济与合同》《营造技艺》《综合实务》4 册。《教材》根据中国风景园林学会《园林绿化工程项目负责人评价标准》T/CHSLA 5004—2019 的基本要求，面向园林绿化工程项目负责人人才培训及一线技术、管理人员继续教育，以服务园林绿化工程项目负责人人才培训与评价、培养高素质项目负责人人才为目标，系统梳理园林绿化工程建设管理知识，总结工程建设现场管理经验，结合工程实践，在广泛征求一线授课教师和企业专家的意见后，依据建设法律、法规、标准规范和工程案例进行编写。

本《教材》以《园林绿化工程项目负责人评价标准》T/CHSLA 5004—2019 为依据，系统、全面阐述园林绿化工程建设管理知识。突出园林绿化工程建设特点，凝练园林绿化工程建设核心技术与关键知识点；强调理论与实践相结合，融汇理论与实践知识，增加案例教学；积极引用新标准、新技术、新规范，与时俱进；针对一线施工项目管理人员实际，力求文字简洁，逻辑清晰，实用、可操作，便于自学。

本《教材》设立编写委员会，王翔、强健为主编，刘殿华、纪易凡为副主编，委员名单见编委会。全书编写由陆文祥、薛源负责统筹。

《营造技艺》为《教材》之一，根据园林绿化工程营造技术及艺术创造知识体系进行内容组织，具体包括园林材料、园林绿化、园林工程、园林建筑与小品、园林艺术、智慧园林等。教材编写以实用性、科学性、特色性、先进性为原则，体现园林绿化工程施工的职业特征和技术应用特点，帮助读者由浅入深学习掌握园林绿化工程营造技艺原理和应用方法。

　　《营造技艺》由方应财担任主编，负责全书的大纲制订和统稿工作。具体编写分工如下：方应财编写第 1 章、第 11 章；刘玉华编写第 2 章、第 3 章；刘建英编写第 4 章、第 5 章；曹丽娜编写第 6 章、第 7 章；潘静霞编写第 8 章、第 9 章；潘静霞、薛源、朱凯编写第 10 章；程亚兰、陈卫连编写第 12 章。

　　《营造技艺》在编写过程中，得到了金埔园林股份有限公司、江苏山水环境建设股份有限公司、南京玄武园林绿化工程有限责任公司、南京锦江园林景观有限公司等单位一线专家的大力支持与协助，并提出了许多宝贵意见。引用了国家及地方有关的专业术语和图表规范，在此一并致谢！

　　由于编者水平有限，本书可能还存在不足和错误，恳请广大读者和专家批评指正。

编者

2020 年 10 月

目　　录

第1章　园林绿化工程材料

1.1　园林绿化工程材料的分类

1.1.1　按材料化学成分分类

按材料化学成分可分为无机材料、有机材料和复合材料三大类。无机材料又可分为金属材料与非金属材料两类。复合材料是指由两种或两种以上的材料，组合成为一种具有新的性能的材料。复合材料往往具有多种功能，因此，它是现代材料的发展方向。

1.1.2　按用途分类

按材料的用途可分为结构材料与功能材料两大类。

结构材料指用作承重构件的材料，如梁、板、柱所用的材料，像砖、石材、砌块、钢材、混凝土等都是结构材料。

功能材料指所用材料在建筑上具有某些特殊功能，如防水、装饰、隔热等功能。

（1）防水材料：沥青、塑料、橡胶等。

（2）饰面材料：墙面砖、石材、彩钢板、彩色混凝土等。

（3）吸声材料：多孔石膏板、塑料吸声板、膨胀珍珠岩等。

（4）绝热材料：塑料、橡胶、泡沫混凝土等。

（5）卫生工程材料：金属管道、塑料、陶瓷等。

无论是什么类型的材料，都有一个标准。建筑材料标准是企业生产的产品质量是否合格的技术依据，也是供需双方对产品质量进行验收的依据。按标准合理地选用材料，能使结构设计、施工工艺相应标准化，可加快施工进度，使材料在工程实践中具有最佳的经济效益。

我国目前常用的标准有以下三大类：

国家标准。有强制性标准（代号 GB）、推荐性标准（代号 GB/T）。

行业标准。如住房和城乡建设部行业标准（代号 JGJ），国家建材工业行业标准（代号 JC），冶金工业行业标准（代号 YB），交通运输部行业标准（代号 JT），水电行业标准（代号 SD）等。

地方标准（代号 DBJ）和企业标准（代号 QB）。

标准的表示方法为：标准名称—部门代号—编号—批准年份。

例如：现行国家标准《通用硅酸盐水泥》GB 175—2007。

1.2　常用园林绿化工程材料的类别

1.2.1　石材

1.2.1.1　天然石材的特点、形成与分类

1. 天然石材的特点

天然石材蕴藏量丰富、分布广泛，便于就地取材；石材结构紧密，抗压强度大；耐磨性好，吸水性小，耐冻性也强，使用年限可达百年以上，而且装饰性好。但也有一定的缺点，比如自重大，用于房屋建筑会增加建筑物的自重；硬度大，给开采和加工带来困难；质地脆，耐火性差，当温度超过 800℃时，由于其中二氧化硅（SiO_2）的晶型发生转变，造成体积膨胀而导致石材开裂，失去强度。

2. 岩石的形成与分类

岩石是由各种不同的地质作用所形成的天然矿物的集合体。组成岩石的矿物称为造岩矿物。由一种矿物构成的岩石称为单成岩，这种岩石的性质由其矿物成分及结构构造决定。由两种或两种以上矿物构成的岩石称为复成岩，这种岩石的性质由其组成矿物的相对含量及结构构造决定。

大部分岩石都是由多种造岩矿物所组成的，如花岗岩，它是由长石、石英、云母及某些暗色矿物组成，因此颜色多样。只有少数岩石是单成岩，如白色大理石，是由方解石或白云石所组成。由此可见，岩石并无确定的化学成分和物理性质。同种岩石，产地不同，其矿物组成和结构均有差异，因而岩石的颜色、强度等性能也均不相同。

各种造岩矿物在不同的地质条件下，形成不同类型的岩石（图 1-1），岩石通常可分为三大类，即岩浆岩、沉积岩、变质岩。

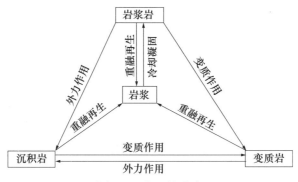

图 1-1　岩石的形成

（1）岩浆岩。岩浆岩又称火成岩，它是因地壳变动，地壳深处的熔融岩浆上升到地表附近或喷出地表经冷凝而成。岩浆岩是组成地壳的主要岩石，占地壳总质量的 89%。根据岩浆冷却情况不同，岩浆岩又可分为深成岩、喷出岩和火山岩三种。

（2）沉积岩。沉积岩又称水成岩。它是由露出地表的各种岩石（母岩）经自然风化、风力搬迁、流水移动等作用后再沉淀堆积，在地表及距地表不太深处形成的岩石。沉积岩为层状构造，其各层的成分、结构、颜色、层厚等均不相同。表观密度比岩浆岩小，密实度较差，吸水率较大，强度较低，耐久性也较差。

沉积岩分布广泛，而且埋藏于距地表较浅处，故易于开采。建筑上常用的沉积岩有砾岩、石膏、石灰岩，其中最重要的是石灰岩。石灰岩是烧制石灰和水泥的主要原料，也是配制混凝土的骨料。石灰岩还可以用来砌筑基础、勒脚、墙体、拱、柱、路面、踏步、挡土墙等。

（3）变质岩。变质岩是由原生的岩浆岩或沉积岩，经过地壳内部高温、高压的作用，使岩石原来的结构发生变化，产生熔融再结晶而形成的岩石。通常沉积岩在变质时，由于受到高压重结晶的作用，形成的变质岩较原来的沉积岩更为紧密，建筑性能有所提高，例如，由石灰岩或白云岩变质而成的大理石，由砂岩变质而成的石英岩均比原来的岩石坚实耐久。相反，原为深成岩的岩石，经过变质后，产生了片状构造，其性能反而不及原来的深成岩，例如，由花岗岩变质而成的片麻岩，比花岗岩易于分层剥落，耐久性降低。建筑上常用的变质岩有大理石、石英岩等。

1.2.1.2　石材的基本性质

1. 石材的表观密度

石材按表观密度大小可以分为重石与轻石两类。重石的表观密度大于 $1800kg/m^3$，轻石的表观密度小于 $1800kg/m^3$。

重石可用于建筑的基础、地面、贴面、不供暖房屋外墙、桥梁及水工构筑物等；轻石主要用于供暖房屋外墙。

2. 石材的强度等级

石材的强度等级可以分为：MU100、MU80、MU60、MU50、MU40、MU30、MU20。

石材的强度等级可以用边长为 70mm 的立方体试块的抗压强度表示。抗压强度取 3 个试件破坏强度的平均值。

3. 石材的抗冻性

石材的抗冻性指标用冻融循环次数表示，在规定的冻融循环次数（15 次、20 次或 50 次）时，无贯穿裂缝，质量损失不超过 5%，且强度降低不大于 25% 时，认为抗冻性合格。

石材的抗冻性主要取决于矿物成分、结构及其构造。应根据石材使用条件，选择相应的抗冻指标。

4. 石材的耐水性

石材的耐水性按软化系数可以分为高、中、低三等。

（1）高耐水性石材的软化系数大于 0.9。

（2）中耐水性石材的软化系数为 0.7～0.9。

（3）低耐水性石材的软化系数为 0.6～0.7。

一般软化系数低于 0.6 的石材，不允许用于重要建筑。

1.2.2　金属材料

金属材料一般分为黑色金属和有色金属两大类。黑色金属，又称铁金属，包括生铁、铁合金、铸铁和钢（熟铁），钢按化学成分可分为碳素钢和合金钢。有色金属是指铁金属以外的其他金属（如铝、铜、铅、锌、锡）及其合金。

1.2.2.1　生铁、铁合金、铸铁

1. 生铁

生铁是含碳量大于 2.1% 的铁碳合金，工业生铁含碳量一般在 2.5%～4%，并含硅、锰、硫、磷等元素，是用铁矿石经高炉冶炼而成的产品。其分为炼钢生铁、铸造生铁、球墨铸造

生铁等。

2. 铁合金

铁合金是由铁元素（含量不小于 4%）和一种以上（含一种）其他金属或非金属元素组成的合金。常用的铁合金有硅铁、锰铁、铬铁、钨铁、钼铁、钛铁、硼铁、硅钙合金等。

3. 铸铁

铸铁是含碳量大于 2.1% 的铁碳合金，它是将铸造生铁在炉中重新熔化，并加进铁合金、废钢、回炉铁调整成分得到的，常用的铸铁有白口铸铁、灰口铸铁、可锻铸铁、球墨铸铁等。

铸铁与生铁的区别在于铸铁是二次加工，大多加工成铸铁件。

铸铁件具有优良的铸造性，加工工艺多样，花纹丰富，在铁桥、花架、栅栏、工艺门、路灯、庭园灯、座椅、垃圾箱等景观小品中广泛应用（图 1-2、图 1-3）。

图 1-2　铸铁庭院灯

图 1-3　铸铁座椅

1.2.2.2　钢、不锈钢

1. 钢材

钢材是园林工程中不可缺少的材料，如钢骨架、金属构件和装饰品等。

常用园林建筑钢材有型钢、碳素结构钢、低合金结构钢、热轧钢筋、冷拉钢筋、低碳热轧圆盘条、钢丝、钢绞线等。

（1）型钢：是由钢锭在加热条件下加工而成的不同截面的钢材，有圆钢、方钢、扁钢、六角钢、角钢、槽钢、工字钢等（图 1-4～图 1-7）。按规格分为大型型钢、中型型钢及小型型钢三种。

图 1-4　方钢

图 1-5　六角钢

图 1-6 工字钢

图 1-7 角钢

1）大型型钢：圆钢、方钢、六角钢、八角钢的直径或对边距离≥81mm；扁钢宽度≥101mm；工字钢、槽钢高度≥181mm；等边角钢宽度≥150mm。

2）中型型钢：圆钢、方钢、六角钢、八角钢的直径或对边距离为38～80mm；扁钢宽度为60～100mm；工字钢、槽钢高度为100～180mm；等边角钢边宽为50～149mm；不等边角钢边宽为40mm×60mm～99mm×149mm。

3）小型型钢：圆钢、方钢、螺纹钢、六角钢、八角钢的直径或对边距离为10～37mm；扁钢宽度≤59mm；等边角钢边宽为20～49mm；不等边角钢边宽为20mm×30mm～39mm×59mm。

（2）线材：直径为5～9mm的盘条及直线材（由轧钢机热轧的）（图1-8、图1-9），包括普通线材和优质线材（由拉丝机冷拉的），不论直径大小均包括在内。

（3）钢带：冷轧和热轧成卷供应的长钢板（如轻钢龙骨）。

（4）薄钢板：厚度为4mm的钢板，还包括镀层薄钢板（如镀锌、镀锡、镀铝等）、不锈钢板等。

（5）中厚钢板：厚度大于4mm的钢板。

（6）无缝钢管：热轧和冷轧、冷拔的无缝钢管和镀锌无缝钢管。

图 1-8 钢筋

图 1-9 钢丝

2. 不锈钢

不锈钢是指在大气及弱腐蚀介质中耐蚀的钢。当腐蚀速率小于0.01mm/年时，就认为是"完全耐蚀"的；当腐蚀速率小于0.1mm/年时，就认为是"耐蚀"的。

不锈钢的特性为坚固、不锈蚀、抵抗风吹日晒能力强，适合室外环境设施的造型，广泛应用于公交车站、广告牌、标志牌、雕塑、花架、休息亭等景观小品（图1-10、图1-11）。

图 1-10　不锈钢雕塑　　　　　　图 1-11　不锈钢标志牌

1.2.2.3　铝和铝合金

铝是有色金属中的轻金属，银白色，质轻，密度只有钢或铜的 1/3 左右，是各种轻结构的基本材料之一。其化学性质活泼，其有很好的传导性，对热和光反射良好，有防氧化作用，耐腐蚀性强，无磁性，极有韧性，便于铸造加工。

铝的缺点是强度较低。为了提高铝的实用价值，常在铝中加入适量的镁、锰、硅、铜、锌等元素组成铝合金。铝加入合金元素后，一般机械性能明显提高，并仍能保持铝质量轻、耐腐蚀、易加工的固有特性，所以使用也更加广泛，不仅用于景观装饰，还能用于景观结构。

常用建筑铝合金制品有铝合金花纹板、铝合金压型板、铝合金波纹板、铝合金龙骨、铝合金冲孔平板等（图 1-12、图 1-13）。

图 1-12　铝合金花纹板　　　　　　图 1-13　铝合金压型板

1.2.2.4　铜、铜合金

铜在自然界储量非常丰富，它和金是仅有的两种带有灰、白、黑以外颜色的金属。

铜的表面光滑，光泽中等，具有很好的导电性、传热性、延展性及耐蚀性，经久耐用，并可以回收。

常用铜材有紫铜（纯铜）、黄铜（铜和锌的合金）、青铜（铜和锡的合金）、红铜（铜和金的合金）、白铜（铜和镍的合金）等。

铜及铜合金的延展性好，不易生锈，且有良好的加工性，可以方便地制作成各种复杂的形状，而且还有美观的色彩，经磨光处理后可制成亮度很高的镜面铜，因而很适合于用作景观装饰，在园林工程中常用于雕塑、浮雕、灯具、栏杆等（图 1-14、图 1-15）。黄铜粉（俗称金粉）常用于调制装饰涂料，代替"贴金"。

铜是贵重的有色金属，在园林工程中应尽能少用，或用铝及其他材料代替。

图 1-14　铜浮雕

图 1-15　铜栏杆

1.2.3　墙体材料

墙体在建筑中起承重或围护或分隔的作用，砌筑墙体的材料对建筑物的自重、成本、功能及建筑能耗等有直接的关系。用于墙体材料的品种较多，目前常用的有砖、砌块、石块、木材、玻璃以及新型墙体材料等。

砌墙砖是建筑中主要的墙体材料，具有一定的抗压和抗折强度，外形多为直角六面体。

砌墙砖是以黏土、工业废渣和地方性材料为主要原料，由不同的生产工艺制成的。按照生产工艺可以分为烧结砖和非烧结砖。其主要品种有烧结普通砖、烧结多孔砖、烧结空心砖和蒸养（压）砖等。

1. 烧结普通砖

烧结普通砖（图 1-16a）是以黏土、页岩、煤矸石或粉煤灰等为主要原料，经成型、焙烧而成的实心或孔洞率不大于 15% 的砖。

焙烧是制砖的关键过程，焙烧时火候要适当、均匀，以免出现欠火砖或过火砖。在焙烧时，若使窑内氧气充足，则烧得红砖；若在焙烧的最后阶段使窑内缺氧，则烧得青砖。青砖比红砖结实、耐久，但价格比红砖高。

按使用原料不同，烧结普通砖可分为烧结普通黏土砖（N）、烧结页岩砖（Y）、烧结煤矸石砖（M）、烧结粉煤灰砖（F）。

按抗压强度分为 MU30、MU25、MU20、MU15、MU10 五个强度等级。

烧结普通砖的外形为直角六面体（又称矩形体），长 240mm，宽 115mm，高 53mm。一块砖，240mm×115mm 的面为大面，240mm×53mm 的面为条面，115mm×53mm 的面为顶面。通常 $1m^3$ 的砌体约有 512 块砖，其表观密度为 $1600\sim1800kg/m^3$。

烧结普通砖为传统墙体材料，具有较高的强度和耐久性以及良好的保温、隔热、隔声、吸声性能，可用于承重或非承重的内外墙、柱、拱、沟道及基础等。但因块体小，施工效率低，而且自重大，能耗高，所用原料黏土需毁田取土，挤占耕地，因此在建筑业中应当尽量减少使用烧结普通砖，而采用其他墙体材料来代替。

2. 烧结多孔砖和烧结空心砖

烧结多孔砖（图 1-16b）是以黏土、页岩、煤矸石等为主要原料，经成型、焙烧而成。其特点为大面有孔，孔多而小，孔洞垂直于受压面，孔洞率在 15% 以上，表观密度约为 $1400kg/m^3$，其主要应用于砌筑 6 层以下的承重墙。

烧结空心砖是以黏土、页岩、煤矸石等为主要原料，经成型、焙烧而成。其特点为顶面有孔，孔大而少，孔洞为矩形条孔或其他孔形，平行于大面和条面，孔洞率在 35% 以上，表观密度为 800～1100kg/m³，其主要应用于砌筑非承重墙。

烧结多孔砖与烧结空心砖比较：① 烧结空心砖比烧结多孔砖的孔隙率大；② 两者开孔方向不同；③ 两者空洞数量不同，烧结多孔砖的空洞比烧结空心砖多；④ 应用范围不同：烧结多孔砖可用于承重墙，烧结空心砖用于非承重墙；⑤ 强度等级不同，烧结多孔砖的五个等级是：MU30、MU25、MU20、MU15、MU10；烧结空心砖的五个等级是：MU10.0、MU7.5、MU5.0、MU3.5、MU2.5。

3. 蒸养（压）砖（图 1-16c）

（1）灰砂砖：是由磨细生石灰粉、天然砂和水按一定的配比，经搅拌混合、陈伏、加压成型，再经蒸压养护而成。

（2）粉煤灰砖：是以粉煤灰、石灰为主要原料，掺合适量石膏和集料，经坯料制备、压制成型、常压或高压蒸汽养护而成的实心砖。

（3）炉渣砖（煤渣砖）：是以煤燃烧后的炉渣为主要原料，加入适量石灰、石膏和水搅拌均匀，并经陈伏、轮碾、成型、蒸汽养护而成，呈黑灰色。

4. 混凝土砌块

混凝土砌块是用混凝土制成的（图 1-16d），用于砌筑的人造块材。外形多为直角多边形，也有异形的。按空心率大小分为实心砌块和空心砌块，空心率小于 25% 或无空洞的砌块为实心砌块，空心率大于 25% 的砌块为空心砌块。

（a）烧结普通砖

（b）烧结多孔砖

（c）蒸养（压）砖

（d）混凝土砌块

图 1-16　砌墙砖材

（1）粉煤灰实心砌块：以粉煤灰、石灰、石膏和集料等为原料，经加水搅拌、振动成型、蒸汽养护而成的密实砌块。可用于一般性墙体和基础。

（2）混凝土空心砌块：由水泥、粗细集料经装模、振动（或冲压）成型，并经养护而成。可用于低层和中层建筑的内外墙及围护结构的砌筑。

（3）蒸压加气混凝土砌块：以钙质材料、硅质材料、加气剂以及少量调节剂为原料，经配料、搅拌、浇筑成型、切割和蒸压养护而成的多孔轻质块体材料。

1.2.4 胶凝材料

胶凝材料是指能够通过自身的物理化学作用，从浆体变成坚硬的固体，并能把砂、石等散粒材料或砖、砌块等块状材料胶结为一个整体的物料。

胶凝材料分为有机与无机两大类。有机胶凝材料有沥青、橡胶及各种树脂等；无机胶凝材料分为气硬性与水硬性两类。

气硬性胶凝材料包括石灰、石膏、水玻璃等；水硬性胶凝材料包括各种水泥等。

气硬性胶凝材料只能在空气中硬化，也只能在空气中持续和发展其强度，一般只适用于干燥环境中；水硬性胶凝材料既能在空气中硬化，还能更好地在水中硬化、保持并继续发展其强度，既适用于干燥环境，又可用于潮湿环境或水下工程。

1.2.4.1 水泥

水泥是重要的建筑材料，在园林工程中应用广泛，常用来制造各种形式的混凝土、钢筋混凝土、预应力混凝土以及配制各种砂浆等。

水泥为无机粉状水硬性胶凝材料，加水搅拌后成浆体，能在空气中或水中硬化，并能把砂、石等材料牢固地胶结在一起，是重要的建筑材料之一。用水泥配制成的混凝土或砂浆，坚固耐久，广泛应用于土木建筑、水利、国防等工程。

1. 水泥的分类

水泥的品种较多，按其主要水硬性物质可分为硅酸盐水泥、铝酸盐水泥、硫铝酸盐水泥、氟铝酸盐水泥、磷酸盐水泥等。

根据国家标准《水泥的命名原则和术语》GB/T 4131—2014 规定，水泥按其性能及用途可分为通用水泥、专用水泥及特性水泥三类。

（1）通用水泥：是指一般土木建筑工程通常使用的水泥。主要是指硅酸盐水泥、普通硅酸盐水泥、矿渣硅酸盐水泥、火山灰质硅酸盐水泥、粉煤灰硅酸盐水泥和复合硅酸盐水泥。

（2）专用水泥：是指有专门用途的水泥。如 G 级油井水泥、道路硅酸盐水泥。

（3）特性水泥：是指某种性能比较突出的水泥。如快硬硅酸盐水泥、低热矿渣硅酸盐水泥、膨胀硫铝酸盐水泥。

2. 水泥的技术要求

（1）细度。

细度是指水泥颗粒的粗细程度。水泥颗粒越细，与水起反应的表面积就越大，水化较快且较完全，因而凝结硬化快，早期强度高；但早期释放热量和硬化收缩较大，且成本较高，储存期较短。因此，水泥的细度应适中。

（2）凝结时间。

水泥的凝结时间分为初凝时间和终凝时间。初凝时间是指从水泥加水拌合起至水泥浆开始失去可塑性所需的时间；终凝时间是指从水泥加水拌合起至水泥浆完全失去可塑性并开始产生强度所需的时间。

水泥的凝结时间在施工中具有重要意义。为了保证有足够的时间在初凝之前完成混凝土的搅拌、运输、浇捣及砂浆的粉刷、砌筑等施工工序，初凝时间不宜过短；为使混凝土、砂浆能尽快地硬化达到一定的强度，以利于下道工序尽早进行，终凝时间也不宜过长。现行国家标准规定，六大常用水泥的初凝时间均不得短于 45min，硅酸盐水泥的终凝时间不得长于 6.5h，其他五类常用水泥的终凝时间不得长于 10h。

（3）水泥的包装。

水泥可以袋装或散装，袋装水泥每袋净含量为 50kg，其他包装的形式与净含量由供需双方协商决定。袋装水泥的包装袋应符合《水泥包装袋》GB 9774—2010 的规定。

（4）水泥的标志。

水泥包装袋上应清楚标明：执行标准、水泥品种、代号、强度等级、生产者名称、生产许可证标志（QS）及编号、出厂编号、包装日期、净含量等。

包装袋两侧应采用不同的颜色标明水泥品种和强度等级，硅酸盐水泥和普通硅酸盐水泥采用红色，矿渣硅酸盐水泥采用绿色，火山灰质硅酸盐水泥、粉煤灰硅酸盐水泥和复合硅酸盐水泥采用黑色或蓝色。

散装水泥发运时应提交与袋装标志相同内容的卡片。

（5）水泥的运输与储存。

水泥在运输与储存时，不得受潮和混入杂物，并且不同品种和强度等级的水泥贮存时应分开堆放，不得混杂。

3. 常用水泥的适用范围

（1）硅酸盐水泥。

硅酸盐水泥是指由硅酸盐水泥熟料，掺入不超过 5% 的粒化高炉矿渣或石灰石、适量石膏，经磨细制成的水硬性胶凝材料。具体分为两种类型，掺入不超过 5% 的粒化高炉矿渣混合材料的，称为 Ⅰ 型硅酸盐水泥，代号为 P.Ⅰ；掺入不超过 5% 的石灰石混合材料的，称为 Ⅱ 型硅酸盐水泥，代号为 P.Ⅱ。

1）应用范围：配制地上、地下和水中的混凝土、钢筋混凝土及预应力混凝土，包括受循环冻融的结构及早期强度要求较高的工程；配制建筑砂浆。

2）不适用范围：大体积混凝土工程；受化学及海水侵蚀的工程；长期受压力水和流动水作用的工程。

（2）普通硅酸盐水泥。

普通硅酸盐水泥是指由硅酸盐水泥熟料，掺入大于 5% 但不超过 20% 的混合材料及适量石膏，经磨细制成的水硬性胶凝材料，简称普通水泥，代号为 P.O（图 1-17a）。

1）应用范围：与硅酸盐水泥基本相同。

2）不适用范围：与硅酸盐水泥基本相同。

（3）矿渣硅酸盐水泥。

矿渣硅酸盐水泥是指由硅酸盐水泥熟料、粒化高炉矿渣和适量石膏，经磨细制成的水硬性胶凝材料，简称矿渣水泥（图 1-17b）。按粒化高炉矿渣比例不同，分为 A 型和 B 型。A 型的矿渣掺入量大于 20% 但不超过 50%，代号为 P.S.A；B 型的矿渣掺入量大于 50% 但不超过 70%，代号为 P.S.B。

1）应用范围：大体积工程；高温车间和有耐热、耐火要求的混凝土结构；蒸汽养护的构件；一般地上、地下和水中的混凝土、钢筋混凝土结构；有抗硫酸盐侵蚀要求的工程；配制建筑砂浆。

2）不适用范围：早期强度要求较高的混凝土工程；有抗冻要求的混凝土工程。

（4）火山灰质硅酸盐水泥。

火山灰质硅酸盐水泥是指由硅酸盐水泥熟料，掺入大于20%但不超过40%的火山灰质混合材料及适量石膏，经磨细制成的水硬性胶凝材料，简称火山灰水泥，代号为 P.P。

1）应用范围：地下、水中大体积混凝土结构；有抗渗要求的工程；蒸汽养护的构件；一般混凝土、钢筋混凝土结构；有抗硫酸盐侵蚀要求的工程；配制建筑砂浆。

2）不适用范围：早期强度要求较高的混凝土工程；有抗冻要求的混凝土工程；干燥环境下的混凝土工程；有耐磨性要求的混凝土工程。

（5）粉煤灰硅酸盐水泥。

粉煤灰硅酸盐水泥是指由硅酸盐水泥熟料，掺入大于20%但不超过40%的粉煤灰混合材料及适量石膏，经磨细制成的水硬性胶凝材料，简称粉煤灰水泥，代号为 P.F（图1-17d）。

1）应用范围：地上、地下、水中和大体积混凝土工程；蒸汽养护的构件；抗裂性要求较高的构件；有抗硫酸盐侵蚀要求的工程；一般混凝土工程；配制建筑砂浆。

2）不适用范围：早期强度要求较高的混凝土工程；有抗冻要求的混凝土工程；有抗碳化要求的混凝土工程。

（6）复合硅酸盐水泥。

复合硅酸盐水泥是指由硅酸盐水泥熟料、两种或两种以上规定的混合材料、适量石膏磨细制成的水硬性胶凝材料，简称复合水泥，代号为 P.C（图1-17c）。复合水泥中混合材料总掺加量按质量百分比应大于20%，但不超过50%。

应用范围：复合水泥的建筑性能良好，可广泛应用于工业和民用建筑工程中。

（a）普通硅酸盐水泥　　（b）矿渣硅酸盐水泥　　（c）复合硅酸盐水泥　　（d）粉煤灰硅酸盐水泥

图1-17　常用水泥类别

1.2.4.2　石灰

石灰是以碳酸钙为主要成分的无机气硬性胶凝材料。

1. 石灰的生产与成分

石灰最主要的原料是含碳酸钙的石灰石、白云石等。石灰石原料在适当温度下燃烧，碳酸钙分解，得到以 CaO 为主要成分的生石灰。

生石灰是一种白色或灰色的块状物质,由于石灰原料中常含有一些碳酸镁,所以煅烧后生成的生石灰中常含有 MgO 成分。通常把 MgO 的含量小于等于 5% 的生石灰称为钙质生石灰,把 MgO 的含量大于 5% 的生石灰称为镁质生石灰。同等级的钙质生石灰的质量优于镁质生石灰。

2. 石灰的熟化、陈伏与硬化

(1)熟化:是指生石灰与水作用生成氢氧化钙的过程,又称为消解或消化。煅烧良好、氧化钙含量高的生石灰熟化较快,放热和体积增大也较多。

(2)陈伏:为消除过火石灰的危害,石灰在使用前应陈伏。陈伏是指石灰乳在储灰坑中放置 15d 以上的过程。

(3)硬化:包括两个过程——干燥结晶硬化与碳化。

3. 石灰的特点与注意事项

(1)保水性、可塑性好,故在水泥砂浆中掺入适量石灰膏,可改善砂浆的保水性,并可使砂浆的可塑性显著提高。

(2)凝结硬化很慢,硬化只能在空气中进行,且硬化后的强度很低,故石灰不宜单独用于建筑基础。

(3)耐水性很差,软化系数接近于零,故石灰不宜在有水或潮湿环境中使用。

(4)硬化、干燥时体积收缩大,易开裂,因此石灰除粉刷外不宜单独使用。

(5)吸湿性强,所以储存生石灰时需要防潮,且不宜储存过久。

4. 石灰的类型与主要用途

(1)块灰(生石灰)。

块灰的主要成分为氧化钙,块灰中的灰分含量越少,质量越高(图 1-18)。常用于配制磨细生石灰、熟石灰、石灰膏等。

(2)生石灰粉(磨细生石灰)。

生石灰粉是由火候适宜的块灰经磨细而成的粉末状物料。常作为制作硅酸盐建筑制品的原料,也用于制作炭化石灰板及配制熟石灰、石灰膏等(图 1-19)。

图 1-18　块灰(生石灰)　　　图 1-19　生石灰粉(磨细生石灰)

(3)熟石灰(消石灰粉)。

熟石灰是将生石灰淋以适量的水(为石灰量的 60%~80%),经熟化作用所得的粉末状物料。

常用于拌制石灰土(石灰、黏土)和三合土(石灰、粉土、砂或矿渣)。

(4)石灰膏。

石灰膏是将生石灰加以足量的水,经过淋制熟化而成的厚膏状物料。主要用于配制石灰砌筑砂浆和抹灰砂浆。

（5）石灰乳（石灰水）。

石灰乳是将石灰膏用水冲淡所成的浆液状物质。主要用于房屋的室内粉刷。

5. 石灰的运输与保存

生石灰块和生石灰粉须在干燥状态下运输和储存，且不宜存放太久。在存放过程中，生石灰会吸收空气中的水分而熟化为消石灰粉，并进一步与空气中的 CO_2 作用生成 $CaCO_3$，从而失去胶凝能力。若需长期存放，应在密闭条件下，且应防潮、防水。

1.2.4.3 石膏

石膏是以硫酸钙为主要成分的无机气硬性胶凝材料。

1. 石膏的生产

生产石膏的原料主要是天然二水石膏（$CaSO_4 \cdot 2H_2O$），又称为生石膏，经加热、煅烧、磨细即得石膏胶凝材料。一般在常压下加热至 107～170℃时，煅烧成 β 型半水石膏（$CaSO_4 \cdot 0.5H_2O$）；若温度升高至 190℃，失去全部水分则成为无水石膏，又称为熟石膏。若将生石膏在 125℃、0.13MPa 压力的蒸压锅内蒸炼，得到的是 α 型半水石膏，其晶粒较粗，拌制石膏浆体时的需水量较少，因此硬化后强度较高，称为高强石膏。

2. 石膏的凝结与硬化

半水石膏加水后首先进行的是溶解，然后产生水化反应，生成二水石膏。由于二水石膏常温下在水中的溶解度比 β 型半水石膏小得多，因此二水石膏从过饱和溶液中以胶体微粒析出，促进了半水石膏不断地溶解和水化，直至完全溶解。

在上述过程中，浆体中的游离水分逐渐减少，二水石膏胶体微粒不断增加，浆体稠度增大，可塑性逐渐降低，这个过程称为"凝结"。随着浆体继续变稠，胶体微粒逐渐凝聚成晶体，晶体逐渐增大、共生并相互交错，使浆体产生强度并不断加强，此过程称为"硬化"。

3. 石膏的性质与技术要求

（1）密度约为 900kg/m³，属于轻质材料。

（2）凝结硬化快，需加缓凝剂以降低凝结速度。

（3）凝结硬化时体积略膨胀，硬化后孔隙率增高。

（4）防火性能好，可用于制作防火隔墙板等。

（5）技术要求：初凝时间不小于 6min，终凝时间不大于 30min。

4. 石膏的种类

（1）天然石膏（生石膏）：即二水石膏（$CaSO_4 \cdot 2H_2O$），呈白、灰、青、浅红等色，质软，略溶于水（图 1-20）。通常白色者用于制作熟石膏，灰、青、浅红色者用于制作水泥、农肥等。

（2）熟石膏：是经加热、煅烧、磨细而得的石膏，具体分为建筑石膏（半水石膏）、地板石膏、模型石膏和高强度石膏等。

5. 建筑石膏的应用

（1）室内抹灰与粉刷：建筑石膏是洁白细腻的粉末，用作室内装修效果良好，比石灰更洁白美观。

（2）制作装饰制品：建筑石膏配以纤维增强材料、胶粘剂等可制成各种石膏装饰制品，也可掺入颜料制成彩色制品。

（3）石膏板材：建筑石膏可与石棉、玻璃纤维、轻质填料等配制成各种石膏板材，如纸面石膏板、纤维石膏板、空心石膏条板等，皆是良好的建筑材料（图 1-21）。

图 1-20　二水石膏 　　　　　　　　　图 1-21　纸面石膏板

6. 石膏的运输与保存

建筑石膏在运输与储存时，须防水、防雨、防潮，应分类分级存储于干燥的仓库内，且不宜存放太久。一般存放 3 个月后，强度降低 30% 左右。

1. 2. 4. 4　沥青

沥青是一种棕黑色憎水性的有机胶凝物质，构造致密，与石料、砖、混凝土及砂浆等能牢固地粘结在一起。沥青的主要成分为沥青质和树脂，其次有高沸点矿物油和少量的硫、氯的化合物，有光泽，呈液体、半固体或固体状态。沥青制品具有良好的隔潮、防水、抗渗、耐腐蚀等性能，在地下防潮、防水和屋面防水以及铺路等工程中得到广泛应用。

1. 沥青的种类

沥青的种类较多，按产源可分为地沥青和焦油沥青。地沥青主要包括天然沥青和石油沥青；焦油沥青主要包括煤沥青和木沥青。

（1）天然沥青：是石油渗出地表经长期暴露和蒸发后的残留物（图 1-22）。这种沥青大多经过天然蒸发、氧化，一般已不含有毒素。

（2）石油沥青：是将精制加工石油所残余的渣油，经适当的工艺处理后得到的产品（图 1-23）。根据提炼程度的不同，在常温下呈液体、半固体或固体。石油沥青色黑有光泽，具有较高的感温性。由于它在生产过程中曾经蒸馏至 400℃以上，因而所含挥发成分较少，但仍可能有高分子的碳氢化合物未经挥发，这些物质或多或少对人体健康有害。

图 1-22　天然沥青 　　　　　　　　　图 1-23　石油沥青

（3）焦油沥青：是煤、木材等有机物干馏加工所得焦油之后的副产品，即焦油蒸馏后残留在蒸馏釜内的黑色物质。它与精制焦油没有明显的界限，一般的划分方法为软化点在26.7℃（立方块法）以下的为焦油，软化点在 26.7℃以上的为沥青。焦油沥青中含有难挥发的蒽、菲、芘等，这些物质具有毒性。由于这些成分的含量不同，因而焦油沥青的性质也不同。温度的变化对焦油沥青的影响很大，冬季容易脆裂，夏季容易软化。加热时有特殊气味，加热到 260℃，5h 以后，其所含的蒽、菲、芘等成分就会挥发。

建筑工程中常用的主要是石油沥青和焦油沥青。

2. 石油沥青的技术性质

（1）黏性：表示沥青抵抗变形或阻滞塑性流动的能力。

（2）塑性：是指沥青受到外力作用时产生变形而不破坏，当外力撤销能保持所获得的变形的能力。

（3）温度敏感性：是指沥青的黏性和塑性随温度变化而改变的程度。沥青没有固定的熔点，当温度升高时，沥青塑性增大，黏性减小，由固体或半固体逐渐软化，变成黏性液体；当温度降低时，沥青的黏性增大，塑性减小，由黏流态变为固态。

（4）沥青软化点：是反映沥青温度敏感性的重要指标，它表示沥青由固态变为黏流态的温度，此温度越高，说明温度敏感性越小，即环境温度较高时才会发生这种状态转变。

（5）沥青闪点：通常沥青闪点在 240～330℃，燃点比闪点高 3～6℃，施工温度应控制在闪点以下。

（6）大气稳定性：是指石油沥青在阳光、温度、空气和水的长期综合作用下，保持性能稳定的能力。

3. 石油沥青的标准与应用

石油沥青按用途分为建筑石油沥青、道路石油沥青、防水防潮石油沥青和普通石油沥青。石油沥青的牌号主要是根据针入度、延度和软化点指标划分的，并以针入度值表示。

建筑石油沥青分为 10 号和 30 号两个牌号，道路石油沥青分 10 个牌号。牌号愈大，相应的针入度值越大，黏性越小，延度越大，软化点越低，使用年限越长。

通常情况下，建筑石油沥青多用于建筑屋面工程和地下防水工程；道路石油沥青多用来拌制沥青砂浆和沥青混凝土，用于路面、地坪、地下防水工程和制作油纸等（图 1-24）；防水防潮石油沥青的技术性质与建筑石油沥青相近，而且质量更好，适用于建筑屋面、防水防潮工程（图 1-25）。

图 1-24　沥青路面

图 1-25　沥青防水屋面

选择屋面沥青防水层的沥青牌号时，主要考虑其黏度、温度敏感性和大气稳定性。常以软化点高于当地历年来屋面温度 20℃以上为主要条件，并适当考虑屋面坡度。对于夏季气温高且坡度大的屋面，常选用 10 号或 30 号石油沥青，或者 10 号与 30 号或 60 号掺配调整性能的混合沥青。但在严寒地区一般不宜直接使用 10 号石油沥青，以防冬季出现冷脆破裂现象。

对于地下防潮、防水工程，一般对软化点要求不高，但要求其塑性好、粘结力强，使沥青层与建筑物粘结牢固，并能适应建筑物的变形而保持防水层完整。

1.2.5　砂石、混凝土

砂与碎石也是建筑工程的重要原料。砂与水泥（或石灰）可配制成各种砂浆，并可用于铺装的结合层；砂、碎石与水泥可配制成各种混凝土，碎石还可用于铺装的垫层等。

1.2.5.1　砂

砂是由天然岩石经长期风化等自然条件作用或用机械轧碎而形成的，颗粒直径通常小于5.00mm，也称为细集料。

1. 砂的种类

砂按照成因分为天然砂（包括河砂、湖砂、海砂、山砂）、人工砂、混合砂。

河砂、湖砂和海砂经水流冲击，表面比较圆滑而清洁，产源广、产量大，但海砂中常含有碎贝壳及盐类等有害杂质，若含量高，易腐蚀钢筋；山砂是岩体风化后在山间适当地形中堆积下来的岩石碎屑，颗粒多有棱角，表面粗糙，砂中含泥量及有机杂质较多。相比而言，河砂较为适用，故建筑工程中普遍采用河砂作为细集料。

人工砂由将天然岩石轧碎而成，其颗粒表面粗糙，比较洁净，但砂中片状颗粒及细粉含量较多，且成本较高，一般只有在当地天然砂源缺乏时，才采用人工砂作为细集料。

2. 砂的规格

砂按照粗细程度分为粗砂（细度模数3.7～3.1）、中砂（细度模数3.0～2.3）、细砂（细度模数2.2～1.6）、特细砂（细度模数1.5～0.7）（图1-26）。

（a）细砂　　　　　　　　（b）中砂　　　　　　　　（c）粗砂

图 1-26　砂的规格

砂的粗细程度是指不同粒径的砂粒混合在一起的总体的粗细程度。常用细度模数表示，细度模数越大，表示砂越粗；细度模数越小，表示砂越细。

评定砂的粗细，通常采用筛分析法。该法是用一套孔径分别为5.00mm、2.50mm、1.25mm、0.630mm、0.315mm、0.160mm的标准筛，将干砂试样500g由粗到细依次过筛，然后称量各筛上余留砂样的质量，计算出各筛上的筛余百分率。

3. 砂的颗粒级配

砂的颗粒级配是指砂中大小颗粒的搭配情况。在混凝土中，砂粒之间的空隙由水泥浆填充，为达到节约水泥和提高强度的目的，应尽量减少砂粒之间的空隙，因此就必须有大小不同的颗粒级配。当砂中含有较多的粗颗粒，若以适量的中颗粒及少量的细颗粒填充其空隙时，即可使砂的空隙率和总面积减小。用这样的砂配制混凝土时，不仅水泥用量少，经济性好，而且还能提高混凝土的和易性、密度和强度。

1.2.5.2　碎石

建筑用碎石的种类与规格：按照成因分为天然碎石、人工碎石、混合碎石；按照粗细程度分为粗碎石（直径大于 3cm）、中碎石（直径 1～3cm）、细碎石（直径小于 1cm）、碎石粉（粉末状）（图 1-27）。

（a）细碎石 　　　　　　　　（b）中碎石 　　　　　　　　（c）粗碎石

图 1-27 碎石的规格

在混凝土配料中，碎石和卵石属于粗集料，粒径大于 5.00mm。碎石与卵石相比，表面比较粗糙，孔隙率大，表面积大，与水泥的粘结强度较高。

粗集料的颗粒级配也很重要，当粗集料的粒径增大时，集料总面积减小，可减少水泥的用量，节约成本，并有助于提高混凝土的密实度。因此，当配制中等强度以下的混凝土时，应尽量采用粒径大的粗集料，但不得超过 5cm。

浇制大型桩体的混凝土，可用含泥量不大于 5% 的碎石、卵石、角砾、圆砾等硬质材料，粒径为 2～5cm，最大粒径不宜大于 8cm，且粒径为 5～8cm 的含量不得大于 5%。

1.2.5.3 砂浆

砂浆（沙浆）是建筑基础、垒石、砌砖、粉刷用的粘结物质，由一定比例的砂子（细骨料）和胶凝材料（水泥、石灰膏、石膏、黏土等）加水拌合而成，也叫灰浆。

砂浆和混凝土的区别在于不含粗骨料，它是由胶凝材料、细骨料和水按一定的比例配制而成的。合理使用砂浆对节约胶凝材料、方便施工、提高工程质量有着重要的作用。

砂浆的分类：按所用胶凝材料不同，分为水泥砂浆、石灰砂浆、石膏砂浆和水泥石灰混合砂浆等；按用途不同，分为砌筑砂浆、抹面砂浆、防水砂浆等。

1. 砌筑砂浆（图 1-28）

砌筑砂浆是将砖、石、砌块等黏结成为砌体的砂浆，起着胶结块材和传递荷载的作用，是砌体的重要组成部分。

砌筑砂浆常用的胶凝材料有水泥、石灰膏、建筑石膏等。为改善砂浆和易性，降低水泥用量，常在水泥砂浆中掺入部分石灰膏、黏土或粉煤灰等，以提高砂浆的保水性，调节砂浆的强度等级；掺入膨胀珍珠岩、引气剂等，以提高砂浆的保温性能；掺入微沫剂、泡沫剂等，以提高砂浆的抗裂性和抗冻性。

砌筑砂浆用砂宜选用中砂，其中毛石砌体宜选用粗砂，砂的含泥量不应超过 5%；砌砖所用的砂浆宜用中砂，其最大粒径不大于 2.5mm；抹面与勾缝砂浆宜选用细砂，其最大粒径不大于 1.2mm。

2. 抹面砂浆（图 1-29）

抹面砂浆的原材料：普通硅酸盐水泥，强度等级大于 32.5 级；中砂或细砂，含泥量小于 3%；人、畜能饮用的水。

抹面砂浆（含勾缝砂浆）常用于砌体的表面，在材料配比上，水泥的用量须多于砌筑砂浆，同时要求保水性好，且要与基底有很好的粘附性。

3. 防水砂浆（图 1-30）

防水砂浆的原材料：普通硅酸盐水泥，强度等级大于 32.5 级；中砂，不得含有有毒物质和泥块；人能饮用的水；氯化物金属盐类的防水剂。

防水砂浆的配合比：水泥∶砂为 1∶2.5，水灰比为 0.6～0.65。

图 1-28　砌筑砂浆　　　　　图 1-29　抹面砂浆　　　　　图 1-30　防水砂浆

1.2.5.4　混凝土

混凝土，是指由胶凝材料将集料胶结成整体的工程复合材料的统称。

通常讲的混凝土是指用水泥作胶凝材料，砂、石作集料，与水（加或不加外加剂和掺合料）按一定比例配合，经搅拌而得的水泥混凝土，也称普通混凝土。

水泥浆体在硬化前起润滑作用，使混凝土拌合物具有良好的工作性能，硬化后将骨料胶结在一起，形成坚强的整体。混凝土硬化后最重要的力学性能，是指混凝土抵抗压、拉、弯、剪等应力的能力。水灰比、水泥品种和用量、集料的品种和用量以及搅拌、成型、养护等环节，都直接影响混凝土的强度。

1. 混凝土的分类

（1）按胶凝材料分为：水泥混凝土、石膏混凝土、水玻璃混凝土、沥青混凝土、硅酸盐混凝土、聚合物水泥混凝土及聚合物浸渍混凝土等。

（2）按体积密度分为：重混凝土（体积密度大于 2800kg/m³）、普通混凝土（体积密度为 2000～2800kg/m³）和轻混凝土（体积密度小于 2000kg/m³）。

（3）按用途分为：结构混凝土、道路混凝土、防水混凝土、耐酸混凝土、耐热混凝土、装饰混凝土、膨胀混凝土、大体积混凝土及防辐射混凝土等。

（4）按施工方法分为：预拌混凝土（商品混凝土）、泵送混凝土、碾压混凝土、离心混凝土、挤压混凝土、压力灌浆混凝土、喷射混凝土及热拌混凝土等。

（5）按强度分为：普通混凝土（强度等级通常在 C60 以下）、高强混凝土（强度等级大于或等于 C60）与超高强混凝土（抗压强度一般在 100MPa 以上）。

（6）按配筋情况分为：素混凝土、钢筋混凝土、预应力混凝土及钢纤维混凝土等。

2. 混凝土的特点

（1）混凝土具有抗压强度高、耐久性强、耐火、防腐、维修费用低等优点，是一种较好的结构材料。

（2）混凝土中的大部分材料为天然砂石，可以就地取材，大大降低成本。

（3）混凝土具有良好的可塑性，可以根据需要浇筑成任意形状的构件。

（4）混凝土和钢筋具有良好的粘结性能，且能较好地保护钢筋不锈蚀。

基于以上优点，混凝土在钢筋混凝土结构中应用广泛。但混凝土也存在抗拉强度低、变形性能差、导热系数大、体积密度大、硬化较缓慢等缺点。在工程中，应尽可能利用混凝土的优点，而应采取相应的措施避免混凝土的缺点对使用的影响。

3. 混凝土的强度等级

混凝土按其标准养护 28d 的抗压强度而划分的强度等级，俗称 C10、C15、C20、C25、C30 等，具体可参考《普通混凝土配合比设计规程》JGJ 55—2011、《混凝土物理力学性能试验方法标准》GB/T 50081—2019、《普通混凝土拌合物性能试验方法标准》GB/T 50080—2016。

4. 混凝土的配比

各种标号每立方米混凝土材料用量见表 1-1。

每立方米混凝土各材料用量表（单位：kg）　　　　　　　表 1-1

混凝土强度等级	水泥	砂	石子	水	配合比
C10	230	780	1240	185	1∶3.39∶5.39∶0.8
C15	303	670	1242	185	1∶3.01∶4.1∶0.61
C20	343	621	1261	175	1∶1.81∶3.68∶0.51
C25	398	566	1261	175	1∶1.42∶3.17∶0.44
C30	461	512	1252	175	1∶1.11∶2.72∶0.38

1.2.6　防水材料

建筑防水工程是建筑安全的核心，一直是建筑工程中投诉最多的问题之一，屋面漏、外墙漏、卫生间漏、厨房漏、地下室也漏，被视为建筑物的"通病"。在园林工程方面，屋顶花园、别墅泳池、喷泉景观池、假山跌水池的漏水问题也时有发生，不仅影响工程的整体质量，而且补漏翻修也增加了工程的造价，对建筑物的使用年限有很大影响。

建筑防水技术是保证建筑工程结构免受水蚀，内部空间不受水害的一门科学技术。为了提高防水工程的质量，应以材料为基础，施工为关键，杜绝建筑工程中的漏水问题，以求创造出更高品质的工程。

防水材料具有防止雨水、地下水及其他水分侵入建筑物的功能，在结构中主要起防潮、防渗、防盐分侵蚀、保护建筑构件等作用。目前我国的建筑防水材料已从单一品种向多元化发展，新型防水材料从无到有，档次也包括高、中、低档。还有一些新型防水材料如三元乙丙橡胶防水卷材、水泥基渗透结晶型防水材料等在工程中应用也越来越多。品种和功能比较齐全的防水材料系统已能基本满足不同要求的建筑防水工程的使用。

我国从 20 世纪 50 年代开始应用沥青油毡卷材以来，沥青类防水材料一直是我国建筑防水材料的主导产品，无论是品种、产量还是质量都得到迅速发展。就目前我国防水材料总体结构比例上看，仍是以沥青基防水材料为主要产品，约占全部防水材料的 80%，高分子防水卷材约占 10%，防水涂料及其他防水材料约占 10%。

目前，我国常用建筑防水材料分为四大类，即防水卷材、防水涂料、密封材料和刚性防水材料。

1.2.6.1　防水卷材

防水卷材是具有一定宽度和厚度并可卷曲的片状防水材料。

防水卷材必须具备以下性能：① 耐水性；② 温度稳定性；③ 机械强度与延伸性；④ 柔韧性与抗裂性；⑤ 大气稳定性。

防水卷材根据其主要防水组成材料，可分为沥青防水卷材、高聚物改性沥青防水卷材和合成高分子卷材三大类。

1. 沥青防水卷材

沥青防水卷材是在基胎（如原纸、纤维织物）上浸涂沥青后，再在表面撒布粉状或片状隔离材料而制成的可卷曲的片状防水材料。按其基胎材料的不同，分为纸胎、玻璃布胎、玻璃纤维胎和铝箔面胎。

（1）石油沥青纸胎油毡：是以低软化点的石油沥青浸渍油毡原纸，再以高软化点的石油沥青涂布于两面，表面撒布防粘材料（如滑石粉、云母片）而制成的卷材。其成本较低，但易腐蚀，耐久性差，抗拉强度低，需要消耗大量优质纸源。

（2）石油沥青玻璃布油毡：是采用石油沥青浸涂玻璃纤维织布的两面，再涂以隔离材料所制成的一种以无机材料为胎体的沥青防水卷材。其抗拉强度高，柔韧性较好，耐热、耐磨、耐腐蚀，吸水率低。

（3）石油沥青玻璃纤维胎油毡：是采用玻璃纤维薄毡为胎基，浸渍石油沥青，并在其表面涂洒矿物材料或覆盖聚乙烯膜等隔离材料所制成的防水卷材。其柔韧性、耐水性、耐久性及耐腐蚀性都较好。

（4）石油沥青铝箔面油毡：是采用玻璃纤维为胎基，浸涂氧化沥青，并在其表面用压纹铝箔贴面，底面撒布细颗粒矿物材料或覆盖聚乙烯膜等隔离材料所制成的一种具有热反射和装饰功能的防水卷材。

2. 高聚物改性沥青防水卷材

高聚物改性沥青防水卷材是以改性沥青为涂盖层，纤维织物或纤维毡为胎体，粉状、片状、粒状或薄膜层制成的可卷曲的片状防水材料。这类防水卷材改善了普通沥青防水卷材温度稳定性差、延伸率低等缺点，具有高温不流淌、低温不脆裂、拉伸强度较高、延伸率较大等优点，且价格适中，属于中低档防水卷材。

按照改性高聚物的种类分为 SBS 改性沥青防水卷材、APP 改性沥青防水卷材、PVC 改性焦油沥青防水卷材、再生胶改性沥青防水卷材等。

（1）SBS 改性沥青防水卷材（图 1-31a）：是用沥青或 SBS 改性沥青浸渍胎基，两面涂以 SBS 改性沥青涂盖层，并在上表面撒以细砂、矿物粒或覆盖聚乙烯膜，下表面撒以细砂或覆盖聚乙烯膜所制成的防水卷材。其性能特点为抗拉强度、延伸率较高，高温稳定性、低温柔韧性、耐老化性较好，可冷施工。

（2）APP 改性沥青防水卷材（图 1-31b）：是用沥青或 APP 改性沥青浸渍胎基，两面涂以 APP 改性沥青涂盖层，并在上表面撒以细砂、矿物粒或覆盖聚乙烯膜，下表面撒以细砂或覆盖聚乙烯膜所制成的防水卷材。其性能特点为抗拉强度高，延伸率大，耐老化、耐腐蚀、耐紫外线性能好。

3. 合成高分子卷材

合成高分子卷材是以合成橡胶、合成树脂或两者共混体为基料，加入适量的化学助剂和填充料，经不同工序加工而成的可卷曲的片状防水材料。具有耐高温、耐低温、高弹性、高延伸性及良好的耐老化性等特点，故成为新型防水材料发展的主导方向。

合成高分子卷材类主要包括三元乙丙橡胶防水卷材、聚氯乙烯防水卷材、氯化聚乙烯防水卷材、氯化聚乙烯 - 橡胶共混型防水卷材等。

（a）SBS 改性沥青防水卷材　　　　　　　　（b）APP 改性沥青防水卷材

图 1-31　高聚物改性沥青防水卷材类

（1）三元乙丙（EPDM）橡胶防水卷材（图 1-32a）：是以三元乙丙橡胶或掺入适量丁基橡胶为基本原料，加入适量的软化剂、填充剂、补强剂、促进剂、稳定剂等，经精确配料、密炼、塑炼、过滤、拉片、挤出或压延成型、硫化、分卷包装等工序制成的高强度高弹性防水材料。具有弹性好、耐老化、寿命长、耐高温低温、能在酷热和严寒环境中长期使用等优点。

（2）聚氯乙烯（PVC）防水卷材（图 1-32b）：是以聚氯乙烯树脂为主要原料，掺入填充料和适量的改性剂、增塑剂及其他助剂，经混炼、压延或挤出成型、分卷包装等工序制成的柔性防水卷材。其抗拉强度高，延伸率大，耐热性、耐腐蚀性、低温柔韧性好，使用寿命长。

（3）氯化聚乙烯－橡胶共混型防水卷材（图 1-32c）：是以氯化聚乙烯树脂和合成橡胶共混物为主体，加入适量的硫化剂、软化剂、促进剂、稳定剂和填充料等，经精确配料、塑炼、混炼、过滤、挤出或压延成型、硫化、分卷包装等工序制成的防水材料，其兼有塑料和橡胶的特点，既具有塑料高强度、耐臭氧、耐老化的性能，又具有橡胶材料所特有的高弹性、高延伸性和良好的低温柔性。

（a）三元乙丙橡胶防水卷材　　　（b）聚氯乙烯防水卷材　　　（c）氯化聚乙烯－橡胶共混型防水卷材

图 1-32　合成高分子卷材类

1.2.6.2　防水涂料

防水涂料是在常温下呈无定形液态，经涂刷能在结构物表面固化，形成具有相当厚度并有一定弹性的防水膜的物料的总称。其广泛应用于屋面防水、地下室防水、地面防潮防渗等。

为了满足防水工程的要求，防水涂料必须具备以下性能：① 固体含量，即防水涂料中所含固体的比例。固体含量多少与成膜厚度及涂膜质量密切相关。② 耐热度，它反映防水膜的耐高温性能。③ 柔性，它反映防水涂料在低温下的使用性能。④ 不透水性，是满足防水功能要求的主要质量指标。⑤延伸性，以适应外界因素造成的基层变形，保证防水效果。

防水涂料的分类：按照成膜物质可分为沥青基防水涂料、高聚物改性沥青类防水涂料、合成高分子类防水涂料和水泥基防水涂料等；按照液态类型可分为溶剂型、水乳型和反应型。

1. 沥青基防水涂料（图 1-33a）

沥青基防水涂料是指以沥青为基料配制而成的溶剂型或水乳型防水涂料，具体有冷底子油、沥青胶、乳化沥青等。

冷底子油是在石油沥青中加入汽油、轻柴油而配制成的沥青溶液，一般不单独使用，只作某些防水材料的配套材料。

沥青胶是在石油沥青中加入粉状或纤维状填充材料混合而成的。耐水性、耐酸碱性及耐久性优良，但耐油性及耐溶剂型较差。

水乳型沥青涂料是以乳化沥青为基料，在其中掺入各种改性材料而制成的防水材料可代替沥青胶粘接沥青防水材料；可在潮湿的基础上使用。

2. 高聚物改性沥青类防水涂料（图 1-33b）

高聚物改性沥青类防水涂料是以沥青为基料，用合成高分子聚合物进行改性配制而成的溶剂型或水乳型防水涂料。其各方面性能比沥青基涂料有很大改善，主要品种有再生橡胶改性沥青防水涂料、水乳型氯丁橡胶沥青防水涂料、APP 改性沥青防水涂料、SBS 橡胶沥青防

3. 合成高分子类防水涂料（图 1-33c）

合成高分子类防水涂料是以合成橡胶或合成树脂为主要成膜物质配制而成的单组分或多组分的防水材料。此类涂料比沥青基涂料和改性沥青基涂料具有更好的性能，主要品种有聚氨酯防水涂料（双组分反应型涂料）、石油沥青聚氨酯防水涂料（双组分化学反应固化型涂料）、有机硅防水涂料（单组分高分子涂料）、环氧树脂防水涂料和丙烯酸酯防水涂料等。

（a）沥青基防水涂料　（b）高聚物改性沥青类防水涂料　（c）合成高分子类防水涂料

图 1-33　防水涂料

1.2.6.3　密封材料

密封材料又称嵌缝材料，建筑工程中的施工缝、构件连接缝、变形缝、门窗四周、玻璃镶嵌部位等，需要填充粘结性能好、弹性及延伸性好的材料，以使接缝保持较好的气密性和水密性。密封材料必须具有良好的粘结性、耐老化以及对高低温度的适应性，能长期经受粘结构件的收缩与振动而不被破坏。

密封材料按形态分为定形材料和不定形材料两大类。定形密封材料具有一定的形状和尺

寸，如止水带、密封带、密封垫、遇水膨胀橡皮等（图1-34a、b）；不定形密封材料，又称密封膏、密封胶，是溶剂型、乳剂型或化学反应型等黏稠状的密封材料，如沥青嵌缝油膏、聚氯乙烯防水接缝材料等（图1-34c）。

（a）密封带　　　　　　　　（b）密封垫　　　　　　　　（c）密封膏

图1-34　密封材料

1.2.6.4　刚性防水材料

在园林景观工程中，坡屋面常用的刚性防水材料有黏土瓦、琉璃瓦、油毡瓦、混凝土瓦、石棉瓦、玻璃钢瓦、金属屋面板材、坡屋顶防水透气膜等（图1-35）。

其他刚性防水材料有外加剂防水混凝土和防水砂浆，其主要外加剂有UEA型混凝土膨胀剂、有机硅防水剂、DR系列防水剂、M1500水泥水粉复合防水剂、无机铝盐防水剂等其中UEA型膨胀剂的用量最大，有机铝盐防水剂的用量也较大。

（a）黏土瓦　　　　　　　　　　　　（b）石棉瓦

图1-35　刚性防水涂料

第2章　园林土石方工程

2.1　园林竖向设计

2.1.1　竖向设计的概念

竖向设计是指在一块场地上进行垂直于水平面方向的布置和处理。园林用地的竖向设计就是园林中各景点、各种设施及地貌等在高程上如何创造高低变化和协调统一的设计。

竖向设计的目的是改造和利用地形，使确定的设计标高和设计地面能够满足园林道路、场地、建筑及其他建设工程对地形的合理要求，保证地面水能够有组织地排出，并力争使土石方量最小。竖向设计的任务就是从最大限度地发挥园林的综合功能出发，统筹安排园内各种景点、设施和地貌景观之间的关系，使地上的设施和地下设施之间、山水之间、园内与园外之间在高程上有合理的关系。

2.1.2　竖向设计的内容

1. 地形设计

地形设计是竖向设计的一项主要内容，其内容包括：山水布局、峰、峦、坡、谷、河、湖、泉、瀑等地貌小品的设置，以及它们之间的相对位置、高低、大小、比例、尺度、外观形态、坡度的控制和高程关系等（图2-1）。不同性质的土质都有不同的自然倾斜角，山体的坡度一般不宜超过相应的土壤自然安息角。水体岸坡的坡度也要按现行规范进行设计和施工。水体的设计还应解决水的来源、水位控制和多余水的排放问题。

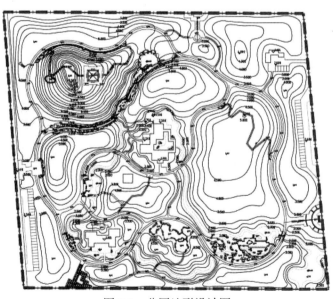

图2-1　公园地形设计图

2. 园路、广场、桥涵和其他铺装场地的高程设计

对园路、广场和桥涵进行竖向设计的目的是控制这些地区的坡度，以满足其功能要求。一般是在图纸上，以标高表示出道路、广场、桥面等的高程，纵横坡的坡度和坡向。

在寒冷地区，冬季冰冻、多积雪。为安全和使用方便，广场的纵坡应小于7%，横坡不大于2%；停车场的最大坡度不大于2.5%；一般园路的坡度不宜超过8%。超过此值应设台阶，台阶应相对集中设置，避免设置单级台阶。另外方便伤残人员使用轮椅和游人推童车游园，在设置台阶处应附设礓磋。

3. 建筑和其他小品的高程设计

园林建筑不同于普通建筑，它具有形式多样、变化灵活、因地制宜、与地形结合紧密的特点。进行竖向设计时，园林建筑和其他园林小品（如纪念碑、雕塑等）应标出其地坪标高及其与周围环境的高程关系，大比例图纸建筑应标出各角点标高（图2-2）。例如在坡地上的建筑，是随形就势还是设台筑屋。在水边上的建筑物或小品，则要标明其与水体的关系。

图2-2　园林小品高程设计效果图

4. 植物种植点的高程设计

在进行竖向设计时不仅要考虑各种景观在高程上的变化要求，而且还要充分考虑不同的植物生长创造不同的生活环境条件。

植物种类不同，其生长所需的环境也不一样。有的需要生长在高处，有的需要生长在低处；有的需生长在水湿处，有的需生长在干旱处。如荷花适宜生长在0.6～0.8m深的水中，而睡莲适宜生长在0.25～0.30m的水中（图2-3）。

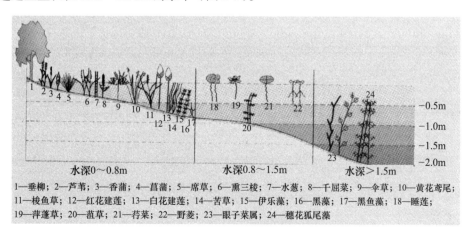

1—垂柳；2—芦苇；3—香蒲；4—菖蒲；5—席草；6—熏三棱；7—水葱；8—千屈菜；9—伞草；10—黄花鸢尾；
11—梭鱼草；12—红花建莲；13—白花建莲；14—苦草；15—伊乐藻；16—黑藻；17—黑鱼藻；18—睡莲；
19—萍蓬草；20—莀草；21—苦菜；22—野菱；23—眼子菜属；24—穗花狐尾藻

图2-3　水生植物种植高程设计图

在地形的利用和改造过程中，对原址上可能需要保留的古树，其周围地面的标高及保护范围，应在图纸上加以注明。

5. 地表排水设计

在地形设计时要考虑地面水的排除。一般规定无铺装地面的最小排水坡度为 1%，而铺装地面则为 5‰，但这只是参考限值，具体设计还要根据土壤性质和汇水区的大小、植被情况等因素而定。

2.1.3　竖向设计的方法

竖向设计的方法有多种，主要包括等高线法、断面法、模型法等。其中，以等高线法使用最为实用。

等高线法在园林设计中使用最多，一般地形测绘图都是用等高线或点标高表示的。在绘有原地形等高线的底图上用设计等高线进行地形改造，在同一张图纸上便可表示原有地形、设计地形、平面布置及各部分的高程关系。这大大方便了设计过程中进行方案比较及修改，也便于进一步的土方计算工作，因此，这是一种比较理想的设计方法，最适用于自然山水园的土方计算。

1. 改变地形的坡度

等高线间距的疏密表示地形的缓陡。在设计时，如果高差 h 不变，可以通过改变等高线间距来减缓或增加地形的坡度。

坡度的计算可用下式来表示：

$$i = h/L \qquad\qquad (2-1)$$

式中　i——坡度（%）；

　　　h——高差（m）；

　　　L——水平间距（m）。

如果一斜坡在水平距离为 5m 内上升 1m，其坡度 i 应为：$i = h/L = 1/5 = 0.20$，用百分数表示为 20%（图 2-4）。

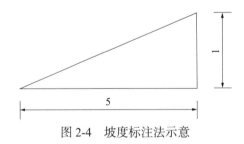

图 2-4　坡度标注法示意

例如：有一段斜坡，水平间距 20m，高差 10m，计划在斜坡上设计台阶以满足交通。由于每一级台阶的高度和踏面宽度基本固定，就要通过计算分析是否要改变地形的坡度以满足设计要求，如果每级台阶高 0.15m，踏面宽 0.35m，先计算分析原来的坡度是否满足设计要求，水平间距 20m÷踏面宽 0.35m = 57 级台阶，57 级台阶 × 每级台阶高 0.15m = 8.55m，而斜坡的高差是 10m，因此需要把坡度减小，高差不变的话，就需要把水平间距拉长，10m÷0.15m = 67 级，67 级 ×0.35m = 23.45m，则水平间距应改为 23.45m。

2. 平垫沟谷

在园林建设中，有些沟谷地段须垫平（图 2-5）。平垫这类场地的设计可用平直的设计等高线和拟平垫部分的同值等高线连接。其连接点就是不挖不填的点，也叫"零点"。相邻的零点与零点的连线称"零点线"。零点线所围合的范围也就是垫土的范围或挖掘的范围。

3. 削平山脊

将山脊削平的设计方法和垫平沟谷的方法相同，只是设计等高线所切割的原地形等高线方向正好相反（图2-6）。

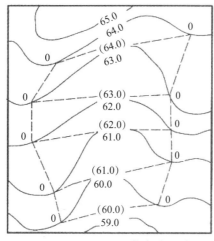

图2-5　平垫沟谷的等高线设计　　　　图2-6　削平山脊的等高线

4. 平整场地

园林中的场地包括铺装广场、建筑地坪及各种文体活动场地和平缓的种植地段，如草坪、较宽的种植带等。非铺装场地对坡度要求不那么严格，目的是将坡度理顺，而地表则任其自然起伏，排水畅通即可（图2-7）。

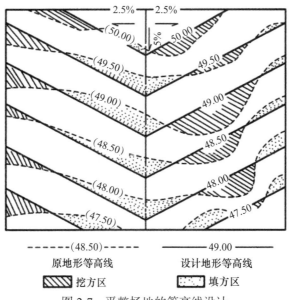

原地形等高线　　　　　设计地形等高线

挖方区　　　　　填方区

图2-7　平整场地的等高线设计

铺装地面的坡度则要求严格，各种场地其使用功能不同对坡度的要求也各异。通常为了排水，最小坡度应大于5‰，一般集散广场坡度在1%～7%，足球场3‰～4‰，篮球场

2%～5%，排球场 2%～5%。这类场地的排水坡度可以是沿长轴的两面或沿横轴的两面坡，也可以设计成四面坡，这取决于周围的环境条件。

5. 挖池推山，改造地形

运用等高线可表示原地形和改造后地形的情况，确定设计地形的形状、高程和坡度，土方量计算提供必要的数据资料。在这方面，特别是自然山水园的地形改造，等高线法运用最为普遍。

2.2　土方工程量计算

土方量的计算是园林用地竖向设计工作的继续和延伸，土方量计算一般是根据附有原地形等高线的设计地形来进行的，但通过计算，反过来又可以修订设计图中不合理之处，使设计更完善。另外土方量计算所得资料，又是投资预算和施工组织设计等工作的重要依据，所以土方量的计算在园林竖向设计工作中是必不可少的。土方量的计算工作，可分为估算和计算两种。估算一般在规划和方案设计阶段，而在施工图设计阶段，需要对土方工程量进行比较精确的计算。

计算土方量的方法很多，常用的大致可归纳为以下三类：体积公式估算法、断面法、方格网法。对比分析每一种地形的原地形情况和设计后的地形情况。针对不同地形种类选择合适的土方量计算方法。

2.2.1　体积公式估算法

在建园过程中，不管是原地形或设计地形，经常会碰到一些类似锥体、棱台等几何形体的地形单体（图 2-8）。这些地形单体的体积可用相近的几何体体积公式来计算。此法的优点是简便，缺点是精度稍差，所以一般多用于方案规划、设计阶段的土方量估算。

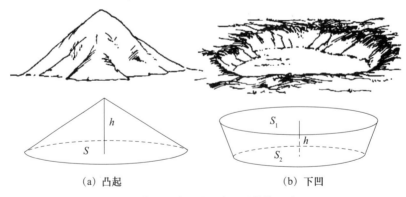

（a）凸起　　　　　　　　　　　（b）下凹

图 2-8　套用近似的规则图形估算土方量

（1）原地形类似锥体、棱台、正方体、长方体、圆台等凸出地面的几何形体，设计后为平整场地的情况，用体积公式估算土方量，计算结果为挖方量。

（2）原地形为平整场地，设计后为凹向的几何形体，也可以用体积公式估算挖方量。如在平地上挖几何形水池，用水池的开挖底面积乘以水池的挖深即为挖方量，计算时一定要注意水池底和水池壁的结构层厚度。

（3）选择合适的几何体积公式（表 2-1）进行计算。

各几何形体计算公式   表 2-1

序号	几何体名称	几何形体	体积
1	圆锥		$V=\dfrac{1}{3}\pi r^2 h$
2	圆台		$V=\dfrac{1}{3}\pi h\left(r_1^2+r_2^2+r_1 r_2\right)$
3	棱锥		$V=\dfrac{1}{3}sh$
4	棱台		$V=\dfrac{1}{3}h\left(s_1+s_2+\sqrt{S_1 S_2}\right)$
5	球缺		$V=\dfrac{\pi h}{6}\left(h^2+3r^2\right)$
注	V—体积；r—半径；S—底面积；h—高；r_1，r_2—分别为上下底半径；S_1，S_2—上、下底面积		

2.2.2 断面法

断面法是以一组等距（或不等距）的相互平行的截面将拟计算的地块、地形单体（如山、溪涧、池、岛等）和土方工程（如堤、渠、路堑、路槽等）分截成"段"，分别计算各"段"的体积，然后将各"段"体积累加，以求得总的土方量。此法的计算精度取决于截取面的数量，多则精，少则粗。断面法根据其取断面的方向不同可分为垂直断面法、水平断面法（或等高面法）及与水平面成一定角度的成角断面法。

1. 垂直断面法

垂直断面法多用于园林地形纵横坡度有规律变化地段的土方工程量计算，如带状山体、水体、沟渠、堤、路堑、路槽等（图 2-9）。

（1）长条形单体的土方量计算公式：

$$V=\left(S_1+S_2\right)/2\times L \tag{2-2}$$

式中　V——土方量（m^3）；

　　　S_1——截面积 1（m^2）；

　　　S_2——截面积 2（m^2）；

　　　L——两相邻截面间距离（m）。

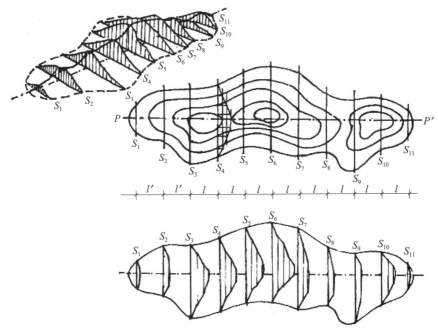

图2-9　带状土山垂直断面取法

当 $S_1 = S_2$ 时：

$$V = S \times L \qquad\qquad (2\text{-}3)$$

（2）在 S_1 和 S_2 的面积相差过大或两相邻断面之间的距离大于50m时，计算误差较大，可改用以下公式计算：

$$V = 1/6 \ (S_1 + S_2 + 4S_0) \ L \qquad\qquad (2\text{-}4)$$

式中　S_0——中间断面面积（m^2）。

S_0 的面积有两种求法：

1）用求棱台的中截面面积公式：$S_0 = 1/4 \ [S_1 + S_2 + 2 \ (S_1 S_2)^{1/2}]$。

2）用 S_1 及 S_2 各相应边的算术平均值求 S_0 的面积。

【案例2-1】：设有一土堤，要计算的两断面呈梯形，二断面之间的距离为80m，各边数值如图2-10所示，试求其 S_0。

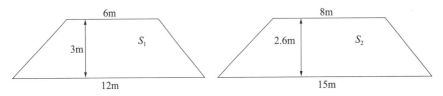

图2-10　中间面积 S_0 的计算方法

解：S_0 上底为：（6＋8）/2＝7m

S_0 下底为：（12＋15）/2＝13.5m

S_0 高为：（3＋2.6）/2＝2.8m

所以 S_0＝（7＋13.5）/2×2.8＝28.7m^2

（3）分别计算出每一段地形单体的体积之后，相加即为整个土体的土方量：

$$V = V_1 + V_2 + V_3 + V_4 + \cdots\cdots \qquad\qquad (2\text{-}5)$$

2. 水平断面法（等高面法）

水平断面法是沿水平方向，通过等高线取断面。断面面积即等高线所围合的面积，相邻断面的高即为两相邻等高线间的距离，断面面积求取方法同垂直断面法（图 2-11）。

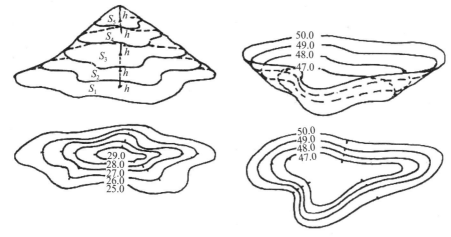

图 2-11 水平断面法图示

其计算公式如下：

$$V = (S_1 + S_2) \times h_1/2 + (S_2 + S_3) \times h_1/2 + \cdots + (S_{n-1} + S_n) \times h_1/2 + S_n \times h_2/3$$
$$= [(S_1 + S_n)/2 + S_2 + S_3 + S_4 + \cdots + S_{n-1}] \times h_1 + S_n \times h_2/3 \qquad (2\text{-}6)$$

式中　V——土方体积（m^3）；

　　　S——各层断面面积（m^2）；

　　　h_1——等高距（m）；

　　　h_2——S_n 到山顶的间距（m）。

此法最适用于大面积的自然山水地形的土方计算，但同时也适合园林中微地形土方量的计算。无论是垂直断面法还是水平断面法，不规则断面面积的计算工作总是比较繁琐的。一般说来，对不规则面积的计算可采用以下几种方法：

（1）在 CAD 中精确测量面积。

1）用"样条曲线"描绘出需要测得地域的闭合轮廓线；

2）将闭合轮廓线用"面域（命令 reg）"并集（uni）、差集（su）、交集（in）转化为面域；

3）用"工具－查询－面积"测出闭合轮廓线的精确面积。

（2）方格纸法。

用方格纸蒙在图纸上，通过数方格数，再乘以每个方格的面积而求取。此法方格网越密，精度越大。一般在数方格数时，测量对象占方格单元超过 1/2，按整个方格计；小于 1/2 者不计。最后进行方格数的累加，再求取面积即可。

【案例 2-2】：在某绿地中设计了微地形（图 2-12），请试用水平断面法来计算高在 + 1.0m 以上的土方量。

解：$S_{1.00} = 132 \times 1m^2 = 132m^2$

　　　$S_{2.00} = 51 \times 1m^2 = 51m^2$

　　　$S_{3.00} = 9 \times 1m^2 = 9m^2$

（注：由于所要求取的地形为不规则地形，欲求取其水平断面面积采用方格网估算，首

先建立以 1cm 为边长的方格网覆盖在竖向设计图上）

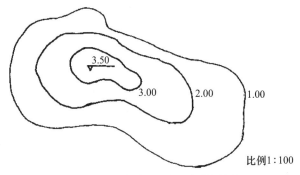

图 2-12　某绿地的竖向设计图

代入公式：$h_1 = 1m$

$h_2 = 0.5m$

$$V = [(S_{1.00} + S_{3.00})/2 + S_{2.00}] \times h_1 + S_{3.00} \times h_2/3$$
$$= [(132 + 9)/2 + 51] \times 1 + 9 \times 0.5/3 = 123m^3$$

2.3　园 林 施 工

2.3.1　施工放线

施工现场清理之后，为了确定施工范围及挖土或填土的标高，应按设计图纸的要求，用测量仪器在施工现场进行定点放线工作，这一步工作很重要，为使施工充分表达设计意图，测设时应尽量精确。园林工程定位放线内容包括：

（1）测出用地范围红线边界和界址点坐标；

（2）测出建筑物主要角点坐标及主要尺寸；

（3）测出规划道路中心线并标注坐标；

（4）测出构筑物的中心坐标或特征点坐标，标注其特征尺寸；

（5）地下管线标明起点、转折点、终点的坐标，标明管线长度、埋深、管径及与相邻道路、建筑物的相对关系；

（6）架空管线标明各类杆、架的坐标，必要时测量管线悬高；

（7）自然地形的放线。

2.3.2　定位放线

1. 准备工作

（1）进场后首先对甲方提供施工定位图进行图上复核，以确保设计图纸的正确。其次，与甲方一道对现场的坐标点和水准点进行交接验收，发现误差过大时应与甲方或设计院共同商议处理方法，经确认后方可正式定位。

（2）现场建立控制坐标网和水准点。水准点由永久水准点引入，水准点应采取保护措施，确保水准点不被破坏。

（3）工程定位后要经建设单位和规划部门验收合格后方可开始施工。

（4）按工程定位图，以纵横两个方向为坐标轴，每30m测设一条控制线，形成30m×30m的现场控制网，取工程纵横向的主轴线作为现场控制网轴线，组成现场控制网。工程的其他轴线依据主轴线位置确定。

2. 平整场地的放线

用经纬仪或红外线全站仪将图纸上的方格测设到地面上，并在每个交点处立桩木，边界上的桩木的数目和位置依图纸要求设置。桩上应表示出桩号（施工图上方格网的编号）和施工标高（挖土用"＋"号，填土用"－"号）（图2-13）。

图2-13　平整场地施工图

3. 自然地形的放线

自然地形的放线比较困难，特别是在缺乏永久性地面物的空旷地上。一般是先在施工图上打方格，再用经纬仪把方格网测设到地面上，然后把设计地形等高线和方格网的交点一一标到地面上并打桩，桩木上要标明桩号、原地形标高、设计标高和施工标高（图2-14）。

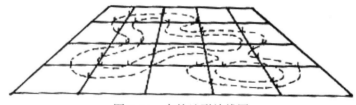

图2-14　自然地形放线图

4. 山体放线

山体放线有两种方法：一种方法是一次性立桩，适用于较低山体，一般最高处不高于5m，堆山时由于土层不断升高，桩木可能被土埋没，所以桩的长度应大于每层填土的高度，一般可用长竹竿做标高桩，在木桩上把每层的标高定好，不同层可用不同颜色标识，以便识别；另一种方法是分层放线，分层设置标高桩，这种方法适用于较高的山体（图2-15）。

图2-15　山体放线图

5. 水体放线

水体放线工作和山体放线基本相同，但由于水体挖深一般较一致，而且池底常年隐没在水下，放线可以粗放些，但水体底部应尽可能整平，不留土墩这对养鱼捕鱼有利。如果水体打算栽植水生植物，还要考虑所栽植物的适宜深度。岸线和岸坡的定点放线应该准确，这不仅因为它是水上部分，有造景之功，而且其与水体岸坡的稳定性有很大关系。为了施工的精确，可以用边坡样板来控制边坡坡度（图 2-16）。

6. 沟渠放线

在开挖沟槽时，木桩常容易被移动甚至被破坏，从而影响校核工作，所以实际工作中一般使用龙门板，龙门板构造简单，使用也方便。每隔 30～100m 设 1 块龙门板，其间距视沟渠纵坡的变化情况而定。板上应标明沟渠中心线位置及沟上口、沟底的宽度等。板上还要设坡度板，用坡度板来控制沟渠纵坡（图 2-17）。

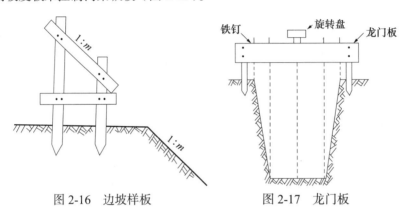

图 2-16　边坡样板　　　　　　　　　图 2-17　龙门板

2.3.3　土方施工

无论是园林建筑或构筑物，还是园林广场、道路的修建，都要从土方工程开始，通过挖沟槽、做基础，然后才能进行地面施工。其他的平整场地、挖湖堆山，都是先行土方施工。一些土方量大的项目，施工工期长，直接影响到工程进度，在园林工程建设中占有重要地位，必须做好施工调度与安排。

1. 准备工作

在园林施工中，土方工程是一项比较艰巨的工作，所以在土方工程施工前对工程建设要进行认真、周全的准备，合理组织和安排工程建设否则会造成窝工甚至返工，进而影响工效带来不必要的浪费。准备工作具体包括以下内容：

（1）研究和审阅图纸

检查图纸和资料是否齐全，核对平面尺寸和标高，检查图纸是否错误和矛盾；掌握设计内容及各项技术要求，熟悉土壤地质、水文勘察资料，进行图纸会审，搞清建设场地范围与周围地下管线的关系。

（2）施工现场勘查

按照图纸到施工现场实际勘查，摸清工程现场情况，收集施工相关资料，如施工现场的地形、地貌、土质、水文气象、河流、运输道路、植被、邻近建筑物、各种管线、地下基础、电缆坑基、防空洞、地面上施工范围内的障碍物和堆积物状况，供水、供电、排水、通信及防洪系统等。

（3）编制施工方案

研究图纸和现场勘查情况之后，根据甲方需求的施工进度及施工质量进行可行性分析研究，制定出符合本工程要求及特点的施工方案与措施。绘制施工总平面布置图、土方开挖图、土方运输路线图和土方填筑图，对施工人员、施工机具、施工进度进行周全、细致的安排。

（4）修建道路和临时设施

修筑好施工场地内的临时运输道路，以供机械进场和土方运输之用，临时运输道路宜结合永久性道路的布置修筑。道路的坡度、转弯半径应符合安全要求，两侧做排水沟。此外，还要根据土方工程的规模、工期、施工量等修建简易的临时生产和生活设施（如工具库、休息棚、材料库、油库、修理棚等），同时附设现场供水、供电等管线，并试水、试电等。

（5）准备机具、物资及人员

准备好挖土、运输车辆及施工用料和工程材料，并按施工平面图堆放，配备好土方工程施工所需的各专业技术人员、管理人员和技术工人等。

2. 清理场地

在施工范围内，凡有碍工程开展或影响工程稳定的地面物或地下物都应进行清理，例如不需要保留的树木、废旧建筑物或地下构筑物等。

（1）伐除树木：凡土方开挖深度不大于50cm，或填方高度较小的土方施工，现场及排水沟中的树木必须连根拔除，清理树墩除用工人挖掘外，直径在50cm以上的大树墩可用推土机铲除或用爆破法清除。关于树木的伐除，特别是大树的伐除应慎之又慎，凡能保留者尽量设法保留。

（2）建筑物和地下构筑物的拆除：应根据其特点进行工作，并遵照与建筑施工安全技术的相关规定进行操作。

（3）其他：如果施工场地内的地面、地下、水下发现有管线通过或其他异常物体时，除查看图纸外，还应请有关部门协同查清，未查清前，不可动工，以免发生危险或造成其他损失。

3. 排水

场地积水不仅不便于施工，而且也影响工程质量，在施工之前，应该设法将施工场地范围内的积水或过高的地下水排走。

（1）排除地面积水

在施工前，根据施工区地形特点在场地周围挖好排水沟。在山地施工时为了防止山洪，在山坡上方应做截洪沟。这样就能够保证场地内排水畅通，而且场外的水也不致流入。在低洼处或挖湖施工时，除挖好排水沟外，必要时还应加筑围堰或设防水堤，为了排水通畅，排水沟的纵坡不应小于2‰，沟的边坡值为1：1.5，沟底宽度及沟深不小于50cm。

（2）排除地下水

排除地下水的方法很多，但一般多采用明沟，因为明沟较简单经济。一般按排水面积和地下水位的高低来布设排水系统，先确定主干渠和集水井的位置，再确定支渠的位置和数目，土壤含水量大要求排水迅速的，支渠分布应密一些，其间距约为1.5m，反之可疏。

在挖湖施工中应先挖排水沟，排水沟的深度应深于水体挖深。排水沟可一次挖掘到底，也可以根据施工情况分层下挖，采用哪种方式可根据出土方向决定。图2-18是两面出土，图2-19是单向出土，水体开挖顺序可依图上A、B、C、D依次进行。

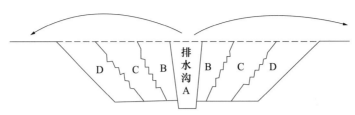

图 2-18 排水沟一挖到底、双向出土挖湖施工示意图

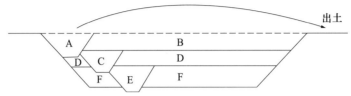

图 2-19 排水沟分层挖掘、单向出土挖湖施工示意图

注：A、B、C、E 均为排水沟

4. 土方施工

土方施工包括挖、运、填、压四个内容。其施工方法可采用人力施工，也可采用机械化或半机械化施工。这要根据场地条件、工程量和当地施工条件决定。在规模较大、土方较集中的工程中，采用机械化施工较经济；但对工程量不大、施工点较分散的工程或因场地限制，在不便采用机械施工的地段，应该用人力施工或半机械施工。按以下四个方面进行介绍。

（1）挖方。

挖方施工流程：确定开挖顺序和坡度—确定开挖边界与深度—分层开挖—修整边缘部位—清底。

人工挖方施工机具主要是锹、镐、钢钎、手锤、手推车、梯子、撬棍、钢尺、坡度尺、小线或铅丝等。人工施工要点：① 施工者要有足够的工作面，一般平均每人 4～6m²；② 开挖土方附近不得有重物及易坍落物；③ 在挖土过程中，随时注意观察土质情况，要有合理的边坡，须垂直下挖者，松软土不得超过 0.7m，中等密度者不超过 1.25m，坚硬土不超过 2m，超过以上数值的须设支撑板或保留符合规定的边数；④ 挖方工人不得在土壁下面开挖，以防坍塌；⑤ 在坡上或坡顶施工者，要注意坡下情况，不得向坡下滚落重物；⑥ 施工过程中注意保护基桩、龙门板或标高桩，以防损坏。

机械施工主要有推土机、挖土机、铲土机、自卸车等。机械施工要点：① 推土机手应识图或了解施工对象的情况，在动工之前应向推土机驾驶员介绍拟施工地段的地形情况及设计地形的特点，最好结合模型，使之一目了然，另外施工前还要了解实地定点放线情况，如桩位、施工标高等；② 注意保护表土。在挖湖堆山时，先用推土机将施工地段的表层熟土（耕作层）推到施工场地外围，待地形整理完毕，再把表土铺回来，这样操作虽有些繁琐，但对公园的植物生长有很大好处；③ 桩点和施工放线要明显，推土机施工进进退退，其活动范围较大，施工地面高低不平，加上进车或退车时司机视线存在盲区，所以桩木和施工放线很容易遭到破坏。为了解决这一问题：第一，应加高桩木的高度，桩木上可做醒目标志（如挂小彩旗或在桩木上涂明亮的颜色），以引起施工人员的注意；第二，施工期间，施工人员应该经常到现场，随时随地用测量仪器检查桩点和放线情况，掌握全局，以免挖错（或推错）位置。

（2）运土。

一般竖向设计都力求土方就地平衡，以减少土方的搬运量。运土关键是运输路线的组织。一般采用回环式道路，避免相互影响。

运土方式也分人工运土和机械运土两种。人工运土一般都是短途的小搬运。搬运方式包括用人力车拉、用手推车推或由人力肩挑背扛等。运输距离较长或工程量很大时，最好使用机械运输。运输工具主要是装载机和汽车。根据工程施工特点和工程量大小等不同情况，还可以采用半机械化与人工相结合的方式运土。

（3）填方。

填方时必须根据填方地面的功能和用途，选择合适土质的土壤和施工方法。如在绿化地段土壤应该满足植物的要求，而作为建筑用地则以地基的稳定为原则。利用外来土垫地堆山，对土质应该鉴定，劣土及受污染的土壤不应放入园内，以免将来影响植物的生长和妨害游人健康。

填方的施工流程：基底地坪的清整—检验土质—分层铺土、耙平—分层夯实—检验密实度—修整找平验收。

填埋顺序：先填石方，后填土方；先填底土，后填表土；先填近处，后填远处。

填埋方式：大面积填方应该分层填筑，一般每层20～50cm，有条件的应层层压实。

在斜坡上填土，为防止新填土方滑落，应先把土坡挖成台阶状，然后再填方（图2-20），这样可保证新填土方的稳定。

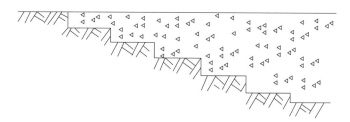

图2-20　斜土填土

在填自然式山体时，应以设计的山头为中心，采用螺旋式分路上土法，运土顺循环道路上填，每经过全路一遍，便顺次将土卸在路两侧，空载车（人）沿线路继续前行下山，车（人）不走回头路，不交叉穿行。这不仅合理组织了人工，而且使土方分层上升，土体较稳定，表面较自然（图2-21）。

（a）　　　　　　　　　　　　　　　（b）

图2-21　堆土运土路线

（4）压实。

土方压实分为人工压实和机械压实。人力夯实可用夯、硪、碾等工具，一般2人或4

人为一组，这种方式适合于面积较小的填方区。机械碾压可用碾压机或用拖拉机带动的铁碾，此方式适合于面积较大的填方区。为保证土壤的压实质量，土壤应该具有最佳含水率（表 2-2），如土壤过分干燥，需先洒水湿润，然后再行压实。土方夯压应注意以下几点：

1）填方时必须分层堆填，分层压实，否则会造成土方上紧下松。

2）为了保证土壤相对稳定，压实要求均匀。

3）压实松土时夯实工具应先轻后重。先轻打一遍，使土中细粉受振落下，填满下层土粒间的间隙；然后再加重打压，夯实土壤。

4）压实工作应自边缘开始逐渐向中间收拢，否则边缘土方外挤，易引起坍落。

5）注意土壤含水量，过多过少都不利于夯实。

各种土壤最佳含水量 表 2-2

土壤名称	最佳含水量	土壤名称	最佳含水量
粗砂	8%～10%	黏土质砂质土和黏土	20%～30%
细砂和黏质砂土	10%～15%	重黏土	30%～35%
砂质黏土	6%～22%		

土方工程施工面较宽，工程量大，施工组织工作很重要，大规模的工程应根据施工力量和条件决定，工程可全面铺开也可以分区分期进行。施工现场要有人指挥调度，各项工作要有专人负责，以确保工程按期按计划高质量地完成。

2.3.4 土的工程分类

土壤的类型很多，它们有着不同的物理性质。不同性质的土壤对土方工程施工的稳定性、施工方法、工程量及工程投资有很大关系，也涉及工程设计、施工技术和施工组织的安排。因此，对土壤的类型与性质的基本知识要有一定的了解。

关于土壤的类型有着不同的划分标准。施工部门为了便于确定技术措施和施工成本，根据土质和工程特点，对土壤加以分类，但各地的分类方法不一样。

（1）松土。用铁锹即可挖掘的土，如沙土、粉土、植物性土壤。

（2）半松土。用铁锹和部分洋镐可翻松的土。如潮湿的黄土、粉质黏土、砂质黏土、混有碎石与卵石的腐殖土。

（3）坚土。用人工撬棍或机具开挖，有时用爆破的方法。如密实的黄土、泥岩、砾岩、密实的石灰岩。

2.3.5 土的工程性质

土壤一般由固相（土颗粒）、液相（水）和气相（空气）三部分组成，三部分的比例关系反映出土壤的不同物理状态，如干燥或湿润、密实或松散等。土壤这些指标对评价土的物理力学和工程性质，进行土方工程施工有重要意义。

1. 土壤容重

土壤密度是指单位体积内天然状况下的土壤质量，单位为 kg/m^3。土壤密度的大小直接影响着施工的难易程度，容重越大挖掘越难。

2. 土壤的自然倾斜面和自然倾斜角（安息角）

松散状态下的土壤颗粒，自然滑落而成的天然斜坡面，称为土壤的自然倾斜面。该面与地平面所形成的夹角（图 2-22）就是土壤的自然倾斜角（安息角），以 α 表示。在园林工程设计时，为了使工程稳定，其边坡坡度数值应参考相应土壤的自然倾斜角的数值，土壤自然倾斜角还受到其含水量的影响，见表 2-3。

土壤的自然倾角（单位：°） 表 2-3

土壤名称	土壤含水量			土壤颗粒尺寸（mm）
	干的	潮的	湿的	
砾石	400	400	350	2～20
卵石	350	450	250	20～200
粗砂	300	320	270	1～2
中砂	280	350	250	0.5～1
细砂	250	300	200	0.05～0.5
黏土	450	350	450	＜0.001～0.005
壤土	500	400	300	
腐植土	400	350	250	

对于土方工程，不论是挖方还是填方都要求有稳定的边坡。所以进行土方工程的设计或施工时，应该结合工程本身的要求（如填方或挖方、永久性或临时性）以及当地的具体条件（如土壤的种类及分层情况、压力情况等）使挖方或填方的坡度合乎技术规范的要求，如情况在规范之外，则须进行实地测试来决定。

工程界习惯以 $1:M$ 表示边坡坡度，M 是坡度系数。$1:M = 1:(L/h)$，所以，坡度系数即是边坡坡度的倒数。举例说，边坡坡度 $1:3$ 的边坡，也可叫做坡度系数 $M = 3$ 的边坡。

土方工程的边坡坡度以其高和水平距之比表示（图 2-23）。则：边坡坡度 $= h/L = \tan\alpha$。

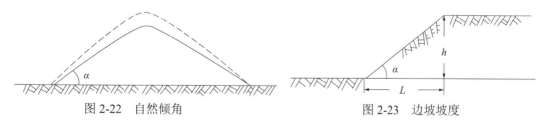

图 2-22 自然倾角　　　　　　图 2-23 边坡坡度

在高填或深挖时，应考虑土壤各层分布的土壤性质以及同一土层中土壤所受压力的变化，根据其压力变化采取相应的边坡坡度。

关于边坡坡度的规定见表 2-4～表 2-7。一般说来，在土方工程的设计及施工中，如无特殊目的及相应的土壁支撑和加固稳定措施，不得违反表中的规定，以确保工程质量及安全。

永久性土工结构物挖方的边坡坡度　　　　表 2-4

项次	挖 方 性 质	边坡坡度
1	在天然湿度，层理均匀，不易膨胀的黏土，砂质黏土和砂类土内挖方深度≤3m	1∶1.25
2	土质同上，挖深 3~12m	1∶1.5
3	在碎石土、泥炭土和岩土内挖方，深度为 12m 及 12m 以下，根据土壤性质、层理特性和边坡高度确定	1∶1.5~1∶1.05
4	在风化岩石内的挖方，根据岩石性质、风化程度、层理特性和挖方深度确定	1∶1.5~1∶1.02
5	在轻微风化岩石内的挖方，岩石无裂缝且无倾向挖方坡脚的岩层	1∶0.5
6	在未风化的完整岩石内挖方	直立的

深度在 5m 之内的基坑基槽和管沟边坡的最大坡度（不加支撑）　　表 2-5

项次	土类名称	边 坡 坡 度		
		人工挖土，并将土抛于坑、槽或沟的上边	机械施工	
			在坑、槽或沟底挖土	在坑、槽或沟上边挖土
1	砂土	1∶0.75	1∶0.67	1∶1
2	黏质砂土	1∶0.67	1∶0.5	1∶0.75
3	砂质黏土	1∶0.5	1∶0.33	1∶0.75
4	黏土	1∶0.33	1∶0.25	1∶0.67
5	含砾石卵石土	1∶0.67	1∶0.5	1∶0.75
6	泥灰岩白垩土	1∶0.33	1∶0.25	1∶0.67
7	干黄土	1∶0.25	1∶0.1	1∶0.33

注：如人工挖土不把土抛于坑、槽和沟的上边，而是随时把土运往弃土场，则应采用机械在坑、槽或沟挖土时的
　　坡度。

永久性填方的边坡坡度　　　　　　　表 2-6

项次	土的种类	填方高度（m）	边坡坡度
1	黏土、粉土	6	1∶1.5
2	砂质黏土	6~7	1∶1.5
3	黏质砂土、细砂	6~8	1∶1.5
4	中砂和粗砂	10	1∶1.5
5	砾石和碎石	10~12	1∶1.5
6	易风化的岩石	12	1∶1.5

临时性填方的边坡坡度

表 2-7

项次	土的种类	填方高度（m）	边坡坡度
1	砾石土和粗砂土	12	1:1.25
2	天然湿度的黏土、砂质黏土和砂土	8	1:1.25
3	大石块	6	1:0.75
4	大石块（平整的）	5	1:0.5
5	黄土	3	1:1.5

3. 土壤含水量

土壤的含水量是土壤孔隙中的水重和土壤颗粒重的比值。

土壤虽具有一定的吸持水分的能力，但土壤水的实际含量经常发生变化。一般土壤含水量愈低，则土壤吸水力愈大；反之，土壤含水量愈高，则土壤吸水力愈小。土壤含水量在5%以内称干土，在30%以内称潮土，大于30%称湿土。土壤含水量的多少，对土方施工的难易也有直接的影响，土壤含水量过小，土质过于坚实，不易挖掘；水量过大，土壤易泥泞，也不利施工。以黏土为例，含水量在30%以内最易挖掘，若含水量过大，则其丧失了稳定性，此时无论是填方或挖方其坡度都显著下降，因此含水量过大的土壤不宜作回填之用。

4. 土壤的相对密实度

它是用来表示土壤在填筑后的密实程度的，可用下列公式表达：

$$D = (\varepsilon_1 - \varepsilon_2) / (\varepsilon_1 - \varepsilon_3)$$ （2-7）

式中　D——土壤相对密实度；

　　　ε_1——填土在最松散状况下的孔隙比；

　　　ε_2——经辗压或夯实后的土壤孔隙比；

　　　ε_3——最密实情况的土壤孔隙比。

（注：孔隙比是指土壤的体积与固体颗粒体积的比值）

在填方工程中土壤的相对密实度是检查土壤施工中密实程度的标准，为了使土壤达到设计要求的密度，可以采用人力夯实或机械夯实。一般采用机械压实，其密度可达95%，人力夯实的密度为87%左右。填土厚度较大时，为达到较好的夯实效果，可以采取多次填土、分层夯实的办法。填方不加夯实，随着时间的推移，会自然沉降，久而久之也可达到一定的密实度。

5. 土壤松散度

土方从自然状态被挖动以后，会出现体积膨胀的现象。这种现象与土壤类型有着密切的关系。往往因土体膨胀而造成土方多余，或因造成塌方而给施工带来困难和不必要的经济损失。土壤膨胀的一般经验数值是虚方比实方大14%~50%，一般砂为14%、砾为20%、黏土为50%。填方后土体自落的快慢取决于土体受到哪种外力的作用。若任其自然回落则需要1年左右的时间，而一般以小型运土工具填筑的土体要比大型工具回落得快。当然如果随填随压，则填方较为稳定，但也要比实方体积大3%~5%。由于虚方在经过一段时间回落后才能稳定，故在进行土方量计算时，必须考虑这一因素。土壤松散度是土壤的实方与虚方之比。

土壤松散度＝原土体积（实方）/松土体积（虚方）

若该土壤的松散度是0.05，则其可松性系数为1+0.05＝1.05，因此在土方计算中，计算出来的土方体积应乘以可松性系数，才能得到真实的虚方体积。

第3章　园林给水排水工程

3.1　园林给水工程

园林休闲绿地是人们休闲的场所，同时又是园林植物较集中的地方，故必须满足人们活动、植物生长及水景用水所必需的水质、水量和水压的要求。

园林给水工程通常是由取水工程、净水工程和输配水工程三部分组成（图3-1）。取水工程是指从各种水源取水的工程，常由取水构筑物、管道、机电设备等组成。净水工程通常指原水不能直接使用，需要通过各种措施对原水进行净化、消毒处理，使水质符合用水要求的工程。输配水工程是通过设置配水管网将水送至各用水点的工程。一般由加压泵站（或水塔）、输水管和配水管组成。

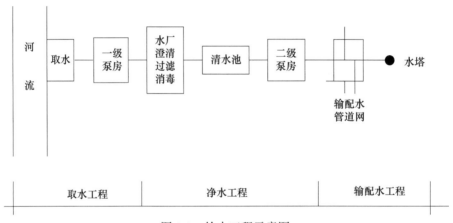

图 3-1　给水工程示意图

3.1.1　园林给水管网的布置形式

园林给水管网的布置，除了要了解园林的用水特点外，周边的给水情况也很重要，它往往影响管网的布置形式。城市中小公园的给水可由一点引入，而大公园或风景区有条件的尽可能考虑多点引水，这样可以节约管材，减少水头损失。公园给水管网的布置形式一般有以下三种：

1. 树枝状管网

管网由干管和支管组成，布置犹如树枝，从树干到树梢越来越细（图3-2a）。其优点是管线短，投资省。但供水可靠性差，一旦管网局部发生事故或须检修，则后面的所有管道就会中断供水。另外，当管网末端用水量减小，管中水流缓慢甚至停流而造成"死水"时，水质容易变坏。适用于用水量不大、用水点较分散的情况。

2. 环状管网

主管和支管均呈环状布置的管网（图3-2b），其突出优点是供水安全可靠，管网中任何管道都可由其余管道供水，水质不易变坏，但管线总长度大于树枝状管网，造价高。

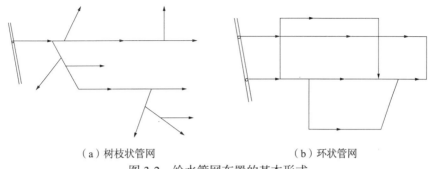

（a）树枝状管网　　　　　　　　　　　　（b）环状管网

图 3-2　给水管网布置的基本形式

3. 混合管网

在实际工程中，给水管网往往同时存在以上两种布置形式，称为混合管网。在初期工程中，对连续性供水要求较高的局部地区、地段可布置成环状管网，其余采用树枝状管网，然后再根据改扩建的需要增加环状管网在整个管网中所占的比例。

3.1.2　园林给水管网设计

在最高日最高时用水量的条件下，确定各管段的设计流量、管径及水头损失，再据此确定所需水泵扬程或水塔高度。

1. 收集有关图纸资料

图纸资料主要包括公园设计图纸、公园附近市政干管布置情况或其他水源情况。

2. 布置管网

水源确定后，在公园设计平面图上定出给水干管位置、走向，并对节点进行编号，量出节点之间的长度。给水管网的布置要求供水安全可靠，投资节约，一般应遵循以下原则：

（1）干管应靠近主要供水点，保证有足够的水量和水压。

（2）和其他管道按规定保持一定距离，注意管线的最小水平净距和垂直净距。给水管道相互交叉时，其净距不小于 0.15m，与污水管平行时，间距取 1.5m，与污水管或输送有毒液体管道交叉时，给水管道应敷设在上面，且不应有接口重叠。

（3）管网布置必须保证供水安全可靠，干管一般随主要道路布置，宜呈环状，但应尽量避免在园路和铺装场地下敷设。

（4）力求以最短距离敷设管线，以降低费用。

（5）在保证管线安全不受破坏的情况下，干管宜随地形敷设，避开复杂地形和难于施工的地段，减少土方工程量。在地形高差较大时，可考虑分压供水或局部加压，不仅能节约能量，还可以避免地形较低处的管网承受较高压力。

（6）分段分区设检查井、阀门井，一般在干管与支干管、支干管与支管连接处设阀门井、转折处设检查井、干管长度不大于 500m 设检查井。

（7）预留支管接口。

（8）管端井应设泄水阀。

（9）确定管顶覆土厚度：管顶有外荷载时覆土厚度不小于 0.7m；管顶无外荷载时且无冰冻时，覆土厚度可小于 0.7m；给水管在冰冻地区应埋设在冰冻线以下 20cm 处。

（10）消火栓的设置：在建筑群中不大于 120m；距建筑外墙不大于 5m，最小间距为 1.5m；距路缘石不大于 2m。

3. 计算公园中各用水点的用水量（设计秒流量 q_0）。

根据我国各地区城镇的性质、生活水平和习惯、气候、房屋设备和生产性质等不同情况而制定的用水数量标准，是计算给水管段用水量的重要依据之一。通常以一年中用水量最高的那一天来表示。与园林有关的项目见表 3-1，其中茶室、小卖部为不完全统计数据，非国家标准，可供参考。园林中的用水量，不是固定不变的，一年中随着气候、游人量以及人们生活方式的变化而变化。

用水量标准及小时变化系数　　　　　　　　　　　　　　　　　　表 3-1

序号	名称		单位	用水量标准（L）	小时变化系数	备注
1	餐厅		每一顾客每次	15~20	2.0~1.5	仅包括食品加工、餐具洗涤、清洁用水，工作人员、顾客的生活用水
	茶室		每一顾客每次	5~10	2.0~1.5	
	小卖部		每一顾客每次	3~5	2.0~1.5	
2	电影院		每一观众每场	3~8	2.5~2.0	（1）附设有厕所和饮水设备的露天或室内文娱活动场所，都可以按电影院或剧场的用水量标准选用。（2）俱乐部、音乐厅和杂技场可按剧场标准，影剧院用水量标准介于电影院和剧场之间
	剧场		每一观众每场	10~20	2.5~2.0	
3	喷泉	大型	每小时	10000 以上	—	应考虑水的循环用水
		中型	每小时	2000		
		小型	每小时	1000		
4	洒地用水	柏油路面	每次每平方米	0.2~0.5		≤3 次 /d
		石子路面	每次每平方米	0.4~0.7		≤4 次 /d
		庭园及草地	每次每平方米	1.0~1.5		≤2 次 /d
5	花园浇水 *		每日每平方米	4~8	—	结合当地气候、土质等实际情况取用
	苗圃浇水 *		每日每平方米	1.0~1.3	—	
6	公共厕所		每小时	100	—	—

注：* 为国外资料。

（1）管段用水量：

$$Q_q = \sum Q_n \tag{3-1}$$

（2）最高日用水量：

$$Q_d = n q_d K_d \tag{3-2}$$

式中　Q_d——用水点的最高日用水量（L/d）；

　　　n——用水点用水单位数（人数、席位数、面积）；

　　　q_d——用水量标准；

　　　K_d——日变化系数＝最高日用水量/平均日用水量。

（3）最高时用水量：

$$Q_n = (Q_d / T) K_h \tag{3-3}$$

式中 Q_n——最高时用水量（L/h）；

  T——用水点用水时间；

  K_h——时变化系数＝最高时用水量/平均时用水量。

（4）设计秒流量：

$$q_0 = Q_n/3600 \text{（L/s）} \tag{3-4}$$

把一年中用水量最多的一天的用水量称为最高日用水量。年最高日用水量与平均日用水量的比值，叫日变化系数，以 K_d 表示。K_d 在城镇为 1.2～2.0，在农村为 1.5～3.0。在园林中，由于节假日游人较多，其值为 2～3。

一天中每小时用水量也不相同，把用水量最高日那天用水最多的一小时用水量称为最高时用水量，它与最高日平均时用水量的比值，叫小时变化系数，以 K_h 表示。K_h 在城镇为 1.3～2.5，在农村为 5～6。在园林中，由于白天、晚上差异较大，其值为 4～6。

4. 确定各管段的管径

（1）流量和流速：

在给水系统的设计中，各种构筑物的用水量是按最高日用水量确定的，而给水管网的设计是按最高日最高时用水量来计算确定的，最高日最高时管网中的流量就是给水管网的设计流量。流速的选择较复杂，涉及管网设计使用年限、管材及其价格、电费高低等，在实际工作中通常按经济流速的经验数值取用：

1）$D > 100$mm 时，$v = 0.2～0.6$m/s；

2）100mm $> D > 40$mm 时，$v = 0.6～1.0$m/s；

3）$D < 40$mm 时，$v = 1.0～1.4$m/s。

（2）管径的确定。

管网中用水量各管段计算流量分配确定后，一般就作为确定管径 D 的依据（有的管段从供水安全等考虑，需适当放大管径）。

由于：

$$Q = Av, \quad A = (\pi/4) D^2 \tag{3-5}$$

所以：

$$D = (4Q/\pi v)^{1/2} \tag{3-6}$$

式中 D——管段管径（mm）；

  Q——管段的计算流量（L/s）；

  v——管内流速（m/s）；

  A——管道断面积（mm²）。

（3）以 Q、v 查管道水力计算表，得出 D 值。

根据各用水点所求得的设计流量及管段流量并考虑经济流速，查铸铁管水力计算表（表 3-2）确定各管段的管径。同时还可查得与该管径相应的流速和单位长度的沿程水头损失值。

5. 水压计算

在给水管上任意点接上压力表所测得的读数即为该点的水压力值，单位为 kg/cm²。为便于计算管道阻力，并对压力有一个较形象的概念，常以"水柱高度"表示，水力学中又将水柱高度称为"水头"，单位为 mH₂O：1 kg/cm² 水压力＝10 mH₂O。

铸铁管水力计算表（节选表）　　　　　　　表 3-2

流量 Q (L/s)	管径 D (mm)											
	50		75		100		125		150		200	
	流速 v	1000i*	流速 v	1000i	流速 v	1000i	流速 v	1000i	流速 v	1000i	流速 v	1000i
0.5	0.26											
0.7	0.37											
1	0.53		0.23	2.31								
1.3	0.69		0.3	3.69								
1.6	0.85		0.37	5.34	0.21	1.31						
2	1.06		0.46	7.98	0.26	1.94						
2.3	1.22		0.53	10.3	0.3	2.48						
2.5	1.33		0.58	11.9	0.32	2.88	0.21	0.966				
2.8	1.48		0.65	14.7	0.36	3.52	0.23	1.18				
3	1.59		0.7	16.7	0.39	3.98	0.25	1.33				
3.3	1.75		0.77	19.9	0.43	4.73	0.27	1.57				
3.5	1.86		0.81	22.2	0.45	5.26	0.29	1.75	0.2	0.723		
3.8	2.02		0.88	15.8	0.49	6.1	0.315	2.03	0.22	0.834		
4	2.12		0.93	18.4	0.52	6.69	0.33	2.22	0.23	0.909		
4.3	2.28		1	32.5	0.56	7.63	0.36	2.53	0.25	1.04		
4.5	2.39		1.05	35.3	0.58	8.29	0.37	2.74	0.36	1.12		
4.8	2.55		1.12	39.8	0.62	9.33	0.4	3.07	0.275	1.26		
5	2.65		1.16	43	0.65	10	0.414	3.31	0.286	1.35		
5.3	2.81		1.23	48	0.69	11.2	0.44	3.68	0.304	1.5		
5.5	2.92		1.28	51.7	0.72	12	0.455	3.92	0.315	1.6		
5.7	3.02		1.33	55.3	0.74	12.7	0.47	4.19	0.33	1.71		
6			1.39	61.5	0.78	14	0.5	4.6	0.344	1.87		
6.3			1.46	67.8	0.82	15.3	0.52	5.03	0.36	2.08	0.2	0.505
6.7			1.56	76.7	0.87	17.2	0.55	5.62	0.384	2.28	0.215	0.559
7			1.63	83.7	0.91	18.6	0.58	6.09	0.4	2.46	0.225	0.605
7.4					0.96	20.7	0.61	6.74	0.424	2.72	0.238	0.668
7.7					1	22.2	0.64	7.25	0.44	2.93	0.248	0.718
8					1.04	23.9	0.66	7.75	0.46	3.14	0.257	0.765
8.8					1.14	28.5	0.73	9.25	0.505	3.73	0.283	0.908
10					1.3	36.5	0.83	11.7	0.57	4.69	0.32	1.13
12							0.99	16.4	0.69	6.55	0.39	1.58
15							1.24	24.9	0.86	9.88	0.48	2.35
20							1.66	44.3	1.15	16.9	0.64	3.97

注：*1000i 代表管道单位长度水头损失为 1000Pa/m。

计算"配水点"应当是管网中的最不利点。所谓最不利点是指处在地势高、距离引水点远、用水量大或要求工作水头特别高的用水点。只要最不利点的水压得到满足，则同一管网中的其他用水点的水压也能满足。

公园给水干管所需水压可按下式计算：

$$H = H_1 + H_2 + H_3 + H_4 \tag{3-7}$$

式中　H——引水点处所需的总水压（mH_2O）；

　　　H_1——配水点与引水点之间的地面高程差（m）；

　　　H_2——配水点与建筑物进水管之间的高差（m）；

　　　H_3——配水点所需的工作水头（mH_2O）；

　　　H_4——沿程水头损失和局部水头损失之和（mH_2O）。

$$H_4 = h_y + h_j \approx (1.1 - 1.3) h_y \tag{3-8}$$

式中　h_y——沿程水头损失，$h_y = L$（管道长度）$\times i$（水力坡降）；

　　　h_j——局部水头损失。

水头损失就是水在管中流动时因管壁、管件等的摩擦阻力而使水压降低的现象，包括沿程水头损失和局部水头损失。

水力坡降：生活用水管网为25%～30%，生产用水管网为20%，消防用水管网为10%。

6. 校核

通过上述水力计算，若引水点的自由水压略高于用水点的总水压要求，则说明该管段的设计是合理的。否则，需对管网布置方案或对供水压力进行调整。

7. 采用网格法进行管线定位

每段给水管的管径、坡度、流向均用数字及箭头准确标注，管底标高分别用指引线清晰标出，使人一目了然。

3.1.3　园林给水管网施工

城市给水管线绝大部分埋在绿地下，当穿越道路、广场时才设在硬质铺地下，特殊情况下也可考虑设在地面上。在土壤耐压力较高和地下水位较低时，水管可直接埋在天然地基上，但在岩基上应加垫砂层。对承载力达不到要求的地基土层，应进行基础处理。

1. 熟悉设计图纸

熟悉管线的平面布局、管段的节点位置高、不同管段的管径、管底标高、阀门井以及其他设施的位置等。

2. 清理施工场地

清除场地内有碍管线施工的设施和建筑垃圾等。

3. 施工定点放线

根据管线的平面布局，利用相对坐标和参照物，把管段的节点放在场地上，连接邻近的节点即可。

4. 抽沟挖槽

根据给水管的管径确定，一般为管径加上60～70cm。沟槽一般为梯形，其深度为管道埋深，如承载力达不到要求的地基上层，应挖得更深一些，以便进行基础处理；处理后需要检查基础标高与设计的管底标高是否一致，有差异需要作调整。

（1）沟槽底部的宽度按下列公式计算：

$$B = D_0 + 2 \times (b_1 + b_2 + b_3) \qquad\qquad (3-9)$$

式中　B——管道沟渠底部的开挖宽度（mm）；

　　　D_0——管外径（mm）；

　　　b_1——管道一侧的工作面宽度（mm），$D_0 \leqslant 500mm$ 的化学建材管道可取 300mm；

　　　b_2——有支撑要求时，管道一侧的支撑厚度，可取 150～200mm；

　　　b_3——现场浇筑混凝土或钢筋混凝土管渠一侧模板厚度（mm）；

（2）沟槽上部的宽度。

当地质条件良好、土质均匀、地下水位低于沟槽底面高程，且开挖深度在 5m 以内，沟槽不设支撑时，通过查阅资料，老黄土沟槽边坡的最陡坡度为 1∶0.25，根据沟槽底部宽度计算确定沟槽上部的宽度。

（3）人工挖沟槽。

管道沟槽应按施工放样中心线和槽底设计标高开挖。沟槽开挖时应根据设计要求保证槽床至少有 0.2% 的坡度，坡向指向指定的泄水点，以便做好防冻。

（4）沟槽基础处理：

1）沟槽基础如为未经扰动的原状土层，则天然地基应进行夯实；如为软弱管基及特殊性腐蚀土壤，应更换土壤并夯实。

2）当沟底无地下水时，超挖在 0.15m 以内时，可利用原土回填夯实，其密实度不应低于原地基天然土的密实度；超挖在 0.15m 以上时，可利用石灰土或砂填层处理，其密实度不应低于 95%。

3）当沟底有地下水或沟底土层含水量较大时，可利用天然砂回填。

4）当沟底有岩石、多石层、木头、垃圾等杂物时，必须在清除后铺一层厚度不小于 0.15m 的砂土或素土，且平整夯实。

5）管道附件或阀门，管道支墩位置应垫碎石，夯实后按规范要求设混凝土垫层找平。

5. 管道安装

在管道安装之前，要准备相关材料，材料准备完毕后，计算相邻节点之间需要管材和各种管件的数量。如果是镀锌钢管，则应先进行螺纹丝口的加工，再进行管道安装；如果是塑料管，则应采用热熔连接。

安装顺序一般是先干管、后支管、再占桩管，在工程量大和工程复杂地域可以分段和分片施工，利用管道井、阀门井和活接头连接。

6. 水压试验和泄水试验

管道安装完成后，应分别进行水压试验和泄水试验。水压试验的目的在于检验管道及其接口的耐压强度和密实性，试验压力为 1.0MPa。泄水试验的目的是检验管网系统是否有合理的坡降，能否满足冬季泄水的要求。

7. 加固管道

用水泥砂浆或混凝土支墩对管道的某些部位进行压实或支撑固定，以减小给水系统在启动、关闭或运行时，产生的水锤和振动作用，增加管网系统的安全性。一般在水压试验和泄水试验合格后实施。对于地埋管道，加固位置通常是：弯头、三通、变径、堵头以及间隔一定距离的直线管段。

8. 设置阀门井

阀门井采用砖砌，规格为 600mm×600mm。砌筑应符合现行国家标准《砌体结构工程施工质量验收规范》GB 50203 的有关规定；砌筑完毕，应待砌体砂浆或混凝土凝固达到设计强度后回填；回填土应干湿适宜，分层夯实，与砌体接触密实。在阀门井中安装水表和截止阀。

9. 回填土方

管道安装完毕，通水检验管道无渗漏情况再填土。

（1）部分回填。是指管道以上约 100mm 范围内的回填。一般采用砂土或筛过的原土回填，管道两侧分层踩实，管周填土不得有直径大于 2.5cm 的石子及直径大于 5cm 的硬土块。

（2）全部回填。采用符合要求的原土，分层轻夯或踩实。一次填土 100～150mm，直至高出地面 100mm 左右。填土到位后对整个管槽进行夯实，以免绿化工程完成后出现局部下陷，影响绿化效果。

3.2　园林绿地喷灌工程

园林绿地喷灌是借助一套专门的设备将具有压力的水喷射到空中，散成水滴降落到地面，供给植物水分的一种灌溉方法。喷灌和其他灌溉方式比较具有许多优点，如有利于浅浇勤灌、节约用水、改善小气候、减小劳动强度等。它是一种先进的灌溉方式，现在已广泛地运用在公园、城市广场以及农业生产上。

按喷灌形式，喷灌系统可分为移动式、固定式、半固定式三种。

移动式喷灌系统。此种形式要求灌溉区有天然地表水源，其动力（电动机或汽、柴油发动机）、水泵，管道和喷头等是可以移动的。由于不需要埋设管道等设备，所以投资较经济，机动性强，但操作不便。适用于天然水源充裕的地区，尤其是水网地区的园林绿地、苗圃、花圃的灌溉。

固定式喷灌系统（图 3-3）。泵站固定、干支管均埋于地下的布置方式，喷头固定于立管上，也可临时安装。固定式喷灌系统的设备费用较高，但操作方便，节约劳力，便于实现自动化和遥控操作。适用于需要经常灌溉和灌溉期较长的草坪、大型花坛、花圃、庭园绿地等。

图 3-3　园林绿地固定式喷灌

半固定式喷灌系统（图 3-4）。其泵站和干管固定，支管和喷头可移动，优缺点介于上述两者之间。应视具体情况酌情采用，也可混合使用。

图 3-4　园林绿地半固定式喷灌

3.2.1　园林绿地喷灌系统构成

喷灌系统通常由喷头、管材和管件、控制设备、过滤装置、加压设备及水源等构成。用市政供水的中小型绿地的喷灌系统一般无须设置过滤装置和加压设备（图 3-5）。

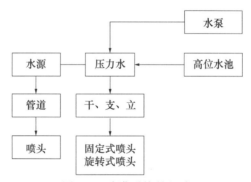

图 3-5　喷灌系统的组成

1. 喷头

喷头一般由喷体、喷芯、喷嘴、滤网、弹簧和止溢阀等部分组成，按非工作状态分为外露式喷头和地埋式喷头。地埋式喷头是指非工作状态下埋藏在地面以下的喷头。工作时，这类喷头的喷芯在水压的作用下伸出地面。其优点是不影响园林景观效果、不妨碍活动，射程、射角及覆盖角度等喷洒性能易于调节，雾化效果好，能够更好地满足园林绿地和运动场草坪的专业化喷灌要求。

2. 管材和管件

管材和管件在绿地喷灌系统中起着纽带的作用。它将喷头、闸阀、水泵等设备按照特定的方式连接在一起，构成喷灌管网系统，在喷灌行业里，聚氯乙烯（PVC）、聚乙烯（PE）和聚丙烯（PP）等塑料管正在逐渐取代其他材质的管道，成为喷灌系统的主要管材。

3. 控制设备

控制设备构成了绿地喷灌系统的指挥体系，其技术含量和完备程度决定着喷灌系统的自动化程度和技术水平。根据控制设备的功能与作用的不同，可将控制设备分为状态性控制设备、安全性控制设备和指令性控制设备。

（1）状态性控制设备：是指喷灌系统中能够满足设计和使用要求的各类阀门。按照控制方式的不同可将这些阀门分为手控阀（如闸阀、球阀和快速连接阀）、电磁阀（包括直阀和角阀）与水力阀。

（2）安全性控制设备：是指各种保证喷灌系统在设计条件下安全运行的各种控制设备，如减压阀、调压孔板、逆止阀、空气阀、水锤消除阀和自动泄水阀等。

（3）指令性控制设备：是指在喷灌系统的运行和管理中起指挥作用的各种控制设备，其中包括各种控制器、遥控器、传感器、气象站和中央控制系统等。指令性控制设备的应用使喷灌系统的运行具有智能化的特征，不仅可以降低系统运行和管理的费用，还提高了水的利用率。

4. 控制电缆

控制电缆是指传输控制信号的电缆。

5. 过滤设备

当水中含有泥沙、固体悬浮物、有机物等杂质时，为了防止堵塞喷灌系统管道、阀门和喷头，必须使用过滤设备。

6. 加压设备

当使用地下水或地表水作为喷灌用水，或当市政管网水压不能满足喷灌的要求时，需要使用加压设备为喷灌系统供水，以保证喷头所需工作压力。常用的加压设备主要包括各类水泵。

3.2.2 园林绿地喷灌系统设计

1. 收集基础资料

（1）地形图：比例尺为 1:1000～1:500 的地形图，了解设计区域的形状、面积、位置、地势等。

（2）气象资料：包括气温、雨量、湿度、风向风速等，其中风对喷灌影响最大。

（3）土壤资料：主要是指土壤的质地、持水能力、土层厚度等，以便确定喷灌强度和灌水定额。

（4）植被情况：植被的种类、种植面积、根系情况等。

（5）水源条件：城市自来水或天然水源。

2. 确定喷头布置形式

喷头的组合形式，是指各喷头相对位置的安排。喷嘴喷洒的形状有圆形和扇形，一般扇形只用在场地的边角上，其他位置则用圆形。在喷头射程相同的情况下，不同的布置形式，其支管和喷头的间距也不相同。表 3-3 是常用的几种喷头布置形式、有效控制面积及使用范围。

3. 划分轮灌区

轮灌区是指受单一阀门控制且同步工作的喷头和相应管网构成的局部喷灌系统。划分轮灌区是指根据水源的供水能力将喷灌区域划分为相对独立的工作区域以便轮流灌溉。划分轮灌区还便于分区进行控制性供水以满足不同植物的需水要求，也有助于降低喷灌系统工程造价和运行费用（图 3-6）。

常用的喷头布置形式　　　　　　　　　　　　表 3-3

序号	喷头组合形式	喷洒方式	喷头间距（L） 支管间距（b） 喷头射程（R）的关系	有效控制面积	应用范围
A		全圆	$L = b = 1.42R$	$S = 2R^2$	在风向改变频繁的地区效果好
B		全圆	$L = 1.73R$ $b = 1.5R$	$S = 2.6R^2$	在无风的情况下喷洒的效果最好
C		扇形	$L = R$ $b = 1.73R$	$S = 1.73R^2$	较 A、B 节省管道，但多用喷头

图 3-6　一个轮灌区

4. 布置喷灌管线

（1）根据选择的喷头布置形式和喷头射程等确定喷头的位置；

（2）用"波形"将喷头分组到支管，从而确定支管的分布形式，支管线路只需将喷头连线；

（3）画主管示意图并考虑控制阀的位置；

（4）支管布置、主管布线、控制阀定位的细化调整并完成。

5. 管线布置的注意事项

（1）山地干管沿主坡向、脊线布置，支管沿等高线布置；

（2）缓坡地，干管尽可能沿路放置，支管与干管垂直；

（3）经常刮风的地区，支管与主风向垂直；

（4）支管不可过长，支管首端与末端压力差不超过工作压力的20%；

（5）压力水源（泵站）尽可能布置在喷灌系统中心；

（6）每根支管均应安装阀门；

（7）支管竖管的间距按选用的喷头射程及布置方式及风向、风速而定。

6. 喷灌的主要技术要素

喷灌强度、喷灌均匀系数和喷灌雾化指标是衡量喷灌质量的主要指标。进行喷灌时要求喷灌强度适宜，喷洒均匀，雾化程度好，以保证土壤不板结，植物不损伤。

（1）喷灌强度 ρ。

单位时间喷洒到地面的水深称为喷灌强度，单位常用"mm/h"表示。由于喷洒时水量分布常常是不均匀的，因此喷灌强度有点喷灌强度、喷头平均喷灌强度和系统的组合喷灌强度之分。系统的组合喷灌强度应小于土壤的渗吸速度（表3-4、表3-5）。

土壤质地和渗吸速度 表3-4

土壤质地	土壤渗吸速度（mm/h）		土壤质地	土壤渗吸速度（mm/h）	
	表面良好	表面板结		表面良好	表面板结
粗砂土	20～25	12	粉壤土	10	7
细砂土	12～20	10	黏壤土	8	6
细砂壤土	12	8	黏土	5	2

最大允许喷灌强度随地面坡度的折减系数 表3-5

地面坡度（°）	允许喷灌强度折减系数			地面坡度（°）	允许喷灌强度折减系数		
	砂土	壤土	黏土		砂土	壤土	黏土
＜5	100	100	100	13～20	82	80	55
6～8	90	87	77	＞20	75	60	39
9～12	86	83	64				

注：有良好覆盖时，表中数据可提高20%。

（2）喷灌均匀度。

喷灌均匀度是指在喷灌面积上水量分布的均匀程度，可用喷灌均匀系数表示。它与单喷头水量分布、工作压力、喷头布置方式、喷头转速的均匀性、竖管安装角度、地面坡度、风速和风向等因素有关，一般不应低于75%。

（3）水滴打击强度。

水滴打击强度是指单位受水面积内水滴对植物和土壤的打击动能，它与水滴大小、降落速度和密集程度有关。水滴太大容易破坏土壤表层的团粒结构并造成板结，甚至会打伤植物的幼苗，或把土溅到植物叶面上影响其生长。水滴太小在空中的蒸发损失大，受风力影响大。

由于测量水滴打击强度比较复杂，测量水滴直径的大小也较困难，所以在使用或设计喷灌系统时多用雾化指标。雾化指标是指喷头的设计工作压力（mH_2O）和喷嘴直径（m）之比。

7. 喷灌管线计算

（1）确定喷灌用水量：

$$Q = nq \tag{3-10}$$

$$q = Lb\rho/1000 \tag{3-11}$$

式中　Q——喷灌用水量（m^3/h）；

　　　n——喷头数；

　　　q——单个喷头流量；

　　　L——喷头间距；

　　　b——支管距；

　　　ρ——设计喷灌强度（mm/h）。

（2）选择管径：

支管的水流量（Q）计算出来后，查水力计算表，即可得到支管的流速（v）和管径（DN）。喷灌经济流速为 2m/s。也可以用管径计算公式求得支管管径：$DN = (4Q/\pi v)^{1/2}$。

主管管径的确定与主管上连接支管的数量以及设计同时工作的支管数量有关，主管的流量随同时工作的支管数量变化而变化。

8. 确定水泵扬程

$$H = H_{喷} + H_{局} + C_d H_{沿} + H_{立} + H_{地形高差} \tag{3-12}$$

式中　C_d——多口系数（表3-6）。

多口系数 C_d 值 表 3-6

管上出口总数	C_d		管上出口总数	C_d	
	$X=1$	$X=1/2$		$X=1$	$X=1/2$
1	1.000	1.000	11	0.380	0.351
2	0.625	0.500	12	0.376	0.349
3	0.518	0.422	13	0.373	0.348
4	0.469	0.392	14	0.370	0.347
5	0.440	0.378	15	0.367	0.346
6	0.421	0.369	16	0.365	0.345
7	0.408	0.363	17	0.363	0.344
8	0.398	0.358	18	0.361	0.343
9	0.391	0.355	19	0.360	0.343
10	0.383	0.353	20	0.359	0.342

3.2.3 喷灌系统施工

绿地喷灌系统的工作压力较高，隐蔽工程较多，工程质量要求严格。

1. 施工准备

要求施工场地范围内绿化地坪、大树调整、建（构）筑物的土建工程、水源、电源、临时设施应基本到位。

2. 施工放样

施工放样应尊重设计意图，尊重客观实际。放样时应先确定喷头位置，再确定管道位置。

3. 开挖沟槽

因喷灌管道沟槽断面较小，同时也为了防止对地下隐蔽设施的损坏，一般不采用机械方法进行开挖。

沟槽应尽可能挖得窄些，只在各接头处挖成较大的坑。断面形式可取矩形或梯形。沟槽宽度一般可按管道外径加 0.4m 确定；沟槽深度应满足地埋式喷头安装高度及管网泄水的要求，一般情况下，绿地中管顶埋深为 0.5m，普通道路下为 1.2m（不足 1m 时，需在管道外加钢套管或采取其他措施）；沟槽开挖时应根据设计要求保证槽床至少有 0.2% 的坡度，坡向指向指定的泄水点，以便做好防冻。挖好的管槽底面应平整、压实，具有均匀的密实度。

4. 安装管道

管道安装是绿地喷灌工程中的主要施工项目。安装顺序一般先立干管，后支管，再立管。

管道材质不同，其连接方法也不同。目前，喷灌系统中普遍采用的是硬聚氯乙烯（PVC）。硬聚氯乙烯管的连接方式有冷接法和热接法。其中冷接法无需加热设备，便于现场操作，故广泛用于绿地喷灌工程。操作过程中应注意：保证管道工作面及密封圈干净，不得有灰尘和其他杂物；不得在承口上涂润滑剂。安装管道后需要加固管道。

5. 水压试验和泄水试验

6. 回填土方

对于聚乙烯管（PE 软管），填土前应先对管道压力充水至接近其工作压力，以防止回填过程中管道挤压变形。

7. 修筑管网附属设施

主要包括阀门井、泵站等，要严格按照设计图纸进行施工。

8. 安装设备

（1）水泵和电机设备的安装。水泵和电机设备的安装施工必需严格遵守操作规程，确保施工质量。

（2）喷头安装施工注意事项：

1）喷头安装前，应彻底冲洗管道系统，以免管道中的杂物堵塞喷头。

2）喷头的安装高度以喷头顶部与草坪根部或灌本的修剪高度平齐为宜。

3.3 园林排水工程

排水工程的主要任务是：把雨水、废水、污水收集起来并输送到适当地点排除，或经过处理之后再重复利用和排除掉。园林中如果没有排水工程，雨水、污水淤积园内，将会使植物遭受涝灾，滋生大量蚊虫并传播疾病；既影响环境卫生，又会严重影响公园里的所有游园活动。因此，在每一项园林工程中都要设置良好的排水工程设施。

3.3.1　雨水管渠的构成

雨水管渠通常由雨水口、连接管、检查井、干管和出水口五部分组成。

雨水口是雨水管渠上收集雨水的构筑物，其位置应能保证迅速有效地收集地面雨水。

连接管是雨水口与检查井之间的连接管段，其长度一般不超过 25m，坡度不小于 1.5%。

检查井是对管道检查和清理同时也起连接作用而设置的雨水管道系统附属构筑物，通常设在管渠交汇、转弯、管渠尺寸或坡度改变、跌水等处以及相隔一定距离的直线管段上。

出水口设在雨水管渠系统的终端，用以将汇集的雨水排入天然水体。

3.3.2　园林绿地雨水管渠的设计

1. 资料准备

收集和整理所在地区和设计区域的各种原始资料，包括设计区域总平面布置图、竖向设计图，当地的水文、地质、暴雨等资料。

2. 汇水区划分

汇水区根据排水区域地形、地物等情况划分，通常沿山脊线（分水岭）、建筑外墙、道路等进行划分。对各汇水区进行编号并求其面积（F）。

3. 管道布置草图绘制

根据汇水区划分、水流方向及附近城市雨水干管分布情况等，确定管道走向以及雨水口、检查井的位置。对各检查井进行编号并求其地面标高，标出各段管长。

（1）雨水管渠布置的一般规定：

1）管道的最小覆土深度：根据雨水井连接管的坡度、冰冻深度和外部荷载情况确定。雨水管道的最小覆土深度一般为 0.5～0.7m。

2）最小管径和最小设计坡度：雨水管道多为无压自流管，只有具有一定的纵坡值，雨水才能靠自身重力向前流动，而且管径越小所需最小纵坡值越大。雨水管道最小坡度规定，雨水管道最小管径为 200mm，相应坡度为 4%；公园绿地雨水管径为 300mm，相应最小坡度为 3.3%；管径为 350mm，相应最小坡度为 3%；管径为 400mm，相应最小坡度为 2%。

3）最小容许流速：各种管道在自流条件下的最小容许流速不得小于 0.75m/s；各种明渠不得小于 0.4m/s。

4）最大设计流速：流速过大，则会磨损管壁，降低管道的使用年限。各种金属管道的最大设计流速为 10m/s，非金属管道为 5m/s；各种明渠的最大设计流速为：草皮护面、干砌块石、浆砌块石及浆砌砖、混凝土分别是 1.6m/s、2.0m/s、3.0m/s、4.0m/s。

5）管道材料的选择：排水管道材料的种类一般有：铸铁管、钢管、石棉水泥管、陶土管、混凝土管和钢筋混凝土管等。室外雨水的无压排除通常选用陶土管、混凝土管和钢筋混凝土管等。

（2）雨水管渠的布置要点：

1）当地形坡度较大时，雨水干管应布置在地形低的地方；在地形平坦时，雨水干管应布置在排水区域的中间地带，以尽可能地扩大重力流排除范围。

2）尽量利用地形汇集雨水，尽量利用地面输送雨水，以达到所需管线最短。

3）应结合区域的总体规划进行考虑，如道路情况、建筑物情况、远景建设规划等。

4）为了尽快将雨水排入水体，尽量采用分散出水口的方式。

5）雨水口的布置应考虑及时排除附近地面的雨水。

6）在满足冰冻深度和荷载要求的前提下，管道坡度宜尽量接近地面坡度。

4. 计算雨水设计流量

$$Q_s = q\Psi F \qquad (3-13)$$

式中　Q_s——管段雨水设计流量（L/s）；

　　　q——设计暴雨强度 [$L/(s \cdot hm^2)$]；

　　　Ψ——径流系数；

　　　F——汇水面积（hm^2）。

计算出各汇水区的流量，通常设计流量应稍大于计算流量。查表确定各管段的管径、管坡、流速等。根据预先确定的管道起点埋深计算各管段起点和终点的管底标高及管底埋深值。

（1）计算设计暴雨强度 q：

暴雨强度是指单位时间内的降雨量，我国常用的暴雨强度公式为：

$$q = 167A_1(1+C\lg P)/(t+b)^n \qquad (3-14)$$

式中　q——设计暴雨强度 [$L/(s \cdot hm^2)$]；

　　　P——设计重现期（a），一般公园绿地为 1～3 年；

　　　t——降雨历时（min），一般公园绿地为 5～15min；

　　　A_1——设计暴雨强度参数；

　　　b——时间参数；

　　　n——降雨衰减指数；

　　　C——均为地方参数，根据统计方法进行计算确定。

（2）确定各汇水区的平均径流系数值：

径流系数是单位面积径流量与单位面积降雨量的比值，用 Ψ 表示。地面性质不同，其径流系数也不同，各类地面径流系数参考表 3-7。常根据排水流域内各类地面面积所占比例求出平均径流系数。

不同性质地面的径流系数 Ψ 值　　　　　　表 3-7

地面种类	Ψ 值	地面种类	Ψ 值
各种屋面、混凝土和沥青路面	0.9	干砌砖石和碎石路面	0.4
大块石铺砌路面和沥青表面处理的碎石路面	0.6	非铺砌土地面	0.3
级配碎石路面	0.45	公园或绿地	0.15

5. 绘制雨水管道平面图

6. 绘制雨水干管纵剖面图

3.3.3　园林绿地排水方式

1. 地面排水

地面排水即利用地面坡度使雨水汇集，再通过沟、谷、涧、山道等加以组织引导，就近排入附近水体或城市雨水管渠。它是公园排除雨水的一种主要方法，此法经济适用，便于维修，而且景观自然。通过合理安排可充分发挥其优势。利用地形排除雨水时，若地表种植草皮则最小坡度为 0.5%。

2. 明沟排水

主要是土质明沟，其断面形式有梯形、三角形和自然式浅沟，沟内可植草种花，也可任其生长杂草，通常采用梯形断面；在某些地段根据需要也可砌砖、石或混凝土明沟，断面形式常采用梯形或矩形（图 3-7）。

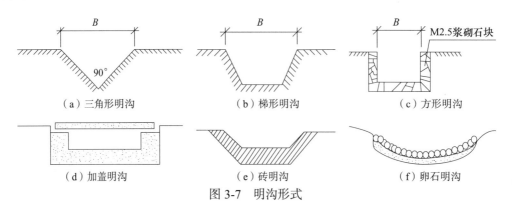

（a）三角形明沟　　　　（b）梯形明沟　　　　（c）方形明沟

（d）加盖明沟　　　　（e）砖明沟　　　　（f）卵石明沟

图 3-7　明沟形式

3. 盲沟排水

盲沟又称暗沟，是一种地下排水渠道，主要用于排除地下水，降低地下水位。在一些要求排水良好的全天候的体育活动场地、地下水位高的地区以及某些不耐水的园林植物生长区等都可以采用盲沟排水。

（1）盲沟排水的优点：取材方便，利用砖石等料，造价相对低廉；地面没有雨水口、检查井之类构筑物，从而保持了园林绿地草坪及其他活动场地的完整性。

（2）盲沟布置形式：取决于地形及地下水的流动方向。常见的布置形式包括树枝式、鱼骨式和铁耙式三种（图 3-8），分别适用于洼地、谷地和坡地。

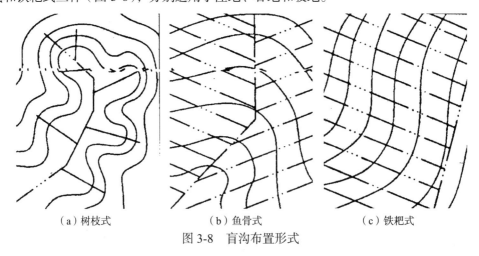

（a）树枝式　　　　（b）鱼骨式　　　　（c）铁耙式

图 3-8　盲沟布置形式

（3）盲沟的埋深和间距：盲沟的埋深主要取决于植物对地下水位的要求、受根系破坏的影响、土壤质地、冰冻深度及地面荷载情况等因素，通常在 1.2～1.7m；支管间距则取决于土壤种类、排水量和排水要求，要求高的场地应多设支管，支管间距一般为 9～24m。

（4）盲沟纵坡：盲沟沟底纵坡不小于 0.5%。只要地形等条件许可，纵坡坡度应尽可能取大些，以利于地下水的排除。

（5）盲沟的构造：因透水材料多种多样，故盲沟也有多种类型。常用材料及构造形式，如图 3-9 所示。

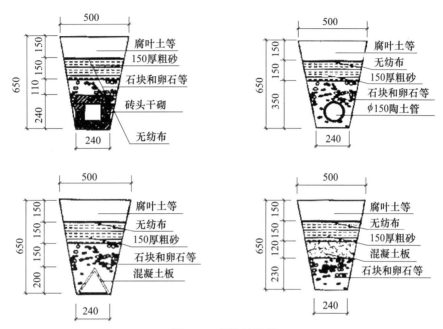

图 3-9　盲沟的构造

4. 地表径流的排除

地表径流是指雨水径流对地表的冲刷，造成危害，是地面排水所面临的主要问题。必须采取合理措施来防止冲刷，保持水土，维护园林景观。通常从以下几方面来解决。

（1）竖向设计排除：

1）控制地面坡度，使之不要过陡，不至于造成过大的地表径流速度。如果坡度大而不可避免，需设加固措施。

2）同一坡度的坡面不宜延续过长，应有起伏变化，以免造成大的地表径流。

3）利用顺等高线的盘谷山道、谷线等组织拦截，分散排水。

（2）工程措施排除。

在园林工程中，除了在竖向设计中考虑外，有时还必须采取工程措施防止地表冲刷，也可以结合景点设置。常用的工程措施包括：

1）消能石（谷方）。

在山谷及沟坡较大的汇水线上，容易形成大流速地表径流，为防止其对地表的冲刷，在汇水区布置一些山石，减缓水流的冲力，这些山石就称为"谷方"。消能石须深埋浅露，布置得当，还能成为园林中动人的水景。

2）挡水石和护土筋。

利用山道边沟排水，坡度变化较大时，为减少流速大的水流对道路的冲击，常在道路旁或陡坡处设挡水石和护土筋，结合道路曲线和植物种植可形成小景。

3）出水口。

园林中利用地面或明渠排水，在排入园内水体时，为了保持岸坡结构稳定可结合造景，出水口应做适当处理。"水簸箕"是一种敞口排水槽，槽身的加固可采用三合土、浆砌块石（或砖）或混凝土。

（3）利用植物排除。

园林植物具有对地表径流加以阻碍、吸收以及固土等诸多作用，合理种植、用植被覆盖地面是防止地表径流的有效措施与正确选择。

（4）埋管排水排除。

地势低洼处无法用地面排水时，可采用管渠进行排水，尽快将园林绿地的积水排除。

第4章 水景工程

4.1 自然式园林水景

4.1.1 人工湖设计与施工

湖属于静态水体，有天然湖和人工湖之分。前者是自然的水域景观，如著名的云南滇池、杭州西湖、广东星湖、扬州瘦西湖等。人工湖则是人工依地势就低挖掘而成的水域，沿岸因境设景，形成自然天成的图画，如深圳仙湖和一些现代公园的人工湖。湖的特点是水面宽阔平静，具有平远开朗之感。此外，湖往往有一定的水深以利于水产，湖岸线和周边天际线较好。有时，还常在湖中利用人工堆土成小岛（图4-1），用来划分水域空间，使水景层次更为丰富。

图4-1　人工湖景观图

1. 人工湖的设计

建造人工湖，首先是要做好水体平面形状的设计，其次是对水体驳岸的结构进行设计，水景附属设施如观景平台、码头等的设计也很重要。人工湖设计包括平面设计（表达湖岸线和水域范围）、竖向设计（表达水深、湖底地形）、结构设计（包括湖底结构、水景附属设施和驳岸结构）。

（1）湖池平面设计。湖池的平面形状，亦岸线形状，直接影响到湖池的水景形象及风景效果。水又有大小之分：水大则为衬托背景，得水而媚，组成景点的脉络；水长则是自然溪涧的源远流长，利用宽窄对比，深邃藏幽，借收放而呈序列变化，借带状水面的导向性而引人入胜；水小则成为视线的焦点，或景点观赏的引导。湖池设计时应注意：

1）湖池与周围环境的关系。要注意水面形状宜大致与所在地块的形状保持一致，湖池水面的大小宽窄与环境的关系比较密切。水面的纵、横长度与水边景物高度之间的比例关系，对水景效果影响很大。水面窄，水边景物高，则在水区内视线的仰角比较大，水景空间的闭合性也比较强。在闭合空间中,水面的面积看起来一般都比实际面积要小。

2)湖池水位设计。要注意湖池水位设计,选择合适的排水设施,如水闸、溢流孔(槽)、排水孔等;湖池的水深一般不是均匀的,应由水体功能决定,如:划船为1.5~3m;水体自净需要1.5m左右;距岸边、桥边、汀步边以外宽1.5~2m的带状范围内,要设计为安全水深,不超过0.7m;庭园内的水景池常栽植水生植物和养观赏鱼,可设计为0.7m左右。

3)湖池的基址选择。应选择壤土、土质细密、土层厚实之地,不宜选择过于黏质或渗透性大的土质为湖址。如果渗透力大于0.009m/s时,必须采取工程措施设置防漏层。

4)岸线。岸边曲线除了山石驳岸可以有细碎曲弯和急剧的转折外,一般岸线都宜缓和一点。

5)水体空间划分处理手法。湖池设计中,有时需要通过对两岸岸线进行凹凸处理来划分,使之成为两个或者两个以上的水区。或者通过桥、岛、建筑物、堤岸、汀石等手法来划分,以丰富水景空间的造型层次和景深感。

桥:池中桥宜建于水面窄处。小水面场合,桥以曲折低矮、贴水而架最能"小中见大",空间相互渗透流通,产生倒影,增加风景层次。桥与栏杆多用水平条石砌筑,适宜的尺度,令人顿生轻快舒展之感。大水面场合,应有堤桥分隔,并化大为小,以小巧取胜。其高低曲折,应视水面大小而定。

岛:注意与水面的尺度比例协调,小水面不宜设岛。大水面可设岛屿,大不宜居中,应偏于一侧,自由活泼。池中可设刀、岛,岛中也可设池,构成"池中池"的复合空间。

堤岸:一般有土堤、池岸、驳岸、岩壁、石矶、散礁等,大水面常用堤岸来分隔水面,长堤宜曲折,堤中设桥,多为拱桥。桥孔不宜过多。以巧为上。堤岸贴近水面处可使石块挑出水面,凹凸结合,高低错落形成洞穴,从而自然地勾画出窈窕曲折的水面轮廓线,似泉若渊,深邃幽趣。

建筑物:于水面上,建造水廊、榭、阁、舫等,建筑临水而筑构成近水楼台、平湖秋月式的空间环境,相互生辉。水榭、石舫两栖于岸边、水中,其外层还可建设水廊,使空间复合,倒影相映,另具一番水乡情趣。

汀石:于小水面或大水面收缩或弯头落差处,可在水中置石,散点成线,借以代桥,通向对岸。汀石也可由混凝土仿生制成。汀石半浸碧水,人步其间,有喜、有趣、有险。

上述,仅为水池的静水界面空间处理手法,为增添园林景色,还可结合地形,布置溪涧飞瀑,筑山喷泉造成有声、有色、有势的动水空间,动静结合,相映成趣。

(2)堤岛设计。

1)堤景。功能:分隔园林湖池水面和提供深入水面的步行游览环境,并有重要的造景作用。堤的设计形式:主要分直堤和曲堤。直堤常见于古代修建的堤和现代建的较短的堤;曲堤则是现代园林水体中常见的形式。做法:园林中的主要是挖湖施工中按照设计图所绘线形预留不挖的土梗形成的,一般或为土驳岸,或为砖石整形的或者是山石驳岸。

2)岛景。功能:创造理想的眺望点,划分水面空间,打破水面平淡单调感,增加水上活动等。设计注意事项:位置;数量以少而精为佳;形状大小与池协调,同湖岸有呼应关系;名木古树,可以此地筑岛;宜选地势较高处。造型分类:平岛、山岛、池岛等。其他要素:岸线设计、驳岸构造、植物配植、建筑设置。

(3)水景平台设计。

1)功能:观赏水景、露天茶座、露天舞台。

2）布置：一般建于临水建筑如亭、榭、廊等与水面相交的地带，且平台前面的水面一定要比较广阔或纵深条件比较好。

3）平面：常采用多种规则的平面形式，一般不设计为自然式平面。

2. 人工湖体的施工

（1）认真分析设计图纸，并按设计图纸确定土方量。

（2）详细踏勘现场，按设计线形定点放线。放线可用石灰、黄沙等材料。打桩时，沿湖池外缘15～30cm打一圈木桩，第一根桩为基准桩，其他桩皆以此为准。基准桩即是湖体的池缘高度。桩打好后，注意保护好标志桩、基准桩。并预先准备好开挖方向及土方堆积方法。

（3）考察基址渗漏状况。好的湖底全年水量损失占水体的比例5%～10%；一般湖底占比10%～20%；较差的湖底占比20%～40%，以此制定施工方法及工程措施。

（4）湖体施工时排水尤为重要。如水位过高，施工时可用多台水泵排水，也可通过梯级排沟排水，由于水位过高，为避免湖底受地下水的挤压而被抬高，必须特别注意地下水的排放。通常用15cm厚的碎石层铺设整个湖底，上面再铺5～7cm厚的沙子就足够了。如果这种方法还无法解决，则必须在湖底开挖环状排水沟，并在排水沟底部铺设带孔的聚氯乙烯（PVC）管，四周用碎石填塞（图4-2），会取得较好的排水效果。同时要注意开挖岸线的稳定，必要时要用块石或竹木支撑保护，最好做到护坡或驳岸的同步施工。通常基址条件较好的湖底不做特殊处理，适当夯实即可。但渗漏性较严重的必须采取工程手段。常见的措施有灰土层湖底、塑料薄膜湖底和混凝土湖底等做法（图4-3）。

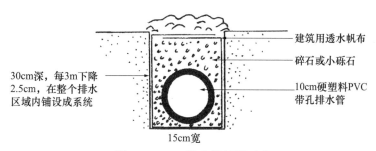

图4-2 PVC排水管铺设示意

（5）湖底做法应因地制宜。其中灰土做法适于大面积湖体，混凝土湖底宜于较小的湖池。图4-3是几种常见的湖底施工方法。

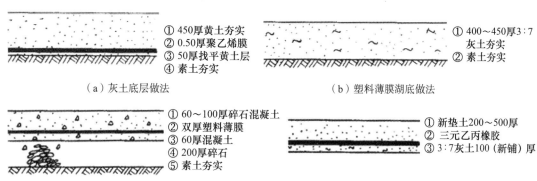

（a）灰土底层做法
① 450厚黄土夯实
② 0.50厚聚乙烯膜
③ 50厚找平黄土层
④ 素土夯实

（b）塑料薄膜湖底做法
① 400～450厚3：7灰土夯实
② 素土夯实

（c）塑料薄膜放水层小湖底做法
① 60～100厚碎石混凝土
② 双厚塑料薄膜
③ 60厚混凝土
④ 200厚碎石
⑤ 素土夯实

（d）旧水池翻新池底做法
① 新垫土200～500厚
② 三元乙丙橡胶
③ 3：7灰土100（新铺）厚

图4-3 几种简易湖底的做法

（6）湖岸处理。湖岸的稳定性对湖体景观有特殊意义，应予以重视。先根据设计图严格将湖岸线用石灰放出，放线时应保证驳岸（或护坡）的实际宽度，并做好各控制基桩的标注。开挖后要对易崩塌之处用木条、板（竹）等支撑（参见土方施工），遇到洞、孔等渗漏性大的地方，要结合施工材料采用抛石、填灰土、三合土等方法处理。如岸壁土质良好，做适当修整后可进行后续施工（详见驳岸和护坡工程）。湖岸的出水口常设计成水闸，水闸应保证足够的安全性。

4.1.2 小溪设计与施工

现代园林中的小溪（图 4-4）是自然界溪流的艺术再现，是连续的带状动态水体。清溪浅而宽，水沿滩泛溢而下，轻松愉快，柔和如意。如将清溪加深变窄，则成为"涧"，涧水量充沛，水流急湍，扣人心弦。目前园林中以小溪应用更为广泛。

图 4-4 园林小溪景观图

1. 小溪的设计

（1）平面设计。园林中溪涧的布置讲究师法自然，宽窄曲直对比强烈，空间分隔开合有序。平面上要求蜿蜒曲折，整个带状游览空间层次分明，组合有致，富于节奏感。

（2）立面设计。立面上要求有缓有陡，布置溪涧最好选择有一定坡度的基址，并依流势而设计，急流处 5% 左右，缓流处 0.5%～1%，普通的溪流多为 0.5% 左右，溪流宽 1～2m，水深 5～10cm，一般不超过 30cm 为宜，平均流量为 $0.5m^3/s$，流速 20cm/s。据经验，一条长 30m 的小溪需要一个 $3.8m^3$ 的蓄水池。要充分利用水姿、水色和水声。通过溪道中散点山石创造水的各种流态，配植沉水植物，间养红鲤赏其水色，布置跌水可听其水声。

（3）结构设计。通过绘制小溪剖面图，表现溪壁和溪底的结构、材料、尺寸，还要表现小溪的给排水系统以及溪底的高程和坡度。

2. 小溪的施工

（1）施工准备。主要环节是进行现场踏查，熟悉设计图纸，准备施工材料、施工机具、施工人员。对施工现场进行清理平整，接通水电，搭置必要的临时设施等。

（2）溪道放线。依据已确定的小溪设计图纸用白粉笔、黄沙或绳子等在地面上勾画出小溪的轮廓，同时确定小溪循环用水的出水口和承水池间的管线走向。由于溪道宽窄变化多，放线时应加密打桩量，特别是转弯点。各桩要标注清楚相应的设计高程，变坡点（设计小跌水之处）要做特殊标记。

（3）溪槽开挖。小溪要按设计要求开挖，最好掘成 U 形坑，因小溪多数较浅，表层土壤较肥沃，要注意将表土堆放好，作为溪涧种植用土。溪道开挖要求有足够的宽度和深度，以便安装散点石。值得注意的是，一般的溪流在落入下一段之前都应有至少 7cm 的水深，故挖溪道时每一段最前面的深度都要深些，以确保小溪的自然。溪道挖好后，必须将溪底基土夯实，溪壁拍实。如果溪底用混凝土结构，先在溪底铺 10～15cm 厚的碎石层作为垫层。

（4）溪底施工。

1）混凝土结构。在碎石垫层上铺上沙子（中沙或细沙），垫层 2.5～5cm，盖上防水材料（EPDM、油毡卷材等），然后现浇混凝土（水泥强度等级、配比参阅水池施工），厚度 10～15cm（北方地区可适当加厚），其上铺 M7.5 水泥砂浆约 3cm，然后再铺素水泥浆 2cm，按设计铺上卵石即可。

2）柔性结构。如果小溪较小，水又浅，溪基土质良好，可直接在夯实的溪道上铺一层 2.5～5cm 厚的沙子，再将衬垫薄膜盖上。衬垫薄膜纵向的搭接长度不得小于 30cm，留于溪岸的宽度不得小于 20cm，并用砖、石等重物压紧。最后用水泥砂浆把石块直接粘在衬垫薄膜上。

（5）溪壁施工。溪岸可用大卵石、砾石、砖、石料等铺砌处理。与溪道底一样，溪岸也必须设置防水层，防止溪流渗漏。如果小溪环境开朗，溪面宽、水浅，可将溪岸做成草坪护坡，且坡度尽量平缓。临水处用卵石封边即可。

（6）溪道装饰。为使溪流更自然有趣，可将较少的鹅卵石铺在溪床上，这会使水面产生轻柔的涟漪。同时按设计要求进行管网安装，最后点缀少量景石，配以水生植物，饰以小桥、汀步等小品。

（7）试水。试水前应将溪道全面清洁和检查管路的安装情况，然后打开水源，注意观察水流及岸壁，如达到设计要求，说明溪道施工合格。

3. 实践示例

自然界中的溪流多是在瀑布或涌泉下游形成的，上通水源，下达水体（图4-5）。溪岸高低错落，流水清澈晶莹，且多有散石净沙，绿草翠树，很能体现水的姿态和声音。园林中由于地形条件的限制，在平坦的基址上设计小溪有一定的难度，但通过合理有效的工程措施是可以再现自然溪流的，且不乏佳例。

图4-6是北京颐和园后溪河，它通过带状水面将分散的景点连贯一体，强烈的宽窄对比，不同的空间交替，幽深曲折，形成忽开忽合、时收时放的节奏变化。

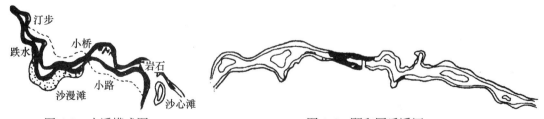

图 4-5　小溪模式图　　　　　　　　　　图 4-6　颐和园后溪河

北京双秀公园竹溪（图4-7）是喷水池与小溪结合的水景，小溪从山腰山石处跌宕而下，曲折蜿蜒于平地，溪岸山石点置，溪涧架桥建亭，溪底铺卵石净沙，岸边连翘、榆叶梅、碧桃相间配植，整条水溪精巧玲珑、清秀多姿。无锡寄畅园的八音涧，颐和园谐趣园内的玉琴峡等更是人工理水的范作。

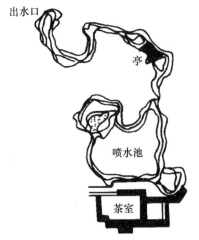

图 4-7　北京双秀公园竹溪

4.1.3　瀑布设计与施工

瀑布属于动态水体，有天然瀑布和人工瀑布之分。天然瀑布是由于河床突然陡降形成落水高差，水经陡坎跌落如布帛悬挂在空中，形成千姿百态的落水景观。人工瀑布是以天然瀑布为蓝本，通过工程手段而营造的水景景观。

1. 瀑布的设计

（1）选择瀑布的形式。

1）按瀑布跌落方式分为：直瀑、分瀑、跌瀑和滑瀑。

2）按瀑布口的设计形式分为：① 布瀑：瀑布的水像一片又宽又平的布一样飞落而下。② 带瀑：从瀑布口落下的水流，组成一排水带整齐地落下。③ 线瀑：排线状的瀑布水流如同垂落的丝帘，这是线瀑的水景特色。

（2）明确瀑布的设计要点。

1）筑造瀑布景观，应师法自然，以自然的瀑布作为造景砌石的参考，来体现自然情趣。

2）设计前需先行勘查现场地形，以决定大小、比例及形式，并依此绘制平面图。

3）瀑布设计有多种形式，筑造时要考虑水源的大小、景观主题，并依照岩石组合形式的不同进行合理的创新和变化。

4）庭园属于平坦的地形时，瀑布不要设计得过高，以免看起来不自然。

5）为节约用水，减少瀑布流水的损失，可装置循环水流系统的水泵，平时只需补充一些因蒸散而损失的水量。

6）应以岩石及植栽隐蔽出水口，切忌露出塑胶水管，否则将破坏景观的自然。

7）岩石间的固定除用石与石互相咬合外，目前常以水泥强化其安全性，但应尽量以植栽掩饰，以免破坏自然山水的意境。

（3）瀑布的结构设计。瀑布一般由背景、上游水源、落水口、瀑身、承水潭和溪流六部分构成（图 4-8）。人工瀑布常以山体上的山石、树木组成浓郁的背景，上游积聚的水（或水泵动力提水）流至落水口，落水口也称瀑布口，其形状和光滑程度影响到瀑布水态，其水流量是瀑布设计的关键。瀑身是观赏的主体，落水后形成深潭经小溪流出。

（4）瀑布的细部设计。景观良好的瀑布具有以下特征：一是水流经过的地方常由坚硬扁平的岩石构成，瀑布边缘轮廓清晰可见，人工模仿的瀑布常设置各种主景石，如镜石、分流石、破滚石、承瀑石等；二是瀑布口多为结构紧密的岩石悬挑而出，俗称泻水石，水由落水口倾泻而下，水力巨大，泥沙、细石及松散物均被冲走；三是瀑布落水后接承水潭，潭周有被水冲蚀的岩石和散生湿生植物。瀑布落水形式多种多样，如直落、布落、对落、滑落等。

（5）瀑布用水量设计。首先瀑布必须有足够的水源。如果园址内有天然水源，可直接利用水位差供水。目前，人工瀑布多用水泵循环供水（图4-9）。瀑布要求较高的水质，因此一般都应配置过滤设备。根据经验，2m高的瀑布，每米宽度流量为 $0.5m^3/min$ 较为适当；3m高的瀑布，沿墙滑落，水厚3～5mm；若为一般瀑布，水厚约10mm；颇具气势的瀑布，则水厚通常在20mm以上。一般瀑布落差越大，所需水量越多。反之，需水量越小。表4-1是瀑布用水量估算情况。

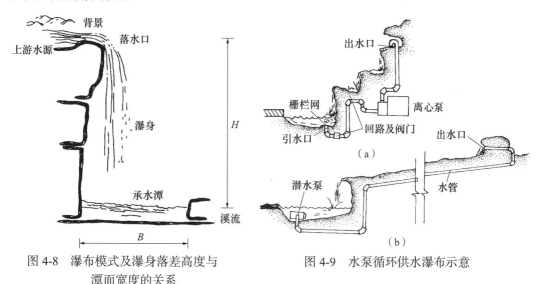

图 4-8　瀑布模式及瀑身落差高度与
　　　　　潭面宽度的关系

图 4-9　水泵循环供水瀑布示意

瀑布用水量估算表（每米用水量）　　　　　　　　表 4-1

瀑布落水高度（m）	蓄水池水深（m）	用水量（L/s）	瀑布落水高度（m）	蓄水池水深（m）	用水量（L/s）
0.30	6	3	3.00	19	7
0.90	9	4	4.50	22	8
1.50	13	5	7.50	25	10
2.10	16	6	＞7.50	32	12

（6）瀑布出水口的设计。不论引用自然水源还是自来水，均应于出水口上端设立水槽储水。水槽设于假山上隐蔽的地方，水经过水槽，再由水槽中落下。为保证瀑布效果，要求出水口水平光滑。实践中，常利用下列方法来保证出水口有较好的出水效果。

1）将出水口处的山石做卷边处理；

2）堰唇采用青铜或不锈钢制作；

3）适当增加堰顶水槽深度；

4）在出水管口处设置挡水板，降低流速；

5）可将出水口处山石做拉道处理，凿出细沟，设计成丝带状滑落。

（7）瀑布承水潭设计。宽度至少应是瀑布高度的 2/3，即 $B = 2/3H$（图 4-10），以防上水花溅出，且保证落水点为池的最深部位。如需安装照明设备，其基本水深应在 30cm 左右。

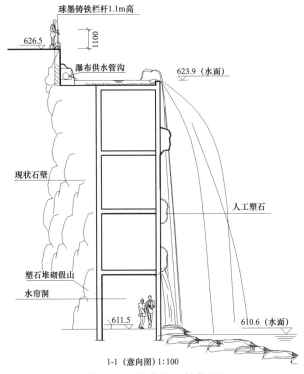

1-1（意向图）1：100

图 4-10　瀑布施工结构图

就结构而言，凡瀑布流经的岩石缝隙都必须封死，以免泥土冲刷至潭中，影响瀑布水质。瀑身一般不宜采用白色材料作饰面，如白色花岗岩。利用料石或花砖铺砌墙体时，必须密封沟缝，避免墙体"起霜"。

2. 瀑布的施工

（1）现场放线。可参考小溪放线，但要注意落水口与承水潭的高程关系（用水准仪校对），同时要将落水口前的高位水池用石灰或沙子放出。如属掇山型瀑布，平面上应将掇山位置采用"宽打窄用"的方法放出外形，这类瀑布施工最好先按比例做出模型，以便施工时参考。还应注意循环供水线路的走向。

（2）基槽开挖。可采用人工开挖，挖方时要经常以施工图校对，避免过量挖方，保证各落水高程的正确。如瀑道为多层跌落方式，更应注意各层的基底设计坡面。承水潭的挖方请参考水池施工。

（3）瀑道与承水潭施工。请参考小溪溪道和水池的施工。图 4-11 是瀑布承水池池底的常用结构。

（4）管线安装。对于埋地管可结合瀑道基础施工时同步进行。各连接管（露地部分）在浇捣混凝土 1～2d 后安装，出水口管段一般待山石堆掇完毕后再连接。

（5）瀑布装饰与试水。根据设计的要求对瀑道和承水潭进行必要的点缀，如铺上卵石、种上水草，铺上净砂、散石，必要时安装灯光系统。瀑布的试水与小溪相同。

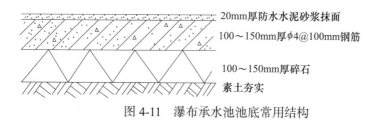

图 4-11 瀑布承水池池底常用结构

4.2 驳岸、护坡

4.2.1 驳岸设计

园林中的各种水体需要有稳定、美观的岸线，并使陆地与水面之间保持一定的比例关系，防止因水岸坍塌而影响水体，因而应在水体的边缘修筑驳岸或进行护坡处理。

1. 确定驳岸形式

根据实际情况和设计要求，选择合适的驳岸形式。

（1）按照驳岸的造型，驳岸有规则式驳岸、自然式驳岸和混合式驳岸三种。

1）规则式驳岸。规则式驳岸指用块石、砖、混凝土砌筑的几何形式的岸壁，如常见的重力式驳岸、半重力式驳岸、扶壁式驳岸等（图 4-12）。规则式驳岸多属永久性的，要求较好的砌筑材料和较高的施工技术。其特点是简洁规整，但缺少变化。

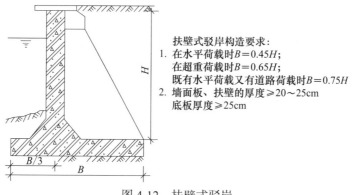

扶壁式驳岸构造要求：
1. 在水平荷载时 $B=0.45H$；
   在超重荷载时 $B=0.65H$；
   既有水平荷载又有道路荷载时 $B=0.75H$
2. 墙面板、扶壁的厚度 $\geqslant 20\sim25cm$
   底板厚度 $\geqslant 25cm$

图 4-12 扶壁式驳岸

2）自然式驳岸。自然式驳岸是指外观较自然、有固定形状或规格的岸坡处理，如常用的假山石驳岸、卵石驳岸。这种驳岸为自然堆砌而成，景观效果好。

3）混合式驳岸。混合式驳岸是规则式与自然式驳岸相结合的驳岸造型。一般为毛石岸墙，自然山石岸顶。混合式驳岸易于施工，具有一定装饰性，适用于地形许可且有一定装饰要求的湖岸。

（2）按照驳岸的材料，驳岸分为砌石驳岸、桩基驳岸和竹篱、板墙驳岸。

1）砌石驳岸。砌石驳岸是指在天然地基上直接砌筑的驳岸，埋设深度不大，但基址坚实稳固。如块石驳岸中的虎皮石驳岸、条石驳岸、假山石驳岸等。此类驳岸的选择应根据基址条件和水景观要求确定，既可处理成规则式驳岸，也可做成自然式驳岸（图 4-13、图 4-14）。

2）桩基驳岸。桩基是我国古老的水工基础做法，在水利建设中得到广泛应用，直至现在仍是一种常用的水工地基处理手法。当地基表面为松土层且下层为坚实土层或基岩时最宜用桩基。其特点是：基岩或坚实上层位于松土层下，桩尖打下去，通过桩尖将上部荷载传给下面的基岩或坚实土层；若桩打不到基岩，则利用摩擦桩，借摩擦桩侧表面与泥土间的摩擦力将荷载传到周围的土层中，以达到控制沉陷的目的。

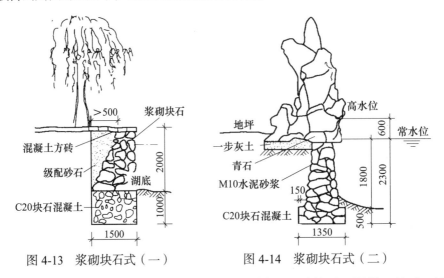

图 4-13　浆砌块石式（一）　　　图 4-14　浆砌块石式（二）

图 4-15 是桩基驳岸结构示意图，它由桩基、卡裆石、盖桩石、混凝土基础、墙身和压顶等几部分组成。卡裆石是桩间填充的石块，起保持木桩稳定作用。盖桩石为桩顶浆砌的条石，作用是找平桩顶以便浇灌混凝土基础。基础以上部分与砌石类驳岸相同。

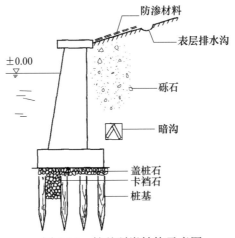

图 4-15　桩基驳岸结构示意图

3）竹篱、板墙驳岸。竹篱、板墙驳岸是另一种类型的桩基驳岸。驳岸打桩后，基础上部临水面墙身由竹篱（片）或板片镶嵌而成，适于临时性驳岸。竹篱驳岸造价低廉、取材容易，施工简单，工期短，能使用一定年限，凡盛产竹子，如毛竹、大头竹的地方都可采用。施工时，竹桩、竹篱要涂上一层柏油，目的是防腐。竹桩顶端由竹节处截断以防雨水积聚，竹片镶嵌直顺紧密牢固（图 4-16、图 4-17）。

由于竹篱缝很难做得密实，这种驳岸不耐风浪冲击、淘刷和游船撞击，岸上很容易被风浪淘刷，造成岸篱分开，最终失去护岸功能。因此，此类驳岸适用于风浪小、岸壁要求不高、土壤较黏的临时性护岸地段。

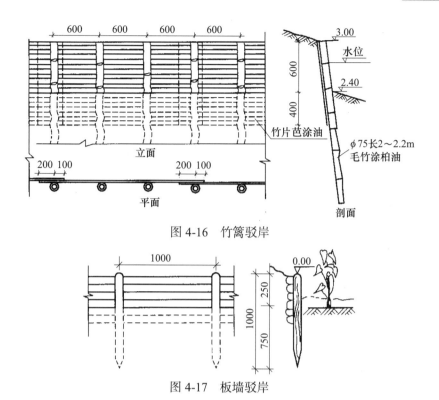

图 4-16 竹篱驳岸

图 4-17 板墙驳岸

2. 驳岸的结构设计

驳岸的常见构造由基础、墙身和压顶三部分组成（图 4-18）。

（1）基础。基础是驳岸承重部分，通过它将上部重量传给地基。因此，驳岸基础要求坚固，埋入湖底深度不得小于 50cm，基础宽度 B 则视土壤情况而定，砂砾土为（0.35～0.4）h，砂壤土为 $0.45h$，湿砂土为（0.5～0.6）h，饱和土壤土为 $0.75h$。

（2）墙身。墙身处于基础与压顶之间，承受压力最大，包括垂直压力、水的水平压力及墙后土壤侧压力。因此，墙身应具有一定的厚度，墙体高度要以最高水位和水面浪高来确定。

（3）压顶。压顶应以贴近水面为好，便于游人亲近水面，并显得蓄水丰盈饱满。压顶为驳岸最上部分，宽度为 30～50cm，用混凝土或大块石做成。其作用是增强驳岸稳定，美化水岸线，阻止墙后土壤流失。图 4-19 是重力式驳岸结构尺寸图，与表 4-2 配合使用。整形式块石驳岸迎水面常采用 1:10 边坡。

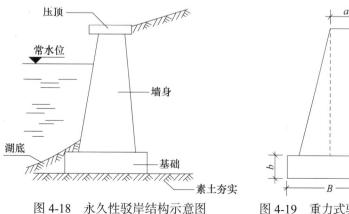

图 4-18 永久性驳岸结构示意图　　　图 4-19 重力式驳岸结构尺寸

　　如果水体水位变化较大，即雨季水位很高，平时水位很低，为了保证岸线景观性，则可将岸壁迎水面做成台阶状，以适应水位的升降。砌石类驳岸结构做法见图 4-20～图 4-24。

常见块石驳岸选用表（单位：cm）　　　　　　　　　　　　　　表 4-2

h	a	B	b
100	30	40	30
200	50	80	30
250	60	100	50
300	60	120	50
350	60	140	70
400	60	160	70
500	60	200	70

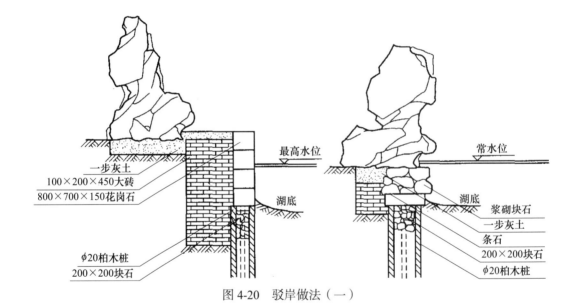

图 4-20　驳岸做法（一）

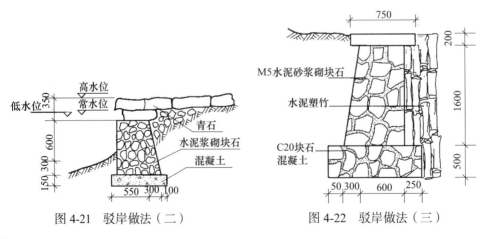

图 4-21　驳岸做法（二）　　　　图 4-22　驳岸做法（三）

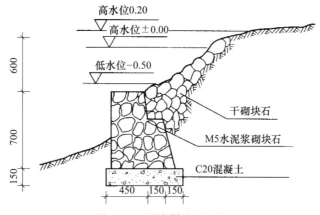

图 4-23 驳岸做法（四）

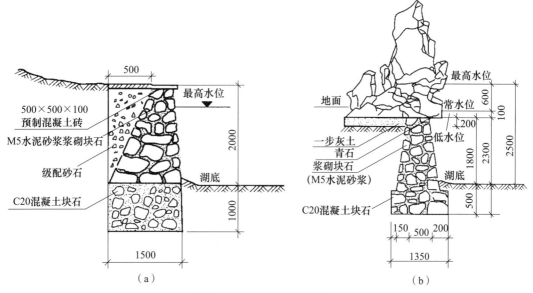

（a）

（b）

图 4-24 驳岸做法（五）

4.2.2 驳岸施工

驳岸施工前应进行现场调查，了解岸线地质及有关情况，作为施工时的参考。

1. 放线

布点放线应依据设计图上的常水位线，确定驳岸的平面位置，并在基础两侧各加宽20cm放线。

2. 挖槽

一般由人工开挖，工程量较大时采用机械开挖。为了保证施工安全，对需要放坡的地段，应根据规定进行放坡。

3. 夯实地基

开槽后应将地基夯实。遇土层软弱时需进行加固处理。

4. 浇筑基础

一般为块石混凝土，浇筑时应将块石分隔，不得互相靠紧，也不得置于边缘。

5. 砌筑岸墙

浆砌块石岸墙的墙面应平整、美观；砌筑砂浆饱满，勾缝严密。每隔 25～30m 做伸缩缝，缝宽 3cm，可用板条、沥青、石棉绳、橡胶、止水带或塑料等防水材料填充。填充时应略低于砌石墙面，缝用水泥砂浆勾满。如果驳岸有高差变化，则应做沉降缝，确保驳岸稳固。驳岸墙体应于水平方向 2～4m、竖直方向 1～2m 处预留泄水孔，口径为 120mm×120mm，便于排除墙后积水，保护墙体。也可于墙后设置暗沟，填置砂石排除积水。

6. 砌筑压顶

可采用预制混凝土板块压顶，也可采用大块方整石压顶。顶石应向水中至少挑出 5～6cm，并使顶面高出最高水位 50cm 为宜。

7. 驳岸施工前，一般应放空湖水，以便于施工

新挖湖池应在蓄水之前进行驳岸施工。属于城市排洪河道、蓄洪湖泊的水体，可分段围堵截流，排空作业现场围堰以内的水。选择枯水期施工，如枯水位距施工现场较远，当然也就不必放空湖水再施工。驳岸采用灰土基础时，以干旱季节施工为宜，否则会影响灰土的凝结。浆砌块石施工中，砌筑要密实，要尽量减少缝穴，缝中灌浆务必饱满。浆砌块石缝一定应控制在 2～3cm，勾缝可稍高于石面。

8. 为防止冻凝，驳岸应设伸缩缝并兼作沉降缝

伸缩缝要做好防水处理，同时也可采用结合景观的设计使驳岸曲折有度，这样既丰富驳岸的变化，又减少伸缩缝的设置，使驳岸的整体性更强。

9. 为排除地面渗水或地面水在岸墙后的滞留，应考虑设置泄水孔

泄水孔可等距离分布，平均 3～5m 处可设置一个处。在孔后可设倒滤层，以防阻塞（图 4-25）。

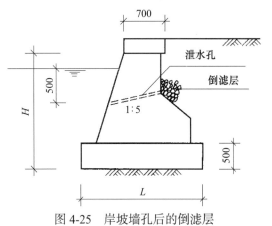

图 4-25　岸坡墙孔后的倒滤层

4.2.3　护坡的设计与施工

护坡在园林工程中得到广泛应用，原因在于水体的自然缓坡能产生自然、亲水的效果。护坡的设计选择应依据坡岸用、透视效果、水岸地质状况和水流冲刷程度而定。目前常见的方法有铺石护坡、灌木护坡和草皮护坡。

1. 铺石护坡

当坡岸较陡，风浪较大或因造景需要时，可采用铺石护坡，如图 4-26 所示。铺石护坡由于施工容易，抗冲刷力强，经久耐用，护岸效果好，还能因地造景，灵活随意，是园林常

见的护坡形式。

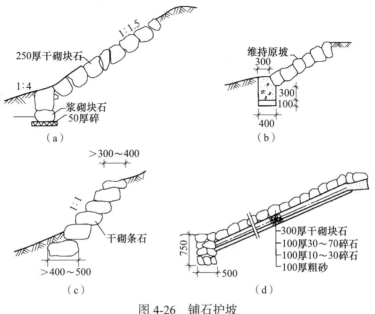

图 4-26 铺石护坡

护坡石料要求吸水率低（小于等于 1%）、密度大（大于 2t/m³）和较强的抗冻性，如石灰岩、砂岩、花岗石等岩石，以块径为 18～25cm、长宽比为 1:2 的长方形石料最佳。

铺石护坡的坡面应根据水位和土壤状况确定，一般常水位以下部分坡面的坡度小于 1:4，常水位以上部分采用 1:1.5。

施工方法如下：首先把坡岸平整好，并在最下部挖一条梯形沟槽，槽沟宽 40～50cm，深 50～60cm。铺石以前先将垫层铺好，垫层的卵石或碎石要求大小一致，厚度均匀，铺石时由下至上铺设。下部要选用大块的石料，以增加护坡的稳定性。铺时石块摆成丁字形，与岸坡平行，一行一行往上铺，石块与石块之间要紧密相贴，如有突出的棱角，应用铁锤将其敲掉。稍后检查一下质量，即当人在铺石上行走时铺石是否移动，如果不移动，则施工质量合乎要求。下一步就是用碎石嵌补铺石缝隙，再将铺石填实即成。

2. 灌木护坡

灌木护坡较适于大水面平缓的坡岸。由于灌木有韧性，根系盘结，不怕水淹，能削弱风浪冲击力，减少地表冲刷，因而护岸效果较好。护坡灌木要具备速生、根系发达、耐水湿、株矮常绿等特点，可选择沼生植物护坡。施工时可直播，可植苗，但要求较大的种植密度（图 4-27）。若因景观需要，强化天际线变化，可适量植草和乔木。

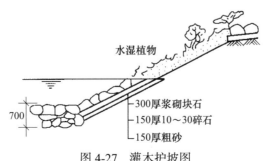

图 4-27 灌木护坡图

3. 草皮护坡

草皮护坡适于坡度在 1:5~1:20 的湖岸缓坡。护坡草种要求耐水湿,根系发达,生长快,生存力强,如假俭草、狗牙根等。护坡做法按坡面具体条件而定,如果原坡面有杂草生长,可直接利用杂草护坡,但要求美观。也有直接在坡面上播草种,加盖塑料薄膜,或如图 4-28 所示,先在方形板、六角形板上种草,然后用竹竿将四角固定作护坡。最为常见的是块状或带状种草护坡,铺草时沿坡面自下而上呈网状铺草,用木方条分隔固定,稍加压踩。若要增加景观层次,丰富地貌,加强透视感,可在草地散置山石,配以花灌木。

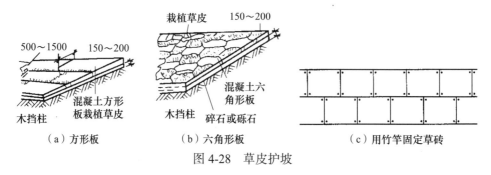

（a）方形板　　　　（b）六角形板　　　　　　（c）用竹竿固定草砖

图 4-28　草皮护坡

4.2.4　驳岸理论知识

1. 驳岸的概念

驳岸是一面临水的挡土墙,是支持陆地和防止岸壁坍塌的水工构筑物。

园林水体要求有稳定、美观的水体以维持陆地和水面一定的面积比例,防止陆地被淹或池岸坍塌而扩大水面。因此在水体边缘必须建造边与护坡。否则冻胀、浮托、风浪淘刷或超重荷载会造成塌陷,岸壁崩塌会淤积水池,使湖岸线变位、变形、水的深度减小,最后在水体周围形成浅水或干涸的缓坡淤泥带,破坏原有的设计意图,甚至造成事故。

园林驳岸也是园景的组成部分。在古典园林中,驳岸往往用自然山石砌筑,与假山、置石、花木相结合,共同组成园景。驳岸必须结合所处环境的艺术风格、地形地貌、地质条件、材料特性、种植特色以及施工方法、技术经济要求等来选择其结构形式,在实用、经济的前提下注意外形的美观,使其与周围景色协调。

2. 驳岸的作用

（1）驳岸用来维系陆地与水面的界限,使其保持一定的比例关系。驳岸是正面临水的挡土墙,用来支撑墙后的陆地土壤。如果水际边缘不做驳岸处理,就很容易因为水的浮托、冻胀或风浪淘浊而使岸壁塌陷,导致陆地后退,岸线变形,影响园林景观。

（2）驳岸能保证水体岸坡不受冲刷。通常水体岸坡受水冲刷的程度取决于水面的大小、水位高低、风速及岸土的密实度等。当这些因素达到一定程度时,如水体岸坡不做工程处理,岸坡将失去稳定,而造成破坏。因而,要沿岸线设计驳岸以保证水体坡岸不受冲刷。

（3）驳岸还可强化岸线的景观层次。驳岸除支撑和防冲刷作用外,还可通过不同的形式处理,增加驳岸的变化,丰富水景的立面层次,增强景观的艺术效果。

3. 驳岸不同部位的破坏因素分析

图 4-29 表明驳岸的水位关系。由图可见,驳岸可分为低水位以下部分、常水位至低水位部分、常水位与高水位之间部分和高水位以上部分。高水位以上部分是不淹没部分,主要受风浪撞击、日晒风化或超重荷载,致使下部坍塌,造成岸坡损坏;常水位至高水位部分

（B～A）属周期性淹没部分，多受风浪拍击和周期性冲刷，使水岸土壤遭冲刷淤积水中，损坏岸线，影响景观；常水位到低水位部分（B～C）是常年被淹部分，其主要是湖水浸渗冻胀，剪力破坏，风浪淘刷。我国北方地区因冬季结冻，常造成岸壁断裂或移位。有时因波浪淘刷，土壤被淘空后导致坍塌。低水位以下部分是驳岸基础，主要影响地基的强度。驳岸湖底以下基础部分的破坏原因包括：

（1）由于池底地基强度和岸顶荷载不一而造成不均匀的沉陷，使驳岸出现纵向裂缝甚至局部塌陷。

（2）在寒冷地区水深不大的情况下，可能由于冻胀而引起基础变形。

（3）木桩做的桩基则因受腐蚀或水底一些动物的破坏而朽烂。

（4）在地下水位很高的地区会产生浮托力，影响基础的稳定。

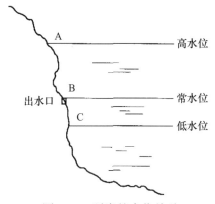

图 4-29　驳岸的水位关系

湖底地基部分直接坐落在不透水的坚实地基上最为理想。否则由于湖底地基荷载强度与岸顶荷载不相适应而造成均匀或不均匀沉陷，使驳岸出现纵向裂缝至局部塌陷。在冰冻地带湖水不深的情况下，由于冻胀引起地基变形，如以木桩作桩基则易腐烂，或遭到动物的破坏。在地下水位高的地带，因地下水的浮托力影响基础的稳定。

对于破坏驳岸的主要因素有所了解以后，再结合具体情况可以作出防止和减少破坏的措施。

4. 驳岸平面位置和岸顶高程的确定

整形驳岸，岸顶宽度为 30～50cm。如驳岸有所倾斜则根据斜度和岸顶高程向外推求。

岸顶高程应比最高水位高出一段，以保证水不致因浪激而翻上岸边地面。因此高出多少要根据当地风浪拍击驳岸的实际情况制定。湖面宽大、风大的地方应高出多一些，湖面窄狭而又有挡风地形条件的可高出一些。一般的高出 25cm～1m。从造景的角度讲，深潭和浅水面的要求不一样。一般的情况下驳岸以贴近水面为好。在水面积大、地下水位高、岸边地形平坦的情况下，对于人流稀少的非主要的地带可以考虑短时间被洪水淹没以降低大面积垫土或增高驳岸的造价。

驳岸的纵向坡度应根据原有地形条件和设计要求安排，不必强求平整，可随地形起伏。起伏过大的地方甚至可做成纵向阶梯状。

5. 驳岸的构造名称介绍

压顶——驳岸之顶端结构，如盖帽压顶，一般用 C15 混凝土，常用尺寸 300mm×700mm。

岸线——压顶外边线。

墙身——重力式驳岸主体，材料不同，名称也不同。

基础——驳岸的底层结构，厚度常用 300～400mm，宽度为高度的 0.6～0.8 倍。

垫层——基础的下层，常用材料如道渣、碎石、碎砖可以整平地坪，保证基础与土壤均匀接触作用。

基础桩——是增加驳岸的稳定性、防止驳岸滑动或倒塌的有效措施，同时也能加强土基的承载能力。

沉降缝——由于墙身不等高，墙后土压力、地基沉降不均匀等变化差异时，必须考虑设置断裂缝。

伸缩缝——避免因凝缩结硬和湿度、温度的变化所引起的破裂而设置的缝道。一般 10～25m 设置一道，宽度约 20mm，有时也兼作沉降缝使用。

泄水孔——为排除地面渗入水或地下水在墙后滞留，应考虑设置泄水孔，其分布可作等距离布置，平均 3～5m 可设置一个泄水孔，在孔后可设倒滤层，以防阻塞。

4.3　水　　池

4.3.1　水池的设计

池是静态水体。园林中常以人工池出现，与人工湖有较大的不同。人工池形式多样，可由设计者任意发挥。一般而言，池的面积较小，岸线变化丰富且具有装饰性。水较浅，不能开展水上活动，以观赏为主，常配以雕塑、喷水、花坛等。池可分为自然式水池、规则式水池和混合式水池三种，现代园林中的流线型抽象式水池更为活泼、生动、富于想象。

水池设计包括平面设计、立面设计、剖面结构设计、管线安装等。

1. 平面设计

水池的平面设计要求表现的内容一般包括：平面位置和放线尺寸；水池与周围环境、建筑物、地上地下管线的距离；周围地形标高与池岸标高；池岸岸顶标高、岸底标高；池底转折点、池底中心以及池底的标高、排水方向；进水口、排水口、溢水口的位置、标高；泵房、泵坑的位置、标高；喷头、种植池的平面位置和所取剖面的位置。

2. 立面设计

水池的立面处理要反映立面的高度和变化，水池池壁顶面与附近地面高差不宜太大。让人可坐在池边要考虑人蹲坐的尺度要求。池壁顶有平顶的，有中间折拱或曲拱的，也有向水池里面倾斜的。水池与池面相接部分可以作凹进和线条变化，立面上还反映喷水的立面观。

3. 剖面结构设计

水池的剖面结构应从地基至池壁顶注明各层的材料和施工要求。剖面应有足够的代表性。如一个剖面不足以反映时，可增加剖面。剖面图要求表现的内容一般包括如下：池岸、池底以及进水口高程；池岸池底结构、表层（防护层）、防水层、基础做法；池岸与山石、绿地、树木结合部的做法；池底种植水生物的做法。

4. 管线安装

主要包括：泵房、泵坑的结构；给水排水、电气管线布置等。水池中由于需要保持水面的相对稳定，以保证最佳的景观效果，其水位通常是由进水管、泄水管和溢水管来进行控制，水管安装可以采用以下形式：

（1）进水管与喷水管相结合。水池通过喷泉的喷水而起到进水的目的，溢水管可装在池壁，以控制水位升高。

（2）进水管与跌水或瀑布相结合。通过跌水或瀑布跌入池中从而起到进水的目的。溢水管可结合山石，隐于山石之中，既可控制水池常水位的高程，又不破坏景观。

5. 水池设计要点

人工池通常是园林局部构图中心。一般可用作广场中心、道路尽端以及和亭、廊、花架、花坛组合形成独特的景观。位于广场中心的水池体量必须和广场的体量相称，外形轮廓大致和广场外轮廓取得统一。附属于建筑的水池大多被花架、廊所环绕，在外形轮廓上随建筑变化。不论规则式还是自然式的水池都力求造型简洁大方。水池布置要因地制宜，充分考虑园址现状，其位置应在园中较为醒目的地方，使其融于环境中。

要注意池岸设计，做到开合有致、聚散得体。如配置于草坪或规则铺装中的水池，应注重流线艺术设计，池底要求采用较为明快的铺饰或自然的卵石拉底；池岸色彩简洁宜人，池中多用小汀步，有时还需配喷水、灯光等。

有时要在池内养鱼，或种植花草。这时应根据植物生长的特性来确定池水深度，所选的植物也不宜过多。如原池水太深，又要种植物时，应先将植物种植在种植箱内或盆中，并在池底砌砖或垫石为基座，再将种植盆移至基座上。图4-30是水生植物种植池，供参考。

（a）种植箱水生植物造景示意

（b）种植池

图4-30　水生植物种植池（单位：mm）

4.3.2　刚性水池施工

水池的结构主要包括基础、池底、池壁以及进水管、泄水管、溢水管等相关的管线等几个部分。目前，园林景观人工水池从结构上可分为刚性结构水池、柔性结构水池和临时简易水池三种。具体可根据功能的需要适当选用。

刚性结构水池也称钢筋混凝土水池（图 4-31）。特点是池底池壁均配钢筋，因此寿命长、防漏性好，适用于大部分水池。钢筋混凝土水池的施工过程可分为：材料准备→池面开挖→池底施工→浇筑混凝土池壁→混凝土抹灰→试水等。

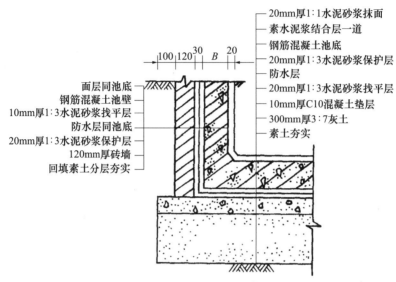

图 4-31　刚性结构水池做法（单位：mm）

1. 施工准备

混凝土配料。基础与池底：水泥 1 份，细沙 2 份，粒料 4 份，所配的混凝土强度等级为 C20。池底与池壁：水泥 1 份，细沙 2 份，0.6～2.5cm 粒料 3 份，所配的混凝土强度等级为 C15。防水层：防水剂 3 份，或其他防水卷材。

添加剂。混凝土中有时需要加入适量添加剂，常见的有：U 形混凝土膨胀剂、加气剂、氯化钙促凝剂、缓凝剂、着色剂等。

池底池壁必须采用强度等级为 32.5 以上普通硅酸盐水泥，水灰比小于等于 0.55；粒料直径不得大于 40mm，吸水率不大于 1.5%，混凝土抹灰和砌砖抹灰用强度等级为 32.5 水泥。

场地放线。根据设计图纸定点放线，放线时，水池的外轮廓应包括池壁厚度。为使施工方便，池外沿各边加宽 50cm，用石灰或黄沙放出起挖线，每隔 5～10m（视水池大小）打一小木桩，并标记清楚。方形（含长方形）水池，直角处要校正，并至少打三个桩；圆形水池，应先定出水池的中心点，再用线绳（足够长）以该点为圆心，水池宽的一半为半径（注意池壁厚度）划圆，石灰标明，即可放出圆形轮廓。

2. 池基开挖

根据现场施工条件确定挖方方法，可用人工挖方，也可人工结合机械挖方。开挖时一定要考虑池底和池壁的厚度。如为下沉式水池，应做好池壁的保护。挖至设计标高后，池底应整平并夯实，再铺上一层碎石、碎砖作为底座。如果池底设置有沉泥池，应结合池底开挖同时施工。

池基挖方会遇到排水问题，工程中常用基坑排水，这是既经济又简易的排水方法。此法是沿池基边挖成临时性排水沟，并每隔一定距离在池基外侧设置集水井，再通过人工或机械抽水排走，以确保施工顺利进行。

3. 池底施工

池底现浇混凝土要在一天内完成，必须一次浇筑完毕。先在底基上浇铺一层5～15cm厚的混凝土浆作为垫层，用平板振荡器夯实，保养1～2d后，在垫层面测定池底中心，再根据设计尺寸放线定出柱基及池底边线，画出钢筋布线，依线绑扎钢筋，紧接着安装柱基和池底外围的模板。钢筋的绑扎要符合配筋设计要求，上下层钢筋要用铁撑加以固定，使之在浇捣过程中不产生变位。

混凝土的厚度根据气候条件而定：一般温暖地区为10～15cm，北方寒冷地区以30～38cm为好。池底浇筑不能留施工缝，施工间歇时间也不得超过混凝土的初凝时间，池底表面在混凝土初凝前要压实抹光。如混凝土在浇灌前产生初凝或离析现象，应在现场拌板上进行二次搅拌，方可入模浇捣。混凝土厚在20cm以下的可用平板振动器，厚度较厚的一般用插入式振动器捣实。

为使池底与池壁紧密连接，池底与池壁连接处的施工缝可设置在基础上口200mm处（图4-32）。施工缝可留成台阶形，也可加金属止水片或遇水膨胀胶带。

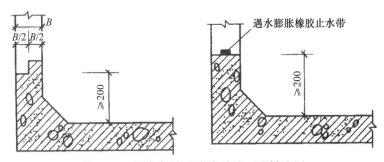

图4-32　池底与池壁连接处施工缝做法图

4. 浇筑混凝土池壁

浇筑混凝土池壁须用木模板定型，木模板要用横条固定，并要有稳定的承重强度。浇筑时，要趁池底混凝土未干时，用硬刷将边缘拉毛，使池底与池壁结合得更好。池底边缘处的钢筋要向上弯起凸入与池壁结合部，弯入的长度应大于30cm，这种钢筋能最大限度地增强池底与池壁结合部的强度。

钢筋的绑扎，要预先准备好钢筋绑扎的工具，如铅丝钩、小扳手、撬杠、绑扎架、折尺、色笔及20～22号铁丝（镀锌铁丝）等，并认真校对施工图，再根据施工图划出钢筋安装位置线。如钢筋品种较多，要在安装好的模板上标明各种型号的钢筋规格、形状和数量。

绑扎池壁钢筋时，要让箍筋的接头交叉错排，垂直放置，箍头转角与竖向钢筋交叉点必须扎牢。绑扎箍筋时，铁线扣要相互成八字形绑扎，竖向钢筋的弯钩应朝向混凝土内。使用双层钢筋网时，要在两层钢筋之间设置撑铁（钩）来固定钢筋的间距。绑扎钢筋网时，四周两行钢筋交叉点要扎牢，中间部分每隔一根相互成梅花式绑扎。

固定模板用的铁丝和螺栓不宜直接穿过壁池。当螺栓或套管必须穿过壁池时，应采取止水防漏措施，可焊接止水环。长度在25m以上的水池应设变形缝和伸缩缝。

浇筑混凝土池壁要连续施工。浇筑时，要用木锤将混凝土浆捣实，不留施工缝。混凝土凝结后，应立即进行养护，并充分保持湿润，养护时间不得少于两周。拆模时池壁表面温度与周围气温不得超过 15℃。

5. 防水层

刚性结构水池防水层做法可根据水池结构形式和现场条件来确定。工程中为确保水池不渗漏，常采用防水混凝土与防水砂浆结合的施工方法。防水混凝土是用强度等级为 32.5 的硅酸盐水泥、中砂、卵石（粒径小于 40mm，吸水率小于 1.5%）、U.E.A 膨胀剂和水经搅拌而成的混凝土。防水砂浆则是用强度等级为 32.5 的普通硅酸盐水泥、砂（普径小于 3mm，含泥量小于 3%）、外加剂（如素磺酸钙减水剂、有机硅防水剂、水玻璃矾类促凝剂等）按一定比例（水泥：砂为 1:1～3）混合而成。

水池内还必须安装各种管道，这些管道需通过池壁（见喷水池结构），因此务必采取有效措施防漏。管道的安装要结合池壁施工同时进行。在穿过池壁之处要预埋套管，套管上加焊止水环，止水环应与套管满焊严密。安装时先将管道穿过预埋套管，然后一端用封口钢板将套管和管道焊牢，再从另一端将套管与管道之间的缝隙用防水油膏等材料填充后，用封口钢板封堵严密。

6. 压顶

做成有沿口的压顶，可以减少水花向上溅溢，并能使波动的水面快速平衡下来，形成镜面倒影。如做成无沿口的压顶，则会形成浪花四溅，有强烈的动感。其他做法均可根据需要选择（图 4-33）。

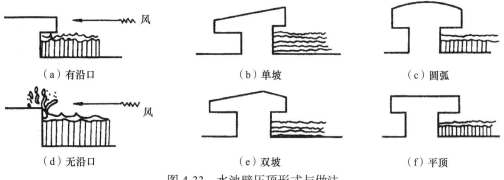

图 4-33　水池壁压顶形式与做法

对于溢水口、泄水口的处理，其目的是维持一定的水位和进行表面排污，保持水面清洁。常用的溢水口形式有堰口式、漏斗式、管口式、连通式等，可视实际情况选择。水口应设格栅。泄水口应设于水池池底最低处，并保持池底有不小于 1% 的坡度。

保养 1～2d 后，就可根据设计要求进行水池整个管网的安装，可与抹灰工序进行平行作业。

7. 混凝土抹灰

混凝土抹灰在混凝土结构水池施工中是一道十分重要的工序，它能使池面平滑，易于养护。抹灰前应先将池内壁表面凿毛，不平处要铲平，并用水清洗干净。

抹灰的灰浆要用强度等级为 32.5 的普通水泥配制砂浆，配合比 1:2。灰浆中可加入防水剂或防水粉，也可加些黑色颜料，使水池更趋自然。抹灰一般在混凝土干后 1～2d 内进行。抹灰时，可在混凝土墙面上刷上一层薄水泥纯浆，以增加黏结力。通常先抹一层底层砂浆，厚度为 5～10mm；再抹第二层找平，厚度为 5～12mm；最后抹第三层压光，厚度为 2～3mm。池壁与池底结合处可适当加厚抹灰量，防止渗漏。如用水泥防水砂浆抹灰，可采用刚性多层防水层做法，此法要求在水池迎水面用五层交叉抹面法（即每次抹灰方向相反），背水面用四层交叉抹面法。

8. 试水

水池施工所有工序全部完成后，可以进行试水，试水的目的是检验水池结构的安全性及水池的施工质量。试水时应先封闭排水孔。由池顶放水，一般要分几次进水，每次加水深度视具体情况而定。每次进水都应从水池四周观察记录，无特殊情况可继续灌水直至达到设计水位标高。达到设计水位标高后，要连续观察 7d，做好水面升降记录，外表面无渗漏现象及水位无明显降落说明水池施工合格。

9. 水池装饰

（1）池底装饰。可根据水池的功能及观赏要求进行池底装饰，可直接利用原有土石或混凝土池底，再在其上选用深蓝色池底镶嵌材料，以加强水深效果。还可通过特意构图，镶嵌白色浮雕，以渲染水景气氛。

（2）池面饰品。水池中可以布设小雕塑、卵石、汀步、跳水石、跌水台阶、石灯、石塔、小亭等，共同组景，使水池更趋生活情趣，也点缀了园景。

4.3.3　柔性水池施工

近几年，随着新型建筑材料的出现，特别是各式各样的柔性衬垫薄膜材料的应用，水池的结构出现了柔性结构，使水池的建造产生了新的飞跃。实际上水池光靠加厚混凝土和加粗加密钢筋网是不可取的，尤其对于北方地区水池的渗漏冻害，不如用柔性不渗水的材料做水池防水层。目前，在水池工程中使用的有玻璃布沥青席水池、三元乙丙橡胶（EPDM）薄膜水池、聚氯乙烯（PVC）衬垫薄膜水池、再生橡胶薄膜水池等。

1. 玻璃布沥青席水池

这种水池施工前得先准备好沥青席。方法是按沥青 0 号：3 号＝ 2：1 调配好，按调配好的沥青 30%、石灰石矿粉 70% 的配比，且分别加热至于 100℃，再将矿粉加入沥青锅拌匀，把准备好的玻璃纤维布（孔目 8mm×8mm 或者 10mm×10mm）放入锅内蘸匀后慢慢拉出，确保粘结在布上的沥青层厚度为 2～3mm，拉出后立即洒滑石粉，并用机械碾压密实，每块席长 40m 左右。

施工时，先将水池土基夯实，铺厚 300mm 的 3：7 灰土保护层，再将沥青席铺在灰土层上，搭接长度为 50～100mm，同时用火焰喷灯焊牢，端部用大块石压紧，随即铺小碎石一层。最后在表层散铺 150～200mm 厚的卵石一层即可（图 4-34）。

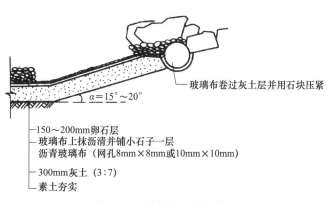

图 4-34　玻璃布沥青席水池

2. 三元乙丙橡胶（EPDM）薄膜水池

EPDM 薄膜类似于丁基橡胶，是一种黑色柔性橡胶膜，厚度为 3～5mm，能经受温度 -40℃～80℃，扯断强度大于 7.35N/mm²，使用寿命可达 50 年，施工方便自重轻，不漏水，特别适用于大型展览用临时水池和屋顶花园用水池。

建造 EPDM 薄膜水池，要注意衬垫薄膜与池底之间必须铺设一层保护垫层，材料可以是细砂（厚度大于等于 5cm）、废报纸、旧地毯或合成纤维。薄膜的需要量可视水池面积而定，不过要注意薄膜的宽度必须包括池沿，并保持在 30cm 以上。铺设时，先在池底混凝土基层上均匀铺一层 5cm 厚的沙子，并洒水使沙子湿润，然后在整个池中铺上保护材料，之后就可铺 EPDM 衬垫薄膜了，注意薄膜四周至少多出池边 15cm。如是屋顶花园水池或临时性水池，可直接在池底铺沙子和保护层，再铺 EPDM 即可（图 4-35）。油毛毡防水层（二毡三油）水池的结构和做法（图 4-36）。

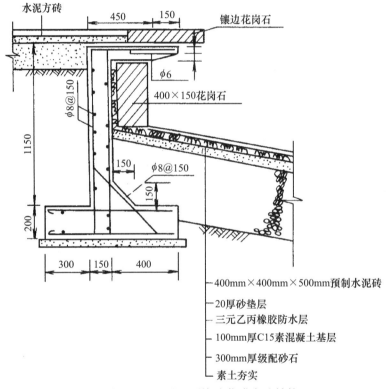

图 4-35　三元乙丙橡胶薄膜水池结构

3. 临时水池的施工

在日常工作中有时会遇到一些临时水池施工，尤其是在节日、庆典期间。有时一些小型宾馆、饭店、影剧院等场所因某种需要也要用到临时水池。此类水池要求结构简单，安装方便，使用完毕后能随时拆除，最好还能重复利用。

临时水池的结构形式不一。如果水池铺设在硬质地面上，一般可以用角钢焊接水池池壁，也可采用红砖砌成池壁，还可用泡沫塑料制作池壁，其高度一般比设计水池的水深高 8～20cm。池底可先用深蓝色吹塑纸铺一层，再用塑料布将池底和池壁铺垫，并将塑料布反卷包住池壁外侧，用素土或其他重物固定。如水池较大，为确保不漏水，可采用几层塑料布铺设。为了防止地面的硬物刺穿塑料布，可在最底层铺上厚 20mm 的聚苯板，或大幅牛皮纸保护层。水池的内侧池壁可以用树桩作成驳岸，也可用盆花遮挡，池底可视需要铺设 15～25mm 的砂石或点缀少量卵石，必要时，为营造气氛，可在水池中安装小型喷泉与灯光系统。图 4-37 为一临时（泡沫塑料池壁）水池的平面、管线安装及施工结构图，以供参考。

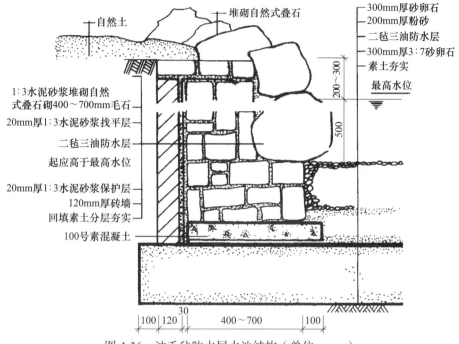

图 4-36　油毛毡防水层水池结构（单位：mm）

　　还有一种临时水池，可用挖水池基坑的方法建造。方法是先根据设计的水池轮廓在地面上用粉笔或绳子勾画出水池边缘线。然后依据水池深度开挖土方，注意池壁必须压实，池顶要挖出埋设压顶的厚度。如果池底中要预留土墩来摆放盆花的，要留好土墩并拍实整平。基坑挖好后，便可铺装塑料布了，塑料布应至少有 15cm 留在池缘，并用花岗石块或预制混凝土块将塑料布压紧，形成一个完整的压顶。如果水池内要安装喷泉、小瀑布及灯光系统，应将这些设备全部安装完毕后才可放水。最后摆上盆花，池周按设计要求种上草坪或铺上苔藓，一个临时水池就完成了。图 4-37～图 4-40 为常见的一些水池结构。

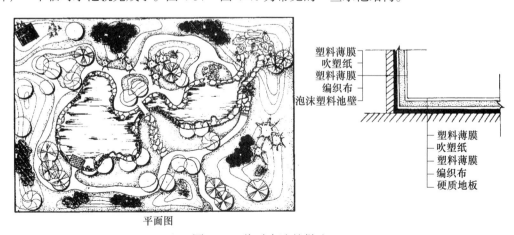

平面图

图 4-37　临时水池的做法

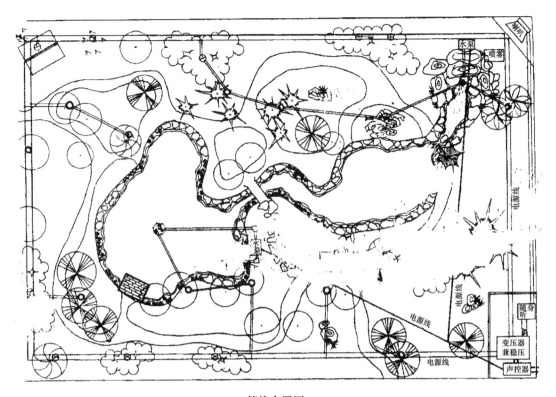

管线布置图

图 4-37　临时水池的做法（续）

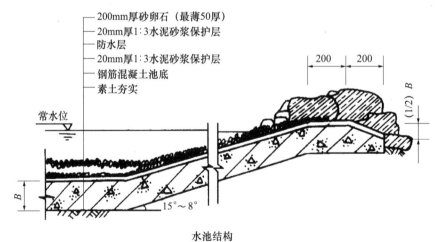

水池结构

图 4-38　水池做法（一）

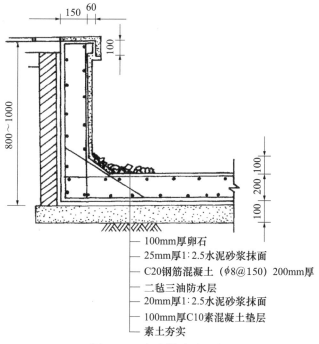

100mm厚卵石
25mm厚1:2.5水泥砂浆抹面
C20钢筋混凝土（φ8@150）200mm厚
二毡三油防水层
20mm厚1:2.5水泥砂浆抹面
100mm厚C10素混凝土垫层
素土夯实

图 4-39 水池做法（二）

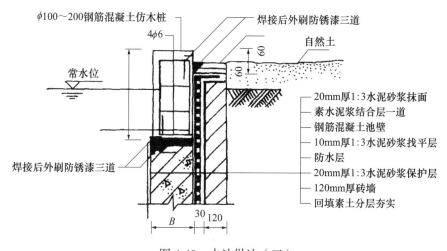

20mm厚1:3水泥砂浆抹面
素水泥浆结合层一道
钢筋混凝土池壁
10mm厚1:3水泥砂浆找平层
防水层
20mm厚1:3水泥砂浆保护层
120mm厚砖墙
回填素土分层夯实

图 4-40 水池做法（三）

4.3.4 水池的给水排水系统和后期管理

1. 给水系统

水池的给水排水系统主要有直流给水系统、陆上水泵循环给水系统、潜水泵循环给水系统和盘式水景循环给水系统四种形式。

（1）直流给水系统。

直流给水系统（图4-41）。将喷头直接与给水管网连接，喷头喷射一次后即将水排至下水道。这种系统构造简单、维护简单且造价低，但耗水量较大。直流给水系统常与假山、盆景配合，作小型喷泉、瀑布、孔流等，适合在小型庭院、大厅内设置。

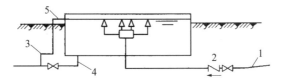

图 4-41　直流给水系统

1—给水管；2—止回隔断阀；3—排水管；4—泄水管；5—溢流管

（2）陆上水泵循环给水系统。

陆上水泵循环给水系统（图 4-42）。该系统设有贮水池、循环水泵房和循环管道，喷头喷射后的水多次循环使用，具有耗水量少、运行费用低的优点。但系统较复杂，占地较多，管材用量较大，投资费用高，维护管理麻烦。此种系统适合各种规模和形式的水景，一般用于较开阔的场所。

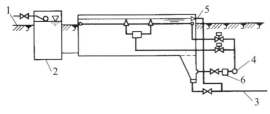

图 4-42　陆上水泵循环给水系统

1—给水管；2—补给水井；3—排水管；4—循环水泵；5—溢流管；6—过滤器

（3）潜水泵循环给水系统。

潜水泵循环给水系统（图 4-43）。该系统设有贮水池，将成组喷头和潜水泵直接放在水池内作循环使用。这种系统具有占地少、投资低、维护管理简单、耗水量少的优点，但是水姿花形控制调节较困难。潜水泵循环给水系统适用于各种形式的中型或小型喷泉、水塔、涌泉、水膜等。

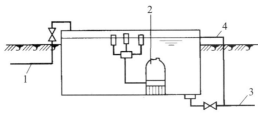

图 4-43　潜水泵循环给水系统

1—给水管；2—潜水泵；3—排水管；4—溢流管

（4）盘式水景循环给水系统。

盘式水景循环给水系统（图 4-44）。该系统设有集水盘、集水井和水泵房。盘内铺砌踏石构成铺路。喷头设在石隙间，适当隐蔽。人们可在喷泉间穿行，满足人们的亲水感、增添欢乐气氛。该系统不设贮水池，给水均循环利用，耗水量少，运行费用低，但存在循环水易被污染、维护管理较麻烦的缺点。

上述几种系统的配水管道以环状形式布置在水池内，小型水池也可埋入池底，大型水池可设专用管廊。一般水池的水深为 0.4～0.5m，超高为 0.25～0.3m。水池充水时间按 24～48h 考虑。配水管的水头损失一般以 5～10mm H_2O/m 为宜。配水管道接头应严密平滑，转弯处应采用大转弯半径的光滑弯头。每个喷头前应有不小于20倍管径的直线管段；每组喷头应有调节装置，以调节射流的高度或形状。循环水泵应靠近水池，以减少管道的长度。

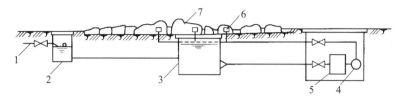

图 4-44　盘式水景循环给水系统

1—给水管；2—补给水井；3—集水井；4—循环泵；5—过滤器；6—喷头；7—踏石

2. 排水系统

为维持水池水位和进行表面排污，保持水面清洁，水池应有溢流口。常用的溢流形式有堰口式、漏斗式、连通管式和管口式等（图4-45）。大型水池宜设多个溢流口，均匀布置在水池中间或周边。溢流口的设置不能影响美观，并要便于清除积污和疏通管道，为防止漂浮物堵塞管道，溢流口要设置格栅，格栅间隙应不大于管径的1/4。

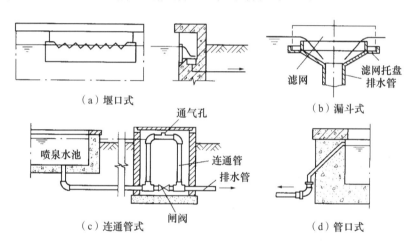

（a）堰口式　　　　　　　　　　（b）漏斗式

（c）连通管式　　　　　　　　　（d）管口式

图 4-45　水池各种溢流口

为便于清洗、检修和防止水池停用时水质腐败或池水结冰，影响水池结构，池底应有1:100的坡度，坡向泄水口。若采用重力泄水有困难时，在设置循环水泵的系统中，也可利用循环水泵泄水，并在水泵吸水口上设置格栅，以防水泵装置和吸水管堵塞，一般栅条间隙不大于管道直径的1/4。

3. 人工水池日常管理要点

（1）定期检查水池各种出水口情况，包括格栅、阀门等。

（2）定期打捞水中漂浮物，并注意清淤。

（3）注意半年至一年对水池进行一次全面清扫和消毒（漂白粉或5%的高锰酸钾）。

（4）做好冬季水池泄水的管理，避免冬季池水结冰而冻裂池体。

（5）做好池中水生植物的养护，主要是及时清除枯叶，检查种植箱土壤，并注意施肥，更换植物品种等。

4. 室外水池防冻

在我国北方冰冻期较长，对于室外园林地下水池的防冻处理，就显得十分重要了。若为小型水池，一般是将池水排空，这样池壁受力状态是：池壁顶部为自由端，池壁底部铰接（如砖墙池壁）或固接（如钢筋混凝土池壁）太空水池壁外侧受土层冻胀影响，池壁承受较大的冻胀推力，严重时会造成水池池壁产生水平裂缝或断裂。

冬季池壁防冻，可在池壁外侧布设排水性能较好的轻骨料，如矿渣、焦渣或砂石等，并应解决地面排水，使池壁外回填土不发生冻胀情况（图 4-46），池底花管可避免池壁外积水（沿纵向将积水排除）。

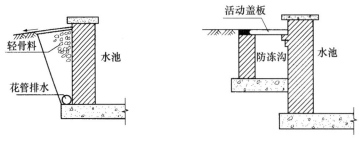

图 4-46　池壁防冻措施

在冬季，大型水池为了防止冻胀推裂池壁，可采取冬季池水不撤空，池中水面与池外地坪相持平，使池水对池壁压力与冻胀推力相抵消。因此为了防止池面结冰，涨裂池壁，在寒冬季节，应将池边冰层破开，使得池子四周为不结冰的水面。

4.4　喷　　泉

4.4.1　喷泉设计

喷泉设计，首先要了解喷泉的一般工作程序，从图 4-47 中可以看出，喷泉的工作流程是：水源通过水泵（清水离心泵要设置泵房）提水将其送到供水管，进入分水槽或分水箱（主要是使各喷头有同等的压力），再经过控制阀门，最后至喷嘴，喷射出各式各样的水姿。如果喷水池水位升高超过设计水位，水就由溢流口流出，进入排水管并排走。喷泉采用循环供水，多余的溢水回送到泵房，作为补给水回收。时间长了出现泥沙沉淀，可通过格栅沉泥井进入泄水管清污，污物由清污管进入排水井排出，从而保证池水的清洁。

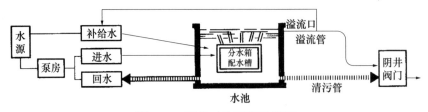

图 4-47　喷泉工作程序示意图

1. 选择喷头类型

喷头类型的选择要综合考虑喷泉造型要求、组合形式、控制方式、环境条件、水质状况及经济现状等因素。喷头直径必须与连接管的内径相配套，喷嘴前应有不少于 20 倍喷嘴口径的直管。管道连接不能有急剧的变化，以确保喷水的设计水姿。

2. 确定喷泉供水形式

喷泉供水水源多为人工水源，有条件的地方也可利用天然水源。人工喷泉的水源，必须清洁、无腐蚀性、无嗅味，符合卫生要求。目前，最为常用的供水方式有循环供水和非循环供水两种。循环供水又分离心泵和潜水泵循环供水两种方式。非循环供水主要是自来水供水。

（1）自来水供水。其供水特点是自来水供水管直接接入喷水池内与喷头相接，给水喷射一次后即经溢流管排走（图4-48a）。它的优点是供水系统简单，占地少，造价低，管理简单。缺点是给水不能重复使用，耗水量大，运行费用高，不符合节约用水要求，同时由于供水管网水压不稳定，水形难以保证。

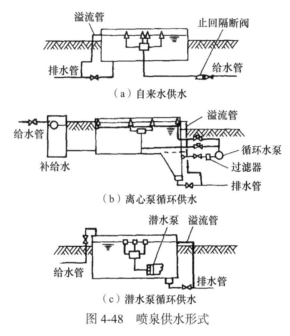

图 4-48　喷泉供水形式

（2）离心泵循环供水。离心泵循环供水形式如图 4-48b 所示。这种供水方式特点是要另设计泵房和循环管道，水泵将池水吸入后经加压送入供水管道至水池中，使水得以循环利用。其优点是耗水量小，运行费用低，符合节约用水原则，在泵房内即可调控水形变化，操作方便，水压稳定。缺点是系统复杂、占地大、造价高、管理复杂。离心泵循环供水适合各种规模和形式水景工程。

（3）潜水泵循环供水。供水形式如图4-48c 所示。潜水泵供水特点是潜水泵安装在水池内与供水管道相连，水经喷头喷射后落入池内，直接吸入泵内循环使用。它的优点是布置灵活，系统简单，不需另建泵房，占地少，管理容易，耗水量小，运行费用低。潜水泵循环供水适合于各种类型的水景工程。

3. 确定喷泉控制方式

目前，喷泉运行控制方式常采用手动控制、程序控制、音响控制。

手动控制是最常见和最简单的控制方式，只要在喷泉的供水管上安装手动控制阀即可，其特点是各管段的水压和流量、喷水姿态比较固定。

程序控制就是由定时器和彩灯闪烁控制器按预先设定的程序定时控制水泵、电磁阀、彩灯等的启闭，从而实现自动变化的喷水姿态。

音响控制的原理是将声音信号转变为电信号，经放大和其他一些处理，推动继电器或电子开关，再去控制设在管道上的电磁阀启闭，从而达到控制喷水的目的。声控还可根据音源的差异分为喊泉控制、录音控制及直接音响控制等多种方式（图 4-49）。

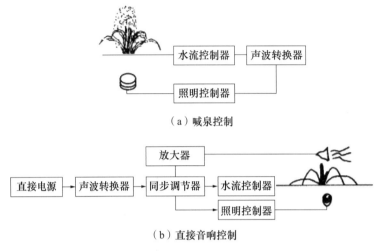

（a）喊泉控制

（b）直接音响控制

图 4-49　喷泉控制方式示意图

4. 喷泉管道设计

喷泉设计中，当喷水形式、喷头位置及泵型确定后，就要考虑管网的布置。如图 4-50和图 4-51 所示，喷泉管网主要由吸水管、供水管、补给水管、溢水管、泄水管及供电线路等组成。以下是管网布置时应注意的几个问题。

（1）喷泉管道要根据实际情况布置。装饰性小型喷泉，其管道可直接埋入土中，或用山石、矮灌木遮住。大型喷泉，分主管和次管，主管应敷设于可供人行走的地沟中，为了便于维修应设置检查井；次管应直接置于水池内。管网布置应排列有序，整齐美观。

（2）环形管道最好采用十字形供水，组合式配水管宜用分水箱供水。喷头直径必须与连接管的内径相配套，喷嘴前应有不少于 20 倍喷嘴口径的直管。管道连接不能有急剧的变化，以确保喷水的设计水姿。

（3）溢水口。为了保持水池正常水位，水池要设溢水口。溢水口断面面积是进水口断面面积的 2 倍，在其外侧设置拦污栅，但不得安装阀门。溢水管要有 3% 的顺坡，直接与泄水管相连。

（4）补给水管。补给水管的作用是启动前注水及弥补池水蒸发和喷射飘溢的损耗，以保证水池的正常水位。补给水管与城市供水管道相连，并安装阀门控制。

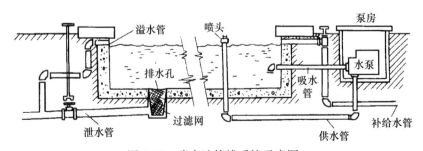

图 4-50　喷水池管线系统示意图

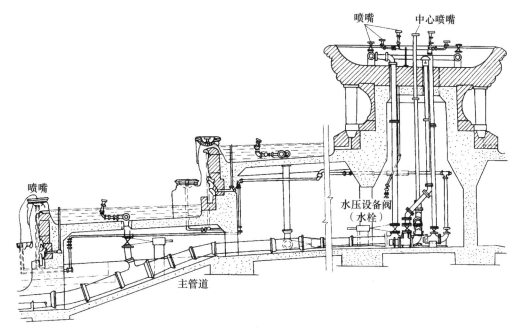

图 4-51　喷水池管道安装图

（5）泄水口。泄水口要设于水池最低处，用于检修和定期换水时的排水。管径为 100mm 或 150mm，安装止回阀，与公园水体或城市排水管网连接。

（6）坡度。喷泉所有的管线都要有不小于 2% 的坡度，便于停止运行时将水排完；所有管道均要进行防腐处理；管道连接要严密，安装必须牢固。

（7）水压试验。管道安装完毕后，应认真检查并进行水压试验，保证管道安全，一切正常后再安装喷头。为了便于水型的调整，最好每个喷头均安装阀门控制。

4.4.2　喷泉施工

喷泉施工包括喷水池施工、管线施工、泵房和阀门井的施工。

1. 喷水池

喷水池是喷泉的重要组成部分。其本身不仅能独立成景，还可以起到点缀、装饰、渲染环境的作用，而且能维持正常的水位以保证喷水，因此可以说喷水池是集审美功能与实用功能于一体的人工水景。

喷水池的形状、大小应根据周围环境和设计需要而定。形状可以灵活设计，但要求富有时代感；水池大小要考虑喷高，喷水越高，水池越大，一般水池半径为最大喷高的 1~1.3 倍，平均池宽可为喷高的 3 倍。实践中，如用潜水泵供水，吸水池的有效容积不得小于最大一台水泵 3min 的出水量。水池水深应根据潜水泵、喷头、水下灯具等的安装要求确定，其深度不能超过 0.7m，否则，必须设置保护措施。

喷水池由基础、防水层、池底、压顶等部分组成。

（1）基础。基础是水池的承重部分，由灰土和混凝土层组成。施工时先将基础底部素土夯实，密实度不得低于 85%。灰土层厚 30cm（3∶7 灰土）。C10 混凝土厚 10~15cm。

（2）防水层。水池工程中，防水工程质量的好坏对水池安全使用及其寿命有直接影响，因此，正确选择和合理使用防水材料是保证水池质量的关键。

目前，水池防水材料种类较多。按材料分，主要有沥青类、塑料类、橡胶类、金属类、砂浆、混凝土及有机复合材料等；按施工方法分，主要有防水卷材、防水涂料、防水嵌缝油膏和防水薄膜等。

水池防水材料的选用，可根据具体要求确定，一般水池用普通防水材料即可。钢筋混凝土水池还可采用抹5层防水砂浆（水泥中加入防水粉）做法。临时性水池则可将吹塑纸、塑料布、聚苯板组合使用，均有很好的防水效果。

（3）池底。池底直接承受水的竖向压力，要求坚固耐久。多用现浇钢筋混凝土池底，厚度应大于20cm，如果水池容积大，要配双层钢筋网。施工时，每隔20m选择最小断面处设变形缝，变形缝用止水带或沥青麻丝填充。每次施工必须从变形缝开始，不得在中间留施工缝，以防漏水（图4-52）。

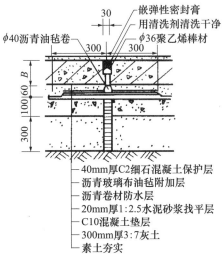

图4-52 变形缝做法

（4）池壁。池壁是水池竖向的部分，承受池水的水平压力。池壁一般有砖砌池壁、块石池壁和钢混凝土池壁三种（图4-53）。池壁厚度视水池大小而定，砖砌池壁采用标准砖，M7.5水泥砂浆筑，壁厚大于等于240mm。砖砌池壁虽然具有施工方便的优点，但红砖多孔，砌体接缝多，易渗漏，使用寿命短。块石池壁自然朴素，要求垒石严密。钢筋混凝土池壁厚度一般不超过300mm，宜配直径为8mm、12mm的钢筋，中心距为200mm，采用C20混凝土现浇（图4-54）。

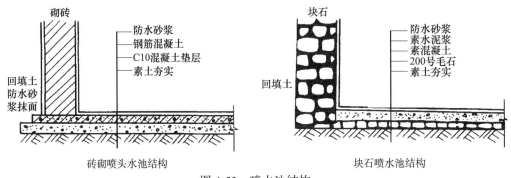

图4-53 喷水池结构

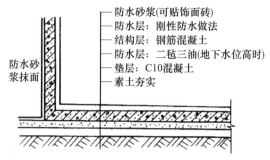

防水砂浆抹面

防水砂浆(可贴饰面砖)
防水层：刚性防水做法
结构层：钢筋混凝土
防水层：二毡三油(地下水位高时)
垫层：C10混凝土
素土夯实

钢筋混凝土喷水池结构

图 4-53　喷水池结构（续）

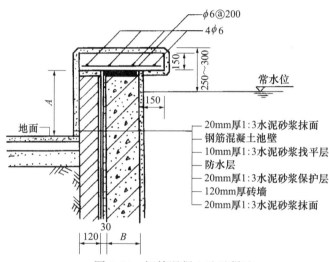

图 4-54　钢筋混凝土池壁做法

（5）压顶。压顶是池壁最上部分，它的作用是保护池壁，防止污水泥沙流入池内。下沉式水池压顶至少要高于地面 5～10cm。池壁高出地面时，压顶的做法要与景观相协调，可做成平顶、拱顶、挑伸、倾斜等多种形式。压顶材料常用混凝土及块石。

2. 管线

喷水池中还必须配套有供水管、补给水管、泄水管和溢水管等管网。这些管有时要穿过池底或池壁，这时，必须安装止水环，以防漏水。供水管、补给水管要安装调节阀；泄水管需配单向阀门，防止反向流水污染水池；溢水管不要安装阀门，直接在泄水管单向阀门后与排水管连接。为了利于清淤，在水池的最低处设置沉泥池，也可做成集水坑（图 4-55）。

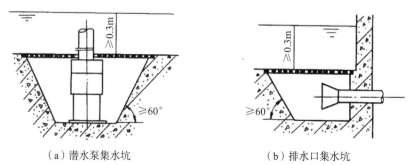

（a）潜水泵集水坑　　　　　　（b）排水口集水坑

图 4-55　集水坑

喷泉工程中常用的管材有镀锌钢管（白铁管）、不镀锌钢管（黑铁管）、铸铁管及硬聚氯乙烯塑料管几种。一般埋地管道管径在 70mm 以上可以选用铸铁管。屋内工程或小型移动式水景可采用塑料管。所有埋地的钢管必须做防腐处理，方法是先将管道表面除锈，刷防锈漆两遍（如红丹漆等）。埋于地下的铸铁管，外管一律刷沥青防腐，明露部分可刷红丹漆。

钢管的连接方式有螺纹连接、焊接和法兰连接三种。镀锌管必须用螺纹连接，多用于明装管道。焊接一般用于非镀锌钢管，多用于暗装管道。法兰连接一般用在连接阀门、止回阀、水泵、水表等处，以及需要经常拆卸检修的管段上。就管径而言，DN 小于 100mm 时，管道用螺纹连接；DN 大于 100mm 时，用法兰连接。

3. 泵房

泵房是指安装水泵等提水设备的常用构筑物。在喷泉工程中，凡采用清水离心泵循环供水的都要设置泵房。泵房的形式按照泵房与地面的关系分为地上式泵房、地下式泵房和半地下式泵房三种。

地上式泵房的特点是泵房建于地面上，多采用砖混结构，其结构简单，造价低，管理方便，但有时会影响喷泉环境景观，实际中最好和管理用房配合使用，适用于中小型喷泉。地下式泵房建于地面之下，园林用得较多，一般采用砖混结构或钢筋混凝土结构，特点是需做特殊的防水处理，有时排水困难，会因此提高造价，但不影响喷泉景观。

泵房内安装有电动机、离心泵、供电、电气控制设备及管线系统等。图 4-56 是一般泵房管线系统示意图。从图中可见与水泵相连的管道有吸水管和出水管。出水管即喷水池与水泵间的管道，其作用是连接水泵至分水器之间的管道，设置闸阀。为了防止喷水池中的水倒流，需在出水管安装单向阀。分水器的作用是将出水管的压力水合成多个支路再由供水管送到喷水池中供喷水用。为了调节供水的水量和水压，应在每条供水管上安装闸阀。北方地区，为了防止管道受冻坏，当喷泉停止运行时，必须将供水管内存的水排空。方法是在泵房内供水管最低处设置回水管，接入房内下水池中排出，用截止阀控制。

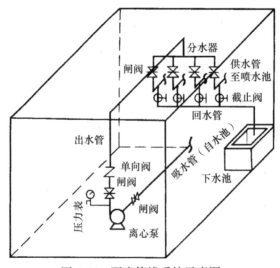

图 4-56　泵房管线系统示意图

泵房要特别注意防止房内地面积水，应设置地漏排除积水。泵房用电要注意安全。开关箱和控制板的安装要符合规定。泵房内应配备灭火器等灭火设备。

4. 阀门井

有时在给水管道上要设置给水阀门井，根据给水需要可随时开启和关闭，便于操作。给水阀门井内安装截止阀控制。

（1）给水阀门井。一般为砖砌圆形结构，由井底、井身和井盖组成。井底一般采用C10混凝土垫层，井底内径不小于1.2m，井身采用MV10红砖M5水泥砂浆砌筑，井深不小于1.8m，井壁应逐渐向上收拢，且一侧应为直壁，便于设置铁爬梯。井口圆形，直径600mm或700mm。井盖采用成品铸铁井盖（图4-57）。

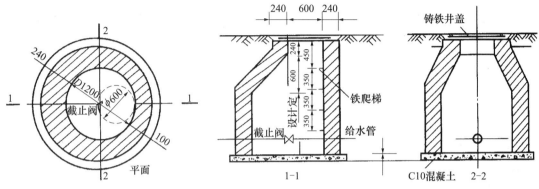

图4-57 给水阀门井构造

（2）排水阀门井。专门用于泄水管和溢水管的交接，并通过排水阀门井排进下水管网。泄水管道要安装闸阀，溢水管接于阀后，确保溢水管排水畅通。

排水阀门井的构造同给水阀门井，井内管道节点（图4-58）。

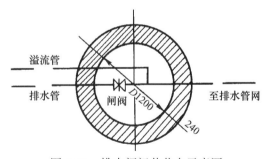

图4-58 排水阀门井节点示意图

4.4.3 常见碰头类型

喷泉也称喷水，是由压力水喷出后形成的各种喷水姿态，用于观赏的动态水景，起装饰点缀园景的作用，深得人们的喜爱。随着时代的发展，喷泉在现代公园、宾馆、商贸中心、影剧院、广场、写字楼等处，配合雕塑小品，与水下彩灯、音乐一起共同构成朝气蓬勃、欢乐振奋的园林水景。喷泉还能增加空气中的负离子，具有卫生保健之功效，备受青睐。近年来随着电子工业的发展，新技术、新材料的广泛应用，喷泉设计更是丰富多彩，新型喷泉层出不穷，成为城市主要景观之一。

喷泉设计必须与环境取得一致。设计时，要特别注意喷泉的主题、形式和喷水景观。做到主题、形式和环境相协调，起到装饰和渲染环境的作用。主题式喷泉要求环境能提供足够的喷水空间与联想空间；装饰性喷泉要求浓绿的常青树群为背景，使之形成一个静谧悠闲的园林空间；而与雕塑组合的喷泉，需要开宽的草坪与精巧简洁的铺装衬托；庭院、室内空间和屋顶花园的喷泉小景，最宜衬以山石、草灌花木；节日用的临时性喷泉，最好用艳丽的花卉或醒目的装饰物为背景，使人倍感节日的欢乐气氛。

为了欣赏方便，喷泉周围一般应有足够的铺装空间。据经验，大型喷泉其欣赏视距为中央喷水高度的 3 倍；中型喷泉其欣赏视距为中央喷水高度的 2 倍；小型喷泉其欣赏视距为中央喷水高度的 1～1.5 倍。

喷头是喷泉的主要组成部分，当水受动力驱压后流经喷头，通过喷嘴的造型喷出理想的水流形态。喷头的形式、结构、材料及加工质量对喷水景观产生很大的影响。喷头外观要求美观、耗能小。用来制造喷头的材料应具有耐磨、防锈、不易变形等特点。目前，生产厂家常用铜或不锈钢制作，此类喷头质量好，寿命长，应用广泛。近年来也有用铸造尼龙制作喷头，这种喷头具有耐磨、润滑性好、加工容易、轻便、成本低等优点，但易老化，寿命短，适用于低压喷水。

园林中常用的喷头有以下几种：

1. 单射流喷头

这是目前应用最广的一种喷头，属喷水的基本形式。一般垂直射程在 15m 以下，喷水线条清晰，可单独使用，也可组合造型。单射流喷头可以有万向型或可调万向型之分，当承托底部装有球状接头时，可作一定角度方向的调整。单射流喷头的喷头形式和喷水姿态见图 4-59。

2. 喷雾喷头

这种喷头内部安装有螺旋状导水板，水流经喷头并在喷头内旋转，当水由喷头小孔喷出时，快速散开弥漫成雾状水滴，朦胧典雅。当阳光入射角在 40°15′～42°36′ 时，很容易形成彩虹景观（图 4-60）。

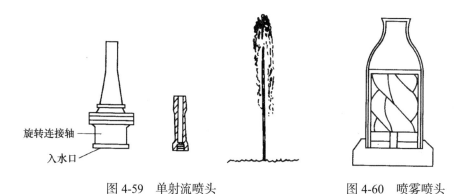

图 4-59　单射流喷头　　　　　图 4-60　喷雾喷头

3. 环形喷头

环形喷头（图 4-61）出水口成环状断面，水沿孔壁喷出形成外实内空的环形水柱，气势粗犷、雄伟。

4. 多孔喷头

这是应用较广的一种喷头，它由多个单射流喷嘴组成，也可在平面、曲面或半球形壳体上做成多个小孔眼作为喷头。该喷头喷水层次丰富，水姿变化多样，视感好（图 4-62）。

5. 变形喷头

这种喷头种类很多，它们的共同特点是在出水口的前面有一个可以调节的形状各异的反射器，当水流经过反射器时，迫使水流按预定角度喷出，起到造型作用，如半球形、牵牛花形、扶桑花形等（图4-63）。

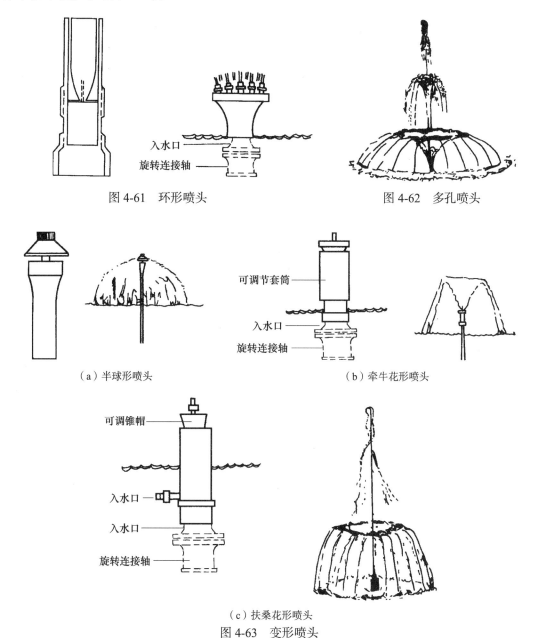

图 4-61　环形喷头　　　　　　　　　　图 4-62　多孔喷头

（a）半球形喷头　　　　　　　　　　　（b）牵牛花形喷头

（c）扶桑花形喷头
图 4-63　变形喷头

6. 吸力喷头

这种喷头的共同点是利用喷嘴附近的水压差将空气和水吸入，待喷水与其混合喷出时，水柱膨大且含有大量小气泡，形成不同的白色带泡沫的不透明水柱（图4-64）。如夜间经彩灯照射，更加光彩夺目。

7. 旋转喷头

这种喷头是利用压力将水送至喷头后，借助驱动孔的喷水，靠水的反推力带动回转器转动，使喷头不断地转动而形成欢乐愉快的水姿，并形成各种扭曲线形，飘逸荡漾，婀娜多姿（图4-65）。

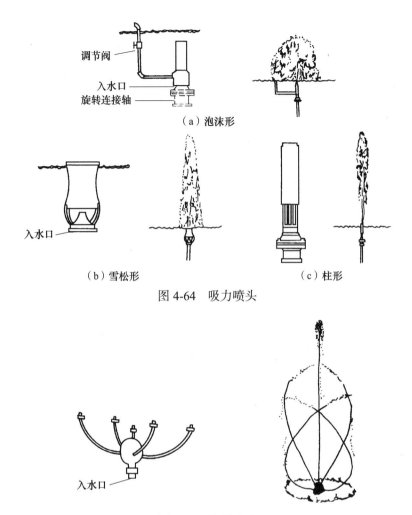

图 4-64　吸力喷头

图 4-65　旋转喷头

8. 扇形喷头

该种喷头能喷出扇形水膜，且常呈孔雀状造型（图 4-66）。

图 4-66　扇形喷头

9. 蒲公英喷头

此种喷头是通过一个圆球形外壳安装多个同心放射状短喷管，并在每个管端安置半球形喷头，喷水时，能形成球状水花，如同蒲公英一样，美丽动人。此种喷头可单独、对称或高低错落组合使用，在自控或大型喷泉中应用，效果较好（图 4-67）。

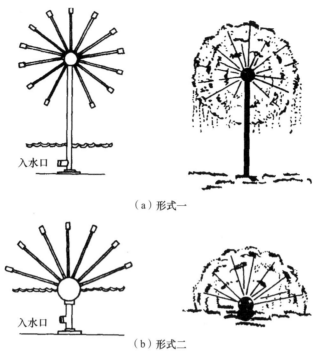

（a）形式一

（b）形式二

图 4-67 蒲公英喷头

10. 组合喷头

组合喷头也称复合型喷头，是由两种或两种以上喷水形状各异的喷嘴，按造型需要组合成一个大喷头。它能形成较为复杂、富于变化的花形（图 4-68）。各种喷头经过艺术组合、有机搭配，能组成多种多样的组合变化。

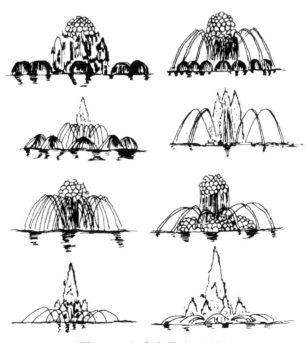

图 4-68 组合水景造型示例

第5章 园林道路与广场工程

5.1 园林道路线形设计

园路线形设计是在园路的总体布局的基础上进行的，可分为平曲线设计和竖曲线设计。园路的线形设计应充分考虑造景的需要，以达到蜿蜒起伏、曲折有致；应与地形、水体、植物、建筑物、铺装场地及其他设施结合，形成完整的风景构图，创造连续展示园林景观的空间或欣赏前方景物的透视线；应尽可能利用原有地形，以保证路基稳定和减少土方工程量。

5.1.1 园林道路平曲线设计

园路规划有自由曲线的方式，也有规则直线的方式，形成两种不同的园林风格。采用一种方式的同时，也可以用另一种方式补充。平曲线设计包括确定道路的宽度、平曲线半径和曲线加宽等。

1. 园路宽度设计

园路宽度根据公园游人容量、流量、功能及活动内容等因素而定。因此园路可分为主要园路、次要园路、游步道和小径四级。

（1）主要园路是联系园内各个景区、主要风景点和活动设施的道路，是园林内大量游人所要行进的路线，必要时可通行少量管理用车，应考虑能通行卡车、大型客车，宽度为4～6m，一般最宽不超过6m。

（2）次要园路是主要园路的辅助道路，设在各个景区内，联系着各个景点。考虑到园务交通的需要，应也能通行小型服务用车及消防车等，路面宽度为2～4m。

（3）游步道主要供散步休息、引导游人深入到达园林各个角落，如山上、水边、林中、花丛等。多曲折自由布置，考虑两人行走其宽度一般为1.2～2.5m。

（4）小径在园林中是园路系统的末梢，是联系园景的捷径，最能体现艺术性的部分。它以优美婉转的曲线构图成景，与周围的景物相互渗透、吻合，极尽自然变化之妙。小径宽度一般不超过1m，只能供一个人通过。

游人及车辆的最小运动宽度见表5-1。

游人及车辆的最小运动宽度 表5-1

交通种类	最小宽度（m）	交通种类	最小宽度（m）
单人	≥0.75	小轿车	2.00
自行车	0.6	消防车	2.06
三轮车	1.24	卡车	2.05
手扶拖拉机	0.84～1.5	大轿车	2.66

2. 园路的线形设计

（1）直线：在规则式园林绿地中，多采用直线形园路。因其线形平直、规则，方便交通。

（2）圆弧曲线：道路转弯或交汇时，考虑行驶机动车的要求，弯道部分应取圆弧曲线连接，并具有相应的转弯半径。

（3）自由曲线：指曲率不等且随意变化的自然曲线。在以自然式布局为主的园林游步道中多采用此种线形，可随地形、景物的变化而自然弯曲，柔顺流畅和协调。

3. 平曲线半径的选择

由当道路由一段直线转到另一段直线上去时，其转角的连接部分均采用圆弧形曲线，这种圆弧的半径称为平曲线半径（图 5-1）。

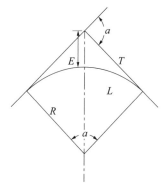

图 5-1 平曲线图

T—切线长；E—曲线外距；L—曲线长；a—路线转折角度；R—平曲线半径

考虑到园路的功能和艺术的要求，如为了增加游览程序，组织园林自然景色，使园路在平面上有适当的曲折，让游人欣赏到变化的景色，步移景异。在自然园路设计中，单一弧形路容易产生无限的感觉。作为安静休息区道路宜曲不宜直，直则无趣。园路的曲折要有一定的目的，随"意"而曲，曲得其所，但道路的迂回曲折应有度，不可以为曲折而曲折，矫揉造作，让游人多走冤枉路。

4. 曲线加宽

汽车在弯道上行驶，由于前后轮的轮迹不同，前轮的转弯半径大，后轮的转弯半径小。因此，弯道内侧的路面要适当加宽（图 5-2）。转弯半径越小，加宽值越大。一般加宽值为 2.5m，加宽延长值为 5m。

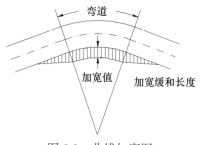

图 5-2 曲线加宽图

5.1.2 园林道路竖曲线设计

竖曲线设计包括道路的纵横坡度、弯道、超高等。园路既有交通功能，又有导游性质，也是园林景观构成的一部分，所以园路设计其交通功能应从属于游览要求。园路的设计要根据地形要求及景点的分布等因素，如园路经过山丘、水体等要因地制宜地来布置，如较陡的山路需要盘旋而上，以减缓坡度。

1. 园路纵断面设计

（1）满足园林造景需要。

（2）园路的纵坡、加宽、曲线长度等设计要符合设计规范。

（3）道路中心线高程应与城市道路有合理的衔接。

2. 园路的纵横坡度设计

园路的坡度设计要求先保证路基稳定的情况下，尽量利用原有地形以减少土方量。一般园路的纵坡度为3‰～8‰，纵坡度为12°时，道路需要采取防滑。当坡度在12°～35°时应设台阶，当坡度在35°～40°时除了要加台阶外还应设有休息平台，当坡度达60°时还应加扶手，在60°～90°时还应有攀梯。道路横坡一般为1%～5%，纵坡小时横坡可大些。

园路类型不同而对纵横坡的要求也不同。主要园路纵坡宜小于8%，横坡宜小于3%，颗料路面横坡宜小于4%，纵、横坡不得同时无坡度。山地公园的园路纵坡应小于12%，超过12%应做防滑处理。主要园路不宜设梯道，必须设梯道时，纵坡宜小于36%。次要园路纵坡宜小于18%，纵坡超15%时路面应做防滑处理，超过18%，宜按台阶、梯道设计，台阶踏步不得少于两级，台阶宽为30～38cm，高为10～15cm。游步道坡度超过12°时为了便于行走，可设台阶。台阶不宜连续使用过多，如地形允许，经过10～20级台阶设一平台，使游人有喘息、观赏的机会。

园路的设计除考虑以上原则外，还要注意交叉路口的相连避免冲突、出入口的艺术处理、与四周环境的协调、地表的排水、对花草树木的生长影响等。

3. 竖曲线设计

当道路上下起伏时，在起伏转折的地方，由一条圆弧连接，这条圆弧是竖向的，工程上把这样的弧线叫作竖曲线（图5-3），竖曲线应考虑行车安全。

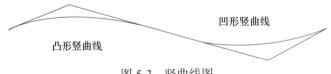

图 5-3　竖曲线图

4. 弯道与超高设计

当汽车在弯道上行驶时，产生的横向推力叫作离心力。为了防止车辆向外侧滑移，抵消离心力的作用，就要把路的外侧抬高。道路外侧抬高为超高（图5-4）。超高与道路半径及行车速度有关，一般为2%～6%。

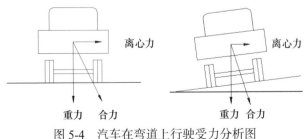

图 5-4　汽车在弯道上行驶受力分析图

5. 供残疾人使用的园路设计

（1）路面宽度不宜小于 1.2m，回车路段路面宽度不宜小于 2.5m。

（2）道路纵坡一般不宜超过 4%，且坡长不宜过长，在适当距离应设水平路段，并不应有阶梯。

（3）应尽可能减小横坡。

（4）坡道坡度为 1/20～1/15 时，其坡长一般不宜超过 9m；每逢转弯处，应设不小于 1.8m 的休息平台。

（5）园路一侧为陡坡时，为防止轮椅从边侧滑落，应设 10cm 高以上的挡石。并设扶手栏杆。

（6）排水沟箅子等，不得凸出路面，并注意不得卡住车轮和盲人的拐杖。

5.1.3　园路的理论知识

园林作为一种空间的观赏艺术，是通过空间的语言传情达义的，空间的连续性是由园路来实现的，园路以种种序列的组织形成园林特有的结构布局和连贯的风景序列。园林道路工程包括园路布局、园路的线形设计、园路的结构设计、铺装设计和园路施工等。

1. 园路的概念

狭义上园路是城市道路的延续，是绿地中的道路，是贯穿全园的交通网络，是联系各景区、景点的纽带。从广义上讲园路还包括广场铺装场地、步石、汀步、桥、台阶、坡道、礓磋、蹬道、栈道、嵌草铺装等。

2. 园路的特点

（1）结构简单、薄面强基、用材多样。

（2）路面注重景观效果，艺术性高。园路不同于市政道路，园路线条设计、结构设计以及铺装设计上都比市政道路讲究。

（3）利于排水、清扫，不起灰尘。

3. 园路的作用

园路是园林不可缺少的构成要素，贯穿于整个园林中，是园林结构布局的决定因素。园路的规划布局，往往反映不同的园林风貌和风格。其作用包括以下几方面：

（1）组织交通。

园路与城市道路相联系，有集散人流、车流的作用，满足日常园林养护管理的交通要求，如防火及其他园林机械车辆的通行。

（2）组织空间、引导游览。

园路能起到分景和组织空间的作用，把各个景区、景点有序的联系成一个整体，引导游人在园中游览观赏，实际上赋予空间丰富的园林景物一个渐次展开的秩序，游赏者顺之发现和追溯，一层层解开景象的纽结；园路规划决定了全园的整体布局。各景区、景点看似零散，实以园路为纽带，通过有意识的布局，有层次、有节奏地展开，使游人充分感受园林艺术之美。

（3）构成园景。

园路引导游人到景区，沿路组织游人休憩观景，园路本身也是园林景观的一部分，以其丰富的寓意、精美的图案，都给人以美的享受。

渲染气氛，创造意境。意境绝不是某一独立的艺术形象或造园要素的单独存在所能创造的，它还必须有一个能使人深受感染的环境，共同渲染这一气氛。中国古典园林中园路的花纹和材料与意境相结合，有其独特的风格与完善的构图。

参与造景。通过园路的引导，不同角度、不同方向的地形地貌、植物群落等园林景观一一展现在眼前，形成一系列动态画面，即所谓"步移景异"，此时园路也参与了风景的构图，即因景得路。再者，园路本身的曲线、质感、色彩、纹样、尺度等与周围环境协调统一，都是园林中不可多得的风景要素。

影响空间比例。园路的每一块铺料的大小以及铺砌形状的大小和间距等，都能影响整个园林空间的视觉比例。铺装形体较大、较开展，会使空间产生宽敞的尺度感；其形体较小、较紧缩，则使空间具有压缩感和亲密感。例如，在园路面上铺装第二类材料，能明显将整个空间分割成较小的单元，形成更易被感知的副空间。

统一空间环境。在园路设计中，其他要素会在尺度和特性上有着很大差异，但在总体布局中，处于共同的铺装地面中，相互之间便连接为一个整体，在视觉上统一起来。

构成空间个性。园路的铺装材料及其图案和边缘轮廓，具有构成和增强空间个性的作用，不同的铺装材料和图案造型，能形成不同的空间感，如细腻感、粗犷感、宁静感、亲切感等。并且，丰富独特的园路可以创造视觉趣味，增强空间的独特性和可识性。

（4）综合功能、敷设管线。

园林道路是水电管网的基础，它直接影响给水排水和供电的布置。

4. 园路的分类

（1）根据园路构造分类。

一般有三种类型：一是路堑型（图5-5）；二是路堤型（图5-6）；三是特殊型，包括步石、汀步、蹬道、攀梯等。

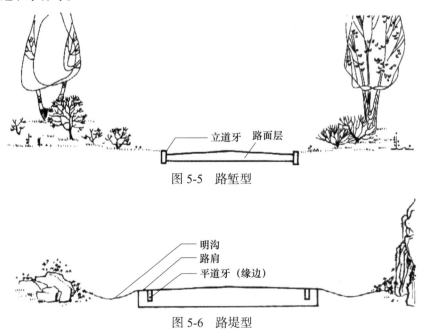

图 5-5　路堑型

图 5-6　路堤型

（2）根据路面铺装材料、结构特点，可将园路分为：

整体路面：包括水泥混凝土路面和沥青混凝土路面。

块料路面：包括各种天然块石或各种预制块料铺装的路面。

碎料路面：用各种碎石、瓦片、卵石等组成的路面。

（3）根据路面的耐久性可将园路分为：

临时性园路：由煤屑、三合土等组成的路面，可分为灰土路、渣土路、粒料路。

永久性园路：包括水泥混凝土路面和沥青混凝土路面等。

5.2 园林道路铺装设计

园林道路铺装在园林工程中非常重要，也是体现园林道路特色很重要的一个部分。园林道路的铺装，首先要满足功能要求，要坚固、平稳、耐磨、防滑和易于清扫。其次要满足园林在丰富景色、引导游览和便于识别方向的要求。最后还应服从整个园林的造景艺术，力求做到功能与艺术的统一。

5.2.1 园路的纹样和图案设计

从艺术的角度考虑、从与周围景物配合的关系来确定纹样，进行图案设计。

（1）用图案进行地面装饰。利用不同形状的铺砌材料，构成具象或抽象的图案纹样，以获得较好的视觉效果（图5-7）。

图5-7 碎料、块料拼纹路

（2）用色块进行地面装饰。选择不同颜色的材料构成铺地图案，利用大块面的变化进行地面的装饰，以取得赏心悦目的视觉效果（图5-8）。

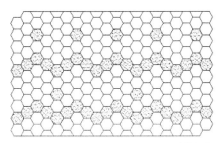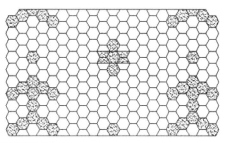

图5-8 预制块料路面

（3）用材质变化进行地面装饰。不同材质的铺装材料相结合，不仅能构成美丽的图案，也能使铺装具有层次感和质地感（图5-9、图5-10）。

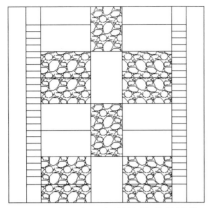
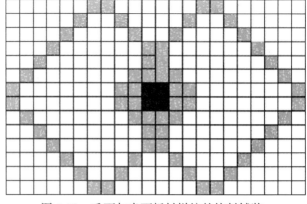

图 5-9　卵石与石板拼纹的块料铺装　　　　图 5-10　毛面与光面板材拼纹的块料铺装

5.2.2　园路铺装设计的要求和类型

1. 园路铺装设计的要求

（1）要与周围环境相协调，在面层设计时，有意识地根据不同主题的环境，采用不同的纹样、材料色彩及质感来增强景观效果。

（2）满足园路的功能要求。虽然园路也是构成园林景观的一部分，但它的主要功能还是交通，是游人活动的场地，也就是说园路要有一定的粗糙度，还有减少地面反射的作用。因此在进行铺装设计时，不能为了追求景观的效果而忽略了园路的使用功能。

（3）园路路面应具有装饰性，在满足实用功能的前提下，选择不同纹样、质感、尺度、色彩的铺装材料，从而满足不同时代园林装饰的要求。

（4）路面的装饰设计应符合生态环保的要求，包括使用的材料本身是否有害、施工工艺是否环保、采用的结构形式对周围自然环境是否有影响等。

2. 园路铺装类型

根据路面铺装材料、结构特点，可以把园路路面的铺装形式分为三大类型，即整体路面铺装、块料铺装、粒料和碎料铺装。另外，还有一些特殊的园路形式，如汀步、步石等。

（1）整体路面铺装。

整体路面铺装常见的有水泥混凝土和沥青混凝土两种。

沥青混凝土路面。用沥青混凝土铺筑成的路面平整干净，路面耐压、耐磨，适用于车流、人流集中的主要园路。但沥青路面色调较深，不易与园林周围的环境相协调，在园林中使用不够理想。近年来由于新材料、新工艺的不断涌现，出现了彩色沥青混凝土路面，较好地活跃了环境的气氛。

水泥混凝土路面。水泥混凝土可塑性强，可采用多种方法来做表面处理形成各种各样的图案、花纹。表面处理是直接在水泥混凝土的表面做各种各样的面层处理，其方法有抹平、硬毛刷或耙齿表面处理、滚轴压纹、机刨纹理、露骨料饰面、彩色水泥抹平、水磨石饰面、压模处理。

（2）块料铺装。

块料铺装是用石材、混凝土、烧结砖、工程塑料等预制的整形板材、块料作为结构面层（图 5-11～图 5-13）。其基层常使用灰土、天然砾石、级配砂石等。预制块料的大小、形状，除了要与环境、空间相协调，还要适用于自由曲折的线形铺砌，块料表面粗细度应适中。

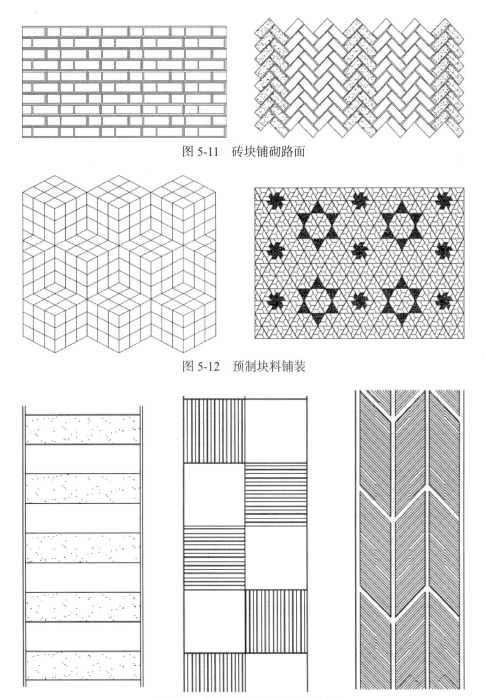

图 5-11 砖块铺砌路面

图 5-12 预制块料铺装

图 5-13 各种块料路面的光影效果

其中石材是所有铺装材料中最自然的一种，其耐磨性和观赏性都较高。如有自然纹理的石灰岩、层次分明的砂岩、质地鲜亮的花岗岩，即便是没有经过抛光打磨，由它们铺装的地面很容易被人们接受。用石材预制块料铺设的园路，既能满足使用功能，又符合人们的审美要求。

混凝土虽比不上自然风化石材，但它造价低廉，铺设简单，可塑性强，耐久性也很高。用混凝土可预制成各种块料，通过一些简单的工艺，如染色技术、喷漆技术、蚀刻技术等，可描绘出各种美丽的图案，且符合设计要求。

（3）粒料和碎料铺装。

散置粒料路面。使用砂或卵石，径粒在 20mm 以下。

花街铺地。花街铺地是我国古代园林铺地的代表，以砖瓦、碎石、瓦片等废料、碎料组成图案精美、色彩丰富的各种花纹地面（图 5-14～图 5-19）。如冰裂纹、席纹、长八方、攒六方、四方冰景、十字海棠等。

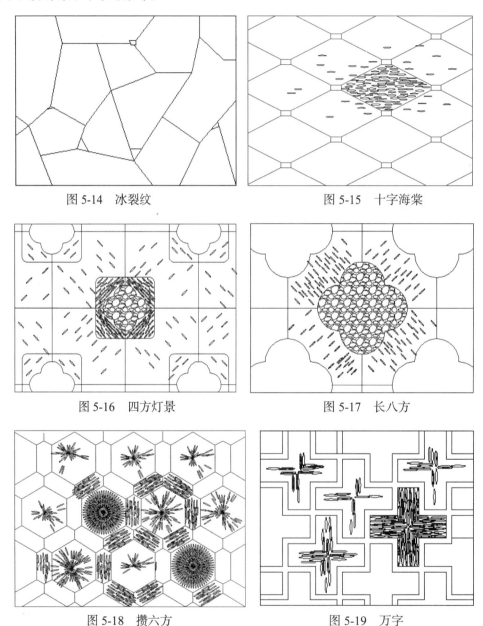

图 5-14　冰裂纹　　　　　　　　　　　　　　图 5-15　十字海棠

图 5-16　四方灯景　　　　　　　　　　　　　图 5-17　长八方

图 5-18　攒六方　　　　　　　　　　　　　　图 5-19　万字

卵石嵌花路面。卵石的价格低廉，使用广泛。卵石是自然的铺装材料，目前在现代园林景观中广泛应用。利用卵石可以铺成各种图案纹样的园路路面，另外用卵石铺设的园路让人们在游览的同时还可以进行足底按摩，例如，以深色（或较大的）卵石为界线，以浅色（或较小的）卵石填入其间，拼填出鹿、鹤、麒麟等，或拼填出"平升三级"等吉祥如意的图形，当然还有"暗八仙"或其他形象。

透水路面。把天然石块和各种形状的预制水泥混凝土块，铺成各种花纹，铺筑时在块料间留 3～5cm 的缝隙，填入土壤，然后种草（图 5-20）。透水路面一般用在停车场。

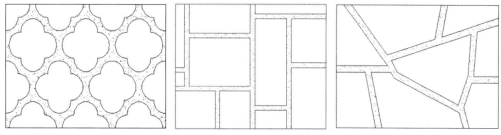

图 5-20 各种嵌草路面

（4）步石、汀步。

步石是指在草地上用一至数块天然石块或预制成各种形状的铺块，不连续的自由组合来越过草地。每块步石都是独立的，彼此之间互不干扰，所以对于每块步石的铺设都应稳定、耐久。步石的平面形状有多种，可做成圆形、长方形、正方形或不规则形状等（图 5-21）。

汀步是园路在越过水面的部分，利用不连续的石材等越过水。汀步石既是水中道路，又是点式渡桥，其聚散不一，游人可临水而行，增加游览乐趣（图 5-22）。

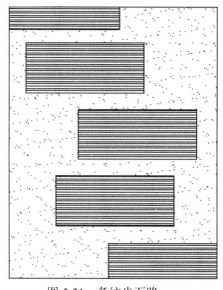
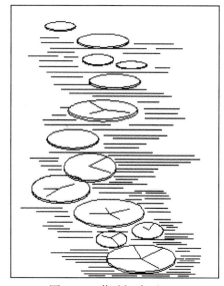

图 5-21 条纹步石路　　　　图 5-22 荷叶汀步石

（5）其他铺装形式。

台阶、礓礤、木栈台、盲道等。台阶是园林中连系高差而设的一种特殊园路，它除使用功能外还有美化装饰的作用，特别是它的外形轮廓富有节奏感，也可与其他构园要素一起构成园景。如可与花台、大树等结合形成景观。

在园林铺装中，木材铺装显得典雅、自然，因此木材是栈台、栈桥、亲水平台的首选。木质铺装最大的优点是能够给人以柔和、亲切的感觉，在园林中多用于休息区放置桌椅，与坚硬冰冷的石质材料相比，它的优势就更加明显了。

5.3　园林道路结构

5.3.1　园林道路结构设计

1. 园路结构的设计要求

（1）就地取材，低材高用。园路修建的经费在整个园林建设投资中占有很大的比例。为了节省资金，在园路修建设计时应尽量使用当地材料、建筑废料及工业废渣等。因此园路结构设计应要经济、合理，因地制宜、就地取材。

（2）薄面、稳基、强基土。稳定的路基对保证园路的使用寿命具有重大意义，面层要求坚固、平稳且耐磨等前提下薄，也可减少资金的投入。

2. 材料选择

（1）面层可以选择块料或做成整体路面。

（2）结合层选择白灰砂浆、混合砂浆、水泥砂浆等。

（3）基层使用灰土较多。

3. 结构设计

常用园路结构图，见表 5-2。

常用园路结构图　　　　　　　　　　　　　　　　　　　表 5-2

编号	类型	结　　构	
1	水泥混凝土路		（1）80～150 厚 C18 混凝土； （2）80～120 厚碎石； （3）素土夯实； 注：基层可用二渣、三渣
2	沥青碎石路		（1）10 厚二层柏油表面处理； （2）50 厚泥结碎石； （3）150 厚碎砖或白灰、煤渣； （4）素土夯实
3	方砖路		（1）500×500×100 C13 混凝土方砖； （2）50 厚粗砂； （3）150～250 厚灰土； （4）素土夯实 注：胀缝加 10×95 橡皮条
4	卵石嵌花路		（1）70 厚预制混凝土嵌卵石； （2）50 厚 M2.5 混合砂浆； （3）一步灰土； （4）素土夯实

编号	类型	结　　构	
5	羽毛球场铺地		（1）20厚1:3水泥砂浆； （2）80厚1:3:6水泥、白灰、碎砖； （3）素土夯实
6	卵石路		（1）70厚 上栽小卵石； （2）30～50厚 M2.5混合砂浆； （3）150～250厚碎砖或白灰、煤渣； （4）素土夯实
7	步石		（1）大块毛石； （2）基石用毛石或100厚水泥板
8	块石汀步		（1）大块毛石； （2）基石用毛石或100厚水泥板
9	石板嵌草路		（1）100厚石板； （2）50厚黄砂； （3）素土夯实； 注：石缝30～50嵌草
10	荷叶汀步		钢筋混凝土现浇

编号	类型	结　　构	
11	透气透水性路面		（1）彩色异型砖； （2）石灰砂浆； （3）少砂水泥混凝土； （4）天然级配砂砾； （5）粗砂或中砂

5.3.2 园林道路施工

园路的施工是园林施工的一个重要组成部分，园路工程的重点在于控制好施工面的高程，并注意与园林其他设施的有关高程相协调。施工中，园路路基和路面基层的处理只要达到设计要求牢固和稳定性即可，而路面面层的铺地，则要更加精细，更加强调质量方面的要求。

1. 施工前的准备

（1）施工前有关人员熟悉图纸，然后对沿路现状进行调查，了解施工路面来确定施工方案。

（2）道路施工材料用量大，须提前预制加工订货及采购工作。由于施工现场范围狭窄，不可能现场堆积储存，必须按计划做好材料调运工作。

（3）由于施工场地狭窄，施工期间挖出的大量面层垃圾不能在现场存放，必须事先选择临时弃土场或指定地点堆放。

2. 测量放线

根据图纸比例，放出道路中线和道牙边线，其中在转弯处按路面设计的中心线，在地面上每 15～50m 放置一个中心桩，在弯道的曲线上应在曲头、曲中和曲尾各放置一个中心桩，并在各中心桩上写明桩号，再以中心桩为准，根据路面宽度确定边桩，最后放出路面的平曲线。

3. 准备路槽

认真熟悉施工图纸，按设计路面的宽度，每侧放出 20cm 挖槽，路槽的深度应比路面的厚度小 3～10cm，具体以基土情况而定，清除杂物及槽底整平，可自路中心线向路基两边做 2%～4% 的横坡。然后进行路基压实工作，选择压实机械，各种压实机械其最大有效压实厚度不同，对不同土质碾压行程次数也不同，具体操作时还应根据试压结果确定。一般情况下，对砂性土以振动式机具压实效果最好，夯击式次之，碾压式较差，对于黏性土则以碾压式和夯击式较好，而振动式较差甚至无效。此外压实机具的单位压力不应超过土的强度极度限，否则会立即引起土基破坏。路槽做好后，在槽底上洒水使它潮湿，然后用夯实机械从外向里夯实两遍，夯实机械应先轻后重，以适应逐渐增长的土基强度，碾压速度应先慢后快，以免松料被机械推走。

4. 铺筑基层

根据设计要求准备铺筑的材料，并对使用材料进行测量保证使用材料符合设计及施工要求。在铺筑灰土基层时摊铺长度应尽量延长，以减少接茬，灰土基层厚度一般为 15cm，由于土壤情况不同而为 21～24cm。灰土摊铺一定后开始碾压，碾压应在接近最佳含水量时进行，以"先轻后重"的原则，先用轻碾稳压，在碾压 1～2 遍后马上进行检查表面平整度和高程，边检查边铲补，如必须找补时，应将表面翻板至少 10cm 深，用相同配比的灰土找补后再碾压，压至表面坚实平整无起皮、波浪等现象。

5. 铺筑结合层

面层和基层之间，铺垫水泥砂浆结合层，是基层的找平层，也是面层的粘结层。一般用 M7.5 水泥、白灰、砂混合砂浆或 1:3 白灰砂浆。砂浆摊铺宽度应大于铺装面 5～10cm，已拌好的砂浆应当日用完，也可用 3～5cm 的粗砂均匀摊铺而成。采用特殊石材铺地时，如整齐石块和条石块，应在结合层采用 M10 号水泥砂浆。

6. 面层的铺筑

（1）水泥路面的装饰施工。水泥路面装饰的方法有很多种，要按照设计的路面铺装方式来选用合适的施工方法。常见的施工方法及其施工技术要点包括：

1）普通抹灰与纹样处理。用普通灰色水泥配制成 1:2 或 1:2.5 水泥砂浆，在混凝土面层浇筑后尚未硬化时进行抹面处理，抹面厚度为 10～15mm。当抹面层初步收水，表面稍干时，再用下面的方法进行路面纹样处理。

滚花：用钢丝网做成的滚桶，或者用模纹橡胶裹在 300mm 直径铁管外做成的滚桶，在经过抹面处理的混凝土面板上滚压出各种细密纹理。滚桶长度在 1m 以上比较好。

压纹：利用一块边缘有许多整齐凸点或凹槽的木板或木条，在混凝土抹面层上挨着压下，一面压一面移动，就可以将路面压出纹样，起到装饰作用。用这种方法时要求抹面层的水泥砂浆含砂量较高，水泥与砂的配合比可为 1:3。

锯纹：在新浇筑的混凝土表面，用一根直木条如同锯割一般来回动作，一面锯一面前移，既能够在路面锯出平行的直纹，有利于路面防滑，又有一定的路面装饰作用。

刷纹：最好使用弹性钢丝做成刷纹工具。刷子宽 450mm，刷毛钢丝长 100mm 左右，木把长 1.2～1.5m。用这种钢丝在未硬的混凝土面层上可以刷出直纹、波浪纹或其他形状的纹理。

2）彩色水泥抹面装饰。水泥路面的抹面层所用水泥砂浆，可通过添加颜料而调制成彩色水泥砂浆，用这种材料可做出彩色水泥路面。彩色水泥调制中使用的颜料，需选用耐光、耐碱、不溶于水的无机矿物颜料，如红色的氧化铁红、黄色的柠檬黄、绿色的氧化铬绿、蓝色的钴蓝和黑色的炭黑等。不同颜色彩色水泥的配制见表 5-3。

彩色水泥的配制　　　　　　　　　　　　　　　　表 5-3

调制水泥色	水泥及其用量	颜料及其用量
红色、紫砂色水泥	普通水泥 500g	铁红 20～40g
咖啡色水泥	普通水泥 500g	铁红 15g、铬黄 20g
橙黄色水泥	白色水泥 500g	铁红 25g、铬黄 10g
黄色水泥	白色水泥 500g	铁红 10g、铬黄 25g
苹果绿色水泥	白色水泥 1000g	铬绿 150g、钴蓝 50g

调制水泥色	水泥及其用量	颜料及其用量
青色水泥	普通水泥 500g	铬绿 0.25g
	白色水泥 1000g	钴蓝 0.1g
灰黑色水泥	普通水泥 500g	炭黑适量

3）彩色水磨石饰面。彩色水磨石地面是用彩色水泥石子浆罩面，再经过磨光处理而做成的装饰性路面。按照设计，在平整、粗糙、已基本硬化的混凝土路面面层上，弹线分格，用玻璃条、铝合金条（或铜条）作分格条。然后在路面刷上一道素水泥浆，再用 1∶1.25～1∶1.50 彩色水泥细石子浆铺面，厚度为 8～15mm。铺好后拍平，表面用滚筒压实，待出浆后再用抹子抹平。用作水磨石的细石子，如采用方解石，并用普通灰色水泥，做成的就是普通水磨石路面。如果用各种颜色的大理石碎屑，再与不同颜料的彩色水泥配制一起，就可做成不同颜色的彩色水磨石地面。彩色水泥的配制可参考表 5-3 的内容。水磨石的开磨时间应以石子不松动为准，磨后将泥浆冲洗干净。待稍干时，用同色水泥浆涂擦一遍，将砂眼和脱落的石子补好。第二遍用 100～150cm 金刚石打磨，第三遍用 180～200cm 金刚石打磨，方法同前。打磨完成后洗掉泥浆，再用 1∶20 的草酸水溶液清洗，最后用清水冲洗干净。

4）露骨料饰面。采用这种饰面方式的混凝土路面和混凝土铺砌板，其混凝土应该用粒径较小的卵石配制。混凝土露骨料主要是采用刷洗的方法，在混凝土浇好后 2～6h 内就应进行处理，最迟不超过浇好后的 16～18h。刷洗工具一般用硬毛刷子和钢丝刷子。刷洗应当从混凝土板块的周边开始，要同时用充足的水把刷掉的泥砂洗去，把每一粒暴露出来的骨料表面都洗干净。刷洗后 3～7d 内，再用 10% 的盐酸水洗一遍，使暴露的石子表面色泽更明净，最后还要用清水把残留盐酸完全冲洗掉。

（2）片块状材料的地面砌筑。片块状材料作路面面层，在面层与道路基层之间所用的结合层做法有两种：一种是用湿性的水泥砂浆、石灰砂浆或混合砂浆作结合材料，另一种是用干性的细砂、石灰粉、灰土（石灰和细土）、水泥粉砂等作为结合材料或垫层材料。

1）湿土砌筑。用厚度为 15～25mm 的湿性结合材料，如用 1∶2.5 或 1∶3 水泥砂浆、1∶3 石灰砂浆、M2.5 混合砂浆或 1∶2 灰泥浆等，垫在路面面层混凝土板上面或垫在路面基层上面作为结合层，然后在其上砌筑片状或块状贴面层。砌块之间的结合以及表面抹缝，亦用这些结合材料。以花岗石、釉面砖、陶瓷广场砖、碎拼石片、马赛克等片状材料贴面铺地，都要采用湿法铺砌。用预制混凝土方砖、砌块或黏土砖铺地，也可以用这种砌筑方法。

2）干法砌筑。以干粉沙状材料，作路面面层砌块的垫层和结合层。这样的材料常见有：干砂、细砂土、1∶3 水泥干砂、3∶7 细灰土等。砌筑时，先将粉沙材料在路面基层上平铺一层，厚度是：用干砂、细土作垫层厚 30～50mm，用水泥砂、石灰砂、灰土作结合层厚 25～35mm，铺好后找平。然后按照设计的砌块、砖块拼装图案，在垫层上拼砌成路面面层。路面每拼装好一小段，就用平直的木板垫在顶面，以铁锤在多处振击，使所有砌块的顶面都保持在一个平面上，这样可将路面铺装得十分平整。路面铺好后，再用干燥的细砂、水泥粉、细石灰粉等撒在路面上并扫入砌块缝隙中，使缝隙填满，最后将多余的灰砂清扫干净。以后，砌块下面的垫层材料将慢慢硬化，使面层砌块和下面的基层紧密地结合一体。适宜采用这种干法砌筑的路面材料主要包括：石板、整形石块、混凝土铺路板、预制混凝土方砖和砌块等。传统古建筑庭院中的青砖铺地、金砖墁地等地面工程，也常采用干法砌筑。

（3）地面镶嵌与拼花。施工前，要根据设计的图样，准备镶嵌地面用的砖石材料。设计有精细图形的，先要在细密质地的青砖上放好大样，再细心雕刻，做好雕刻花砖，施工中可嵌入铺地图案中。要精心挑选铺地用的石子，挑选出的石子应按照不同颜色、不同大小、不同长扁形状分类堆放，铺地拼花时才能方便使用。

施工时，先要在已做好的道路基层上，铺垫一层结合材料，厚度一般可在40~70mm。垫层结合材料主要用：1:3石灰砂、3:7细灰土、1:3水泥砂等，用干法砌筑或湿法砌筑都可以，但干法施工更为方便一些。在铺平的松软垫层上，按照预定的图样开始镶嵌拼花。一般用立砖、小青瓦瓦片来拉出线条、纹样和图形图案，再用各色卵石、砾石镶嵌做花，或者拼成不同颜色的色块，以填充图形大面。然后，经过进一步修饰和完善图案纹样，并尽量整平铺地后，就可以定稿。定稿后的铺地地面，仍要用水泥干砂、石灰干砂撒布其上，并扫入砖石缝隙中填实。最后，除去多余的水泥石灰干砂，清扫干净；再用细孔喷壶对地面喷洒清水，稍使地面湿润即可，不能用大水冲击或使路面有水流淌。完成后，养护7~10d。

（4）嵌草路面的铺砌。无论用预制混凝土铺路板、实心砌块、空心砌块，还是用顶面平整的乱石、整形石块或石板，都可以铺装成砌块铺草路面。

施工时，先在整平压实的路基上铺垫一层栽培壤土作垫层。壤土要求比较肥沃，不含粗颗粒物，铺垫厚度为100~150mm。然后在垫层上铺砌混凝土空心砌块或实心砌块，砌块缝中半填壤土，并播种草籽。

实心砌块的尺寸较大，草皮嵌种在砌块之间预留的缝中。草缝设计宽度为20~50mm，缝中填土达砌块高度的2/3。砌块下面如上所述用壤土作垫层并起找平作用，砌块要铺装得尽量平整。实心砌块嵌草路面上，草皮形成的纹理是网状的。

空心砌块的尺寸较小，草皮嵌种在砌块中心预留的孔中。砌块与砌块之间不留草缝，常用水泥砂浆粘接。砌块中心孔填土亦为砌块高度的2/3；砌块下面仍用壤土作垫层找平，使嵌草路面保持平整。空心砌块嵌草路面上，草皮呈点状有规律地排列。要注意的是，空心砌块的设计制作，一定要保证砌块的结实坚固和不易损坏，因此其预留孔径不能太大，孔径最好不超过砌块直径的1/3。

采用砌块嵌草铺装的路面，砌块和嵌草是道路的结构面层，其下面只能有一个壤土垫层，在结构上没有基层，只有这样的路面结构才能有利于草皮的存活与生长。

7. 道牙

道牙基础宜与路床同时填挖辗压，以保证有整体的均匀密实度。道牙要放平稳牢固，控制好标高。道牙在安装时，注意控制其缝宽为1.0cm，并应注意接缝要求对齐，然后用水泥砂浆勾缝，道牙接口处应以1:3水泥砂浆勾凹缝，凹缝深5mm，道牙背后应用白灰土夯实，其宽度为50cm，厚度为15cm，密实度在90%以上即可。

5.3.3 园路的结构

园路一般由路面、路基和道牙等部分组成（图5-23）。

1. 路面

（1）面层。是路面最上面的一层，它直接承受人流、车辆和大气因素如烈日、严冬、风、雨等作用的影响。因此要求坚固、平稳、耐磨，有一定的粗糙度，少尘土，便于清扫。

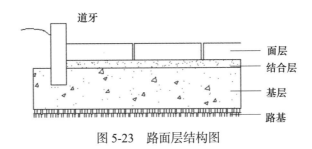

图 5-23　路面层结构图

（2）结合层。采用块料铺筑面层时在面层和基层之间的一层，用于结合、找平、排水而设置的一层。

（3）基层。一般在土基之上，起承重作用。它承受由面层传递下来的荷载，又把荷载传给路基。因此，要有一定的强度，一般选用碎（砾）石、灰土或各种矿物废渣等筑成。

2. 路基

路基是路面的基础，它不仅为路面提供一个平整的基面，承受路面传下来的荷载，也是保证路面强度和稳定性的重要条件之一。如果路基的稳定性不良，应采取措施，以保证路面的使用寿命。对于不同地区，不同土壤结构，可采用不同的施工方法来确保路基的强度和稳定性。

3. 附属工程

（1）道牙（缘石）。道牙是安置在路面两侧，使路面与路肩在高程上起衔接作用，并能保护路面，便于排水的一项设施（图 5-24）。道牙一般分为立道牙和平道牙两种形式，立道牙长度一般为 50mm，平道牙可用机砖。

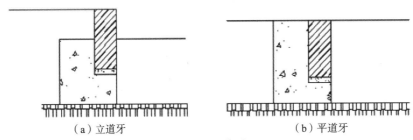

（a）立道牙　　　　　　　　　　　　　（b）平道牙

图 5-24　道牙

（2）台阶、蹬道、礓礤和种植池：

1）台阶。当路面坡度超过 12°时，为了便于行走，在不通行车辆的路段上，可设台阶。台阶的宽度与路面相同，每级台阶的高度为 12～17cm，宽度为 30～38cm。一般台阶不连续使用，如地形许可，每 10～18 级后应设一段平坦的地段，使游人有恢复体力的机会。为了利于排水，每级台阶应有 1%～2% 的向下坡度。

2）蹬道。在地形陡峭的地段，可结合地形或利用露岩设置蹬道。当其纵坡大于 60% 时，应做防滑处理，并设扶手栏杆等，以取保游人行走安全。

3）礓礤。在坡度较大的地段上，一般纵坡超过 15% 时，本应设台阶的，但为了能通行车辆，将斜面作成锯齿形坡道，称为礓礤。其形式和尺寸如图 5-25 所示。

4）种植池。在路边或广场上栽种植物，一般应留种植池，种植池的大小应由所栽植物的要求而定，在栽种高大乔木的种植池上应设保护栏。

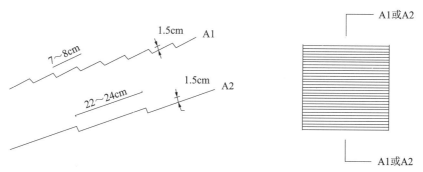

图 5-25　礓磜的做法

5.3.4　园路常见"病害"及其原因

园路的"病害"是指园路破坏的现象。一般常见的病害有裂缝、凹陷、啃边、翻浆等。

1. 裂缝、凹陷

造成裂缝、凹陷的原因一是基层处理不当，太薄，出现不均匀沉降，造成路基不稳定而发生裂缝凹陷：二是地基湿软，在路面荷载超过土基的承载力时会造成这种现象。

2. 啃边

啃边主要产生于道牙与路面的接触部位。当路肩与基土结合不够紧密，不稳定不坚固，道牙外移或排水坡度不够及车辆的啃蚀，使之损坏，并从边缘起向中心发展，这种破坏现象叫作啃边（图 5-26）。

3. 翻浆

在季节性冰冻地区，地下水位高，特别是对于粉砂性土基，由于毛细管的作用，水分上升到路面下，冬季气温下降，水分在路面下形成冰粒，体积增大，路面就会出现隆起现象，到春季上层冻土融化，而下层尚未融化，这样使土基变成湿软的橡皮状，路面承载力下降，这时如果车辆通过时，路面下陷，邻近部分隆起，并将泥土从裂缝中挤出来，使路面破坏，这种现象叫作翻浆（图 5-27）。另外造成翻浆的原因还有基土不稳定和地下水位高，基土排水不良。因此要加强基层基土的强度、承载力，排除地下水。

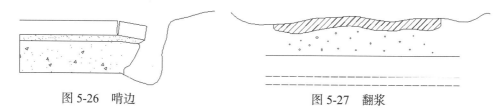

图 5-26　啃边　　　　　　　　　　　图 5-27　翻浆

第6章 园林假山工程

园林假山工程包括掇山和置石两部分。掇山是以造景、游览为主要目的，充分结合其他多方面的功能，以土、石等为材料，以自然山水为蓝本并加以艺术地提炼和夸张，用人工再造山水景物的通称。置石是以山水为材料作独立性或附属性的造景布置，主要表现山石的个体美或局部组合而不具备完整的山形。

6.1 概 述

6.1.1 假山的功能作用

在园林中，掇山、置石都是有目的的。掇山和置石有以下功能：

（1）作为自然山水园的主景和地形骨架；

（2）作为划分园林空间和组织空间的手段；

（3）作为点缀园林空间和陪衬建筑、植物的手段；

（4）可作为驳岸、挡土墙、护坡和花台的材料；

（5）用作室内外自然式的家具或器设。

6.1.2 假山的分类

假山的分类方法有很多，以下是按观赏特征和取景造山两方面进行分类。

6.1.2.1 按观赏特征进行分类

1. 仿真型

指模仿真实的自然山形，塑造出峰、岩、岭、谷、洞、壑等各种形象，达到以假乱真的目的，见图6-1。

2. 写意型

以夸张处理的手法对山体的动式、山形的变异和山景的寓意等塑造出山形，见图6-2。

3. 透漏型

指由许多透眼嵌空的奇形怪石，堆砌成可游可攀的假山，山体中洞穴孔眼密布，透漏特征明显，见图6-3。

图6-1 仿真型　　　　图6-2 写意型　　　　图6-3 透漏型

4. 实用型

指结合实际需要而做的似山非山的一种叠石工程。如庭园中的山石门、山石屏风、山石楼梯等。

6.1.2.2 按取景造山进行分类

按具体的地理环境掇石成山，可以分为以下四类：

1. 以楼面作山

即以楼房建筑为主，用假山叠石作陪衬，强化周围环境气氛，见图6-4。

2. 依坡岩掇山

多与山亭建筑结合，利用土坡山丘的边岩掇石成山。

3. 水中叠石成山

在水中用山石堆叠成岛山，在山上配以建筑。

4. 点缀型小假山（置石）

在庭院中、水池边、房屋旁，用几块山石堆叠的小假山，作为环境布局的点缀，见图6-5。

图6-4 假山与建筑   图6-5 假山与水池

6.1.3 假山的材料

砌筑假山所用的材料主要包括山石石材和胶结材料两类。

6.1.3.1 山石石材

1. 湖石

湖石是产于湖崖中，由长期沉积的粉砂及水的溶蚀作用所形成的石灰岩。颜色浅灰泛白，色调丰润柔和，质地清脆易损，见图6-6。湖石包括太湖石、宜兴石、龙潭石、灵璧石、湖口石、巢湖石、房山石等。

2. 英石

英石产于石灰岩地区的山坡、河岸之地，是石灰岩经地表水风化溶蚀而成。颜色多为青色或黑灰色，质地坚硬，叩之铿锵，见图6-7，宣石也属于此类。

3. 黄石

黄石是一种茶黄色的细砂岩，以其呈黄色而得名。质重、坚硬、形态浑厚沉实、拙重顽夯，且具有雄浑挺括之美。采下的单块黄石多呈方形或长方墩状，节理接近于相互垂直，见图6-8。

4. 青石

青石是一种青灰色的细砂岩。形体多呈片状，有相互垂直的纹理、交叉互织斜纹，亦有水平层纹，见图6-9。

5. 石笋石

石笋石是水成岩沉积在地下沟中而成的各种单块石，因其石形修长呈条柱状，立地似笋而得名。常作为独立小景布置，见图6-10。常见种类有：白果笋、乌炭笋、慧剑等。

6. 蛋石

蛋石即大卵石，产于河床之中，经流水的冲击和相互摩擦磨去棱角而成，见图6-11，多作为园林的配景小品。

7. 黄蜡石

蜡质光泽，有圆光面形的墩状块石，也有条状的，见图6-12。

图6-6　湖石

图6-7　英石

图6-8　黄石

图6-9　青石

图6-10　石笋石

图6-11　蛋石

图6-12　黄蜡石

8. 钟乳石、水秀石

钟乳石是石灰岩经水溶解后在山洞山崖下沉淀而成的一种石灰石，质地坚硬。其形状有石钟乳、石幔、石柱、石笋、石兽、石蘑菇、石葡萄等，见图6-13。

水秀石是石灰岩的砂泥碎屑，随着含有碳酸钙的地表水被冲到低佳地或山崖下沉淀凝结而成。石质不硬，疏松多孔，见图6-14。

图 6-13　钟乳石　　　　　　　　　图 6-14　水秀石

9. 花岗石

用于制作假山或置石的花岗石必须是经过自然风化、具有天然表面的花岗石，新采的花岗石是不能用于做假山的。和其他石材相比，花岗石虽然没有奇特的造型和精美的表面纹理，但朴掘浑厚，使用得当，也可以得到理想的造景效果。

6.1.3.2　胶结材料

是指将山石粘结起来掇石成山的一些常用粘结性材料，如水泥、石灰、砂和颜料等。粘结时拌和成砂浆，受潮部分使用水泥砂浆，水泥与砂配合比为1:2.5~1:1.5；不受潮部分使用混合砂浆，水泥:石灰:砂＝1:3:6。

在塑山的表面和山石抹缝处理时，根据所塑石材的不同，需要在胶结材料中加入不同的颜料。一般所用的颜料有：铁红、铬黄、铬绿、钴蓝、炭黑等。

6.2　置石与掇山

6.2.1　置石

置石用的山石材料较少，结构比较简单，对施工技术的要求也相对简单。置石布置的特点是：用石以少胜多，布置以简胜繁，石头量少质高。

6.2.1.1　特置

特置山石又称为孤置山石、孤赏山石。大多由单块山石布置成为独立的石景，见图6-15。

特置山石常用作入门的障景和对景，或置于廊间、亭侧、天井中间、漏窗后面、水边、路口或园路转折处。现代园林中的特置，多与花台、水池、草坪或花架等结合来布置。

1. 特置的要点

（1）特置应选体量大、轮廓线突出、姿态多变、色彩突出、颇有动势的山石。

（2）特置一般置于相对封闭的小空间，或成为局部构图中心。

（3）石头的高度与观赏距离一般介于 1：3～1：2。为使视线集中，造景突出，可使用框景等造景手法，或立石于空间中心使石位于各视线的交点上，或石后面有背景衬托。

（4）特置石可采用整形的基座，也可以坐落于自然的山石面上，这种自然的基座称为"磐"。带有整形基座的山石也称为台景石。台景石一般是石纹奇异、有较高观赏价值的天然石。

2. 特置的结构

特置在工程结构方面要求稳定和耐久，其施工的关键是掌握山石的中心线，以保持山石的平衡。石榫头必须位于石的重心线上，且榫头周边以基磐接触面受力，榫头本身不应受力，仅起定位作用。安装时榫眼中浇筑少量粘合材料即可。

6. 2. 1. 2　散置

散置即用数块大小不同的山石，按照艺术规律和法则搭配组合，或置于门侧、廊间、粉墙前，或置于坡脚、池中、岛上，或与其他造景元素组合造景，创造出多种不同的景观，见图 6-16。

布置要点应有聚有散、有断有续、主次分明、高低曲折、顾盼呼应、疏密有致、层次丰富，做到所谓"攒三聚五，散漫理之，有聚有散，若断若续，一脉既断，余脉又起"。

图 6-15　特置

图 6-16　散置

6. 2. 1. 3　对置与群置

对置即沿建筑中轴线两侧做对称位置的山石布置。群置即用数块山石互相搭配布置，组成一个群体。群置的材料要求低于对置，但重要的是要组合有致，见图 6-17。

群置的关键手法在于一个"活"字。布置时要主从有别，宾主分明，搭配适宜；按照山石的大小不等、高低不等以及山石间距不等的原则进行布置；群置山石常与植物相结合，见图 6-18。

图 6-17　对置

图 6-18　群置

6.2.1.4 山石器设

山石几案宜布置在林间空地或有树庇荫的地方。山石器设可以独立布置，也可以随意设置，结合挡土墙、花台、驳岸等统一安排，见图6-19。

图6-19 山石器设

6.2.2 掇山

假山最根本的法则就是"有真为假，作假成真"。掇山要达到"虽由人作，宛自天开"的效果，就要做到以下几点：

（1）忌"对称居中"。禁忌将假山布置在规划场地正中，忌将假山主峰置于山体的中央位置。同一座山的两坡不得一样。

（2）忌"重心不稳"。要避免视觉重心和结构重心不稳。

（3）忌"杂乱无章"。山石要按照一定的脉络结合成有机的整体。

（4）忌"纹理不顺"。假山石面的皴纹要相互理顺。

（5）忌"铜墙铁壁"。在砌筑假山石壁时，不能砌成像墙面一样笔直，山石之间的缝隙也不要全部塞满。

（6）忌"刀山剑树"。对相同形状相同宽度的山峰，不能重复排列过多，也不能等距离排列如刀山剑树一样，排列应有疏有密。

（7）忌"鼠洞蚁穴"。假山的山洞不能太矮、太直、太窄。一般洞道高度在1.9m以上，洞道平均宽度在1.5m以上。

（8）忌"叠罗汉"。掇山不能采用方方正正的堆叠方式，应在前后左右都有错落不同的变化。

6.3 假山结构与假山掇石设计

6.3.1 假山的结构

假山就其基本结构可分为基础、中层和收顶三部分。

1. 基础

（1）立基。

立基的做法有如下几种：

1）桩基（梅花桩）：木桩多选用柏木桩或杉木桩，木桩顶面的直径为100～150mm，桩边之间的距离约为200mm，其宽度视假山底脚的宽度而定。做桩基必须根据气候条件及土壤条件因地制宜。除木桩外，也有灰桩和瓦砾桩，其桩的直径约为200mm，桩长0.6～1m，见

图 6-20。

2）混凝土基础：在地基较坚实的情况下用 C20 混凝土；在地基较弱的情况下厚度要达到 500mm，见图 6-21。

图 6-20　桩基　　　　　　　　　　　图 6-21　混凝土基础

3）浆砌块石基础：水中假山基础采用 Ml.5 水泥砂浆砌石；陆地上假山可用 M7.5 或 M5 水泥砂浆砌石，见图 6-22。

4）灰土基础：一般比假山地面宽 0.5m 左右，灰槽深一般为 500～600mm，见图 6-23。

图 6-22　浆砌块石基础　　　　　　　图 6-23　灰土基础

（2）拉底。

拉底是在基础上面铺置最底层的自然山石。不需要形态特别好的山石。要求有足够的强度，宜顽夯的大石。底石的材料一定要大块、坚实、耐压，不允许用风化的山石做拉底。

2. 中层

所占假山体量最大、触目最多的部分。其要点除了底部石块要求平稳外，尚需做到：

（1）接石压茬。即山石上下的衔接要求严密，避免在下层石上面露出一些破碎的石面。

（2）偏侧错安。力破对称的形体，要因偏得致，错综成美。

（3）仄立避"闸"。山石可立、可蹲、可卧，但不宜像闸门板一样仄立。

（4）等分平衡。必须用数倍于"前沉"的重力稳压内侧，把前移的重心再拉回到重心上。

3. 收顶

收顶的山石要求体量大，以便合凑收压。应选用轮廓和体量都富有特征的山石。收顶一般分峰、峦、平顶三种类型。收顶往往在逐渐合凑的中层山石顶面加以重力的施压，使重力均匀地分层传递下去。往往用一块收顶的石块同时施压下面几块山石。

6.3.2 假山掇石设计图

假山掇石设计图包括平面图、立面图、剖面图、效果图及假山模型,见图6-24。由于假山的形状不规则,在施工上允许一定的误差,效果图、模型可大致反映假山的整个效果。

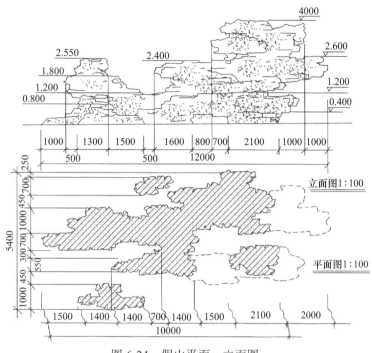

图6-24 假山平面、立面图

1. 假山掇石的平面设计

平面设计时,应掌握以下的设计要点:

(1)山脚线(平面轮廓线)应设计成回转自如的曲线形状,忌成为直线或直线拐角。

(2)山脚线的凸凹曲率半径应与立面坡度相结合进行考虑。在坡度平缓处,曲率半径可以大些,在坡度陡峭处,曲率半径应小些。

(3)根据现场情况,合理控制山脚基底面积。山脚基底所占面积越大,假山工程造价也会越高。所以,在满足山体造型和稳定的基础上,应尽量减少山脚的占地面积。

(4)山脚平面设计的形状要保证山体的稳定安全。

2. 假山掇石的立面设计

假山掇石顶部的基本造型有峰、峦、平顶等类型,设计时应注意不同类型假山顶部的控制高程。在立面图上,以假山地面为±0.000,标注出山顶石中心点、大石顶面中心点、平台中心点、山肩最高点、谷底中心点等主要特征点,以控制标高。

3. 假山掇石的剖面设计

在剖面图上要反映出假山的内部结构、所用的材料及假山的重要标高。假山的材料可以用自然石材,也可以是塑山,即假山内部用砖、废石渣或混凝土等做结构,再用彩色水泥做表面处理。剖面设计图的多少视假山结构的复杂程度而定,应反映假山内部的所有结构。

4. 效果图及模型

根据假山的平面、立面、剖面等设计图制作效果图及模型,尽量与设计图纸吻合。

6.4　假山工程施工

6.4.1　施工准备

1. 材料、机械及工具准备

假山施工的材料一般主要包括两大类：一是按照设计要求选定石材，与设计人员、业主、监理人员确认后按照数量准备；二是胶结材料，包括水泥、砂石等。

在材料的准备中，山石的选择尤为重要。山石材料的选择称为"相石"，相石的主要内容包括：相形态、相皴纹、相质地、相色泽。

（1）相形态。

除石景所用的单峰石外，假山中所用的山石，并不要求每块都有独立完整的形态，选择山石应根据结构方面的要求和山形外貌的不同特征进行选择。一般将假山山体分为底层、中腰和收顶三部分，山石形态可分别按这三部分的特征和要求进行选择。

1）底层山石的选择。砌筑底层山石又称"拉底"。拉底是在基础之上进行的，选择此部位的山石，首先要有足够的强度以保证结构的稳定性；然后对露在地面之外的山石，应选择形态顽夯、高低敦实，并具有粗犷皴纹的山石，所谓"方堆顽夯而起"，是指作为拉底的山石应具有顽大、夯实的形态。

2）中腰层山石的选择。中腰层山石根据视线观赏效果，可分外视线以下、视线以上两部分：

① 视线以下部分山石。视线以下是指地面向上 1.5m 高以内的部分，这部分的山石只要能够用来与其他山石组合造出粗犷的沟槽线条即可，即"渐以皴纹而加"，其单个形态不必要求特好，石块体量也不需很大。

② 视线以上部分山石。视线以上部分是指假山 1.5m 以上的山腰部分，这部分比较引起人们的注意，应选用形态有所变化、石面有一定的皴纹和孔洞等形态较好的山石。

3）收顶部分山石的选择。在假山上部和山顶、山洞口上部以及其他较凸出部位，应选用形态变异较大、石面皴纹较美、石身孔洞较多的山石。对于形态特别好且体量较大，具有独立观赏形态的奇石，可作为"特置"单峰石用作制造石景。对片状山石可考虑用作悬崖顶、山洞顶、石榭、石桌、石几、蹬道等。至于人们所说的"育山石之美者，俱在透漏瘦三字"，这是对湖石类之个体美而言，不是泛指所有山石，相石形态应根据造型和结构进行选择。

（2）相皴纹。

对于可作为掇山的山石和不可作为掇山的山石的最大区别，就是看它是否有可供观赏的天然石面及其皴纹，即"石贵有皮"。

山有山皴，石有石皴，一般要求山皴的纹理脉络清楚，但石皴的纹理有脉络清楚的，也有纹理杂乱不清的。因此，在同一座假山所选的山石，最好要求为同一类石皴，这样才能使假山在整体上显得完整协调。

（3）相质地。

山石的质地是指它的密度、强度和质感。外观好的山石不一定都宜掇山，风化过度的山石在受打方面就很差，不宜用在假山的主要部位。对用来作为山洞石梁、石柱和山底垫脚石的山石，必须要选用具有足够强度和密度的石料。而将强度稍差的片状石则用作铺砌石级或平地。

山石的质感主要表现在粗糙或细腻、平滑或多皱。在选用山石时应将质地相同或差别不大的选用在一处，而将质地差别很大的山石选用到另一处，根据假山的结构和部位进行合理配用。

（4）相色泽。

掇石成山也讲究山石颜色的搭配。在同一座假山中，对于下部的山石，应选用较深的颜色，而上部的山石，则选用较浅的颜色。对凹陷部位的山石用较深颜色，对凸出部位的山石则使用较浅颜色。

机械及工具（机具）的准备包括：吊装设备，如轻便吊车、人字吊、纹盘起重机、手动葫芦等；手用工具，如琢镐、铁锤、钢钎、錾子、钢丝钳、砖刀、柳叶抹（铁抹子）等；还需准备麻绳、铅丝、支出杆、水桶、竹刷、扫帚、脚手、跳板等。

2. 审阅图纸与技术交底

通常假山的设计文件包括平面图、立面图、剖面图、效果图及假山模型。首先，要将假山工程设计图的意图看懂摸透，掌握山体形式和基础的结构，以便正确放样。其次，要在业主与监理的主持下召开图纸会审会，就设计进行技术交底。

3. 定位放线

首先，为了便于放样，要在平面图上按一定的比例尺寸，根据工程大小或平面布置复杂程度，采用2m×2m或5m×5m或10m×10m的尺寸画出方格网，以其方格与山脚轮廓线的交点作为地面放样的依据。

接着，进行实地放线，见图6-25。在设计图方格网上，选择一个与地面有参照的可靠固定点，作为放样定位点，然后以此点为基点，按实际尺寸在地面上画出方格网；并对应图纸上的方格和山脚轮廓线的位置，放出地面上相应的白灰轮廓线。为了便于基础和土方的施工，应在不影响堆土和施工的范围内，选择便于检查基础尺寸的有关部位，如假山平面的纵横中心线、纵横方向的边端线、主要部位的控制线等位置的两端，设置龙门桩或埋地木桩，以供挖土或施工时的放样白线被挖掉后，作为测量尺寸或再次放样的基本依据点。

图6-25　定位放线

6.4.2　基础施工

基础的施工应根据设计要求进行，假山基础有浅基础、深基础、桩基础等。

（1）浅基础的施工。施工程序为：素土夯实→铺筑垫层→砌筑基础。

（2）深基础的施工。施工程序为：挖土→夯实整平→铺筑垫层→砌筑基础。

（3）桩基础。施工程序为：打桩→整理桩头→填塞桩间垫层→浇筑桩顶盖板。

6.4.3　假山山脚的施工

假山山脚是直接落在基础之上的山体底层，它的施工包括拉底、起脚和做脚。

1. 拉底

拉底是指用山石作为假山底层山脚线的石砌层。

（1）拉底的方式。

拉底的方式有满拉底和线拉底两种：满拉底是将山脚线范围之内用山石满铺一层。这种方式适用于规模较小、山底面积不大的假山，或者有冻胀破坏的北方地区且有震动破坏的地区；线拉底是按山脚线的周边铺砌山石，而内空部分用乱石、碎砖、泥土等填补筑实。这种方式适用于底面积较大的大型假山。

（2）拉底的技术要求：

1）底脚石应选择石质坚硬、不易风化的山石。

2）每块山脚石必须垫平垫实，用水泥砂浆将底脚空隙灌实，不得有丝毫动摇感。

3）各山石之间要紧密咬合，互相连接形成整体，以承载上面山体的荷载分布。

4）拉底的边缘要错落变化，避免做成平直和浑圆形状的脚线。

2. 起脚

拉底之后，开始砌筑假山山体的首层山石层称为"起脚"。

（1）起脚边线的做法。

起脚边线的常用做法包括点脚法、连脚法和块面法

1）点脚法：即在山脚边线上，用山石每隔不同的距离作墩点，用片块状山石盖于其上，做成透空小洞穴，如图 6-26a 所示，这种做法多用于空透型假山的山脚。

2）连脚法：即按山脚边线连续摆砌弯弯曲曲、高低起伏的山脚石，形成整体的连线山脚线，如图 6-26b 所示，这种做法各种山形都可采用。

3）块面法：即用大块面的山石，连线摆砌成大凸大凹的山脚线，使凸出或凹进部分的整体感都很强，如图 6-26c 所示，这种做法多用于造型雄伟的大型山体。

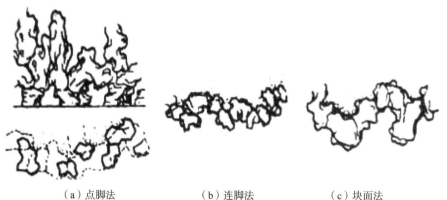

（a）点脚法　　　　　（b）连脚法　　　　　（c）块面法

图 6-26　起脚边线做法

（2）起脚的技术要求：

1）起脚石应选择质地坚硬的山石。

2）砌筑时先砌筑山脚线凸出部位的山石，再砌筑凹进部位的山石，最后砌筑连接部位的山石。

3）假山的起脚宜小不宜大，宜收不宜放。

4）起脚石全部摆砌完成后，应将其空隙用碎砖石填实灌浆，或填筑泥土打实，或浇筑混凝土筑平。

5）起脚石应选择大小相间、形态不同、高低不等的料石，使其犬牙交错，相互首尾连接。

3. 做脚

上述拉底是做山脚的轮廓，起脚是做山脚的骨干，而做脚是对山脚的装饰，即用山石装点山脚的造型。

山脚造型一般是在假山山体的山势大体完成之后所进行的一种装饰，其形式包括：凹进脚、凸出脚、断连脚、承上脚、悬底脚和平板脚等。

（1）凹进脚。即山脚向山内凹进，可做成深浅宽窄不同的凹进，使脚坡形成直立、陡坡、缓坡等不同的坡形效果，如图 6-27a 所示。

（2）凸出脚。即山脚向外凸出，同样可做成深浅宽窄不同的凸出，使脚坡形成直立、陡坡等形状，如图 6-27b 所示。

（3）断连脚。将山脚向外凸出，但凸出的端部做成与起脚石似断似连的形势，如图 6-27c 所示。

（4）承上脚。即对山体上方的悬垂部分，将山脚向外凸出，做成上下对应造型，以衬托山势变化，遥相呼应的效果，如图 6-27d 所示。

（5）悬底脚。即在局部地方的山脚，做成低矮的悬空透孔，使之与实脚体构成虚实对比效果，如图 6-27e 所示。

（6）平板脚。即用片状、板状山石，连续铺砌在山脚边缘，做成如同山边小路，以突出假山上下的横竖对比，如图 6-27f 所示。

（a）凹进脚　　　　　　　　（b）凸出脚　　　　　　　　（c）断连脚

（d）承上脚　　　　　　　　（e）悬底脚　　　　　　　　（f）平板脚

图 6-27　山脚造型

6.4.4　假山山体施工

假山山体是整个假山全景的主要观赏部位，根据不同的观赏类别可分为假山石景和假山水景两类。

1. 假山石景的山体施工

一座假山是由峰、峦、岭、台、壁、岩、谷、壑、洞、坝等单元结合而成，而这些单元是由各种山石按照起、承、转、合的章法组合而成，这些章法通过历代假山师傅的长期实践和总结，由北京"山子张"后裔、著名假山师傅张慰庭先生，提出了具体施工的祖传十字诀，即"安、连、接、斗、挎、拼、悬、剑、卡、垂"，以后又由他和其他同行务作进一步发展，补充增加了五字诀，即"挑、券、撑、托、榫"。

（1）安。"安"是对稳妥安放叠置山石手法的通称，见图 6-28。

（2）连。山石之间水平方向的相互衔接称为"连"，见图 6-29。

（3）接。它是指山石之间的竖向衔接，见图 6-30。

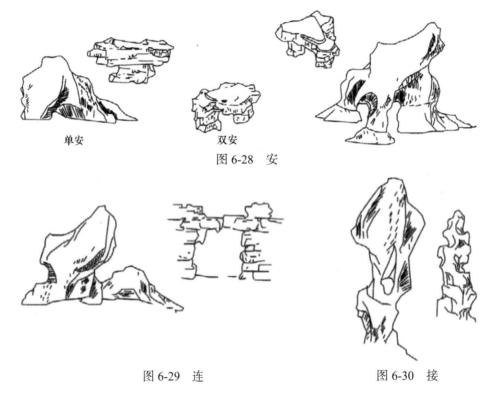

图 6-28　安

图 6-29　连　　　　　　　　　　　　　　图 6-30　接

（4）斗。以两块分离的山石为底脚，做成头顶相互内靠，如同两者争斗状，并在两头顶之间安置一块连接石；或借用斗拱构件的原理，在两块底脚石上安置一块拱形山石，形成上拱下空的这种手法称为"斗"，见图 6-31。

（5）挎。即在一块大的山石之旁，挎靠一块小山石，犹如人肩之挎包一样，称为"挎"，见图 6-32。

（6）拼。将若干块小山石拼零为整，组成一块具有一定形状大石面的做法称为"拼"，见图 6-33。

（7）悬。即在环形洞圈的情况下，为制造一种险峻，在圈顶上安插一块上大下小的山石使其下端悬垂吊挂称为"悬"，见图6-34。

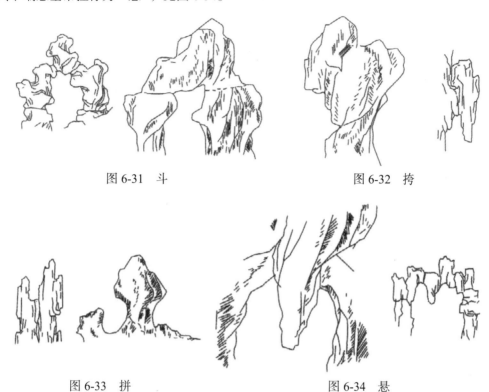

图 6-31 斗　　　　　　　　　　　　　　图 6-32 挎

图 6-33 拼　　　　　　　　　　　　　　图 6-34 悬

（8）剑。用长条形山石直立砌筑的尖峰，如同"刀笏朝天"，峻拔挺立的自然境界称为"剑"，见图6-35。

（9）卡。在两块较大的分离山石之间，卡塞一块较小山石的做法称为"卡"，见图6-36。

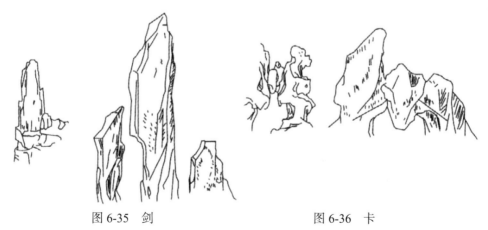

图 6-35 剑　　　　　　　　　　　　　　图 6-36 卡

（10）垂。在一较大立石顶面的侧边悬挂一块山石的做法称为"垂"，见图6-37。

（11）挑。挑即"悬挑""出挑"，用较长的山石横向伸出，悬挑其下石之外的做法，见图6-38。

（12）券。选择具有大小头的小石，砌成石拱券的做法称为"券"。

（13）撑。有的称为"戗"，即斜撑，是对重心不稳的山石从下面进行支撑的一种做法，见图6-39。

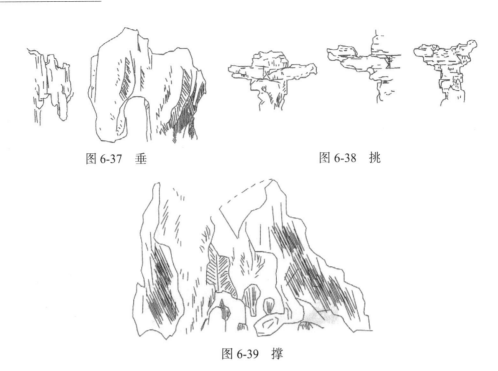

图 6-37　垂　　　　　　　　　　　　　图 6-38　挑

图 6-39　撑

（14）托。用山石托住另一悬石或垂石的下端，称为"托"。

（15）榫。即仿照木榫做法一样，将立石下端做成榫头，插其下底磐石的榫眼内。

2. 山石水景的施工

山石水景包括：泉、瀑、潭、溪、屿、矶、岸、汀等，它们与山石相配才能生景，山水组合，刚柔并济，动静交呈，相得益彰。在这些水景中如何布置山石，是叠置假山应注意的地方。

（1）水池的置石点缀。

在水池内布置山石，要避免将山石布置在池的正中，应布置在稍偏或稍后的位置上，要突破池壁的限制，或近池壁的限制，或近池壁内侧，或滚落于池壁以外，伏于地上，或挎在池壁上面，以造就怪石嶙峋的自然景观，见图 6-40。山石的高度要与环境空间和水池的体量相称，一般与水池的长向半径相当。如在环境空旷处，其最高峰的高度约与水池长向直径相当。

图 6-40　水池与置石

水池中的山石应有主、次、配的区分。最忌用山石按几何形状做水池的边壁。

（2）山石驳岸布置。

驳岸的平面布置最忌呈几何对称形状，对一般呈不同宽度的带状溪涧，应布置成回转曲折于两池湖之间，互为对岸的岸线要有争有让，少量峡谷则对峙相争。水面要有聚散变化，分割应不均匀。旷远、深远和迷远要兼顾。

水湾的距离和转弯半径要有变化，宜堤为堤，宜岛为岛。半岛出岬，全岛环水。总之溪涧的宽窄变化，都会造成丰富的水景效果，如图6-41所示，为一般溪涧的岸线布置。

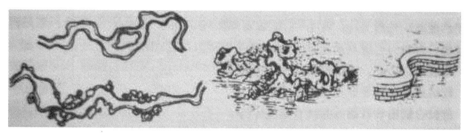

图6-41　山石驳岸

山石驳岸的断面也要善于变化，应使其具有高低、宽窄、虚实和层次的变化，如高崖、据岸、低岸贴水、直岸上下、坡岸陂陀、水岫涵虚、石矶伸水、虚洞含礁、礁石露水等。岫即不通之洞，水岫有大小、广狭、长扁之变化，造成明暗对比，使人见不到水岸相接之处而有不尽和无穷之意。

（3）汀石与石矶的布置。

汀石即水中步石，在自然界为露出水面的礁石，见图6-42。汀石的布置要以少胜多，最忌数量多、块步均匀和间距相等。

石矶为岸边突出的山石如熨斗状平伸入水的景观，大可成岗，小仅一石。石矶布置应与岸线斜交为宜，要选用具有多水平层次的山石，以适应不同水位的景观，数量以少为贵。

图6-42　汀石

（4）瀑与潭的布置。

天然瀑布总在谷壑之中，因此，人工瀑布宜选在旁高中低的山谷中，瀑口两旁稍高则有谷间汇水的意味。瀑口的形式包括匹落（布瀑）、片落（带瀑）、丝落（线瀑）三种，非山石的人工瀑口如图 6-43 所示，可依次选用适宜山石用来替代，即可以假乱真。

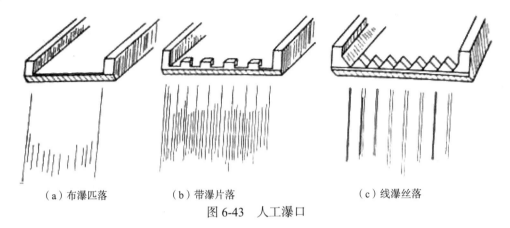

（a）布瀑匹落　　　（b）带瀑片落　　　　　　（c）线瀑丝落

图 6-43　人工瀑口

3. 山石的胶结与勾缝

（1）胶结。现代假山施工的胶结材料均为水泥砂浆或混合砂浆。水泥砂浆的配制比通常是，普通灰色水泥和粗砂，按照 1 : 2.5～1 : 1.5 的比例配成。主要用来粘合石材、填充山石缝隙和假山抹缝。有时为了增加水泥砂浆的和易性并将山石缝隙填满，在其中加入适量的石灰浆，配成混合砂浆。胶结材料的使用应注意：

1）胶结用水泥砂浆要现配现用；

2）待胶合的山石石面应在胶合前洗干净；

3）待胶合的山石石面均应涂上水泥砂浆或混合砂浆，并及时贴合、支撑或捆扎固定。

（2）勾缝。勾缝应注意以下事项：

1）胶合缝应用 1 : 2 的水泥砂浆或混合砂浆补平填平填满；

2）根据山石的颜色在勾缝的水泥砂浆中加入相应颜料或色料。如在湖石勾缝砂浆中加入青煤，黄石勾缝后刷铁屑卤盐，使缝在晾干后的颜色与山石相同；

3）路面的勾缝不宜大于 2cm 宽。

6.5　人 工 塑 山

人工塑山是指在传统灰塑山石和假山的基础上，采用混凝土、玻璃钢、有机树脂等现代材料和石灰、砖、水泥等非石材料，经人工塑造而成的假山。塑山具有造型不受石材限制、施工工期短、见效快的优点；缺点是表面有细小裂纹，表面皱纹的变化不如自然山石丰富，使用期限相对山石较短。

6.5.1　人工塑山的类型

按照所应用的材料来分，人工塑山可以分为砖石混凝土塑山、钢筋混凝土塑山、现代非金属材料塑山。前两类也称传统材料人工塑山，后者称为现代材料塑山或新型材料塑山。也有将人工塑山分为塑山和塑石的，事实上两者并无实质上的区别，只是前者的体量较大，更注重假山的整体效果；后者则以块石为主体，更注重其纹理、皱纹的处理而已。

6.5.2 人工塑山施工

1. 钢筋混凝土塑山

（1）基础。根据基地的土壤承载力和山体的质量，经过计算确定其大小。施工时根据设计图纸的要求进行放线、基础开挖和基础施工。

（2）立钢骨架。包括浇筑钢筋混凝土柱梁、焊接钢骨架、捆扎造型钢筋、铺设钢筋（丝、板）网等，见图6-44。其中铺设钢筋（丝、板）网是塑山效果的关键分部工程。钢筋必须根据设计山形做出自然凹凸变化。钢筋（丝、板）网一定要与造型钢筋绑扎牢固，不能有浮动现象。

（3）面层批塑。现打底，即在钢筋网上抹灰两遍，材料配比为水泥＋黄（红）泥＋麻刀，其中水泥∶沙为1∶2，黄泥用量为总量的10%，麻刀适量。砂浆混合必须均匀，且随拌随用，存放时间不宜超过1h，初凝后的砂浆不得继续使用，结构见图6-45。

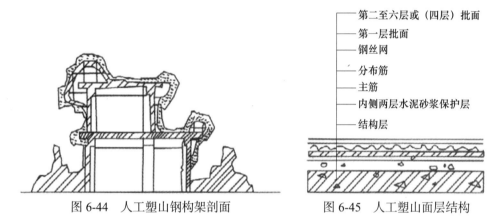

图6-44 人工塑山钢构架剖面　　　图6-45 人工塑山面层结构

（4）表面修饰。主要包括以下工作：

1）皴纹与质感。修饰的重点在山脚和山体的中部。山脚应表现粗犷、有人为破坏及风化的痕迹，并多植物生长。山腰部分（一般在1.8～2.5m处）是修饰的重点，追求皴纹的真实，强化力量感和楞角，以丰富造型。山顶（高度在2.5m以上）则不必做得太细致，可将山顶轮廓线渐收，同时色彩变浅，以增加山体的高大与真实感。

2）着色。根据设计对石色的要求进行上色，通常上色的手法有洒、弹、倒、甩，直接刷的效果一般不好。也可将颜料混合于灰浆中，直接在面层批塑时批塑成型。上色时应注意色彩要仿真，上部着色略浅，纹理凹陷部位着色略深，还应注意青苔和滴水痕的表现。

3）光泽。可在石的表面涂过氧树脂或有机硅，重点部位还可以打蜡。

（5）注意事项：

1）预留种植池。种植池的大小应根据植物体量的大小确定，这些部位根据实际需要考虑增加钢筋的配置，种植池预留排水孔，排水孔的位置还应做防锈处理。

2）养护：① 施工期间，水泥初凝后开始养护，用麻袋、草帘等材料覆盖，避免阳光直射，每隔2～3h洒水一次。② 养护期不少于15d。当气温低于5℃时，应停止洒水并采取防冻措施。③ 每年应对假山内部的钢骨架、一切外露的金属材料进行防锈处理。

2. 砖石塑山

首先在拟塑山石土体外缘清除杂草和松散土体，按照设计要求修饰土体，沿土体外开沟做基础，其宽度与深度视基地的土质和塑山的高度而定；接着沿土体向上砌砖，砌筑要求与挡土墙相同，砌砖时应根据山体形状的变化而变化，再在表面抹水泥砂浆，与钢筋混凝土塑山一样修饰、着色，见图6-46。

图6-46　钢筋混凝土塑山施工现场

3. 新型材料塑山

目前，应用于塑山的新型材料主要有玻璃纤维强化塑胶（Fiber Glass Reinforced，FRP）、玻璃纤维强化水泥（Glass Fiber Reinforced Cement，GRC）和碳纤维增强混凝土（Carbon Fiber Reinforced Cement or Concrete，CFRC）三种。

（1）新型材料塑山的优点：

1）山石的造型、皴纹逼真，具有岩石坚硬润泽的质感。

2）材料自重量轻，强度高，抗老化且耐水性强，易进行工厂化生产。施工简单、方便、快捷，造价低，可在室内外应用，特别适用于屋顶花园。

3）可利用计算机进行辅助设计，改变了过去假山工程无法进行石块定位设计的历史，使假山在制作技术和设计手段上均取得突破。

4）可满足假山建造的山石需求，减少对山石的需求，从而有利于保护自然。

（2）GRC材料塑山施工。

GRC塑山施工包括两大步骤，即GRC山石的制作与GRC塑山施工，见图6-47。

1）GRC假山元件的制作。GRC假山元件的制作有两种方法：一是席状层积式手工生产法；二是喷吹式机械生产法。生产过程一般首先制作GRC假山元件模型。制作模具的材料可分为：软模，如聚氨酯模、硅模；硬模，如钢模、铝模、GRC模、FRP模和石膏模等。制模时，应选择天然岩石皴纹好的部位为模本，制作模具。接着制作GRC假山石块。其制作方法是将低碱水泥与一定规格的抗碱玻璃纤维同时均匀地喷射于模具中，凝固后成型。在喷射时注意随吹射随压实，并在适当的位置预埋铁件。

图 6-47 GRC 塑山

2）GRC 塑山施工。① 立基：按照设计定点放线，以确定地锚的位置，根据假山的大小、高矮、重量以及地基的土质情况，确定地锚的规格，山体高且大时，地锚的深度应深些，地锚之间的距离也应近一些；② 布网：按照山体正投影的位置，焊接角铁方格网，角铁的规格应符合设计要求，方格网的规格一般为 80cm×80cm，方格网必须与地锚焊接牢固；③ 立架：根据山体高低起伏的变化，焊接立柱，柱与柱之间用斜拉角铁焊接，与基础方格网形成牢固的假山框架；④ 组装：将预制的 GRC 构件按照设计要求进行组装，组装时注意山石大小节奏、纹理精心排列组合，巧妙地接、挂、拼在一起，逐一焊接牢固，需要加固的部位，在其后背敷挂钢丝（板）网，然后浇筑混凝土，以增加其强度；⑤ 修饰：GRC 塑山组装后，需要进行拼接缝的修饰，这种修饰与传统的山石沟缝不同，它是对 GRC 假山石表面的艺术再处理。其技法主要包括：补——用与 GRC 石材颜色接近的水泥材料，补在拼接留下的缝隙中，补的时候应注意不是要把山石所有的缝隙全部封堵，转角抹圆滑，而是根据石材的纹理修补成不同形态；塑——在补的基础上用同一种材料，进行小面积雕塑，以原有石材为范本，把石材的纹理接顺，如遇到石面有裂缝，可以将其拉长，碰到山石的断裂茬可将其接顺，使接缝与石面连接浑然一体；刷——就是在补塑的基础上，用沾水的毛刷进行拍、压、挤、戳，利用水的不同流向，使之更接近山石表面风化肌理，从而达到以假乱真的效果。

（3）FRP 材料塑山。

FRP 塑山与 GRC 塑山的基本原理相似，其山石元件的制作过程大致相同，只是工艺不尽相同，这些均可根据设计及其制作工艺说明来完成。从模具到成品的制作程序为：模具制作→翻制石膏→玻璃钢制作→基础和钢框架制作→玻璃钢预制件拼装→修补打磨→油漆→成品。

第7章　园林照明与电气工程

7.1　电源设备的安装与调试

园林的电源设备包括输电线路及相关设施，如电线杆及其设施、电缆沟等，以及变压装置、室内其他电源设施等。由于园林的供电工程多数是自变压器之后的安装工程，所以在此仅讨论变压器之后的园林照明与电气工程施工问题。

7.1.1　配电柜的安装

7.1.1.1　配电柜安装程序

配电柜位置确定→基础型钢安装→配电柜位置调校→配电柜安装→接地安装→柜内线路安装。

7.1.1.2　配电柜安装要求

1. 配电柜安装距离

配电柜为单列布置时，柜前通道不小于 1.5m，双列布置时，柜前通道不小于 2m。配电柜后通道不宜小于 1m，左右两侧不小于 0.8m。

2. 基础型钢安装

基础型钢安装的允许偏差符合表 7-1 的规定。基础型钢安装后，其顶部应高出抹平地面10mm。手车式成套柜应按照产品技术要求执行，基础型钢应有明显可靠的接地。

基础型钢安装的允许偏差　　　　　　　　　　　　　　　表 7-1

项　　目	允许偏差（mm/m）	
直线度	＜ 1	＜ 5
水平度	＜ 1	＜ 5
位置误差及不平行度	—	＜ 5

3. 配电柜安装

（1）配电柜及其设备与各构件间连接应牢固。

（2）配电柜的接地应牢固良好，并装有供检修用的接地连线。

（3）成套柜的安装应使机械闭锁、电气闭锁动作准确、可靠，动触头与静触头的中心线一致，触头接触紧密，二次回路辅助开关的切换接点动作准确，接触可靠，且箱内照明齐全。

7.1.2　配电箱（盘）的安装

7.1.2.1　弹线定位

弹线定位应注意以下问题：

（1）配电箱（盘）的安装不会对建（构）筑物的结构造成影响。

（2）根据设计要求，确定配电箱（盘）的安装位置，并按照配电箱（盘）的外形尺寸进行弹线定位。

（3）配电箱的底口距离地面一般为 1.5m，明装电度表板底口距离地面不得小于 1.8m。在同一建筑物内，同类箱盘的高度应一致。配电箱与供暖管道的距离应不小于 300mm，与排水管道的距离不小于 200mm，与燃气管道、燃气表的距离不小于 300mm。

7.1.2.2 配电箱（盘）安装

1. 一般安装规定

（1）箱（盘）不得采用可燃材料制作。

（2）箱体的开孔与导管管径适配，且边缘整齐，位置正确；电源管在左边，负荷管在右边。

（3）箱（盘）内的组件齐全，接线正确且无绞接现象，配线整齐。回路编号齐全，标识正确，导线连接紧密，不伤芯线，不断股。垫圈下螺栓两侧所压导线的截面积相同，同一端子上连接的导线不多于两根，垫圈等零件齐全。

（4）配电箱（盘）内，分别设置中性线（N）和保护线（PE）汇流排，N 线和 PE 线经汇流排配出。

（5）安装的配电箱（盘）箱盖紧贴墙面，箱（盘）涂层完整，配电箱（盘）的垂直度允许偏差不大于 1.5%，且安装牢固。

2. 配电箱（盘）的明装

（1）安装程序：确定箱（盘）的位置→弹线→固定箱（盘）→导线引入→导线端头剥削→接入导线→固定导线→仪表核对安装成果→试送电→填写箱内卡片。

（2）安装要求：① 如有暗分线盒，应先将分线盒内杂物清除，然后将导线理顺，分清支路与相序；② 如在木结构或轻钢龙骨护板墙上固定配电箱（盘）时，应采取加固措施；③ 配管在护板墙内暗敷设并有暗接线盒时，盒口应与墙面平齐，在木制护板墙处应涂防火漆进行保护。

3. 配电箱的暗装

配电箱内导线的安装与试送电程序与明装配电箱（盘）相同，只是配电箱本身的安装稍复杂。暗装配电箱的安装程序如下：

配电箱放入预留孔洞中→确定箱的标高并找平→水泥砂浆填实固定箱体→安装盘面、贴脸→线路安装。

如箱底与外墙平齐，应在外墙固定金属网后再做墙体抹灰，不得在箱底板上直接抹灰。

7.1.3 配电柜（箱、盘）电器安装与调试

7.1.3.1 配电柜（箱、盘）电器安装

1. 电器的安装

（1）电器元件质量良好，型号、规格符合设计要求；外观完好，附件齐全，排列整齐，固定牢靠，密封良好；有相应的检验合格证。

（2）各电器应能单独拆装、更换，而不影响其他电器及导线束的固定。

（3）发热件应安装在散热良好的地方，两个发热元件之间的连接线应采用耐热导线或裸铜线套瓷管。

（4）熔断器的熔体规格、断路器的整定值应符合设计要求。

（5）切换压板应接触良好，相邻压板间应有足够的安全距离，切换时不会触及相邻的压板。对于一端带电的压板，应使压板在断开的情况下，活动端不带电。

（6）信号回路的信号灯、光字牌、按钮、电铃、电笛、事故电钟等应显示准确，工作可靠，以防干扰。

（7）盘上装有装置性设备或其他接地要求的电器，其外壳应可靠接地。

2. 端子排的安装

（1）端子排应无损坏，固定牢固，绝缘良好。

（2）端子应编排序号，端子排应便于更换并接线方便，离地面高度不宜大于 350mm。

（3）强、弱电端子宜分开布置，当有困难时，应有明显标志并设有空端子隔开或设加强绝缘的隔板。

（4）正、负电源之间及经常带电的正电源与合闸或跳闸回路之间，宜由一个空端子隔开。

（5）电流回路应经过试验端子，其他需要断开的回路宜经特殊端子或试验端子，试验端子应接触良好。

（6）潮湿环境应采用防潮端子。

（7）接线端子与导线截面相匹配，不应使用小端子配大截面积导线。

3. 二次回路的电气间隙合爬电距离

（1）盘、柜内两导线间、导电体与裸露的不带电导体间的距离，应符合表 7-2 中的规定。

允许最小电气间隙及爬电距离（mm）　　　　表 7-2

额定电压（V）	电气间隙		爬电距离	
	额定工作电流		额定工作电流	
	≤ 63A	> 63A	≤ 63A	> 63A
$U \leq 60$	3	5	3	5
$60 < U \leq 300$	5	6	6	8
$300 < U \leq 500$	8	10	10	12

（2）屏顶上小母线不相同或不同极裸露载流部分之间，裸露载流部分与未经绝缘的金属体之间，电气间隙不得小于 12mm，爬电距离不得小于 20mm。

4. 其他

（1）二次回路的连接件都应采用铜质制品。绝缘材料应采用自熄性阻燃材料。

（2）盘、柜的正面和背面各种电器、端子等都应标明编号、名称、用途及操作位置，其标明的字迹清晰、工整且不易褪色。

（3）盘、柜的小母线应采用直径不小于 6mm 的铜棒或铜管，小母线两侧应标明其代号、名称及绝缘标志牌，字迹清楚、工整且不易褪色。

7.1.3.2　配电箱、盘的检查与调试

（1）柜（箱）内的杂物、工具应清理出柜，并将柜体内外清扫干净。

（2）电器元件各紧固螺栓牢固，刀开关、空气开关等操作机构应灵活。

（3）开关电器的通断是否可靠，接触面的接触情况是否良好，以及辅助接点通断是否准确可靠。

（4）电工指示仪表与互感器的变化、极性连接是否可靠。

（5）熔断器的熔芯规格选用是否正确，继电器的整定值是否符合设计要求，动件是否准确可靠。

（6）母线连接应良好，其绝缘支撑件、安装件及附件应牢固可靠。

（7）绝缘电阻遥测，测量母线和对地电阻，测量二次结线和对地电阻，应符合国家现行验收规范的要求。在测量二次回电路时，不应损坏其他半导体元件，遥测绝缘电阻时，应将其断开。

7.2　电线配管与线路施工

7.2.1　电线配管

电线可分为室内线与室外线，两类线的配管虽然有相同之处，但也有所差异。

7.2.1.1　室外电缆保护管的选择

目前应用于电缆保护的管类包括：钢管、铸铁管、硬质聚乙烯管、陶土管、混凝土管、石棉水泥管等。其中，铸铁管、混凝土管、陶土管、石棉水泥管用作排管，也有采用硬质聚乙烯管作为短距离排管。电缆配管应注意以下几点：

（1）电缆保护钢管或硬质聚乙烯管的内径与电缆的外径之比不得小于 1.5 倍。

（2）电缆保护管不得有穿孔、裂缝或显著凹凸不平，内壁应光滑。电缆保护管管口处应无毛刺或尖锐棱角，防止在穿电缆时划伤电缆。

（3）金属电缆保护管不得有严重锈蚀。

（4）硬质聚乙烯管因质地较脆，不应用在温度过高或过低的场所，敷设时温度不宜低于 0°C，但在使用过程中不受碰撞的情况下，可不受此限制；最高使用温度不应超过 50～60°C，在易受机械碰撞的地方也不宜使用。硬质聚乙烯管在易受机械损坏的地方和受力较大处直埋时，应采用有足够强度的管材。

7.2.1.2　室内配线管的选择

1. 钢管

选择钢管作为室内配管时，应按照设计要求及环境等来选择管壁的厚度。薄壁钢管适用于干燥场所明敷或暗敷；厚壁钢管适用于潮湿、易燃、易爆或埋在地下等场所。利用钢管壁兼作地线时应选用壁厚不小于 2.5mm 的钢管。

2. 塑料管

（1）硬塑料管。硬塑料管耐腐蚀，但易变形老化，机械强度不如钢管。常用于室内或有酸、碱腐蚀介质的场所，不得在高温或易受机械损伤的场所敷设。

（2）半硬塑料管。适用于一般民用建筑的照明工程暗配敷设，当敷设于现场捣制的混凝土结构中时，应有防机械损伤的措施。

（3）波纹塑料管。适用于一般民用建筑的照明工程暗配敷设。

3. 金属软管

常用于钢管和设备的过渡连接。

4. 瓷管

在导线穿过墙壁、楼板和导线交叉敷设时，起保护作用。

7.2.2　钢、塑料保护管敷设

7.2.2.1　室外钢、塑料保护管敷设

1. 保护管的加工

（1）钢、塑料保护管管口处宜做成喇叭状，利于减少直埋管在沉降时管口处对电缆的剪切力。

（2）尽量减少弯曲，对于截面积较大的电缆不允许有弯头。每根电缆保护管的弯曲处不应超过 3 个，直角弯不应超过 2 个。

（3）电缆保护管垂直敷设时，管的弯曲度应大于 90°，避免管内积水结冰而破坏管内电缆。

（4）保护管的弯曲处不应有裂缝和显著的凹瘪现象，弯曲处的弯偏程度不应大于管外径的 10%；弯曲半径不应小于所穿电缆的最小允许弯曲半径，电缆的最小弯曲半径应符合表 7-3 的规定。

电缆最小弯曲半径　　　　　　　　　　　　　　　　　　　　　表 7-3

电缆形式			多芯	单芯
控制电缆			$10D$	
橡皮绝缘电力电缆	无铅包、钢铠护套		$10D$	
	裸铅包护套		$15D$	
	钢铠护套		$20D$	
聚氯乙烯绝缘电力电缆			$10D$	
交联聚乙烯绝缘电力电缆			$15D$	$20D$
油浸纸绝缘电力电缆	铅包		$30D$	
	铅包	有铠甲	$15D$	$20D$
		无铠甲	$20D$	
自容式充油（铅）包电力电缆				$20D$

注：表中 D 为电缆外径。

2. 钢、塑料保护管连接

（1）钢保护管。

钢保护管连接时，应采用大一级短管套接或采用管接头螺纹连接。用短套管连接施工方便，采用管接头螺纹连接则较美观。管连接处短套管或带螺纹的管接头长度，不应小于电缆管外径的 2.2 倍。钢管连接时不宜直接对焊。

（2）硬质聚乙烯保护管。

采用插接连接时，其插入深度宜为管内径的 1.1～1.8 倍，并用胶粘剂粘牢、密封。采用套管套接时，套管长度不应小于连接管内径的 1.5～3.0 倍，套管两端用胶粘剂密封。

3. 钢保护管的接地和防腐处理

4. 保护管的敷设

（1）钢、塑料保护管的埋设深度不应小于 0.7m，直埋电缆的埋设深度超过 1.1m 时，可以不再考虑上部压力的机械损伤，即不需要埋设电缆保护管。

（2）电缆与铁路、公路、城市道路和厂区道路下交叉时，应敷设于坚固的保护管内，一般多采用钢保护管，埋设深度不应小于 1m，管的长度除应满足路面的宽度外，管的两端还应伸出路基 2m，伸出排水沟 0.5m；在城市道路中，电缆保护管应伸出车道外。

（3）直埋电缆与热力管道、管沟平行或交叉敷设时，电缆应采用石棉水泥保护管保护，并采取隔热措施。电缆与热力管道交叉时，敷设的保护管两端各伸出的长度不应小于 2m。

（4）电缆保护管与其他管道（水、燃气）以及直埋电缆交叉时，两端的伸出长度不应小于 1m。

7.2.2.2 室内硬质塑料管敷设

（1）塑料管及配件必须是经过阻燃处理的材料制成。

（2）不应敷设于高温和易受机械损伤的场所。

（3）管与管的连接要求与室外相同。

（4）管与箱（盒）连接时，连接管外径应与箱（盒）留孔一致，管口平整、光滑，一管一孔顺直插入箱（盒），在箱（盒）内露出的长度不应小于 5mm；多根管插入箱（盒）时，插入的长度应一致，且排列间距均匀。管与箱（盒）连接应固定牢靠。

（5）安装时均宜采用相应配套的塑料制成的开关盒、接线盒等，严禁使用金属盒。

（6）塑料管及配件的敷设、安装、煨管制作，均应在原材料规定的允许环境温度下进行，其温度不宜低于 −15°C。

（7）塑料管在砖砌墙体上敷设时，必须用强度大于 M10 的水泥砂浆抹面保护，其保护层厚度不小于 15mm。

7.2.3 电缆敷设

7.2.3.1 施工准备

1. 材料（设备）准备

（1）电缆应规格应符合设计要求，且质量符合国家标准；

（2）准备砖、砂，并运到电缆沟边待用；

（3）工具及施工用料的准备；

（4）电缆两端连接的电气设备应安装完毕或已经就位，敷设电缆的通道畅通无阻。

2. 电缆沟槽的准备

按照规定挖好电缆沟槽，埋置的预埋件到位，隧道、竖井等施工完毕。

3. 电缆加温

冬期施工温度低于设计要求时，电缆应先加温，并准备好保温材料，以便搬运时电缆保温用。

7.2.3.2 电缆敷设

（1）电缆敷设时，不应破坏电缆沟和隧道的防水层。

（2）在三相四线制系统中使用的电力电缆，不应采用三芯电缆另加一根单芯电缆或导线，以电缆金属保护套等做中性接线方式。在三相系统中，不得将三芯电缆中的一芯接地运行。

（3）三相系统中使用的单芯电缆，应组成紧贴的正三角形排列（充油电缆及水底电缆可除外），并每隔 1m 用绑带扎牢。

（4）电缆敷设时，电缆的端头与电缆接头附近可留有备用长度。直埋电缆还应在全长队留有少量富余度，并做波浪形敷设。

（5）敷设时，电缆应从盘的上端引出，应避免电缆在支架上及地面摩擦拖拉。电缆上不得有未消除的机械损伤。

（6）油浸纸绝缘电力电缆在切断后，应将端头立即铅封，塑料绝缘电力电缆，也应有可靠的防潮封端。

（7）电缆进入电缆沟、隧道、竖井、建筑物、盘（柜）以及穿入管子时，出入口应封闭，管口应密封。

7.3　接地与避雷设施施工

建筑物的防雷也是当今建筑施工的重要单项工程。园林作为重要的公共活动场所，其中建（构）筑物的防雷，不仅出于保护建筑物本身的需要，而且是以人为本、保护在建筑物中活动的公民切身利益的需要。因此，园林建筑的防雷施工也是园林工程的一部分。

7.3.1　接地装置的安装

一般情况下，将建筑物钢筋混凝土基础内的钢筋作为防雷接地装置，当其不能利用时，应围绕建筑物四周敷设成环形的人工接地装置。

7.3.1.1　接地形式

接地形式有 TN 系统、TT 系统和 IT 系统三种形式。

1. TN 系统

（1）TN-S 系统：整个系统的中性线（N）和保护线（PE）是分开的。

（2）TN-C 系统：整个系统的中性线（N）和保护线（PE）是合一的。

（3）TN-C-S 系统：系统中前一部分线路中的中性线与保护线是合一的。

2. TT 系统

电力系统有一点直接接地，受电设备的外露可导电部分通过保护线接至与电力系统接地点无直接关联的接地极。

3. IT 系统

电力系统的带电部分与大地间无直接连接（或一点经足够大的阻抗接地），受电设备的外露可导电部分通过保护线接至地极。

7.3.1.2　人工接地体的安装要求

人工接地体一般采用钢管、圆钢、角钢和扁钢等，安装或埋入地下，但不应埋设在垃圾堆、炉渣和强烈腐蚀性土壤处。安装的要求如下：

1. 接地体的埋设

（1）接地体的埋设深度不应小于 0.6m，角钢及钢管接地体应垂直配置。

（2）垂直接地体的长度不应小于 2.5m，其间距一般不应小于 5m。

（3）防雷人工接地装置的干线埋设，经人行通道处的深度不应小于 1m，且应采取均压措施或在其上方铺设卵石或沥青地面。

（4）接地模块顶面埋深不应小于 0.6m，接地模块间距不应小于模块长度的 3～5 倍。接地模块埋设基坑，一般为模块外形尺寸的 1.2～1.4 倍，且在开挖深度内详细记录地层情况。

（5）接地模块应垂直或水平就位，不应倾斜设置，保持与原土层接触良好。

（6）接地模块应集中引线，用干线把接地模块并联焊接成一个环路，干线的材质与接地模块焊接点的材质应相同，钢制的接地模块其引出线不少于两处。

（7）人工接地装置或利用建筑物基础钢筋的接地装置必须在地面以上，按照设计要求位置设置测点。

（8）埋入后接地体周围要用新土夯实。

2. 接地体的连接

（1）接地体的焊接应采用搭接焊，其焊接长度应符合下列规定：

1）扁钢与扁钢搭接为扁钢宽度的2倍，不少于三面施焊。

2）圆钢与圆钢搭接为圆钢直径的6倍，双面施焊。

3）圆钢与扁钢搭接为圆钢直径的6倍，双面施焊。

4）扁钢与钢管，扁钢与角钢焊接，应紧贴角钢外侧两面或紧贴3/4钢管表面，上下两侧施焊。

5）除埋设在混凝土中的焊接头外，应有防腐措施。

（2）接地体与接地干线的连接，应采用可拆卸的螺栓连接点，以便测量电阻。

（3）在土壤电阻率高的地区，埋设接地体时可采用下列降低接地电阻措施：

1）在电气设备附近的土壤电阻率较高时，可装设引外接地体。

2）当地下较深处的土壤电阻率较高时，可采用深井式或深管式接地体。

3）在接地坑内填入化学降阻剂，但材料应对金属腐蚀性弱且水溶性成分含量低。

3. 安全要求

（1）接地装置要有足够的机械强度，接地体所用钢材的最小尺寸不得小于表7-4中的规定。

接地体最小允许规格

表7-4

种类		敷设位置及使用类别			
		地上		地下	
		室内	室外	交流电流回路	支流电流回路
圆钢直径（mm）		6	8	10	12
扁钢	截面积（mm²）	60	100	100	100
	厚度（mm）	3	4	4	6
角钢厚度（mm）		2	2.5	4	6
钢管管壁厚度（mm）		2.5	2.5	3.5	4.5

（2）接地体埋深一般为0.6～1.0m，但必须在冻土层以下。

（3）接地体宜由两根以上的钢管或角钢组成，一般将几根钢管或角钢埋设成一排或一圈，并在其上端用扁钢或圆钢连成一个整体。

（4）接地体连接要可靠，一般采用焊接方式，扁钢搭接长度应不小于宽度的2倍；圆钢搭接长度不小于直径的6倍。

（5）接地体与建筑物的距离应不小于1.5m，接地体与独立避雷针接地体之间的地下距离应不小于3m，接地体地上部分与独立避雷针接地线之间的距离应不小于3～5m。

（6）接地体地下部分不得涂抹油漆。接地体和接地线安装结束后，应测量接地电阻，其阻值应符合规定要求。

7.3.1.3　接地装置的安装

1. 垂直接地体

（1）垂直接地体可为 L50mm×50mm 的角钢、DN50 钢管或直径 20mm 圆钢，长度不小于 2.5m。

（2）圆钢或钢管端部锯成斜口或锻造成锥形，角钢的一端加工成尖头形，尖点保持在角钢的角脊线上，两斜边应对称。

（3）在接地极沟内将接地体放在沟的中心线上，垂直打入地下的深度不小于 2m，顶部距离地面不小于 0.6m，间距一般不小于 5m。

（4）如多极接地或接地网，各接地体之间应保留 2.5m 以上的垂直距离，并将接地体周围填土夯实，以减少接地电阻。

如接地体与连接干线在地下连接，应先焊接再填土夯实。

2. 水平接地体

（1）材料一般用扁钢或圆钢制成。扁钢厚度不小于 4mm，截面积不小于 48mm^2，圆钢的直径应不小于 8mm。

（2）接地体的长度根据安装条件和结构形式而定，一般为几米至十几米。

（3）将接地体水平敷设于地下，与地面的距离不小于 0.6m。

（4）如多极接地或接地网，各接地体之间应保持 5m 以上的直线距离。

7.3.1.4　弱电系统接地装置的安装

1. 一般要求

（1）各种接地体之间一般要求相距 20m 以上；在影响不大（如土壤电阻率不大于 100Ω·m）的情况下，可适当缩短到 6m 及以上。

（2）接地装置与建筑物基础之间一般应保持 3～5m 的距离。

（3）工作接地应有两组同时并联使用，这两组间的距离要求同上。每组接地体电阻一般应相等，若不相等，也不应超过另一组的一倍，两组并联后的总电阻应符合设计要求。

2. 埋设要求

（1）接地体应埋设在冰冻层以下，且顶部与地面的距离不小于 1m。

（2）各接地网的引入线埋深应不小于 0.5m，并缠绕麻布条后浸蘸或涂抹沥青两次以上，在敷设时各引入线不宜在室外交叉。

（3）地线引出地面或引入建筑物时，应选择不易受到机械损伤的地方，并加以适当保护。

（4）地线在室内外各处的接头都必须使用电焊或气焊，在特殊情况下（如电缆外包皮）允许用锡焊或特种卡箍。

（5）接地线中间必须设有接头。接地装置任何部分都不应和其他导体发生电气碰触，必要时进行绝缘保护处理。

（6）弱电系统的接地利用建筑物的复合体，其接地线在与接地体连接点之间应与地绝缘，其接地电阻应小于 1Ω。

（7）接地施工完毕后，应将所有填土分层回填夯实。

7.3.2 避雷装置的安装

1. 一般规定

（1）建筑物顶部的避雷针、避雷带等必须与顶部外露的其他金属物体连成一个整体的电气通路，且与避雷引下线连接牢固。

（2）避雷针、避雷带的安装位置应符合设计要求，用焊接固定的焊缝应饱满无遗漏，螺栓固定的备帽等零件齐全，焊接位置应涂刷防腐油漆。

（3）避雷带应平整顺直，固定点支持件间距均匀、固定可靠，每个支持件应承受大于49N 的垂直拉力。当设计无要求时，支持件间距应均匀，水平直线部分间距为 0.5～1.5m；垂直直线部分间距为 1.5～3m；弯曲部分间距为 0.3～0.5m。

2. 避雷针的安装

（1）所有的金属件都必须镀锌，安装时应注意保护镀锌保护层。

（2）避雷针一般安装在建筑物或电杆上，其引下线与接地体应可靠连接。接地电阻不大于 10Ω。

（3）砖木结构的房屋，可将避雷针敷设在山墙顶部或屋脊上。避雷针在砖墙内的部分约为针高的 1/3，插在水泥墙的部分约为针高的 1/4～1/5。

（4）在古树名木上设立避雷针时，针尖应高出树顶，并考虑树高的生长因素。

（5）避雷针应牢固，并平直、垂直，且与引下线焊接牢固。

（6）避雷针的垂直安装偏差不应大于顶端针杆的直径，一般垂直偏差为 3%。

3. 避雷网的安装

（1）安装要求：

1）避雷网的网格密度应按照设计要求设置，避雷线的用材、规格按照设计要求选定。

2）避雷线弯曲处的角度不得小于 90°，弯曲半径不得小于圆钢直径的 10 倍。

3）避雷线敷设应平直、牢固，与建筑物的距离应一致。检查段每 2m 的平直度允许偏差为 3‰。

（2）安装流程：调直避雷线→吊装→固定（焊接）→防锈（防腐）处理。

4. 避雷带的安装

（1）避雷带明敷时，距屋顶面或女儿墙面的高度为 100～200mm，其支点间距不应大于1.5m，在建筑物的沉降缝处应留出 100～200mm。

（2）铝制门窗与避雷装置连接时，应安装 300mm 铝带或镀锌扁钢两处；若宽度超过 3m时，需要三处，以便进行压接或焊接。

（3）将结构圈梁中的主筋或腰筋与预先准备好的长度约 200mm 的钢筋头焊接成一个整体，并与柱筋中的引下线焊接在一起。

（4）避雷带的暗敷设可敷设在建筑物表面的抹灰层内，或直接利用结构钢筋，并与暗敷设的避雷网或楼板的钢筋焊接。

5. 避雷线支架的安装

（1）避雷线支架应按照设计要求加工制作。

（2）支架的安装位置应符合设计规定，安装牢固且横平竖直，支架基部灰浆应饱满美观，铁件应做防锈处理。

6. 引下线的敷设

（1）引下线的材质、规格以及防锈处理均按照设计要求。

（2）引下线的敷设间距、位置、路径以及支持件间的间距都应符合设计要求。

（3）引下线明敷时，弯曲处的角度不应小于90°，垂直允许偏差为2%。

7. 接地装置的埋设

（1）垂直接地体间的距离与水平接地体间的距离一般为5m，当受到地方限制时可适当减小。接地体埋设深度不应小于0.5m；接地体应远离高温以及使土壤电阻率升高的高温地段。

（2）防止直击雷的接地装置，距建筑物出入口及人行道距离不应小于3m，否则，应采取下列措施之一：

1）水平接地体埋深不应小于1m。

2）水平接地体局部应包裹绝缘物。

3）采用沥青碎石地面或在接地装置上面敷设50～80mm厚的沥青层，其宽度超过接地装置的2m。

4）在腐蚀性较强的土壤中，应采取镀锌等防腐措施加大接地体截面。接地线应与水平埋设接地线的截面相同。

7.4　园林照明与灯具安装

7.4.1　园林照明方式

1. 按照明的目的划分

（1）安全照明。为确保夜间游园、观景的安全，需要在广场、园路、水边和台阶等处设置灯光。目的是让行人能够清晰地看清周围的障碍或地形高差变化，使行人夜间行路安全。此外，在墙角、屋隅、丛树之下布置适当的照明，可以给人安全感。安全照明的光线一般要求连续、均匀，并有一定的亮度。照明可以是独立的光源，也可以与其他照明结合使用，但需要注意相互之间不产生干扰。

（2）工作照明。为方便人们的夜间活动，需要充足的光线而设置的照明方式。如建筑物室内外的照明。工作照明要求所提供的光线应无眩光、少阴影，使活动不受影响。此外还应注意对光源的控制，即在需要时能够很容易地被启闭，这不仅可以节约能源，更重要的是可以在无人活动时恢复场地的幽邃和静谧。

（3）重点照明。它是为强调某些特定目标而采用的定向照明。为了让园林充满艺术韵味，夜晚可用灯光强调某些要素或细部。即选择定向灯具将光线对准目标，使之打上适当强度的光线，而让其他部位隐藏在弱光或暗色中，从而突出意欲表达的部分，以产生特殊的景观效果。重点照明需注意灯具的位置，将许多难以照亮的地方显现在灯光之下，从而产生意想不到的效果。

（4）环境照明。环境光线体现着两种含义：一是相对于重点照明的背景光；二是作为工作照明的补充光。它不是专为某一景物或某一活动而设，主要是提供一些必要亮度的附加照明，以便让人们感受到或看清周围的事物。环境照明的光线应该是柔和的，弥漫在整个空间中，具有浪漫的情调。所以通常应消除特定的光源点，可利用诸如将灯光投向匀质墙面所产生的均匀、柔和的反射光，也可采用地灯、光纤、霓虹灯等，形成充斥某一特定区域的散射光。

2. 按照明的对象划分

（1）场地照明。园林中各类广场是人流聚集之所，灯光的设置应考虑人的活动特征。在广场周围选择发光效率高的高杆直射光源可以使场地内光线充足，便于人的活动，见图7-1。若广场范围较大，又不希望有灯杆的阻碍，则可根据照明的要求和所设计的灯光艺术特色，布置适当数量的地灯作为补充。场地照明通常依据工作照明或安全照明的要求来设置，在有特殊活动要求的广场上还应布置一些聚光灯之类的光源，以便活动时使用。

（2）道路照明。园林道路具有多种类型，不同的园路对于灯光的要求也不尽相同。对于园林中可能会有车辆通行的主干路和次干路，需要根据安全照明要求，使用具有一定亮度且均匀连续的照明，以使部分车辆及行人能够准确判别路上情况，见图7-2。对于游憩小路则除了需要照亮路面外，还希望营造出一种幽静、祥和的氛围，因而用环境照明的手法可使其融入柔和的光线中。采用低杆园灯的道路照明应避免直射灯光耀眼，通常可用带有遮光罩的灯具，将视平线以上的光线予以遮挡；或使用乳白灯罩，使之转化为散射光源。

图 7-1　场地照明　　　　　　　　　图 7-2　道路照明

（3）建筑照明。建筑一般在园林中有主导地位，为使园林建筑优美的造型能呈现在夜空中，普遍使用泛光照明。为了突出和显示其特殊的外形轮廓，通常以霓虹灯或成串的白炽灯安设于建筑的棱边，构成建筑轮廓灯，也可以用经过精确调整光线的轮廓投光灯，将需要表现的主体用光勾勒出轮廓，而其余部分则保持在暗色中，并与后面的背景分开，这对于烘托气氛具有显著的效果，见图7-3。建筑内的照明除使用一般灯具外，还可选用传统的宫灯、灯笼。如古典园林中，应选择造型美观的传统灯具。

（4）植物照明。灯光透过花木的枝叶会投射出斑驳的光影，使用隐于树丛中的低照明器可以将阴影和被照亮的花木组合在一起。特定的区域因强光的照射变得绚烂与华丽，而阴影之下又常常有神秘的气氛。利用不同的灯光组合可以强调园中植物的质感或神秘感，见图7-4。

图 7-3　建筑照明　　　　　　　　　图 7-4　植物照明

　　植物照明设计中最令人感到兴奋的是一种被称作"月光效果"的照明方式，这一概念源于人们对明月投洒的光亮所产生的种种幻想。灯具被安置在树枝之间，将光线投射到园路和花坛之上，形成类似于明月照射下的斑驳光影，从而引发奇妙的想象。

　　（5）水景照明。

　　水能给人带来愉悦，夜色之中用灯光照亮湖泊、水池、喷泉，则让人体验到另一种感受。大型喷泉使用红色、橘黄、蓝色和绿色的光线进行投射，会产生欢快的气氛，见图 7-5。小型水池运用更为自然的光色则使人感到亲切，但琥珀色的光会把水变黄，从而显得肮脏，可用蓝光滤光器校正，将水映射成蔚蓝色，以给人以清爽、明快的感觉。

图 7-5　水景照明

7.4.2　园林灯具选用

1. 灯具分类

　　（1）按照结构分类：可分为开启型、保护式、防水式、密封型以及防爆型五种。

　　（2）按照光通量在空间上的分布来分类：可分为直射型灯具、半直射型灯具、漫射型灯具、半反射型灯具和反射型灯具五种。其中直射型灯具又可分为广照型、均匀配光型、配照型、深照型和特深照型五种。

2. 灯具选用

　　灯具应根据使用环境条件、场地用途、光强分布和限制眩光等方面进行选择。在满足上述条件下，应选用效率高、维护检修方便、经济适用和节能、环保型的灯具。通常情况下，灯具的选用可考虑：

　　（1）在正常环境中，宜选用开启式灯具。

　　（2）在潮湿或特别潮湿的场所，可选用密封型防水或防水防尘密封式灯具。

　　（3）可按照光强分布特征选择灯具。光强分布特性常用配光曲线表示。如灯具安装高度在 6m 及以下时，可采用深照型灯具；安装高度在 6～15m 时，可采用直射型灯具；当灯具上方有需要观察的对象时，可采用漫射型灯具；对于大面积的绿地，可采用投光等高光强灯具。

7.4.3　灯具安装

1. 园灯安装

（1）灯杆安装。

　1）安装程序：熟悉图纸→材料、人力、机械准备→定点放线→基础捣制→安装→调效。

2）注意事项：① 同一园路、广场、桥梁上的园灯安装高度（从光源到地面）、仰角、装灯方向宜保持一致。② 园灯的定点应符合设计要求。灯杆与供电线路等空中障碍物的安全距离应符合供电有关规定。③ 基坑开挖尺寸符合设计要求，基础混凝土等级应不低于 C20，基础内电缆保护管从基础中心穿出并应超出基础平面 30～50mm。浇筑钢筋混凝土基础前必须排除坑内积水。④ 灯杆的垂直偏差应小于半个杆梢，直线路段的灯杆横向位移应小于半个杆根。⑤ 灯杆吊装时，应防止灯杆表面油漆或防腐装饰层的损伤；接线孔朝向应一致，且宜朝向道路或广场一侧。

（2）灯架、灯具安装。

1）安装：① 按设计要求测出灯具（灯架）安装高度，并在电杆上做出记号。② 将灯具、灯架吊上灯杆，穿好抱箍或螺栓，按设计要求找好照射角度，调好平整度后，将灯架紧固好。

2）注意事项：① 采用玻璃灯罩的园灯，紧固时螺栓应受力均匀，并采用不锈钢螺栓，灯罩卡口应采用橡胶圈衬垫。② 灯具铸件表面不得有影响结构性能与外观的裂纹、砂眼、疏松气孔和夹杂物等缺陷。

（3）配接引下线。

1）每套灯具的相线应装有熔断器，且相线应接螺口灯头的中心端子。

2）引下线与路灯干线接点距杆中心应为 400～600mm，且两侧对称一致。

3）引线凌空段不应有接头，长度不应超过 4m，超过时应加装固定点或使用钢管引线。

4）导线进出灯架处应套软管塑料管，并做防水弯。

（4）试灯。

全部安装完毕后，送电试灯，并对灯具的照射角度进行调整。

2. 霓虹灯安装

霓虹灯的安装主要包括：霓虹灯管；变压器；霓虹灯低压电路；霓虹灯高压线。

3. 景观照明灯安装

所谓景观照明是指既有照明功能，又兼有艺术装饰和美化环境功能的户外照明设施。景观照明的范围通常包括：街路照明（但不同于道路照明）、广场、公园、草坪照明、建筑立面照明、商业照明和旅游点（如海岸、码头、雕塑、喷水、溶洞等）等照明。

景观照明与道路照明不同之处是多采用庭院灯而不是路灯，从而营造装饰效果。景观照明采用最多的是泛光灯。投光的设置能表现建（构）筑物的特征，并显出建筑立体艺术感；也可用于照射乔木，使乔木显得高大、挺拔，同时有光影效果。

景观照明灯安装应注意：

（1）离开建筑物地面安装泛光灯时，为了能得到较均匀的亮度，灯与建筑物的距离（D）与建筑物（H）之比不应小于 1/10，即 $D/H > 1/10$，这种比例同样适用于乔木的泛光照明。

（2）在建筑物上安装泛光灯时，投光灯凸出建筑物的长度应为 0.7～1.0m，应使窗墙形成均匀的光影效果。

（3）安装景观照明时，应使整个建（构）筑物受照面的上半部分的平均亮度为下半部分的 2～4 倍。

（4）设置景观照明时，应尽量避免在顶层设立向下的投光照明，因为，投光灯要伸出墙面一段距离，不但安装难、维护难，而且影响建筑物外观立面。

（5）景观照明灯控制电源箱可安装在所在楼层的配电室内，控制启闭宜由控制室或中央系统统一控制。

第8章 种植工程

8.1 种植工程概述

8.1.1 种植工程的概念与特点

1. 种植工程的概念

种植工程是指按照正式的规划设计及一定的计划，完成某一地区的全部或局部的园林绿化任务，它包括苗木选择、起苗准备、挖掘、包装、修剪、运输（搬运）、定点放样、挖穴、种植、养护等一系列过程。

"栽植"的狭义概念，常被理解为植物的"种植"，栽植工程又叫种植工程、绿化工程。从广义上讲，栽植包括起苗、搬运、种植和栽后管理四个基本环节。

（1）起苗：将苗木从种植地连根（裸根或带土球并包装）起出的操作过程称为起苗；

（2）运苗：将起出的苗木用一定的交通工具（人力或机具等）运到指定的地点称为运苗或搬运；

（3）定植：将运来的苗木按照规划设计的造景要求种植在适宜的土壤内，使树木的根系与土壤密接的操作过程称为定植，定植后苗木不再移动。

（4）移植：如果种植后经一段时间还要转移到新的地点，则称为移植。

（5）假植：有时苗木不能及时栽完，还必须假植。所谓假植，是指在苗木挖起或搬运后不能及时种植时，为了保护根系生命活动，而采取短期或临时性措施将根系埋于湿土中的措施。

2. 种植工程的特点

种植工程与其他园林建设工程相比，有其显著的特殊性。首先，这是一种以有生命的绿色植物为主要对象的工程，在施工过程中必须依照植物的生物学和生态学习性采取对应的技术措施。因此，要求施工人员具有扎实的植物学、树木学、生态学、土壤肥料学等学科知识；其次，园林种植工程中的植物种植还要在符合植物科学的基础上展现其艺术效果，往往需要施工人员在深入掌握设计师设计意图的基础上，进行现场的再创作，而且艺术效果不仅仅是竣工当时的艺术效果，还应考虑到树木长高长大以后的艺术效果。所以，种植工程是一项科学与艺术并重、对施工技术人员的综合素质要求甚高的工程项目。种植工程质量是园林工程质量的重要标志之一，园林种植技术也是园林工程的核心技术之一，与其他的工程技术有很大的差别。

8.1.2 园林树木栽植成活的原理与影响成活的因素

1. 园林树木栽植成活的原理

栽植过程中，及时维持和恢复树体以水分代谢为主的平衡是栽植成活的关键。这种平衡与起苗、搬运、种植、栽后管理技术有直接关系，同时也与根系的再生能力、苗木质量、年龄、栽植季节有密切关系。

如何使树木在移植过程中少伤根系和少受风干失水，并促使其迅速发生新根与新的环境建立起良好的联系是最为重要的。在移植过程中，常需减少树冠的枝叶量，并有充足的水分供应或有较高的空气湿度条件，才能暂时维持较低水平的平衡。研究表明，一切利于根系迅速恢复再生能力，尽早使根系与土壤建立紧密联系及抑制地上部分蒸腾的技术措施，都有利于提高树木栽植的成活率。

为保证栽植成活，必须抓住三个关键要点来保持和恢复树体的水分平衡：

（1）在苗木挖掘、运输和栽植过程中，要严格保湿、保鲜，防止苗木过多失水；

（2）栽植时期必须有利于伤口愈合和促发新根，尽快恢复吸收功能；

（3）栽植时使苗木的根系与土壤紧密的接触，并在栽植后保证土壤有充足的水分供应。栽植时，如果所带枝叶较多，在根系恢复正常生长之前，应采取各种办法抑制蒸腾作用，减少树体水分蒸发。

2. 影响树木移栽成活的因素

一般来说，发根能力和再生能力强的树种容易成活；幼、青年期的树木及处于休眠期的树木容易栽活；有充足的土壤水分和适宜的气候条件的成活率高。严格的、科学的栽植技术和高度的责任心可以弥补许多不利因素而大大提高栽植的成活率。

树木栽植成活，需采取多种技术措施，在各个环节严格把关。如果一个环节把握不好，就可能造成苗木死亡。研究表明，影响苗木栽植成活的因素主要有以下几点：

（1）异地苗木。新引进的异地苗木，由于长途运输过程中失水较多，栽后不易成活；有些苗木则由于不适合本地土质或气候条件而出现死亡，其中根系质量差的苗木死亡更严重。

（2）空气或地下水污染。有些苗木对栽植地附近某些工厂排放的有害气体或水质敏感而出现死亡。

（3）栽植深度不适宜。栽植过浅宜干死，栽植过深则可能导致根部缺氧或因浇水不透而引起树木死亡。

（4）浇水不透。由于浇水速度过快，表面上看树穴内水已灌满，但实际上有可能没浇透，因而造成死亡。有时干旱后恰有小雨频繁滋润，地表看似雨水充足，而地下实则近乎干透，易于导致树木死亡。

（5）土壤积水。树木栽在低洼地，若长期受涝，不耐涝的树种很可能死亡。

（6）未带土球移植。常绿大树未带土球移植，导致根系大量受损，叶片蒸腾过量而出现萎蔫而死亡。在生长季节植树，落叶树种必须带土球移植，否则就不宜成活。

（7）土球太小。移植常绿树木时，虽带土球，但土球比规范要求小很多，根系受损严重，较难成活。

（8）树曾倒伏。带土球移植的苗木，浇水之后若倒伏，后又被强行扶起，土球易遭到破坏，而导致死亡。

（9）起苗方法不当。如起苗工具不锋利导致苗木根系破损严重，常绿树未进行合理修剪等。

（10）土壤盐碱化或重金属含量超标。未进行隔盐处理的盐碱地栽植耐盐碱性差的树种易造成树木死亡，土壤重金属含量超标也易造成苗木死亡。

（11）未浇防冻水和返青水。当年新植的树木，土壤封冻前应浇防冻水，来年初春土壤化冻后应浇返青水，否则易死亡。

（12）修剪方法不当。由于对树冠的过度修剪，导致树体上下水分供需失衡。

8.1.3　树木栽植时期

树木栽植的时期，应根据树木的特性和栽植地区的气候条件而定。就降低栽植成本和提高栽植成活率来说，适栽期还是以春季和秋季为好，具体各地区要根据当地的气候特点和不同树种的生长特点来决定。

1. 春季栽植

春季栽植指自春天土壤化冻后至树木发芽前进行植树。春季栽植适合于大部分地区和几乎所有树种，对成活最为有利，故称春季是植树的黄金季节，是我国大部分地区的主要植树季节。

（1）春栽宜早不宜迟，只要树木不会受冻害，就应及早开始，其中最好的时期是在新芽开始萌动之前的 15～30d。落叶树种春植宜早，土壤一化冻即可开始。

（2）华北地区树木的春季栽植，多在 3 月上旬～4 月下旬，华东地区落叶树种的春季栽植，以 2 月中旬～3 月下旬为佳。

（3）常绿树种移植和定植时间为早春萌发新梢前或梅雨季节，一般应带土球起苗。但这一阶段持续时间较短，一般为 2～4 周。

（4）若栽植任务大而劳动力又不足，应与秋植相配合，秋季以落叶树种为主，春季以常绿树种为主，可缓和劳动力的紧张状况并节省移植的成本。

另外，对春季干旱多风的西北、华北部分地区，春季气温回升较快，蒸发量大，往往根部来不及恢复，地上部已经发芽，影响成活，不适合春植。

2. 秋季栽植

秋季栽植是指树木落叶后至土壤封冻前栽植树木。华东地区秋植，可延至 11 月上旬～12 月中下旬；华北地区秋植，适用于耐寒、耐旱的树种，目前多用大规格苗木进行栽植，以增强树体越冬能力。东北和西北北部等冬季严寒地区，秋季栽植宜在树体开始落叶后至土地封冻前进行。

（1）秋季栽植时要避开阴雨天，特别是在土壤黏重地区，以防栽后土壤湿度过大引起烂根，可以待雨停后 2～5d 再进行栽植。

（2）在秋旱严重的地区不适宜秋植，如要秋植一定要注意解决土壤湿度和空气湿度问题，及时灌水，喷雾保墒。

（3）落叶树秋栽不宜过早，过早树叶尚未脱落，蒸腾作用大，容易使树叶干枯，在北方过迟栽种则土温下降，伤口不容易恢复，影响今后新根生长，从而影响栽植成活率。

（4）冬季风大的地区，枝梢极易失水抽干，不适宜在秋冬季节栽植。

（5）对于不耐寒的、髓部中空的或有伤流的树木不适宜秋季栽植，而对于当地耐寒的落叶树的健壮大苗应安排秋季栽植以缓和春季劳动力紧张的矛盾。

近些年，有些地方推行秋季带叶栽植，取得了栽后愈合发根快、第二年萌芽早的良好效果。但是带叶栽植的树木要在大量落叶时开始移植，不能太早，否则会降低移栽的成活率，甚至完全失败。

3. 夏季（雨季）栽植

夏季栽植要掌握当地的降雨规律和当年降雨情况，抓住连续阴雨的有利时机进行，栽后下雨最为理想。在长江流域的梅雨季节，掌握有利时机进行栽植，注意防洪排水，可大大提高栽植成活率。在城市雨季植树，多用大苗和大树，应视情况配合排水、透气、遮荫、喷雾等其他措施。

树苗栽植时间一般在下午进行，这样可以减少太阳对苗木的曝晒，经过一夜的缓冲有利于苗木成活。

夏季栽植应注意以下几点：

（1）适当加大土球，使其持有最大的田间保水量。

（2）要抓住适宜栽植的时机，应在树木第一次生长结束、第二次新梢未发的间隔期内，同时在迎来第一场透雨、并有较多降雨天气时立即进行。

（3）重点放在常绿树种的栽植，对于常绿树种应尽量保持原有树型，采用摘叶、疏枝、缠干、喷水保湿和遮阳等措施。

（4）栽植后要特别注意树冠喷水和树体的遮阳。

4. 冬季栽植

在有些冬季比较温暖、土壤基本不结冻的地区，可进行冬季栽植，如华南、华中和华东等地区。在北方或高海拔地区，土壤封冻，天气寒冷，一般不宜冬季栽植。但是，在冬季严寒的华北北部、东北大部，土壤冻结较深，可采用带冻土球的方法栽植。一般说来，冬季栽植主要适合于落叶树种。

对于容器苗，由于在移植过程中，根系没有受到伤害，一年四季都可栽植。特别是非适宜移植季节施工时，容器苗是首选的苗木，几乎不存在种植时期的问题。此外，容器苗也应该尽可能地选择最适宜的移植季节栽种，以获得最佳的移植效果，便于今后更好地恢复与生长。

8.1.4 种植工程的施工原则

1. 必须符合规划设计要求

为了准确、充分地实现设计者所设计的美好意图，施工者在施工前必须充分熟悉设计图纸，并在图纸会审环节与设计方沟通，理解设计意图与设计要求，对图纸的纰漏和疑问提出协商和修正，并严格遵照图纸会审结果和设计图纸进行施工。如果施工人员发现设计图纸与现场实际情况不符，无法按设计图纸施工或勉强施工会造成不良后果时，则应及时向有关人员提出设计变更申请。如现场发现确实是设计疏忽或设计错误须变更设计时，应及时向甲方、监理和设计部门反映。在设计变更的图纸和指令正式下达前，不可自行修改。

2. 施工技术必须符合树木的生活习性

不同树种对环境条件的要求和适应能力表现出很大的差异性，施工人员必须了解其特性，并采取相应的技术措施，保证栽植成活率。

3. 抓紧适宜的栽植季节，合理安排种植顺序

在栽植过程中，应做到起、运、栽一条龙，即事先做好一切准备工作，创造好一切必要的条件，在最适宜的时期内，抓紧时间，随掘苗、随运苗、随栽苗（即"三随"），环环扣紧，再加上及时的后期养护、管理工作，这样就可以提高栽植成活率。

在适宜栽植期间，要合理安排不同树种的种植顺序。原则上应该是发芽早的树种应早栽植，发芽晚的可以推迟栽植；落叶树春栽宜早，常绿树栽植时间可晚些。

4. 加强经济核算，提高经济效益

调动全体施工人员的积极性，增产节约，认真进行成本核算，加强统计工作，不断总结经验，避免施工过程中的一些不必要的重复劳动，特别是与土建工程有交叉的栽植工程，更应注意合理安排顺序。

5. 严格执行栽植工程的技术规范和操作规程

栽植工程的技术规范和操作规程是植树经验的总结，是指导栽植施工的技术方面的法规，也是建设、监理、施工三方应共同遵守的技术规则，因此，各项操作都必须符合技术规程的规定。

原建设部在1999年颁布了有关园林种植工程的第一个行业标准——《城市绿化工程施工及验收规范》CJJ/T 82—1999（现行行业标准为《园林绿化工程施工及验收规范》CJJ 82—2012），对园林种植工程的土壤处理、种植穴挖掘、种植过程及工程验收等技术环节都做了详尽的规范。但由于我国幅员辽阔，气候、树种各异，很难满足各个地方对园林种植的具体要求。因此，目前很多地区已结合本地的实际情况，制定了符合当地要求的种植技术规范、地方行业标准。

8.2 种植工程的前期准备

绿化施工单位在接受施工任务后，工程开工之前，必须做好绿化施工的一切准备工作，才能保证园林种植施工的顺利进行和高质量地完成施工任务。前期准备工作主要包括以下几个方面。

8.2.1 明确设计意图，了解工程概况

充分了解工程概况和设计意图是首要的准备工作，因此要通过与工程主管单位和设计单位适当的沟通和接触，了解清楚全部工程的详细情况和设计师的设计意图。

1. 设计意图

目前园林绿化工程普遍采用设计与施工分开的方式，因此，施工人员应了解绿化种植的设计意图，要拿到有关的全部施工技术资料（包括设计图纸、文字材料、相关的图表等），看懂所有的内容，充分了解设计人员所设想的园林绿化目的及建设单位对该项目的绿化美化效果的要求。

2. 工程范围和工程量

包括每个工程项目的施工范围，植树、草坪、花坛的数量和质量要求，以及相应的园林建筑工程任务，如土方、给水排水、道路、灯、椅、山石等。

3. 工程施工期限

了解工程的总进度，包括全部工程的开始和竣工日期，以及各个单项工程的进度或要求、各种苗木栽植完成的日期。特别应当指出的是，种植工程的进度必须以不同树种的最适栽植时期为前提，其他工作应以这一前提的轻重缓急进行合理安排。

4. 工程投资情况

包括工程主管部门批准的投资数额和设计预算的定额依据，招标投标文件中的工程量清单，工程合同的工程款拨付条款等，以备编制工程施工资金预算计划。

5. 施工现场的情况

向有关部门了解施工现场地上物的处理要求、地下管线分布情况、设计部门与管线主管部门的配合情况等，特别要了解地下各种管线和电缆的分布与走向，以免发生误掘事故。

6. 定点放线的依据

了解测定标高的水准基点和测定平面位置的导线点，并以此作为定点放线依据。如果不具备上述条件，则须与设计单位研究，确定一些固定的地上物作为定点放线的依据。

7. 工程材料来源

各项施工材料的来源渠道，其中最主要的是树苗的出圃地点、时间和质量、规格要求。

8. 机械和运输条件

主要了解有关部门所能担负的机械、运输车辆的供应条件，进入施工现场的道路情况，堆放有关物料的场地等。

8.2.2 现场踏勘

在种植施工前，负责施工的主要人员必须亲自到现场进行细致的踏勘与调查。目前，在各类绿化工程发放标书之前，一般都有一个标前会议，用于解答施工单位的疑问和进行现场踏勘。踏勘现场需要了解的内容主要包括以下几项：

（1）各种地上物（如房屋、原有植物、市政或农田设施等）的去留及需要保护的地上物（如古树名木等），需要拆迁的应如何办理有关手续与处理办法。

（2）现场内外交通、水源、电源情况，现场内外能否通行机械车辆，如果交通不便，则需确定开通道路的具体方案。施工现场的水源水质是否符合要求，若没有水源，还要考虑用打井或外引等方式解决水源问题。现场电源状况是否满足施工要求，电压、负荷等指标能否适应生活和施工用电的要求，如不能满足，则要同建设方和邻近单位协商解决。

（3）施工地段的土壤调查，必要时对现场的土壤进行取样检测，以便确定是否需要更换或改良土壤，并估算客土量及其来源等。

（4）施工期间必需的办公、生活、工具房等设施的安排，如工地办公室、监理用房、食堂、厕所、宿舍、仓库、工具房等。

8.2.3 施工现场的准备

1. 施工现场的清理

凡绿化施工工程地界之内，有碍施工的市政设施、农田设施、房屋、植物、坟墓、杂物、违章建筑等，都应进行拆除和迁移。其中，对现有植物的处理要持慎重态度，凡能结合绿化设计可以保留的应尽量保留，无法保留的应该迁移。施工现场有古树名木和文物古迹的一定要好好保护。如在施工现场挖掘出新的文物古迹，应保护好现场，并马上报告有关部门依法处理。

2. 种植地的整理与改良

整地主要包括种植地地形地势的整理及土壤的整理与改良。绿化种植或播种前应对该地区的土壤理化性质进行化验分析，采取相应的土壤改良、施肥和置换客土等措施。基本种植土应符合的指标见表 8-1。

基本种植土应符合的指标要求　　　　　　　　　　　　　　　　　表 8-1

序号	种植土指标	应符合的要求
1	土壤 pH 值	应符合本地区种植土标准、或按 pH 值 5.6~8.0 进行选择
2	土壤全盐含量	0.1%~0.3%

序号	种植土指标	应符合的要求
3	土壤容重	$1.0 \sim 1.35 g/cm^3$
4	土壤有机质含量	$\geqslant 1.5\%$
5	土壤块径	$\leqslant 5cm$

（1）地形地势的整理。

地形整理是指从土地的平面上，根据绿化设计图纸的要求整理出一定的地形。可与清理障碍物结合起来进行。如有土方工程，应做好土方调度，先挖后填，以节省投资。

地势整理应结合地形整理进行，并主要考虑绿地的排水问题，要根据本地区排水的大趋向，将绿化地块适当填高，再整理成一定坡度，使其与本地区排水趋向一致。

需要注意对新填土壤要分层夯实，并适当增加填土量，否则一旦下雨，地形会自行下沉。

（2）种植土壤整理与施肥。

整地分为全面整地和局部整地，种植灌木特别是用灌木栽植成一定模纹的地面，或播种及铺设草坪的地段，应实施全面整地（表 8-2）。

种植土表层土块粒径要求　　　　　　　　　　　　表 8-2

序号	项目	种植土粒径（cm）
1	大、中乔木	$\leqslant 5$
2	小乔木、大中灌木、大藤本	$\leqslant 4$
3	竹类、小灌木、宿根花卉、小藤本	$\leqslant 3$
4	草坪、花草、地被	$\leqslant 2$

1）全面整地：应清除土壤中的建筑垃圾、石块等，全面翻耕。种植土的表层应整洁，所含石砾中粒径大于 3cm 的不得超过 10%，粒径大于 2.5cm 的不得超过 20%，杂草等杂物不应超过 10%。花坛、花境种植地 30cm 深的表土层必须疏松。

2）局部整地：主要是针对零散小块绿地或坡度较大而易发生水土流失的山坡地进行局部块状或带状整地。种植土表层与道路（挡土墙或侧石）接壤处，种植土应低于侧石 3～5cm；种植土与边口线基本平直；种植土表层整地后应平整略有坡度，当无设计要求时，其坡度宜为 0.3%～0.5%。

（3）土壤改良。

土壤改良是采用物理的、化学的和生物的措施，改善土壤理化性质，提高土壤肥力的方法。如种植前的整地、施基肥、栽植后的松土、施肥等都属于土壤改良。

1）在建筑遗址、工程遗弃物、矿渣炉灰地修建绿地，需要清除渣土并根据实际情况采取土壤改良措施，必要时换土，对于树木定植位置上的土壤改良一般在定点挖穴后进行。

2）对于土层薄、土质较差和土壤污染严重的绿化地段，种植树木前需要填换土壤。换土的地方，应先运走杂石弃渣或被污染的土壤，再填新土，填换土应结合竖向设计的标高或地貌造型来进行。

3）距相关标准要求相差不大的情况下，通过掺入有机质、酸碱调节剂来调节，使之达到规定的标准。如土壤偏酸，可掺入石灰、碱渣、粉煤灰等碱性物质来改良；如土壤偏碱，可掺入醋渣、生理酸性肥料或施用有机肥料，也可以用硫酸亚铁、硫磺和石膏改良。

4）当土壤含盐量高于临界值0.2%，会引起"生理干旱"和营养缺乏症。因此在盐碱土上种植树木，除了选择一些适合当地气候的耐盐碱植物外，还应对盐碱土进行改良。

除用客土改良外，盐碱土改良的主要措施还有：① 灌淡水洗盐；② 深挖、隔盐和增施有机肥，改良土壤理化性质；③ 用粗砂、锯末、泥炭等进行树盘覆盖，减少地表蒸发，防止盐碱上升等。

绿化种植土壤有效土层厚度应符合相关要求（表8-3）。

绿化种植土壤有效土层厚度

表8-3

项目	植被类型		土层厚度（cm）
一般栽植	乔木	胸径≥20cm	≥180
		胸径＜20cm	≥150（深根） ≥100（浅根）
	灌木	大、中灌木，大藤本	≥90
		小灌木、宿根花卉、小藤本	≥40
	棕榈类		≥90
	竹类	大径	≥80
		中、小径	≥50
	草坪、花卉、草本地被		≥30
设施顶面绿化	乔木		≥80
	灌木		≥45
	草坪、花卉、草本地被		≥15

3. 接通水源、电源，修通道路

接通水源、电源，修通道路是较大型的园林绿化工程开工的必要条件，也是施工现场准备的重要内容。对于工程量不大的绿化工程，则不一定需要专门的水源、电源和修建施工道路。应根据工程项目和现场的具体情况，综合考虑是否需要这方面的准备工作。

8.2.4 苗木的准备

8.2.4.1 选苗

苗木质量的好坏直接影响到种植的质量、成活率、养护成本及绿化效果。选苗时，除根据设计文件所提出的苗木种类、年龄、规格、树形等特殊要求外，还要注意选择根系发达、生长健壮、无病虫害、无机械损伤和树形端正的苗木。苗木的外观质量要求、规格要求见表8-4、表8-5。

苗木材料的外观质量要求　　表 8-4

苗木材料类型		质量要求
乔木灌木	姿态和长势	枝干符合设计要求，树冠较完整，分枝点和分枝合理，生长势良好
	病虫害	危害程度不超过树体的 5%～10%
	土球苗	土球完整，规格符合要求，包装牢固
	裸根苗根系	根系完整，切口平整，规格符合要求
	容器苗	规格符合要求，容器完整，苗木不徒长，根系发育良好不外露
棕榈类植物		主干挺直，树冠匀称，土球符合要求，根系完整
草卷、草块、草束		草卷、草块长宽尺寸基本一致，厚度均匀，杂草不超过 5%，草高适度，根系好，草芯鲜活
花苗、地被、绿篱及模纹色块植物		株型苗壮，根系基本良好，无伤苗，茎、叶无污染
整形景观树		姿态独特，曲虬苍劲，质朴古拙，多干式

苗木材料的规格要求　　表 8-5

苗木类型	指标	规格要求（cm）	允许偏差（cm）
乔木	胸径	≤ 5	−0.2
		6～9	−0.5
		10～15	−0.8
		16～20	−1.0
	高度	—	−20
	冠径	—	−20
灌木	高度	≥ 100	−10
		＜ 100	−5
	冠径	≥ 100	−10
		＜ 100	−5
球类苗木	高度	＜ 50	0
		50～100	−5
		110～200	−10
		＞ 200	−20
	冠径	＜ 50	0
		50～100	−5
		110～200	−10
		＞ 200	−20

续表

苗木类型	指标	规格要求（cm）	允许偏差（cm）
藤本	主蔓长	≥150	-10
	主蔓茎	≥1	0
棕榈类植物	株高	≤100	0
		101～250	-10
		251～400	-20
		>400	-30
	地径	≤10	-1
		11～40	-2
		>40	-3

选择苗地土质中等、经过多次适当的移植或断根处理的苗木。选好的苗木用系绳、挂牌、喷漆等方式，做出明显标记，以免错掘。注意选择的数量应留有余地，以弥补可能出现的损耗。

8.2.4.2 起苗

起掘苗木是种植工程的关键工序之一，起苗质量好坏直接影响种植成活率和最终的绿化成果。

1. 起苗前的准备

（1）土壤湿度的调控。

起苗前要调整好土壤的干湿情况，如果苗木生长地的土壤过于干燥，应提前数天灌水浸地，使之保持适当的水分；反之，若土壤过湿，影响起苗操作，则应设法排水。

（2）拢冠。

对于常绿树尤其是分枝较低、侧枝分叉角度大的树种，或冠径较大的灌木，特别是带刺的灌木，应先用草绳将树冠松紧适度地围拢，以便操作与运输，以减少树枝的损伤与折裂（图8-1）。

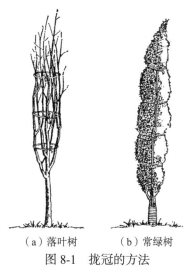

（a）落叶树　　（b）常绿树

图 8-1　拢冠的方法

（3）工具、材料准备。

备好适用的掘苗工具和材料。工具要锋利适用，材料要适量。带土球掘苗用的蒲包、草绳等应提前用水浸泡湿透待用。

（4）试掘。

为保证苗木根系、土球规格符合要求，特别是对一些在情况不明之地（如土质对起苗的影响等）生长的苗木，在正式起苗前，应选数株进行试掘，以便发现问题，采取相应措施。

2. 起苗方法

（1）裸根起苗。

适用于大多数落叶乔木、灌木、藤本和部分生长十分粗放的常绿树种在休眠期移植。

1）规格要求：裸根苗木根系挖掘应具有一定的幅度与深度。根系直径，通常乔木树种可按胸径9～12倍，灌木树种可按灌木丛高度的1/3来确定。根深应按其垂直分布密集深度而定，对于大多数乔木树种来说，60～90cm深基本上都能符合要求。

2）操作规范：① 起苗前先以树干为圆心，按规定直径在苗木周围划一圆圈；② 然后从圈线外侧绕树下挖，垂直下挖至一定深度后再往里掏底，在深挖过程中遇到根系可以切断。圆圈内的土壤可随挖随轻轻搬动，不能用铁锹等工具向圆内根系砍掘；③ 适度摇动树干寻找深层粗根的方位，并将其切断。需要注意的是如遇难以切断的粗根，应把四周土壤掏空后，用手锯锯断，千万不要强按树干和硬切粗根，造成根系劈裂；④ 根系全部切断后，放倒苗木，适度拍打外围土壤。根系的护心土尽可能保存，不要打除；⑤ 竹类的移植也多用裸根法，但应注意保留竹鞭。

3）质量要求：① 所带根系规格的大小应按设计规定要求挖掘，遇到过大的根可酌情保留；② 苗木的根系丰满，不劈裂，对于病伤劈裂及过长的主侧根适当修剪；③ 苗木挖掘结束后应及时运走，否则应进行短期假植，如时间较长，应对其浇水，以保持土壤湿度；④ 挖掘的土不要乱扔，以便用于填平坑穴。

（2）带土球起苗。

带土球移植法虽然操作较困难，费工，但由于成活率较高，目前移植常绿树、竹类和生长季节移植落叶树等大多用此法起苗。

1）土球规格：土球的大小应根据苗木种类、苗木规格和移植季节来确定。具体规格应在保证苗木成活的前提下灵活掌握。

一般分枝点高的常绿树，掘起的土球直径为苗木胸径的6～10倍，分枝点低的常绿苗木，掘起的土球直径为苗高的1/3～1/2。攀援类苗木的掘起规格，可参照灌木的掘起规格，也可以根据苗木的根际直径和苗木的年龄来确定（表8-6）。

土球高度（深度）大约为土球直径的2/3。

各类苗木根系和土球起苗规格一览表　　　　　　　表8-6

树木类别	苗木规格	起苗规格	树木类别	苗木规格	起苗规格	
	胸径（cm）	根系或土球直径（cm）		高度（m）	土球直径（cm）	土球高（cm）
乔木（包括落叶和常绿高分枝单干乔木）	5～8	50～70	常绿低分枝乔灌木	1.0～1.2	30	20
	8～12	80～100		1.2～1.5	40	30
	12～15	100～120		1.5～2.0	50	40

树木类别	苗木规格	起苗规格	树木类别	苗木规格	起苗规格	
	胸径（cm）	根系或土球直径（cm）		高度（m）	土球直径（cm）	土球高（cm）
落叶灌木（包括丛生和单干低分枝乔木）	高度（m）	根系直径（cm）	常绿低分枝乔灌木	2.0～2.5	60	50
	1.2～1.5	40～50		2.5～3.0	70	60
	1.5～1.8	50～60		3.0～3.5	80	70
	1.8～2.0	60～70		—	—	—
	2.0～2.5	70～80				

2）挖掘方法：带土球掘苗包括包装的整个步骤为：划线→去表土→挖坨→修平→掏底→包装→断主根→起吊→装车→运输。土球直径小于 50cm 的可以先断主根再打包。

① 划线：以树干为圆心，按规定的土球直径在地面上划一圆圈。标明土球直径的尺寸，作为向下挖掘土球的依据。为保证起出的土球符合规定大小，圆圈一般应比规定的稍大几厘米。② 去表土：表层土中根系密度很低，为减轻土球重量，挖掘前应将表土去掉一层，直至见到有较多的侧生根为准。③ 挖坨：沿地面上所划圆的外缘，向下垂直挖沟，沟宽以便于操作为宜，为 30～50cm，挖沟的上下宽度要基本一致。随挖随修整土球表面，一直挖掘到规定的土球高度。④ 修平：挖掘到规定深度后，球底暂不挖通。用圆锹将土球表面轻轻铲平，上口稍大，下部渐小，呈红星苹果状。⑤ 掏底：土球四周修整完好以后，再慢慢由底圈向内掏挖。⑥ 包装：直径大于 50cm 的土球，应将底土中心保留一部分，支住土球，以便在坑内进行包装。挖好的土球根据树体的大小、根系分布情况、土壤质地及运输距离等来确定是否需要包扎及其包扎方法；直径小于 50cm 的土球，可以直接将底土掏空，以便将土球抱到坑外包装。⑦ 断主根：切断苗木主根，便于起吊装车，对于深根性树种，主根不能切太短，否则难以存活。

3）质量要求：① 土球大小要符合相关的行业标准规格；② 保证土球完整不松散，外表要平整平滑；③ 上部大而下部略小，呈红星苹果状；④ 包装严密，草绳紧实不松脱，土球底部要封严不漏土。

（3）容器袋起苗。

容器苗是从播种或扦插开始，就种在容器袋中，由于苗木根系全部在容器袋中，将苗木连同容器袋包装出圃可保存完整的根系，只要运输和种植过程中不损坏容器袋或碰碎土球，成活率一般都很高。因此小苗栽植，甚至是部分大苗也用容器苗。

1）起苗方法：在起苗前灌透水一次，第二天或第三天开始起苗时去除空袋和小苗，用铁锹从底部铲断毛细根，然后小心装入塑料袋。一般 10 株或 20 株一袋，扎口后堆放整齐，以备装车和计数。

2）质量要求：整个起苗过程中应尽量保持容器袋的完整，切勿将袋撕破，也不能使土球破损，以确保成活率。

3. 包装

苗木的包装是一项技术性很强的工作，要根据苗木习性、生长地的土质、土壤含水量、苗木的规格、土球规格、起挖季节、运输距离等因素综合考虑，包装的工序操作繁简程度也不一样。打包之前先将缠绕、捆包的草绳用水浸泡潮湿，以增强包装材料的韧性，减少捆扎时引起脆裂和拉断。下面介绍非大规格（即人工徒手可搬运）的乔木和花灌木的包装，以沙壤土为例。

（1）乔木。

常见的常绿树种不管在任何季节移植，均应带土球并对土球进行包装。落叶树种如在休眠期移植小规格的，可以裸根移植。若在非休眠期移植，或者在休眠期往南往北移植，且纬度跨度较大时，均应带土球。

1）打内腰绳：所掘土球土质松散，应在修平时拦腰横捆几道草绳，若土质坚硬可以不打内腰绳。

2）包装：取适宜的蒲包和蒲包片，用水浸湿后将土球覆盖，中腰用草绳拴好。

3）捆纵向草绳：用浸湿的草绳，先在树干基部横向紧绕几圈并固定，然后沿土球垂直方向倾斜30°左右缠捆纵向草绳，随拉随捆，同时用事先准备好的木锤、砖石块敲打草绳，使草绳稍嵌入土，捆得更加牢固，但应以不弄散土球为度。每道草绳间距视土质和运距等情况而定，一般相隔8cm左右，直至把整个土球捆完；若运距较远，可以相对加大草绳的密度。土球直径小于40cm的，用一道草绳捆一遍，称"单股单轴"；土球较大的，用一道草绳沿同一方向捆两道，称"单股双轴"；必要时用两根草绳并排捆两道的，称"双股双轴"（图8-2）。

（a）单股单轴　　　　　　　　　　（b）双股双轴

（c）五角包　　　　　　　　　　（d）单股双轴

图8-2　纵向捆扎法

4）打外腰绳：规格较大的土球，纵向草绳捆好后，还应在土球中腰横向并排捆3～10道草绳。操作方法是用一整根草绳在土球中腰部位排紧横绕几道，随绕随用砖头顺势砸紧，然后将腰绳与纵向草绳交叉连接，不使腰绳脱落（图8-3）。

5）封底：凡在坑内打包的土球，于草绳捆好后将树苗顺势推倒，用蒲包等将土球底部堵严，并用草绳捆牢（图8-4）。

图 8-3 外腰绳＋串绳

图 8-4 蒲包封底

（2）花灌木。

花灌木移植时是否带土球，土球规格应多大，也应视苗木习性和移植季节等综合因素而定。常绿灌木一般均应带土球，落叶或易成活的常绿灌木，若在春秋季节移植可以少带土，甚至裸根；但若在夏季移植或长途运输，应带土球。

花灌木的土球规格若较大，其包装同乔木树种。若土球规格较小（如20cm以下），可纵向打3～4箍草绳即可（图8-5）。切忌用稻草对土球打包，或用塑料袋打包，否则在运输过程中土球容易松散。

图 8-5 小灌木的包装

如果土壤是黏质土壤，苗木土球比较紧实，运输距离较近，可将包装材料铺平，然后将土球挖起修好后放在包装材料上，再将其向上翻起绕干基扎牢；也可用草绳沿土球径向绕几道箍，再在土球中部横向扎一道箍，使径向草绳充分固定就行。

8.2.4.3 苗木修剪

起苗后栽植前对苗木要进行修枝、修根、浸水、截干等处理。修剪的内容主要有：修剪已经劈裂、严重磨损、生长不正常的偏根、过长根；在不影响树形美观的情况下修剪树枝，即用截枝、疏枝、剪半叶或疏去部分叶片的办法来减少蒸腾作用。对于较高的树应于种植前修剪，低矮树可于栽后修剪。

（1）行道树分枝点应保持在2m或3m以上；

（2）对阔叶落叶树进行修枝以减少蒸腾面积，同时疏去影响树形的枝条，落叶树可抽稀后进行强截，多留生长枝和萌生的强枝，修剪量达3/5～9/10；

（3）常绿树采取收缩树冠的方法，截去外围枝条，疏稀内冠不必要的弱枝，修剪量达 1/3～3/5；

（4）针叶树的地上部分一般不进行修剪，对萌芽较强的树种也可将地上部分截去，移植后可发出更强的主干；

（5）对易挥发芳香油和树脂的香樟等在移植前一周修剪；

（6）珍贵树种的树冠宜作少量修剪；

（7）灌木及藤蔓类修剪应做到带土球或湿润地区带宿土，裸根苗木及上年花芽分化的开花灌木不宜作修剪；

（8）裸根苗起苗后要进行剪根，剪短过长的根系，剪去病虫根或根系受伤的部分，主根过长也应适当剪短；

（9）带土球的苗木可将土球外边露出的较大根段的伤口剪齐，过长须根也要剪短。

（10）起苗过程中不能带上完好土球的，应将植株老根、烂根剪除，把裸根沾上泥浆，再用湿草和草袋包裹，在装车前剪除枯黄枝叶，根据土球完好程度适当剪除部分茎干，甚至可截干，再结合截枝整形等方法最大限度保其成活。

8.2.4.4　运苗

已经起出的苗木要及时运到种植地点，如因故不能及时运输，要用湿润的土壤掩埋根系。如果是长途运输，还应加强对苗木的保护。

苗木运输的总体要求：尽量缩短运输时间，避免风吹日晒，保持苗木水分平衡，保护苗木不受机械损伤。

1. 装车前的检验

运苗装车前必须检验，仔细核对苗木的种类与品种、规格、质量等，凡不符合规格要求的，应向供苗单位提出更换，拒绝不合格的苗木上车。

掘起待运苗木质量要求的最低标准：

（1）乔木质量要求：

1）主干不得过于弯曲，无蛀干害虫；

2）有主轴分枝的树种应保留中央领导枝；

3）树冠茂密，各方向主枝分布均匀，主枝数量、分枝高度、胸径和冠幅符合规范及设计要求；

4）无严重损伤和病虫害；

5）有分布均匀、良好的须根系，根际无瘤肿及其他病害，带土球的苗木，土球必须结实不散，外观完整，大小符合相关的规范要求，包装完好。

（2）灌木质量要求：

1）灌木有短主干，分枝均匀，株型丰满，冠幅、高度等符合规范要求；

2）枝叶无病虫害；

3）须根良好，土球结实，外观完整，大小符合规范要求，包装完好。

2. 苗木装车

（1）裸根苗装车要求：

1）装运裸根乔木苗时应树根朝前，树梢向后，顺序排放；

2）车箱内应铺垫草袋、蒲包等物，以防碰伤树皮；

3）树梢不得拖地，必要时要用绳子围拢吊起来，捆绳子的地方需用蒲包包裹保护，以免勒伤树皮；

4）装车不要超高，不要压得太紧；

5）装完后用苫布或稻草等软体物将树根盖严、捆好，以防树根失水。

（2）带土球苗装车要求：

1）装运带土球苗时凡 1.5m 以下苗木可以立装，高大的苗木必须放倒，土球向前，树梢向后，要充分考虑车身前后重量平衡，确保车辆安全，并用木架将树冠架稳。

2）土球直径大于 60cm 的苗木只装一层，小土球可以码放 2～3 层，土球之间必须排码紧密，以防摇摆。

3）土球上面不准站人或放置重物。

3. 苗木运输

（1）运输途中，押运人员要和司机配合好，经常检查苫布是否漏风。

（2）短途运苗中途最好不要停留，直接运到施工现场。

（3）长途运苗必要时可对车厢增湿，裸露根系易被吹干，要覆盖遮阳材料，注意洒水保湿，土球苗尽量不要洒水淋湿枝叶，防水流入土球，造成土球松散。

（4）中途休息时运苗车应停在阴凉处，防止风吹日晒。

（5）高温季节要尽可能选择清晨、太阳下山以后和夜间气温较低时起运。

4. 苗木卸车

（1）卸车时要爱护苗木，轻拿轻放。

（2）裸根苗要顺序拿放，不准乱抽，更不能整车推下。

（3）带土球苗卸车时不得提拉树干，而应双手抱土球轻轻放下。

（4）较大的土球最好用起重机卸车，若没有条件，应事先准备好一块长木板从车厢上斜放至地，将土球自木板上顺势慢慢滑下，但绝不可滚动土球以免散球。

8.2.4.5 假植

苗木运到现场后，未能及时种植的，应视距种植时间长短分别采取假植措施。假植是减少暴露的有效措施，安排好假植能降低苗木脱水，提高成活率。

1. 裸根苗的假植

裸根苗可按树种或品种分别集中假植，并作好标记，可在附近选择合适的地点挖一深 30～50cm、宽 1.5～3m（长度视需要而定）的假植沟，短期假植可将苗木在假植沟中成束排列，长期假植可将苗木单株排在沟内，苗木树梢应顺主风方向斜放，紧靠苗木根系再挖一条同样的横沟，用挖出的土埋住前一行的根系，挖完后再码一行苗，依次一排排假植好，直至假植结束（图 8-6）。在此期间，土壤过干应适量浇水，但也不可过湿，以免影响日后的操作。

2. 带土球苗假植

带土球的苗木运到工地后，如果能很快栽完的可不必假植，放在阴凉处或使用覆盖物进行覆盖即可；如 1～3d 内不能栽完，应选择不影响施工的地方，将苗木竖立码放整齐，四周培土，树冠之间用草绳围拢。假植时间较长的，土球间隔也应填土，并根据需要经常给苗木进行叶面喷水保湿（图 8-7）。

对于大型绿化工程，可预先有意假植部分苗木，留给以后补植用。这样可以使补植苗是同批同型号苗木，补植后不影响景观，且由于就近取苗补植成活率高。

图 8-6 裸根苗假植

图 8-7 带土球苗假植

8.3 定 点 放 线

8.3.1 行道树的定点放线

行道树要求栽植位置准确,规则式等距栽植的要求整齐划一,体现一种规则美。近年也出现自然式的配置,以自然群落为参照,追求一种自然美。两种配置方式的定点放线方法不同。自然式配置的定点放线可参照下文成片自然式绿地的定点放线方法,而规则式的定点放线相对简单:

1. 确定行位

行道树严格按照设计横断面的位置放线。如有固定路牙的道路,则以路牙内侧为准;没有路牙的道路,以道路路面的中心线为准。用钢尺测准行位,按设计图规定的株距,大约每10 棵树,钉一个行位控制桩。如果道路通直,行位桩可钉得稀一些。每一个道路拐弯处都必须测距钉桩。注意行位桩不要钉在种植坑范围内,以免施工时被挖掉。道路笔直的路段,可以首尾两头用钢尺量距,中间部位用经纬仪照准穿直的方法布置控制桩。

2. 确定点位

行道树点位以行位控制桩为瞄准的依据,用皮尺、钢尺或测绳按照图面设计确定株距,定出每一棵树的位置。株位中心可用铁锹挖一小坑,内撒白灰,作为定位标记。

由于道路绿化与市政、交通、沿途单位、居民等有密切的关系,植树位置的确定除和规划设计部分配合协商外,在定点后还应请设计人员检查核对。遇到以下情况时要留出适当距离(数据仅供参考):

(1)遇道路急转弯时,在弯的内侧应留出 50m 不栽树,以免妨碍视线;

（2）交叉路口各边 30m 内不栽树；

（3）公路与铁路交叉口 50m 内不栽树；

（4）道路与高压输电线交叉时两侧 15m 内不栽树；

（5）公路桥梁两侧 8m 内不栽树；

（6）遇有出入口、交通标志牌、涵洞、车站、电线杆、消火栓、下水口等都应留出适当距离，并尽量注意左右对称。

在行道树定点放样结束后，必须请设计人员以及有关单位派人验收后，方可转入下一步的施工。

8.3.2 成片自然式绿地定点放线

成片自然式绿地的树木配植方式有两种：一种是孤植或群落式配植，在设计图上标明每株树木的位置；另一种是群植，设计图上只标明范围，而未标明每株树的位置。其定点放线方法有以下三种：

1. 平板仪法

适用于范围较大、测量基点准确的绿地。即依据基点将单株位置及片植的范围线按照设计图纸依次定出，并钉木桩标明，木桩上注明种植的树种、棵数。

2. 网格法

适用于范围大、地势平坦的绿地。按比例在设计图上和现场分别找出距离相等的方格（一般常采用 20m×20m）。定点时先在设计图上量好树木与对应方格的纵横坐标距离，再按比例定出现场相应方格的位置，然后钉木桩或撒石灰标明（图 8-8a）。

3. 交会法

适用范围较小、现场内有建筑物或其他标记与设计图相符的绿地。如以建筑物的两个特征点为依据，根据设计图上某种植点与该两点的距离相交会，定出植树坑位置（图 8-8b）。位置确定后必须做出明显标记，并注明树种、挖穴规格、穴号。树丛界限要用白灰划清范围，线圈内钉上木桩，注明树种、数量、坑号，然后用目测的方法确定单株点，并做上记号。

目测定点时应注意以下几点：

（1）树种、数量和分布等要符合设计图要求。

（2）树丛内如有两个以上树种，要注意树种的层次，宜中间高、边缘低，或从一侧由高渐低，形成一个流畅的倾斜树冠线。

（3）布局注意自然，切忌呆板，不能将树丛内的树木平均分布、距离相等，相邻的树木应避免成机械的几何图形或成一条直线（图 8-8c）。

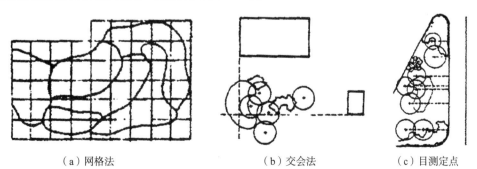

（a）网格法 （b）交会法 （c）目测定点

图 8-8 几种放线定点方法

一般情况下，以树冠长大后株间发育互不干扰、能完美表达设计景观效果为原则（表8-7）。各种标记必须明确，放线后应由业主和监理验线认可。

树木栽植与建筑物、构筑物及管线的最小间距 表8-7

建筑物、构筑物及管线名称		最小间距（m）		建筑物、构筑物及管线名称	最小间距（m）	
		至乔木中心	至灌木中心		至乔木中心	至灌木中心
建筑物外墙	有窗	3.0	1.5	输油管线	5.0	5.0
	无窗	2.0	1.5	给水管、闸井	1.5	不限
挡土墙顶内和墙角外		2.0	0.5	雨、污水管	1.0	不限
围墙（2m高以下）		1.0	0.75	燃气管	1.5	1.5
铁路中心线		5.0	3.5	电力电缆	1.5	1.0
道路路面边缘		0.75	0.5	热力管（沟）	2.0	1.0
人行道路面边缘		0.75	0.5	电力电线杆、路灯电杆	2.0	不限
排水沟边缘		1.0	0.3	消防龙头	1.2	1.2
体育用场地		3.0	3.0	弱电电缆沟	2.0	不限
测量水准点		2.0	1.0	—	—	—

8.4 园林树木栽植技术

树木栽植过程要经过起苗、运苗、定植、栽后管理四大环节，每个环节必须进行周密的保护和及时处理，才能防止被移植苗木失水过多。移栽的四个环节应密切配合，尽量缩短时间，最好是随起、随运、随栽，及时管理，形成流水作业。

8.4.1 栽植穴的准备

1. 栽植穴的确定

栽植穴的准备是改地适树，协调"地"与"树"之间的相互关系，创造良好的生长环境，是提高栽植成活率和促进树木生长的重要环节。首先通过定点放线确定栽植穴的位置，株位中心撒白灰或标签作为标记。在放线定点过程中，若发现设计与现实有矛盾，如栽植的位置与建筑相矛盾，应及时向设计和建设单位反馈，以便调整。

2. 栽植穴的规格与挖掘要求

栽植穴应有足够的大小，以容纳植株的全部根系，避免栽植深度过浅和根系不舒展。其具体规格应根据树木规格、根系的分布特点、土层厚度、肥力状况等条件而定。

栽植穴的直径与深度一般要比根幅与深度或土球直径与土球高度大20～40cm，甚至达到一倍。特别在贫瘠的土壤中，如为城市碴土或板结黏土，栽植穴则应更大更深些（表8-8、表8-9）。成片密植的小株灌木，可采用几何形大块浅坑。

落叶乔木、常绿树、落叶灌木刨坑规格 表8-8

落叶乔木胸径（cm）	落叶灌木高度（m）	常绿树高（m）	坑径（cm）×坑深（cm）
—	1.0～1.2		50×30

落叶乔木胸径（cm）	落叶灌木高度（m）	常绿树高（m）	坑径（cm）×坑深（cm）
—	1.2～1.5	1.2～1.5	60×40
3.0～5.0	1.5～1.8	1.5～2.0	70×50
5.1～7.0	1.8～2.0	2.0～2.5	80×60
7.1～10	2.0～2.5	2.5～3.0	90×70
10.1～12	—	3.0～3.5	100×80
—	—	竹类	比母竹根蔸大20～40cm，长边以竹鞭长为依据

绿篱刨槽规格 表 8-9

树木高度（m）	单行式/坑径（cm）×坑深（cm）	双行式/坑径（cm）×坑深（cm）
1.0～1.2	50×30	80×30
1.2～1.5	60×40	100×40
1.5～2.0	70×50	120×50
2.0～2.5	80×60	—
2.5～3.0	90×70	—

栽植穴挖掘时，穴或槽周壁上下大体垂直，而不应挖成上大下小的锅底形或 V 形（图 8-9），否则栽植踩实时会使根系劈裂卷曲或上翘，造成根系不舒展且新根生长受阻而影响树木生长。

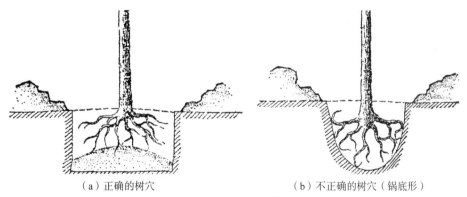

（a）正确的树穴　　　　　　　　　（b）不正确的树穴（锅底形）

图 8-9　刨坑式样

在挖穴或槽时，肥沃的表土与贫瘠的底土应分开放置，捡净所有的石块、瓦砾和妨碍生长的杂物。土壤贫瘠的应换上肥沃的表土或掺入适量的腐熟有机肥。在高地、土埂上挖栽植穴，要平整植树点地面后适当深挖；在斜坡、山地上挖穴，要外堆土，里削土，坑面要平整；在低洼地坡底挖穴，要适当填土深挖。

3. 栽植穴挖掘时的注意事项

（1）栽植穴位置要正确，规格要适当；

（2）挖出的表土与底土分开堆放于穴边；

（3）穴的上下口大小应一致；

（4）在斜坡上挖穴、应先将斜坡整成一个小平台，然后在平台上挖穴，挖穴的深度应以坡下沿口开始计算；

（5）在新填土方处挖穴，应将穴底适当踩实；

（6）土质不好的，应加大穴的规格；

（7）挖穴时发现电缆、管道等要停止操作，及时找有关部门配合解决；

（8）挖穴时如遇上障碍物，应找设计人员协商，适当改动位置。

4. 土壤改良与排水

在土壤通透性极差的立地上，应进行土壤改良，并采用瓦管和盲沟等排水措施。

（1）在一般情况下，土壤改良可采用黏土掺沙、沙土掺黏土，并加入适量的腐殖质，以改良土壤结构，增加其通透性。

（2）也可以加深加大栽植坑，穴底填入部分沙砾（厚度为10～15cm）或附近挖一与栽植穴底部相通而低（深）于栽植穴的渗水暗井，并在栽植穴的通道内填入树枝、落叶及石砾等混合物，加强根区的地下排水。

（3）在渍水极端严重的情况下，可用直径约8cm的瓦管铺设地下排水系统。如土层过浅或土质太差应扩大栽植穴的规格，加入优良土壤或全部换土（客土）。

8.4.2 栽植

1. 散苗或配苗

栽植前首先修枝修根，然后配苗或散苗。

（1）苗木修枝修根后应马上进行栽植，不能及时栽植的苗木，裸根苗根系要泡入水中或埋入土中保存，带土球苗将土球用湿草帘覆盖或将土球用土堆围住保存。

（2）栽植前还可用根宝、生根粉、保水剂等化学药剂处理根系，使移植后能更快成活生长。

（3）同时苗木还要进行分级，将大小一致、树形完好的一批苗木分为一级，栽植在同一地块中。对行道树和绿篱苗，栽植前要再一次按大小分级，使相邻的苗大小基本一致。

（4）长距栽植行道树可牵绳或用其他工具确定，相邻树高低不得相差50cm，分枝点相差不得大于30cm，树冠基本在一条直线上。

（5）按穴边木桩写明的树种配苗，"对号入座"，边散边栽。

（6）较大规格的树木可用吊机进行吊载。

（7）配苗后还要及时核对设计图，检查调整。

2. 栽植

（1）栽植深度。

园林树木栽植的深度必须适当。栽植深度应以心土下沉后树木原来的土印与土面相平或稍低于土面为准。栽植过浅，根系容易失水干燥，抗旱性差；栽植过深，根系呼吸困难，树木生长不旺。

（2）栽植方向。

树木栽植时还要注意方向：

1）主干较高的大树，应保持原生长方向，以免冬季树皮被冻裂或夏季受日灼危害。

2）景观树应注意将树冠丰满完好的一面朝向主要的观赏方向，如入口处或主行道。

3）栽植时除特殊要求外，树木应垂直于东西、南北两条轴线。

4）行列式栽植时，要求每隔10～20株先栽好对齐用的"标杆树"。如有弯干的苗，应弯向行内，并与标杆树对齐，左右相差不超过树干的一半，做到整齐美观。另外，在行道树等规则式种植时，如树木高矮参差不齐、冠径大小不一，应预先排列种植顺序，形成一定的韵律或节奏，以提高观赏效果。

（3）裸根树木栽植：

1）在栽植穴内回填土，将混好肥料的表土一半填入坑中，培成丘状。

2）放树入坑内，务必使根系均匀分布在坑底的土丘上，校正位置，使根颈部高于地面5～10cm，珍贵树种或根系不完整的树木应向根系喷生根剂。

3）然后将另外一半掺肥表土分层填入坑内，每填一层土都要将树体稍稍上下提动，使根系与土壤密切接触，并踏实。

4）最后将新土填入栽植穴，直至填土略高于地表面。

5）填土踩实时切记不要损伤根系。

6）如果土壤太黏，不要踩得太紧，否则通气不良，会影响根系的正常呼吸。

7）回填土要用湿润疏松肥沃的细碎土壤，特别是直接与根接触的土壤，一定要细碎、湿润，不要太干也不要太湿。切忌用含有碎石的垃圾土，切忌用大的土石块挤压根系，以免伤根和留下空隙。

8）有机质含量高的土壤能有效促进苗木根系的发育，所以在栽植苗木时，一般应施入一定量的有机肥料，将表土和一定量的农家肥混匀，施入沟底或坑底作为底肥。

9）树穴积水时必须挖排水沟，可在穴底铺10～15cm厚的沙砾或渗水管、盲沟，以利排水。埋完土后平整地面或筑土堰，便于浇水。

（4）带土球树木栽植：

1）先测量或目测已挖树穴的宽度、深度与土球直径、高度是否一致，对树穴作适当填挖调整。

2）填土至深浅适宜时放树入穴，栽植的方向和深度与裸根苗相同。

3）在土球四周下部垫入少量的土，使树直立稳定，校正位置。

4）剪开包装材料，将不易腐烂的材料一律取出。拆除包装后注意不应推动树干或转动土球，否则会导致土球破碎。

5）分层填土踏实。为防止栽后灌水土塌树斜，填土一半时用木棍将土球四周的松土捣实，填到满穴再捣实一次（注意不要将土球弄散），盖上一层土与地面相平或略高，最后把捆拢树冠的绳索等解开取下。

6）如果土球破裂，在土填至穴深一半时浇水使土壤进一步沉实，排除空气，待水渗完后继续填土踩实。

7）容器苗必须将容器除掉后再栽植。

（5）特殊绿地的栽植：

1）绿篱成块状群植时，应由中心向外顺序退植。

2）坡式种植时应由上向下种植。

3）大型块植或不同色彩丛植时，宜分区分块种植。

4）假山或岩缝间种植，应在种植土中掺入苔藓、泥炭等保湿透气材料。

（6）竹类栽植：

1）竹类定植填土分层压实时，靠近鞭芽处应轻压。

2）栽种时不能摇动竹竿，以免竹蒂受伤脱落。

3）栽植穴应用土填满，以防积水引起竹鞭腐烂。

4）最后覆一层细土或铺草以减少水分蒸发。

5）母竹断梢口用薄膜包裹，防止积水腐烂。

8.4.3 栽后管理

1. 设立支撑

为防止大规格苗（如行道树苗）灌水后歪斜，或受大风影响成活，栽后必须设立支柱、拉绳，防摇动或倒伏。

（1）支撑材料。可在实用、美观的前提下根据需要和条件灵活运用，一般常用通直的木棍、竹竿作支柱，长度以能支撑树苗的1/3～1/2处即可，也可以用钢丝绳。

（2）支撑防护。立支柱前要先用草绳或其他材料绑扎，以防支柱磨伤树皮，然后再立支柱。

（3）支撑方法。一般用长1.5～2m、直径5～6cm的支柱，可在种植时埋入，也可在种植后再打入（入土20～30cm）。栽后打入的，要避免打在根系上和损坏土球。树体不是很高大的带土移栽树木可以不立支柱。

（4）支撑方式。立支柱的方式有单支式、双支式、三支式、四支式、连干式等（图8-10）。单支法又分立支和斜支，单柱斜支应支在下风方向（面对风向）。斜支占地面积大，多用在人流稀少的地方。支柱与树干捆缚处，既要捆紧，又要防止日后摇动擦伤干皮，因此，捆绑时树干与支柱间要用草绳隔开或用草绳包裹树干后再捆。另外，立支撑时还应考虑与环境的协调关系，避免出现与环境不相称的现象。

（a）单支式支撑

（b）三支式支撑

（c）四支式支撑

（d）连干式支撑

图 8-10 树木支撑

2. 灌水

（1）灌水方法。树木栽植后应沿栽植穴外缘开堰，用细土筑起高 15～20cm 的灌水土堰，堰应筑实，以防浇水时跑水、漏水（图 8-11）。连片栽植的树木如绿篱、灌木丛、色块等可按片筑堰为作畦。作畦时保证畦内地势水平。

图 8-11　围堰浇水

（2）灌水时间。树木定植后应立即灌水，即灌定根水，一定要浇透浇足，使土壤充分吸入水分。

1）无风天不超过一昼夜就应浇透头遍水，干旱或多风地区应连夜浇水。

2）一般栽植后每隔 3～5d 连浇三遍水，水量要灌透灌足，不足的要补水。

3）在土壤干燥、灌水困难的地方，也可填入一半土时灌足水，然后填满土，保墒。

（3）修堰、扶苗。

灌水时应防止冲垮水堰，每次浇水渗入后应将歪斜树苗扶正，并对塌陷处填实土壤。

3. 栽后修剪

树木定植前一般都已进行了一定的修剪，但多数树木尤其是中等以下规格的树木都在定植后修剪或复剪。对于已经修剪过的树木主要是对受伤的枝条和栽植前修剪不够理想的枝条进行复剪。

4. 树干包裹

对于新栽的树木，尤其是树皮薄、嫩、光滑的幼树，应进行包干，以防日灼、干燥，减少蛀虫侵染，同时也可以在冬天防止啮齿类动物的啃食。

包扎物可用细绳牢固地捆在固定的位置上，或从地面开始，紧密缠绕树干至第一分枝处。

材料可以选用粗麻布、粗帆布及其他材料（如草绳）（图 8-12）。

在多雨季节，由于树皮与包裹材料之间保持过湿状态，容易诱发真菌性溃疡病。若能在包裹之前，在树干上涂抹杀菌剂，则有助于减少病菌感染。

5. 树盘覆盖

用稻草、腐叶土或充分腐熟的肥料覆盖树盘，城市街道树池也可用沙覆盖，以提高树木移栽的成活率。

覆盖物的厚度至少使全部覆盖区都见不到土壤。

覆盖物一般应保留越冬，到来年春天揭除或埋入土中。

（a）粗帆布包裹　　　　　　（b）粗麻布包裹　　　　　　（c）草绳包裹

图8-12　树干包裹

6. 清理栽植现场

树木种植工程结束后，应将施工现场彻底清理干净，其主要内容有整畦封堰和清扫保洁。

（1）第三遍水渗入后，可将土堰铲去，将土堆在树干的基部封堰。

（2）对大畦灌水的畦埂整理整齐，畦内进行深中耕。

（3）全面清扫施工现场，将无用杂物处理干净，并注意保洁，真正做到文明施工。

8.4.4　非适宜季节园林树木的栽植技术

非适宜季节栽植是指非正常的绿化施工季节的栽植。为了提高栽植成活率，园林绿化施工一般应在适宜的季节进行，但有时可能有一些特殊需要的临时任务、或某些突发事件耽误了正常的季节，不得不在非适宜季节栽植。

1. 预先有计划的栽植

园林绿化施工中，有时由于一些客观因素的影响不能适时栽植树木，并且这种情况是预先已知的，因此仍然可以在适合季节起掘（挖）好苗木，养在苗圃或运到施工现场假植养护，等待其他工程完成后立即种植和养护。

（1）起苗。

由于种植时间是在非适合的生长季，为提高成活率，应预先于早春未萌芽时带土球掘（挖）好苗木，落叶树应适当重剪树冠。

1）所带土球的大小规格可按一般大小或稍大一些。

2）包装要比一般的加厚、加密。

3）如果苗木是已经在去年秋季起出假植的裸根苗，应在此时另造一个土球（称作"假坨"），方法包括：① 在地上挖一个与根系大小相应的、上大下略小的圆形底穴；② 将蒲包等包装材料铺于穴内，将苗根放入，使根系舒展，立于正中；③ 分层填入细润之土并夯实（注意不要砸伤根系），直至与地面相平；④ 将包裹材料收拢于树干根颈处捆好。⑤ 然后挖出假坨，再用草绳打包，正常运输。

（2）装筐假植。

在距离施工现场较近、交通方便、有水源、地势较高，雨季不积水的地方进行假植。假植前为防天暖引起草包腐朽，要装筐保护。

1）选用比土球稍大、高 20～30cm 的箩筐；土球直径超过 1m 的应改用木桶或木箱。

2）先在筐底填些土，将土球放于正中，四周分层填土并夯实，直至离筐沿还有 10cm 高时为止，并在筐边沿加土拍实，用来做灌水堰。

3）按每双行为一组，每组间隔 6～8m 设卡车专用道（每行内以当年生新稍互不相碰为株距），挖深为筐高 1/3 的假植穴。

4）将装筐苗运来，按树种与品种、大小规格分类放入假植穴中。

5）筐外培土至筐高 1/2，并拍实。

6）间隔数日连浇 3 次水，并适当施肥、浇水、防治病虫、雨季排水、适当疏枝、控徒长枝、去蘖等。

（3）栽植。

1）等到施工现场可以种植时，提前将筐外所培的土扒开，停止浇水，风干土筐；发现已腐朽的应用草绳捆缚加固。

2）吊栽时，吊绳与筐间垫块木板，以免松散土坨。

3）入穴后，尽量取出包装物，填土夯实。

4）经多次灌水或结合遮阴保证成活。

2. 临时需要的栽植

在园林绿化施工中预先并无计划，但因特殊需要，必须在非适宜季节栽植树木。遇到这种情况可以按照不同类别的树种采取不同的技术措施。

（1）常绿树的栽植：

1）应选择春稍生长已停，二次稍未发的树种。

2）起苗应带较大土球，对树冠进行疏剪或摘掉部分叶片，做到随掘、随运、随栽，

3）及时多次灌水，叶面经常喷水，晴热天气应结合遮阴。

4）易日灼的地区，树干裸露者应用草绳进行卷干，入冬注意防寒。

（2）落叶树的栽植：

1）最好也选春稍已停长的树种，疏掉徒长枝及花、果。

2）对萌芽力强，生长快的乔、灌木可以重剪，最好带土球移植。

3）如裸根移植，应尽量保留中心部位的心土。

4）尽量缩短起（掘）苗、运输、栽植的时间，裸根根系要保持湿润。

5）栽后要尽快促发新根，可灌溉一定浓度的（0.001%）生长素。

6）晴热天气，树冠应遮阴或喷水；易日灼地区应用草绳卷干。

7）应注意伤口防腐，剪后晚发的枝条越冬性能差，当年冬季应注意防寒。

3. 提高反季节栽植成活率的措施

在栽植过程中可根据实际情况采取一些技术措施，提高反季节栽植的成活率。

（1）根系浸水保湿或沾泥浆。

裸根苗栽植前当发现根系失水时，应将植物根系放入水中浸泡 10～20h，充分吸收水分后再栽植，可有效提高成活率。

小规格灌木，无论是否失水，栽植之前都应把根系浸入泥浆中均匀沾上泥浆，使根系保湿，促进成活。泥浆成分通常为过磷酸钙：黄泥：水 = 2：15：80。

（2）利用人工生长剂促进根系伤口愈合。

如软包装移植大树时，可以用 ABT-1、ABT-3 号生根粉处理根部，有利于树木在移植和

养护过程中迅速恢复根系的生长，促进树体的水分平衡。

（3）利用保水剂改善土壤的性状。

在有条件的地方可使用保水剂改善。保水剂主要有聚丙乙烯酰胺和淀粉接枝型，颗粒多为0.5~3cm粒径。在北方干旱地区绿化使用，可在根系分布的有效土层中掺入0.1%并拌匀后浇水；也可让保水剂吸足水形成饱水凝胶，以10%~15%掺入土层中，可节水50%~70%。

（4）树体裹干保湿增加抗性。

草绳裹干有保湿保温作用，一天早晚两次给草绳喷水，可增加树体湿度，但水量不能过多。

塑料薄膜裹干有利于休眠期树体的保温保湿，但在温度上升的生长期内，因其透气性差，内部热量难以及时散发导致灼伤枝干，因此在芽萌动后必须及时撤除。

（5）树木遮阴降温保湿。

在非适宜季节栽植的树木，条件允许的话应搭建荫棚以减少树木的蒸腾。

对于大树，也可采用树顶挂桶法为树体补充水分，具体方法：用小塑料桶（或盐水瓶）盛水挂在树干上，靠近树干的一侧底部留有小孔，使水慢慢沿树干渗流，塑料桶的数量视树体大小和树木需水情况而定。

也可于树顶部安装喷雾设施，对树体、特别是树冠进行适时喷雾。

8.5 大树移植技术

大树移植一般是指胸径10cm~20cm以上的大树。行业标准《园林绿化工程施工及验收规范》CJJ 82—2012提出"移植胸径20cm以上的落叶乔木和胸径15cm以上的常绿乔木称为大树移植"。一般来讲，把移植胸径10cm以上的大树称为"大树移植"比较合适。

8.5.1 大树移植前的准备

1. 大树的选择

选择大树时应考虑到树木原生长条件需与定植地的自然条件相适应，尤其是土壤的酸碱性和质地、温度、湿度、光照等条件。应选择生长健壮的树木，选择树冠圆满、没有感染病虫害和未受机械损伤的树种，选择近5年来生长在阳光充足下和根系分布正常的树木。

2. 大树移植前的技术处理

（1）试挖。

为了保证大树移植成功，要先对根部进行试探挖掘，通过试探，了解根系分布情况以及是否适合扎土球，这决定了树木是否适合移植。有粗大直根系的大树不宜移植，生长在石块、沙砾中的大树也不宜移植，这些树木必须先进行苗圃移栽，经移栽生长良好后方可进行移植。

（2）移植前的断根处理。

为了保证大树移植成活，移植前需对大树进行断根处理，通过断根可促进树木的须根生长。断根方法如下：

1）断根一般在初春或秋季进行。

2）断根部位应比正常土球处小10~20cm为宜。

3）大树断根宜分两次进行，把土球外围分成4份，于早春和秋季按时把对角的土球外围处各向外挖宽30～40cm、深50～70cm的沟，对根系用利器齐平内壁切断，伤口要平整，大伤口还应涂抹防腐剂（图8-13）。

4）将挖出的土壤打碎并清除石块、杂物，然后在断根外周围一圈施钙镁磷肥或过磷酸钙肥料，之后用沃土填平、踏实、浇水，从而促进树木须根的生长。

5）对于胸径在15cm左右的树木可以一次完成断根，但需搭防风支架以固定树木，以防树木风吹摇晃，导致新根难以生长。

（3）移植前灌水。

为了保证大树移植成功，在大树挖掘前2d须灌足水，使大树的根系、树干贮存足够水分，以弥补移栽造成的根系吸水不足，而且土壤吸收充足的水分后容易挖掘，土壤容易扎紧，在运输过程中也不宜松散。

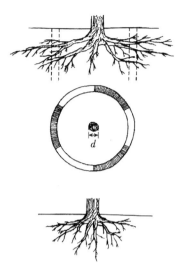

图8-13　断根处理

3. 确定大树移植的时间

大树移植的最佳时间是早春，春季比秋、冬季好一些。

早春树木还处在休眠阶段，树液尚未流动，但根系已开始萌动处于活跃状态，挖掘时损伤的根系容易愈合和再生，移植后经过一年的生长，树木可顺利越冬。而秋、冬季移植的大树则要经过寒冬的考验才可知伤口的愈合组织能否及时形成，是否能长出新根等。

对于落叶树来说，深秋的移植效果则较好，此期间树木虽处于休眠状态，但是地下部分尚未完全停止活动，故移植时被切断的根系能在这段时间进行愈合、生根，为来年春季发芽生长创造良好的条件。

8.5.2　大树移植的方法

1. 栽植穴准备

大树在栽植前应根据树木的生长习性，定好栽植位置，改良土壤（包括肥力、酸碱度等），提前挖好栽植穴。

（1）根据移植大树的规格确定栽植穴大小，一般栽植穴范围是移植大树胸径的7～10倍，比移栽土球直径大30～40cm，深度达80～100cm。

（2）挖坑时将表土和底土分开堆放，并将土中的杂质清理干净。

（3）先在坑底铺一层碎石，最好能盖上一层沙，然后覆盖一层土，为了促进生根和树木尽快生长，可在穴内回填熟土和增施有机肥（图8-14a）。

（4）在栽植穴四周各取一段塑料管，一端插入碎石层，另一端露在栽植穴上沿，固定好塑料管，以利于大树的根部呼吸和积水外排（图8-14b）。

2. 大树挖掘

（1）挖掘时按照规范要求保留土球的直径，土球直径为胸径的6～10倍，以树干为圆心，按比土球直径大3～5cm的尺寸画一圆圈。

（2）以不伤根为准，铲除树木表层的浮土，以减轻土球重量，然后沿圈垂直向下挖，挖操作沟宽通常为60～80cm，沟深多为60～100cm。

（a）树穴施肥

（b）埋设通气管

图8-14 栽植穴准备

（3）挖掘时，遇粗根用手锯锯断，以免根部劈裂。

（4）挖到一定深度时，用利器将土球周围修整齐，树根伤口要削平。

（5）然后用草绳一圈紧挨一圈扎紧，再将树木吊起或推斜，切断或锯断主根，做到根部土球不松不散。土球的捆绑密度视土质和土球体积而定，土球体积较大的应多缠草绳，以免搬运过程中土球散裂。

（6）用草绳、麻布等材料严密包裹树干和较粗壮的分枝，减少大树在运输时损伤树干，并可贮存一定量的水分，使树干保持湿润。

3. 运输与修枝

（1）运输。大树运输装卸作业质量的好坏是影响大树移栽成活的关键环节，要尽量缩短运输装卸时间。

1）运输前对树木进行适量修剪，运输过程中要慢装轻放、支垫稳固、适时喷水。

2）土球大的一般用吊车装车，卡车运输，装车时必须土球向前，树干向后，轻轻放在车厢内，用砖头或木块将土球支稳，并用粗绳将土球牢牢捆紧于车厢，防止土球摇晃。

3）在大树起吊、运输过程中要尽量保护枝叶和土球，装运前应标明树干的主要观赏面，并将树冠捆拢，在装运及卸车时着重保护树木的主要观赏面。

4）在吊运时，着绳部位和吊运方法十分重要，要防止起吊后坠落和减少不必要的振动，以免造成土球的破损。

5）装运的大树在车上要安放牢固，支撑好树干，固定好防止滚动，各支撑点要包软垫物，防止树皮和枝条损伤，要对根部、树枝、叶进行防风、保湿处理，争取当天起挖，当天运到现场，减少根系水分的损失。

6）苗木运到施工现场后，把有编号的大树对号入座，避免重复搬运损伤树木。卸车的操作要求与装车时大体相同。

7）卸车后，如未能立即栽植应将苗木立直、支稳，不可斜放或平放在地。

（2）修枝。栽植前要对大树进行修剪和整形。

1）落叶乔木应根据树形要求对树冠进行重修剪，一般剪掉全部枝叶的1/3～1/2；对生长快、树冠恢复容易的槐、枫、榆、柳等可进行去冠重剪。

2）常绿乔木树冠应尽量保持完整，只对一些枯死枝、过密枝和树干上的裙枝进行适当处理。

3）对劈裂、折伤的树枝和根系要进行修剪，直径2cm以上的锯口要整齐。

4）树干上向内侧生长的枝条全部修去，外侧枝条的修剪则根据树种而定，如桂花、香樟需对外侧末端的枝条进行适当的修剪，修去约 30cm，而雪松、广玉兰则不能修剪末端枝条，只能进行适当地疏枝，保持原有的冠幅（图 8-15）。

5）对锯枝的锯口可采用石蜡等进行涂抹或包扎处理，也可用塑料袋在 4cm 以上的锯口包扎并露出外缘 3~5cm，以减少水分的蒸发，提高移植成活率。

（a）全株式（银杏） （b）截枝式（香樟）

图 8-15 大树的修剪

4. 定植

操作步骤如下：

（1）栽植前要检查树穴的大小和深度是否符合要求，可做适当调整。

（2）在穴底铺一层营养土，然后借助吊车按照树木的朝向把大树缓缓放入穴中，将树冠立起扶正，仔细审视树形和环境，移动和调整树冠方向，要尽量符合原来的朝向，并将最佳观赏面朝向主要观赏方向。

（3）保证栽植深度适宜，然后拆除土球外的包装材料，剪断草绳，取出蒲包或麻袋片，用多菌灵或代森锌对土壤和根部进行消毒，同时用生粉 3 号溶液涂抹根系伤口，并对土球喷洒浇灌，促进根系愈合生根。

（4）用表土回填树坑内，然后在树周围施入钙镁磷或过磷酸钙肥料，再分层填土夯实，边填土边夯实，用木棒将埋土分层捣实，使土球与坑土密结，注意不要破坏土球，不能击打土球部位，以免弄散土球，伤到根系，影响根部吸收，同时让使原先预埋的塑料管上口露出土面。

5. 支撑、浇水

（1）立支架。

大树定植后要设立支架、防护栏，支撑树干，防止根部摇动、根土分离而影响成活，支撑形式因地制宜。由于树体较大，更要注意支柱与树干相接部分要垫上蒲包片或棕丝，以防磨伤树皮。

大树的支撑形式应结合环境综合考虑，尤其是在园林绿地中更应考虑与环境的协调性，以及是否存在安全隐患等。

（2）浇水。

大树移植后要立即围堰浇水，灌一次透水，浇足定根水，保证树根与土壤紧密结合，保持土壤湿润，促进根系发育，并将树干上的草绳或麻布用水喷透，第二天再对树盘覆盖一层松土，以防土壤板结。

一般春季栽植后应视土壤墒情每隔 5～7d 浇水，连续浇 3～5 次。

8.5.3 大树移植后的养护管理

大树移栽后的精心养护是确保移栽成活和树木健壮生长的重要环节之一，绝不可忽视。

1. 喷水、控水

（1）喷水保湿。树体地上部分特别是叶面，必须及时喷水保湿。

1）喷水要求细而均匀，喷透草绳或麻布，并喷及地上各个部位和周围空间，为树体提供湿润的小气候环境。

2）可用"吊盐水"的方法，既省工又省费用。

3）大树移栽抽枝发叶后，仍需喷水保湿。

（2）控水。移植大树的根系吸水功能减弱，对土壤水分需求量较少，此时只要保持土壤湿润即可。

1）浇水需根据天气情况、土壤质地情况而定，通常 10～15d 浇一次水。

2）同时要慎防对地上部分喷水过多，致使水滴进入根系区域。

3）要防止树穴内积水，种植时留下浇水穴，在第一次浇透水后应填平或略高于周围地面，以防下雨或浇水时积水。

2. 喷雾、遮荫

（1）喷雾。移植的大树在未达到正常生长时遇到高温季节，可使用全光喷雾，即在大树中心上方支起喷雾装置，喷头的高度和数量应以喷出的水雾能遮盖树冠 80% 以上范围为宜。在使用全光喷雾时要注意排水，防止种植穴积水、烂根。喷雾效果较好，但较费工费料。

（2）遮阴。大树移植初期或高温干燥季节，要搭制荫棚遮阴，以降低棚内温度，减少树体的水分蒸发。搭棚时遮阴度应以 70% 左右为宜，让树体接受一定的散射光，以保证树体光合作用的进行，以后视树木生长情况和季节变化，逐步去掉遮阴网。

3. 抹芽、保暖

（1）抹芽。在移植初期，一方面，要对移植时进行重新修剪的树体所萌发的芽要适当加以保护，让其抽枝发叶，待树体成活后再行修剪整形；另一方面，对某些去冠移植的大树，萌芽、萌蘖迅速且密集，应及时根据树形要求摘除部分较弱嫩芽、嫩梢，适当定向保留健壮的嫩芽、嫩梢，除去根部萌发的分蘖条，以免过多的嫩芽、嫩梢对水分和养分的分散及消耗。

（2）保暖。冬季气温低，长江流域许多地方新移植大树易受低温危害，应做好防冻保温工作。

1）可采用草绳缠干、设风障等方法防寒。

2）也可在草绳缠绕树干的外围，用塑料膜将树干和树兜再包一圈，起到保暖、保水作用。

3）在入冬寒潮来临前，可采取覆土、地面覆盖，设立风障、搭制塑料大棚等方法加以保护。

4. 检查、抚育

大树移植后要定期对大树的生长发育情况进行检查，尤其是病虫害、闷根、积水等情况。

（1）要经常检查土壤通气设施，发现堵塞或积水的，要及时清除，以经常保持良好的透气性能，如有积水可从通气管中吸出或用棉花球套在钩里从塑料管中将水排出，如根部较干则需浇水。

（2）若叶子衰弱应查看根系是否腐烂，如有烂根要立即截除，然后用表层土重新培植，并用1%的活力素溶液浇灌。

（3）检查发现病虫害的要立即采取救治措施，对症下药，确保大树移植成活。

（4）大树移植初期根系吸肥能力差，宜采用根外追肥，一般半个月左右一次。用尿素、硫酸铵、磷酸二氢钾等速效肥料配制成浓度为0.5%～1%的肥液，在早上或傍晚进行喷施，做到少量多次施肥。根系萌发后，可进行土壤施肥，要求薄肥勤施，慎防伤根。

（5）为了保持土壤良好的透气性，有利于根系萌发，要做好中耕松土工作，慎防土壤板结，预防树木闷根。

8.5.4 大树移植的新技术

1. 防腐促根技术

土球挖好后，包装前对切断的根系伤口施用杀菌防腐剂，以防伤口感染腐烂。同时施用促进根系再生的促根激素，促进不定根的发生和生长，尽快使根系恢复正常的生理功能。

（1）防腐。防腐主要防止真菌性病害对根系伤口的感染。

1）防腐的药剂可用一些广谱性的杀菌剂，如多菌灵、百菌清、甲基托布津、根腐灵等，按正常用量兑水对土球的外侧进行喷洒。

2）直径超过2cm的根系切口还应用伤口涂布剂进行涂抹和封闭。

3）除了对土球进行1～2次的喷洒处理外，还应对回填在土球底部和四周的土壤进行预先的杀菌消毒，栽好后还可结合浇水用杀菌剂进行灌根，保证杀菌的持续效果。

（2）促根。为了促发新根，可用一些能促进根系生长的植物激素，如萘乙酸（NAA）50mg/L、吲哚丁酸（IBA）100～200mg/L或ABT生根粉等促根的激素和药剂对土球的外围和整个土球进行喷洒处理。还有的应用德国技术生产的"活力素"，以其100～120倍灌注根系，以促进根系的恢复和生长。

2. 垫沙埋设透气管技术

对黏性土壤可采取大树下垫10～20cm河沙的办法，同时，土球放进树穴后不回填土而是回填河沙，在土球四周形成一个环状的透气带，使根系的透气状况得到改善。还可以埋设透气管：

（1）沿土球的周边均匀地放置3～4根透气管，可以用直径为10～20cm的PVC管，根据土球大小定直径，管的长度为1m左右，在管周边打孔；

（2）然后用遮光网包扎住下端和周边，防止泥土进入，并让管口高出地面5cm。

上海市在移植大树时普遍采用了透气袋技术：

（1）透气袋用塑料纱网缝制而成，直径在12～15cm，长度在1m左右，袋子里充填珍珠岩，两头用绳子扎紧；

（2）土球放进树穴定位后、回填土前，把透气袋垂直放在土球四周，一般每株大树视胸径大小，沿土球周边均匀地放置 3～4 个透气袋。

（3）放置时要注意透气袋一定要高出地面 5cm，回填土时不要把透气袋埋住。

3. 营养液滴注技术

大树移植初期，在树干的树皮扎一小孔，采用输液的方式通过树干的韧皮部滴注营养液。这种在大树根系没有恢复正常功能的时候，利用非根系吸收的方式给大树补充一定的养分和刺激生长的其他物质，对大树的恢复和成活有一定的促进作用。

4. 使用蒸腾抑制剂

使用蒸腾抑制剂适当的抑制叶片蒸腾就可以尽量多保留一些树叶，有利于大树的恢复和成活。蒸腾抑制剂的种类有很多，主要是一些对叶片无害的高分子化合物，它们喷洒到叶片上能暂时封闭气孔，抑制叶片的蒸腾作用，使根系损伤造成的水分代谢不平衡得到缓解。一段时间以后，蒸腾抑制剂就会分解货被冲刷掉。

蒸腾抑制剂喷施时要注意几点：

（1）要喷均匀，每片叶子都要喷到；

（2）要重点喷到叶子的背面；

（3）喷量要足够和适量，过少可能起不到应有的作用，过多也会产生不好的影响，使叶子气孔封闭时间过长，不利于大树正常功能的恢复。

这些问题都应通过严密的试验得出最佳的操作方案。

8.6　园林绿地花卉栽植技术

8.6.1　一、二年生花卉的栽植及养护

在露地栽植的园林植物中，一、二年生花卉对栽植管理条件的要求比较严格，在花圃中应占用土壤、灌溉和管理条件最优越的地段。

8.6.1.1　整地作床（畦）

栽植一、二年生花卉，要选择光照充足、土壤肥沃、地势平整、水源方便和排水良好的地块，在播种或栽植前进行整地。一般一年生花卉忌干燥及地下水位低的沙土，秋播花卉以黏土为宜。

1. 整地

整地深度根据花卉种类及土壤情况而定。一、二年生花卉生长期短，根系较浅，整地深度一般控制在 20～30cm。此外，整地深度还要看土壤质地，砂土宜浅，黏土宜深。整地多在秋天进行，也可在播种或移栽前进行。

整地应先将土壤翻起，使土块细碎，清除石块、瓦片、残根、断茎和杂草等，以利于种子发芽及根系生长。结合整地可施入一定的基肥，如堆肥和厩肥等，也可以同时改良土壤的酸碱性。

2. 作床（畦）

一、二年生草花的露地栽培多用苗床栽培的方式，常用的有高床和低床两种形式，其与播种繁殖作床相同。

8.6.1.2　栽植

一、二年草本露地花卉皆为播种繁殖，其中大部分先在苗床育苗或容器育苗，经分苗和

移植，最后再移至盆钵或花坛、花圃内定植。对于不宜移植的花卉，可采用直播的方法。

1. 移植

一、二年生草本园林植物的移植有两种情况，一是栽植后经一定时期生长，还要再行移植；二是栽植后不再移植的"定植"。园林种植工程中的一、二年生草本花卉移植属于后一种，将培育到具10～12枚真叶或高约15cm的幼苗，按绿化设计的要求定位栽到花盆或花坛、花境等绿地里，不再移植。

（1）移植季节：一般以春季发芽前为好。

（2）移植的方法：可分为裸根移植和带土移植。裸根移植主要用于小苗和易成活的大苗；带土移植主要用于大苗。

（3）移植时间：由于移植必然损伤根系，使根的吸水量下降，减少蒸腾量而有利于成活，所以在无风的阴天移植最为理想。天气炎热时应在午后或傍晚阳光较弱时进行。

（4）移植浇水：移植时边栽植边喷水，一床全部栽植完后再进行浇水。

（5）栽植株行距：依花卉种类而异，生长快的宜稀，生长慢的宜密；株型扩张的宜稀，株型紧凑的宜密。移植与定植的株行距也有不同，移植比定植的密些。

（6）移植的具体过程：

1）起苗。应注意以下几点：① 起苗应在土壤湿润的条件下进行，以使根系少受伤。如果土壤干燥，应在起苗前一天或数小时前充分灌水；② 裸根苗，用铲子将苗带土掘起，然后将根群附着的泥土轻轻抖落。注意不要拉断细根，也不要长时间曝晒或风吹；③ 带土苗，先用铲子将苗四周的泥土铲开，然后从侧下方将苗掘起，并尽量保持土坨完整；④ 为保持水分平衡，起苗后可摘除一部分叶片以减少蒸腾，但不宜摘除过多。

2）栽植。栽植的方法可分为沟植、孔植和穴植。应注意以下几点：① 裸根苗栽植时，应使根系舒展，防止根系卷曲；② 为使根系与土壤充分接触，覆土时要用手按压泥土。按压时用力要均匀，不要用力按压茎的基部，以免压伤；③ 带土苗栽植时，在土坨的四周填土并按压。按压时，防止将土坨压碎；④ 栽植深度应与移植前的深度相同；⑤ 栽完后用喷壶充分灌水。第一次充分灌水后，在新根未发之前不要过多灌水，否则易烂根。此外，移植后数日内应遮阴，以利苗木恢复生长。

2. 直植

对于不耐移植的一、二年生的草本花卉可将种子直接播种于花钵、花坛或花圃中。播种后要注意间苗。

（1）间苗次数：露地花卉间苗通常分两次进行，第一次间苗在幼苗出齐、子叶完全展开并开始长真叶时进行，第二次间苗在出现3～4片真叶时进行。最后一次间苗称为"定苗"。

（2）间苗时间：间苗要在雨后或灌溉后进行。

（3）间苗方法：将苗用手拔出。间苗后需浇灌一次，使保留的幼苗根系与土壤紧密接触。

（4）间苗后密度：最后一次间苗后密度为400～1000株/m^2。

（5）间苗要求：间苗时要细心操作，不可牵动留下的幼苗，以免损伤幼苗的根系，影响生长。间苗通常拔除生长不良、生长缓慢的弱苗，并注意照顾苗间距离。

间苗是一项很费工的操作，应通过做好选种和播种工作，确定适当的播种量，使幼苗分布均匀以减少间苗的操作。

经播种或自播于花坛、花境的种子萌发后，施稀薄水肥，并及时灌水，控制水量，水多则根系发育不良并易引起病害。苗期避免阳光直射，应适当遮阴。

8.6.1.3 栽后管理

1. 摘心

为了植株整齐，促使分枝，常采用摘心的方法以满足人们的需求。如万寿菊、波斯菊生长期长，为了控制高度，于生长初期摘心。需要摘心的种类如五色苋、三色堇、金鱼草、石竹、金盏菊、霞草、柳穿鱼、高雪轮、千日红、百日草、银边翠等。摘心还有延迟花期的作用。

2. 抹芽

为了促使植株的高生长，减少花朵的数目，使营养供给顶花，摘除侧芽称为抹芽。

3. 支柱与绑扎

一、二年生花卉中有些株形高大，上部枝叶花朵过于沉重，尤其遇风易倒伏，还有些藤本植物均需进行支柱与绑扎才利于观赏。支柱与绑扎一般有三种方式：

（1）用竹竿或芦苇支撑株高花大的花卉，如尾穗苋、蜀葵、重瓣向日葵、孔雀草等。

（2）藤本植物于播种或种子萌发后，在栽植床上放置木本植物的枝丫，让花卉长大攀缘其上，并将其覆盖。

（3）在高大花卉的周围四角插立支柱，并用绳索联系起来以扶持。

4. 剪除残花与花莛

对于连续开花的花卉，如一串红、金鱼草、石竹类等，花后应及时摘除残花剪除花莛，不使结实，同时加强水肥管理，以保持植株生长健壮，继续花开繁密，花大色艳，同时还有延长花期的作用。

8.6.2 多年生宿根花卉的栽植及养护

多年生花卉育苗地的整地、做床、间苗、移植管理与一、二年生草花基本相同。

宿根花卉植株生长健壮，与一、二年生花卉相比，根系强大，有不同粗壮程度的主根、侧根和须根，并且主根、侧根可存活多年。

1. 土壤选择

栽植宿根花卉应选择排水良好的土壤，一般幼苗期喜腐殖质丰富的土壤，在第二年后则以黏质土壤为佳。

2. 花苗选择

园林应用的宿根花卉一般是花圃中育出的成苗。

3. 整地、施肥

栽植前，栽植地的整地深度应达 30～40cm，甚至 40～50cm，并应施入大量的有机肥，以长时期维持良好的土壤结构。

4. 种植密度与株行距

由于一次栽种后生长年限较大，植株在原地不断扩大占地面积，因此，要根据花卉的生长特点，设计合理密度和种植年限。株行距根据园林布置设计中的目的和观赏时期确定。如鸢尾株行距为 30cm×50cm，2～3 年分株移植一次。

5. 栽后管理

定植初期加强灌溉，定植后的其他管理比较简单。为使其生长茂盛、花多、花大，最好在春季新芽抽出时追施肥料，花前和花后再各追肥一次。秋季叶枯时，可在植株四周施腐熟的厩肥或堆肥。

8.6.3 球根花卉的栽培及养护

球根花卉的地下部分具肥大的变态根或变态茎。植物学上称球茎（唐菖蒲、香雪兰等）、块茎（大岩桐、马蹄莲等）、鳞茎（水仙、风信子、郁金香、百合等）、块根（大丽花、花毛茛等）、根茎（美人蕉、鸢尾、荷花等），园林植物生产中总称为球根。

1. 整地

球根花卉对整地、施肥、松土的要求较宿根花卉高，特别对土壤的疏松度及耕作层的厚度要求较高。因此，栽培球根花卉的土壤应适当深耕（30~40cm，甚至40~50cm），并通过施用有机肥料、掺和其他基质材料，以改善土壤结构。

2. 施肥

栽培球根花卉施用的有机肥必须充分腐熟，否则会导致球根腐烂。磷肥对球根的充实及开花极为重要，钾肥需要量中等，氮肥不宜多施。我国南方及东北等地区土壤呈酸性反应，需施入适量的石灰加以中和。

3. 栽植

（1）栽植方法。

球根较大或数量较少时，可进行穴栽；球小而量多时，可开沟栽植。如果需要在栽植穴或沟中施基肥，要适当加大穴或沟的深度，撒入基肥后覆盖一层园土，然后栽植球根。

（2）栽植深度。

球根栽植的深度因土质、栽植目的及种类不同而有差异。

黏质土壤宜浅些，疏松土壤可深些；为繁殖子球或每年都挖出来采收的宜浅，需开花多、花朵大的或准备多年采收的可深些。

栽植深度一般为球高的3倍。但晚香玉及葱兰以覆土到球根顶部为宜，朱顶红需要将球根的1/4~1/3露出土面，百合类中的多数种类要求栽植深度为球高的4倍以上。

（3）栽植株行距。

栽植的株行距依球根种类及植株体量大小而异，如大丽花为60~100cm，风信子、水仙为20~30cm，葱兰、番红花等仅为5~8cm。

4. 栽后水肥管理

生长期应供给充足的水分，休眠期原则上不要浇水，夏秋季节休眠的只有在土壤过分干燥时给予少量水分，防止球根干缩即可。

施肥的原则略同于浇水，一般旺盛生长季节定期施肥。

（1）应注意观花类球根花卉应多施磷钾肥，可保证花大色艳而花莛挺直。

（2）观叶类的球根植物应保证氮肥的供应，同时也要注意不要过量，以免花叶品种美丽的色斑或条纹消失。

（3）对于喜肥的球根种类应稍多施肥料，保证植株健壮生长和开出鲜艳的花朵。

（4）休眠期则不施肥。

5. 栽培注意要点

球根花卉栽培时应注意以下几点：

（1）球根栽植时应分离侧面的小球，将其另外栽植，以免分散养分，造成开花不良。

（2）球根花卉的多数种类吸收根少而脆嫩，折断后不能再生新根，所以球根栽植后在生长期间不宜移植。

（3）球根花卉多数叶片较少，栽培时应注意保护，避免损伤，否则影响养分的合成，不利于开花和新球的成长，也影响观赏。

（4）做切花栽培时，在满足切花长度要求的前提下，剪取时应尽量多保留植株的叶片，以滋养新球。

（5）花后及时剪除残花不让结实，以减少养分的消耗，有利于新球的充实。以收获种球为主要目的的，应及时摘除花蕾。对枝叶稀少的球根花卉，应保留花梗，利用花梗的绿色部分合成养分供新球生长。

（6）开花后正是地下新球膨大充实的时期，要加强肥水管理。

8.6.4 水生花卉

水生花卉是指终年生长在水中或沼泽地中的多年生草本观赏植物。

1. 水生花卉的类型及特点

按水生花卉的生态习性及与水分的关系，可分为挺水类、浮水类、漂浮类、沉水类等。

（1）挺水类。

根扎于泥中，茎叶挺出水面，花开时离开水面，是最主要的观赏类型之一。对水的深度要求因种类不同而异，多则深达 1～2m，少则至沼泽地。属于这一类的花卉主要有荷花、千屈菜、香蒲、菖蒲、石菖蒲、水葱、水生鸢尾等。

（2）浮水类。

根生于泥中，叶片漂浮水面或略高出水面，花开时近水面，是主要的观赏类型。对水的深度要求也因种类而异，有的深达 2～3m。主要有睡莲、芡实、王莲、菱、荇菜等。

（3）漂浮类。

根系漂于水中，叶完全浮于水面，可随水漂移，在水面的位置不宜控制。属于这一类型的主要有凤眼莲、满江红、浮萍等。

（4）沉水类。

根扎于泥中，茎叶沉于水中，是净化水质或布置水下景色的素材。属于这一类的有玻璃藻、黑藻、莼菜等。

绝大多数水生花卉喜欢光照充足、通风良好的环境，但也有能耐半荫条件的，如菖蒲、石菖蒲等。水生花卉因其原产地不同对水温和气温的要求不同。其中较耐寒的如荷花、千屈菜、慈姑等，可在我国北方地区自然生长；而王莲等原产热带地区的在我国大多数地区无法露地栽培。水生花卉耐旱性弱，生长期间要求有大量水分（或有饱和水的土壤）和空气。它们的根、茎和叶内有通气组织的气腔与外界互相通气，吸收氧气以供应根系需要。

2. 栽培及养护

（1）繁殖方式。

水生花卉多采用分生繁殖，有时也采用播种繁殖。

1）分栽一般在春季进行，适应性强的种类，初夏亦可分栽。

2）水生花卉种子成熟后应立即播种，或贮在水中，以免种子干燥后易丧失发芽能力。荷花、香蒲和水生鸢尾等少数种类也可干藏。

（2）栽植土质与施肥。

栽培水生花卉的水池应具有丰富的塘泥，其中必须具有充足的腐烂有机质，并且要求土质黏重。由于水生花卉一旦定植，追肥比较困难，因此，须在栽植前施足基肥。已栽植过水生花卉的池塘一般已有腐殖质的沉积，视其肥沃程度确定是否施肥。新开挖的池塘必须在栽植前加入塘泥并施入大量的有机肥料，如堆肥、厩肥等。

（3）栽植与管理。

各种水生花卉，因其对温度的要求不同而采取不同的栽植和管理措施。

1）耐寒的水生花卉直接栽在深浅合适的水边和池中，冬季不需保护。休眠期间对水的深浅要求不严。

2）半耐寒的水生花卉栽在池中时，应在初冬结冰前提高水位，使根丛位于冰冻层以下，即可安全越冬。少量栽植时，也可掘起贮藏。或春季用缸栽植，沉入池中，秋未连缸取出，倒出积水。冬天保持缸中土壤不干，放在没有冰冻的地方即可。

3）不耐寒的种类通常都盆栽，沉到池中，也可直接栽到池中，秋冬掘出贮藏。

有地下根茎的水生花卉一旦在池塘中栽植时间较长，便会四处扩散，以致影响景观效果。因此，一般在池塘内需建种植池，以保证其不四处蔓延。漂浮类水生花卉常随风而动，因根据当地情况确定是否种植，种植之后是否固定位置。如需固定，可加拦网。

8.6.5 仙人掌及多浆植物的栽培及养护

1. 种类及生长习性

（1）种类。

仙人掌及多浆植物在植物学分类上分别属于 50 个不同的科，集中分布在仙人掌科、大戟科、番杏科、萝藦科、景天科、龙舌兰科、百合科、菊科 8 个科。这一类植物的种类繁多，如仙人掌、昙花、令箭荷花、宝石花等。

多数仙人掌类植物原产美洲。从产地生态环境类型上区分，可分为沙漠仙人掌和丛林仙人掌两类，目前室内栽培的种类绝大多数原产沙漠，如金琥。少数种类来自热带丛林，如蟹爪。

（2）生长习性。

沙漠仙人掌类和原产沙漠的多浆植物喜欢充足的阳光。在生长旺盛的春季和夏季应特别注意给予充足的光照。若光线不足会使植物体颜色变浅，株形非正常伸长而细弱。丛林仙人掌喜半荫环境，以散射光为宜。

多浆植物幼苗较成株所需光照较少，幼苗在生出健壮的刺以前，应避免全光照射。

多数仙人掌类和多浆植物生长最适温度在 20～30℃。沙漠仙人掌在生长期间保持 15℃左右的昼夜温差，有利于植物的生长。沙漠仙人掌通常 5℃以上能安全越冬，丛林仙人掌和一些多浆植物越冬温度以 12℃以上为宜。

2. 栽培及养护

（1）栽植基质。

沙漠地区的土壤多由砂与石砾组成，有极好的排水、通气性能，同时土壤的氮及有机质含量也很低。因此用完全不含有机质的矿物基质，如矿渣、花岗岩碎砾、碎砖屑等栽培沙漠型多浆植物，其结果和用传统的人工混合园艺基质一样非常成功，矿物基质颗粒的直径以 2～16mm 为宜。

基质的 pH 值很重要，一般以 pH 值在 5.5～6.9 最适宜，pH 值不要超过 7.0，某些仙人掌在 pH 值超过 7.2 时，很快失绿或死亡。

附生型多浆植物的基质也需要有良好的排水、透气性能；但需含丰富的有机质并常保持湿润才有利于生长。

（2）水分管理。

多浆植物大都有生长期与休眠期交替的节律。

1）休眠期中需水很少，甚至整个休眠期中可完全不浇水，保持土壤干燥能更安全越冬。

2）植株在旺盛生长期要严格而有规律地给予充足的水分，原则上一周应浇 1～2 次水，两次浇水之间应注意上次浇水后基质完全干燥再浇第二次水，不要让基质总是保持湿润状态。丛林仙人掌则应浇水稍勤一些。

3）多毛及植株顶端凹入的种类，浇水时不要从上部浇下，应靠近植株基部直接浇入基质为宜，以免造成植株腐烂。

4）植株根部不能积水，以免造成烂根。

5）水质对多浆植物很重要，忌用硬水及碱性水。水质最好先测定，pH 值超过 7.0 时应先人工酸化，使其降至 5.5～6.9。

6）欲使植株快速生长，生长期中可每隔 1～2 周施液肥一次，肥料宜淡，总浓度以 0.05%～0.2% 为宜，施肥时不沾在茎、叶上。休眠期不施肥，要求保持植株小巧的也应控制肥水。附生型要求较高的氮肥。

7）多浆植物原产于空气新鲜流通的开阔地带。在高温、高湿下，若空气不流通对生长不利，易生病虫害甚至腐烂。

8.6.6 花坛种植及养护

8.6.6.1 平面花坛的种植

1. 平面花坛的种植方式

平面花坛有三种种植方式：

（1）将已到初花期的容器花卉（花盆、花钵、花箱）组合在一起，构成各种平面的花卉图案。这种方式施工相对简单，工期短，但前期栽植、运输成本较高，后续管理要精细，特别是水肥的管理，和花圃里管理无太大差别。

（2）将已到初花期的容器花卉栽植到花坛的种植床的土壤中。这种方式前期栽植和运输成本高，施工相对复杂，但后续管理相对简易，观赏期较长，适用于绿地上布置的花坛和展期较长的花坛。

（3）在花坛的种植床上播种、种植球根或花卉小苗。这种方式最省成本，观赏期可从小苗开始，看着它慢慢长大和天天变化，不只是追求花卉最后的辉煌。缺点是花期不易控制，易受花坛所处环境的影响。

2. 平面花坛种植

（1）整地。

栽植花卉的土壤必须深厚、肥沃、疏松。所以栽植花坛植物前，一定要先整地。

1）将土壤深翻 40～50cm，挑出草根、石头及其他杂物，如土质差，则应全都换成好土。

2）同时宜结合施用经充分腐熟的有机肥料作为基肥。

3）必要时还要做土壤蒸熏消毒处理。

4）为便于观赏和有利排水，花坛用地应处理成一定的坡度。

（2）定点、放线。

栽植前，按照设计图纸，先在地面上准确地划出花坛位置和范围的轮廓线。对于不同类型的平面花坛，可采用不同的放线方法：

1）图案简单的规划式花坛：根据设计图纸，直接用皮尺量好实际距离，并用灰点、灰线做出明显标记。

2）面积较大的花坛：可用方格法放线，即在设计图纸上画好方格，按比例相应地放大到地面上即可。

3）模纹花坛：要求图案、线条准确无误，故对放线要求极为严格，可以用较粗的铅丝，按设计图纸的式样，编好图案轮廓模型，检查无误后，在花坛地面上轻轻压出清楚的线条痕迹。

（3）栽植

1）平面花坛的施工顺序：整地→定点放线→栽植，其栽植的顺序是：① 单个的独立花坛，应由中心向外的顺序退栽；② 一面坡式的花坛应由上向下栽；③ 高低不同种的花苗混栽的，应先栽高的，后栽低矮的；④ 宿根、球根花卉与一、二年生花卉混栽的，应先栽宿根花卉（或球根花卉），后栽一、二年生花卉；⑤ 模纹式花坛，应先栽好图案的各轮廓线，然后栽内部填充部分；⑥ 大型花坛，分区、分块栽植。

2）花苗的栽植间距：以植株的高低、分蘖的多少、冠丛的大小而定，以栽后不露地面为原则，栽植尚未长成小苗的，应留出适当的空间。模纹式花坛，植株间距应适当小些。规则式的花坛，花卉植株间最好错开栽成梅花状（或叫三角形栽植）排列。

3）栽植深度：一般栽植深度以所埋之土刚好与根茎处相齐为最好。球根类花卉的栽植深度，应更加严格掌握，一般复土厚度应为球根高度的1～2倍。

4）栽后管理：栽好后及时灌水。

8.6.6.2　立体花坛的种植

所谓立体花坛，就是用砖、木、金属或其他材料作结构，将花坛的外形布置成有一定高度的立体的花瓶、花篮及鸟、兽、建筑物等各种形状。有时候除栽植花卉外，配置一些有故事内容的工艺美术品所构成的花坛，也属于立体花坛。

1. 结构造型

立体花坛一般都有一个或数个特定的立体外形。为使外形能较长时间的固定，就必须有牢固的结构。

外形结构的制作方法是多样的：

（1）可以根据花坛设计图，先用砖木、金属等骨架材料堆砌或焊接出外形，外形的最外一层是花卉植物的土壤固定层，再用特殊的包装将特制的泥土固定，然后把各种花卉按设计要求小心种上去。

（2）也有的是把花卉用容器栽培到接近开花时，将花卉的土球取出，用网状的透气透水的包装包好，再安放到花坛上去。

（3）大型或较高的立体花坛，在造型的内部结构中，还要考虑花坛砌作完以后从内部为花卉自动喷雾、浇水等设备。

2. 栽植

（1）有土壤固定层的立体花坛。

所栽植的花卉小苗从土壤包装层的缝隙中插进去：

1）插入之前，先用铁钎钻一个小孔，插入时注意苗根要舒展，然后用土填严，并用手压实。

2）栽植的顺序一般应由下部开始，顺序向上栽植。

3）栽植密度应稍大一些，为避免植株（茎的背地性所引起的）向上弯曲生长现象，应及时修剪，并经常整理外形。

（2）用容器把花卉种到开花前再布置的立体花坛。

采取包装土球或用特制的组合花坛的花钵来砌作。砌作要小心细致，既要保证满足花坛设计的艺术效果，又要不损伤花卉，使立体花坛有漂亮和持久的艺术效果。

（3）栽后浇水。

立体花坛布置好后，每天都应喷水两次；天气炎热、干旱时，应适当增多喷水的次数。喷水最好呈雾状，避免冲刷。

8.6.6.3 花坛种植后的养护管理

1. 浇水

花苗栽好后，在生长过程中要不断浇水，以补充土中水分不足。

浇水的时间、次数、灌水量则应根据气候条件及季节的变化灵活掌握。如有条件还应喷水，特别是对模纹式花坛、立体花坛，要经常进行叶面喷水。

喷水时还需注意以下几方面的问题：

（1）每天浇水时间，一般应安排在上午10时前或下午4时以后。如果一天只浇一次，则应安排傍晚前后为宜；忌在中午、气温正高、阳光直射的时间浇水。

（2）每次浇水量要适度，若浇水量过大，土壤经常过湿，会造成花根腐烂。

（3）浇水时应控制流量，不可太猛，避免冲刷土壤。

2. 施肥

草花所需要的肥料，主要依靠整地时所施入的基肥。在定植的生长过程中，也可根据需要，进行几次追肥。追肥时，千万注意不要污染花、叶，施肥后应及时浇水。不可使用未经充分腐熟的有机肥料，以免产生烧根现象。

3. 修剪与除杂

修剪可控制花苗的植株高度，促使茎部分蘖，保证花丛茂密、健壮以及保持花坛整洁、美观。

（1）一般草花花坛，在开花时期每周剪除残花2～3次。

（2）模纹花坛应经常修剪，保持图案明显，整齐。

（3）对花坛中的球根类花卉，开花后应及时剪去花梗，消除枯枝残叶，这样可促使子球发育良好。

（4）花坛内的杂草与花苗争肥、争水，既妨碍花苗的生长，又影响观瞻，所以，发现杂草就要及时清除。

（5）为了保持土壤疏松，有利于花苗生长，还应经常松土。

（6）及时清除杂草及残花、败叶。

4. 立支柱

生长高大以及花朵较大的植株，为防止倒伏、折断，应设立支柱。

将花茎轻轻绑在支柱上，支柱的材料可用细竹竿。有些花朵多而大的植株，除立支柱外，还可用铅丝编成花盘将花朵托住。支柱和花盘都不可影响花坛的观瞻，最好涂以绿色。

5. 防治病虫害

花苗生长过程中，要注意及时防止地上和地下的病虫害，由于草花植株娇嫩，所施用的农药要掌握适当的浓度，避免发生药害。

6. 补植与更换花苗

花坛内如果有缺苗现象，应及时补植，以保持花坛内的花苗完美无缺。补植花苗的品种、规格都应和花坛内的花苗一致。

由于草花生长期短，为了保持花坛经常性的观赏效果，需经常做好更换花苗的工作。

8.7 草坪建植技术

8.7.1 草坪的分类

（1）按用途，可分为：游憩草坪、观赏草坪、运动草坪、防护草坪、环保草坪。

（2）按植物的组合，可分为：纯种草坪、混合草坪、缀花草坪。

（3）按草坪和树木的组合，可分为：空旷草坪、稀树草坪、疏林草坪、林下草坪。

（4）按规划形式，可分为：自然式草坪、规则式草坪。

（5）按气候适应性，可分为：暖地型草坪（如狗牙根、结缕草、地毯草、假俭草等）、冷地型草坪（如早熟禾、高羊茅、剪股颖、黑麦草等）。

8.7.2 草坪建植前的准备

8.7.2.1 坪址环境调查

新建草坪所在地的环境决定了场地准备的工作内容和工作方法。

1. 气象环境

气象环境对草坪场地准备的影响主要是降雨量。降水量多且集中的地区，排水设施应放在首位；降水量少的干旱地区，灌水系统则更重要。

2. 地形环境

地形因素对场地准备的影响是场地准备要考虑的主要因子之一。地形决定大面积的地表排水状况，与周边排水系统的高差。处于低洼地带应回填土，避免场地积水。

3. 土壤环境

土层越厚越有利于草坪建植和生长。一般来说，有灌溉条件的地方，一般具有30cm的土层就能满足草坪的生长，其中表土层的厚度应不少于10cm。土层调查时应注意观察表土层、心土层的土壤结构，表土层以团粒结构为好。同时要检测土壤的质地、通透性、有机质与腐殖质的含量、土壤酸碱度等。根据土壤理化性状的检测来确定是否需要进行土壤改良。

另外，对土壤中的石砾、建筑垃圾等的有无、数量、分布状况也必须要进行调查，以便确定是利用、改良还是清除。

4. 水文环境

建坪地面积不大的，只需调查土壤含水量、地下水位的季节性变化以及灌溉水源的水质与水量就基本能满足需要了。若是大型草坪，如高尔夫球场，水况比较复杂，可能内含溪流、水塘、河流、水库等，这时就应该对这些水况进行水位、流量、集水面、分水线等的调查。

8.7.2.2 基础整地

1. 利用坪址原土壤的基础整地

（1）木本植物的清理。

根据设计的要求，确定植物去留方案。去除树木一定要做到连根去除，因为若单清除地表部分，所留根系影响草坪的建植，而且以后腐烂后易形成凹坑，同时也会造成病菌的发生。

（2）岩石、建筑垃圾的清理。

岩石应根据设计分清保留作布景还是清除。

1）块石或移走，或深埋，深埋深度不宜浅于 50cm。

2）粉末状的建筑垃圾，如果不会导致土壤性状发生大幅度改变的可以保留，进行分撒或翻埋。

3）石灰常会引起土壤变碱，若原有土壤为酸性土，可将石灰分撒，重新平整，以中和土壤酸性；若为非酸性土，应该加以清除。

（3）地形地貌的处理。

根据设计要求进行地形地貌整理，或削高，或填洼，或堆山，或挖塘。根据经验，进行整理时应注意以下几点：

1）地形地貌整理，必须在建坪之前及早完成，以便在今后能处理地形地貌整理后的各种遗留问题。

2）尽量保留表土层，具体操作是，地形地貌整理时先剥离表土，单独存放，当地形地貌整理完毕后，先平整心土，再将表土复位。

3）回填土方时，应回填一层压实一层。一般是回填 10～20cm 后压实，然后继续回填，再压实，直至达到设计标高。需要注意的是，最后一层由于需种植草坪，不宜压得过实，以免土壤过于板结，影响草坪草生长。

4）坪址内的各种地形，尤其是溪、塘、池等水源，应尽可能保留，一是可以供排、灌、蓄水，二是可以增加景观的丰富性。

（4）清除杂草。

在草坪建植之前应综合应用各种杂草清除技术，尽量使土内的杂草种子、营养繁殖体萌发，加以清除，并反复进行多次。

1）耕作除草：当杂草萌发成小草时，犁翻，耙平，翻埋杂草，反复多次，既清除了杂草，又有助于土壤风化与培肥。

2）化学除草：通常应用高效、低毒、残效期短的灭生性或广谱性除草剂，如草甘膦等，按常规技术防除。但白茅等，还是用茅草枯为好。

3）生物除草：利用绿肥、先锋草（如黑麦草、高羊茅等）生长迅速、能快速形成地面覆盖层的特点，抑制杂草生长。此外，也可用芸薹属植物，芸薹属植物能分泌甲基硫氰酸化合物（MIT），对杂草种子有一定的杀死或抑制作用。

4）杂草综合防治：由于任何一类除草技术均有一定的局限性，再加上杂草种类繁多，生长发育特性不一，因此，单用一种方法难以取得良好的效果。在建立草坪过程中，交替进行生物、耕作除草，或化学除草，或耕作与化学除草并施，即综合应用耕作、化学、生物除草技术，可取得极好的效果。

由于杂草具有季相变化，一般情况下，清除期以一年较为理想，同时在清除杂草过程中，应尽量防止新的杂草侵入。

（5）土壤改良。

土壤改良的目的在于提高土壤肥力，保证草坪草正常生长发育所需的土壤环境，为今后养护管理过程中降低管理成本打下基础。

常见的土壤改良项目有以下几项：

1）调节土壤酸碱度。

一般情况下，草坪草在微酸－中性－微碱性的土壤中生长良好。若土壤偏酸（pH 值在 5.5 及其以下范围）、偏碱（pH 值在 8.0 以上），则应改良以下几方面：① 施用石灰石粉、熟石灰、煤渣灰等可改良酸性土，施用硫磺、石膏粉等可改良盐碱土；② 若土壤过酸（pH 值在 4.5 或以下）过碱（pH 值在 8.5 以上），除改良土壤酸碱度外，需注意选择耐酸或耐碱的草坪草进行栽培；③ 中和土壤酸度最常用的是石灰石粉（$CaCO_3$），在草坪建植之前，施于土壤中，结合耕翻搅拌。

2）土壤质地改良。

一般情况下，草坪草最适宜的是壤土。但若土壤过砂或过黏，只要经济条件许可，都应进行改良。

改良办法是黏土掺砂，砂土掺黏，或因地制宜掺入经过处理的垃圾、煤渣等，把过黏或过砂的土壤改变成壤土（黏壤土至砂壤土范围）。

3）提高土壤有机质。

增加土壤有机质对改善土壤结构来说，是一项有效且长期的措施。在建植草坪前，使用有机肥料，或者种植绿肥和先锋草，然后埋青，这是增加土壤有机质的有效办法。在基础整地时应根据经济实力，尽量施足有机肥料。

（6）土壤消毒。

土壤消毒的目的在于杀灭土壤内病菌、害虫等有害动物以及杂草种子，大幅度减少草坪建植与养护过程中病、虫、草害。常用的方法有两种：

1）喷雾法。

这是最常用的方法。将棉隆（必速灭）、克百威（呋喃丹、大扶农）等作土壤喷雾处理，在条件许可的情况下，喷雾后覆盖塑料薄膜。施药 3 周后，可建植草坪。

2）熏蒸法。

熏蒸法是将高挥发性的农药施入土壤中，常用的熏蒸剂有硫酰氟（熏灭净）、溴甲烷、氯化苦等。熏蒸前必须先将土壤深耕，以利熏蒸剂的蒸气渗入。土壤需一定的湿度，同时土温不低于 32℃。具体操作包括：① 用具有自动铺膜装置的土壤熏蒸专用设备或用人工支起离地面 30cm 高的薄膜帐，用土密封薄膜边缘；② 将熏蒸剂放入薄膜下的蒸发皿中，熏蒸剂气化渗入土中，杀灭有害生物；③ 最后，经 24～48h 后揭膜，再过 2d，即可播种。

熏蒸法效果较好，但成本较高。在熏蒸过程中，注意不要泄露，以免引起危害。

（7）坪地翻耕。

翻耕包括深翻、旋耕等操作过程，宜在适宜的土壤湿度下进行，具体标准为用手将土捏成团，抛到地上即散开时为宜。

1）深翻是用有壁犁深翻土地 20～25cm，通过深翻可使土壤翻转、松碎和混合，可将表土和植物残体翻入土壤深部。

2）犁过的地应进行耱，以破碎土块，改善土壤的团粒结构，使坪床形成平整的表面。

3）耙地可在犁地后立即进行，也可在犁地后过一段时间后进行。

2. 换土

当坪址原有土壤不能满足草坪建植需要时，必须进行换土。

（1）为节省工作量，应尽可能就近取土。

（2）为充分满足草坪草生长需要，可根据草坪的生长特点，在条件许可的情况下，根据设计方案，分批分层将各种改良原料、肥料与土壤按比例平摊于场地上，用拖拉机旋耕拌匀。

（3）换土在具有灌溉的条件下，至少应在 30cm 以上。

（4）回填换土时，每次回填约 10cm 时，自下而上，分别用大于等于 12t、8t、2t 的滚压机滚压。压实的标志是土表没有轮印。

（5）回填土应存放一定量的土壤，待回填土充分沉实后，修补土面，保证土表平整。

8.7.2.3 排灌系统的配置

面积不大的小型草坪一般可不考虑排灌系统，而大面积的草坪则必须考虑适当的排灌系统。排灌系统的设置和安装一般在场地的整理之后、整平之前进行。

1. 灌溉系统

灌溉有漫灌、浇灌、喷灌与渗灌等几种方式，各有优缺点。目前草坪工程中使用较多的是喷灌方式。

根据所选草坪草种、草坪的建植目的、对灌溉的要求以及经济实力，确定灌溉系统方式。如作为正规比赛用的足球场，最好选用移动式喷灌；高尔夫球场可选用固定式喷灌，也可用移动式喷灌系统；对于充分适应建坪当地的乡土草种，管理比较粗放而经济实力较为欠缺时，可以不建立灌溉系统；也可利用自然水源，用农用可移式喷灌机或小水泵，必要时轮流喷灌、浇灌或漫灌。

2. 排水系统

草坪地排水以地表径流排水为主，占总排水量的 70%～95%。排水良好的草坪地，可在雨后 1d 内将重力水排除或基本排除。

（1）地表径流排水。

地表径流排水首先要做好草坪地面，做到平整，没有坑洼，而且还要有一定的坡度，若能达到要求，基本上可以做到径流排水畅通无阻，今后随着时间的推移，可能会发生地面破坏，此时应及时修复。其次，土壤应具有良好的结构性，由砂壤、粉砂壤和黏土组成的土壤，对于地表径流排水来说是比较理想的。

（2）明沟排水。

由于草坪主要以地表径流排水为主，故需要一定量的明沟来进行排水。明沟的设置既要保证排水的需要，又不能破坏草坪景观，因此在设置上应注意灵活性。很多地方利用地形起伏的条件，把小路建于谷底、坡缘等低洼处，小路兼作排水明沟，一举两得，节省成本。

（3）暗沟排水。

暗沟主要用来排除多余的地下水，控制地下水位，在盐碱地还可以预防返盐、返碱。在无地下水渍害，或者非盐碱地地区，无须安排暗沟。

暗沟排水系统所排的水主要来自土壤重力水，即土壤渗透水。因此，暗沟排水的好坏与上层土壤的通透性密切相关。在设置暗沟排水系统时尽可能改良土壤的质地和结构，使土壤具有良好的通透性能。当条件许可时，可在暗沟上方垂直布置砂槽，砂槽一般宽 6～8m，深

25～35cm，间距为 60cm。暗沟排水系统可以用瓦管、陶管、水泥管、U-PVC 管建立，目前采用较多的是 U-PVC 管。

8.7.2.4 地面平整

地面平整是基础整地、灌排水系统安排后的一道工序。地面的平整度与草坪的景观密切相关。

平整的标准是达到"平、细、实"，即坪面平整，土块细碎、上虚下实。将地块整成光滑的地表，为种植草坪作准备。

（1）平整时除了地形设计的起伏和应保留的坡度外，其余都应平整一致。

（2）将较大的土垡细碎，并进一步捡除杂物。

（3）小面积时人工平整是理想的方法，常用工具为搂耙，来回梳理；大面积的则需借助专用设备，包括刮平机械、板条大耙等。

8.7.3 草坪的建植

草坪建植方法通常有两种：种子繁殖法和营养繁殖法。

8.7.3.1 种子繁殖法

种子繁殖法又可分为种子直播法、植生带建植法、喷播法等。大多数冷季型草坪草用种子直播法建坪，暖季型草坪草中的假俭草、地毯草、野牛草、普通狗牙根和结缕草也可以用种子直播法建坪。

1. 种子直播建植法

将草坪草种子直接播种于待建草坪地内，种子萌发，经过生长发育，形成幼苗、植株，最后形成草坪的过程。高速公路边坡和高尔夫球场的草坪多用此法。

（1）播种时期。

草坪草的播种时间，因生态环境和草坪草品种的不同而有差异。一般华东、华中、华南等较温暖的地区，3～11 月均可播种；东北西北地区，冷季型草坪草的播种期在 3 月下旬或 4 月上旬～10 月上旬。

实践中，冷季型草坪草最适宜的播种时期是夏末秋初。此时地温较高，有利于种子发芽，冷季型草坪草发芽迅速，只要水肥条件良好，幼苗就能旺盛生长。同时，播后立即进入秋季，低温可抑制部分杂草的生长，来年经过春季的生长后可大大提高越夏的能力。但不能播种过迟，以免因气温过低，而影响种子的发芽、生长，降低越冬能力。

暖季型草坪草最适生长温度大大高于冷季型草坪草，因此以春末夏初播种较好，此时播种可以满足草坪草所需要的温度和生长时间。

（2）播种方法。

草坪草播种是把种子均匀地撒在坪床上，并使种子混入 0.5～1.5cm 的表土层中，或覆土 0.5～1.0cm。播种后可轻压，可加振动，以保证种子与土壤紧密结合。一般播种深度以不超过种子长径的 3 倍为准。播种多采用播种机或人工撒播的办法。

1）人工撒播。

大致可按下列程序操作：① 把建坪地划分成若干块或条；② 把种子相应地分成若干份；③ 将种子均匀地撒在相应的地块或条中，若种子过于细小，可以掺和细砂或细土后分 2～3 次横向、纵向均匀撒播；④ 用细齿耙轻搂或竹丝扫帚轻拍，使种子浅浅地混入表土层，若覆土，所用细土要分成相应的若干份撒盖在种子上；⑤ 轻度镇压，使种子与土壤紧密接触，注意此时土壤不能过于潮湿，以免受压后地面板实；⑥浇水，必须用雾状喷头，以避免种子冲刷。

2）机械播种。

在草坪建植时，使用机械播种可大大提高工作效率。常用播种机根据动力类型可分为手摇式播种机、手推式播种机和自行式播种机；根据种子下落方式可分为旋转式播种机和下落式播种机。经过校正的施肥器可用于小面积草坪定量播种。

播种后应及时喷水，水点要细密、均匀，从上向下慢慢浸透地面，并经常保持土壤湿润，喷水不间断，表土不干燥，约经一个多月便可形成草坪。

2. 植生带建植法

植生带是用特殊的工艺把草坪种子均匀地撒在两层无纺材料或其他材料中间而形成的布匹状的种子带，将土地整理和整平后，把植生带平铺上去，然后浇水，很快就能发芽、成坪。

3. 喷播法

喷播法是以水和浆为载体，把草坪种子、纸浆或土壤、肥料、粘合剂等混合在一起，然后通过专用的喷播设备把混合浆均匀地喷到地表的一种新的草坪建植方法。

喷播法需要的设备主要由搅拌机、喷射器、原料罐和运输车组成。目前市场上的设备有HD6003、HD9003、HD12003 和 TL30、TL90、T90、T120 等型号。

喷播法的关键是草浆的配制：

（1）草浆要求无毒、无害、无污染、黏性好、养分丰富。

（2）喷到地面能形成一定时间的耐水膜，成坪前不易被雨水和浇水冲掉。

（3）喷播时水泵将浆液压入软管，从喷头喷出。

（4）操作人员要熟练地掌握将草浆均匀、连续地喷到地面的技术。

（5）每罐喷完时，应及时加入 1/4 的水，并循环空转，防止纤维等物质沉积在管道和水泵中。

8.7.3.2　营养繁殖建植草坪

营养繁殖法又可分为直接铺植法、栽植法、播茎法等。

1. 铺植法

铺植法是我国各地最常用的建植草坪的方法。

（1）满铺法（密铺法）。

满铺是将草皮或草毯铺在整好的地上，将地面完全覆盖，常称"瞬时草坪"，常用来建植急用草坪或修补损坏的草坪。可采用人工或机械铺设。

用人工或小型铲草皮机按一定规格将草皮起出运至铺设地采用人工铺植。

1）起草皮：草皮块一般为 30cm×30cm 的方块状，使用薄形平板状的钢质铲，先向下垂直切 3cm 深，然后再用铲横切。

2）装运：草块厚度约 3cm，均匀一致，相叠缚扎装运。草块运至铺设场地后应立即铺栽。

3）压平场地：铺前场地再次拉平，再压平 1～2 次，以免铺后出现不平整或者积水等不良现象。

4）铺植：从场地边缘开始铺，草皮块之间保留 0.5～1cm 的间隙，主要是防止草皮块在搬运途中干缩，浇水浸泡后，边缘出现膨大而凸起或造成边缘重叠。第二行的草皮与第一行要错开，就像砌砖一样。为了避免人踩在新铺的草皮上造成土壤凹陷、留下脚印，可在草皮上放置一块木板，人站在木板上工作。

5）滚压、浇水：铺植后通过滚压使草皮与土壤紧密接触，易于生根，然后浇透水。2~3d后再滚压，使块与块之间平整。也可浇水后，立即用锄头或耙轻拍镇压，之后再浇水，把草叶冲洗干净，以利光合作用。新铺植的块状草坪仅滚压一两次不易压平，以后每隔一周浇水滚压一次，直到草坪完全平整，如发现部分草块下沉不平，应掀起草块用土填平重新铺平。

如草皮一时不能用完的，应一块一块地散开平放在遮阴处，因堆积起来会使叶色变黄，必要时还需浇水。

机械铺设通常是使用大型拖拉机带动起草皮机起皮，然后自动卷皮，运到建坪场地机械化铺植，这种方法常用于面积较大的场地，如各类运动场、高尔夫球场等。

（2）间铺法。

间铺是为了节约草皮材料。用长方形草皮块以 3~6cm 间距或更大间距铺植在场地内，或用草皮块相间排列，铺植面积为总面积的 1/2。铺植时也要压紧、浇水。使用间铺法比密铺法可节约草皮 1/3~1/2，成本相应降低，但成坪时间相对较长。间铺法适用于匍匐性强的草种，如狗牙根、结缕草、剪股颖等。

2. 栽植法

栽植法也称种草法，利用草根或草茎（有分节的）直接栽植形成草坪的方法。此法操作方便，费用较低，节省损耗，管理容易，能迅速形成草坪。栽植时间自春季至秋季均可。

常用点栽和条栽两种方法：

（1）点栽。

栽植时两人为一组，一人负责分草并将杂草挑净，一人负责栽草。用花铲挖穴，深度和直径均为 5~7cm，株距 15~20cm，按梅花形将草根栽入穴内，用细土埋平，用花铲拍紧，顺势搂平地面，碾压后喷水。

（2）条栽。

栽植时先挖宽深各 5~6cm 的沟，沟间距 20~25cm，将草鞭（连根带茎）每 2~3 根一束，前后搭接埋入沟内，埋土盖严，碾压、灌水。以后要及时剔除野草。

3. 播茎法

播茎法是把草坪草的匍匐茎均匀地撒在土壤表面，然后再覆土和轻轻滚压的建坪方法。播茎法在南方地区建坪中运用较多，主要适用于具有匍匐茎的草坪草，常用的草坪草有狗牙根、结缕草、剪股颖、地毯草等。

草茎长度以带 2~3 个茎节为宜，采集后要及时进行撒播，用量为 0.5kg/m² 左右。一般在坪床土壤潮而不湿的情况下，用人工或机械把打碎的匍匐茎均匀地撒到坪床上，然后覆细土 0.5cm 左右，部分覆盖草茎，或者用圆盘犁轻轻耙过，使匍匐茎部分插入土壤中。轻轻滚压后立即喷水，保持湿润，直至匍匐茎生根。

8.8 特殊立地条件下绿化施工技术

8.8.1 屋顶绿化技术

1. 屋顶绿化的特点

屋顶绿化与大地隔离，是在完全人工化的环境中栽植树木。供屋顶绿化的土壤，不能与地下水连接，屋顶种植的植物所需水分完全依靠自然降水和人工浇灌。由于建筑荷重的限制，屋顶供种植的土层厚度较浅，有效土壤水的容量小，土壤易干燥。

（1）屋顶绿化受屋顶承载力的限制。

建造屋顶绿化首先要正确计算屋顶的承载力，合理选用基质建造花池和排水系统。由于绿化给屋顶增加了重量的负担，因此，应考虑用轻型材料如浮石、膨胀水泥、特制泡沫塑料板等做蓄水层以利于排水，从而降低绿化屋顶的荷载。

（2）土壤厚度薄，蓄水能力差。

屋顶绿化的土壤厚度较薄，一般要求 30～40cm 厚，根据栽植植物的大小，土壤局部厚度可设计成 50～100cm。由于土层较薄，有效土壤水的容量小，蓄水能力较差，易失水，因此，种植池中应选用保水、保肥、排水性能好的壤土，或用人工配制的轻型土壤，同时要使上下排水流畅，不能积水。

（3）温湿度条件差。

由于屋顶种植土层薄，热容量小，土壤温度变化幅度大，植物根部冬季易受冻害，夏季易受灼伤。因屋顶位于高处，四周相对空旷，因此风速比地面大，水分蒸发快。屋顶距地面越高，环境条件越差。

（4）造园及植物选择有一定的局限性。

因屋顶承重能力的限制，无法具备与地面完全一致的土壤环境，因此在设计时应避免地貌高差过大。在植物的选择上一般宜以草本为主，适当搭配灌木，很少使用乔木，不宜选用根系穿透性强和抗风能力弱的乔、灌木，一些适应性强、抗风、耐热、耐瘠薄的藤本或草本植物成为首选。

（5）管理费工。

屋顶绿化种植层的土壤易失水，浇灌相对频繁，因而易造成养分流失，故需常补充肥料。

2. 屋顶绿化的形式

屋顶绿化的形式主要有以下几种：

（1）地毯式。

适宜于承受力比较小的屋顶，在全部屋顶或屋顶的绝大部分，以地被、草坪或其他低矮灌木为主进行造园，构成垫状结构。土壤厚度 15～20cm，选用抗旱、抗寒力强的攀援或低矮植物，如地锦、常春藤、佛甲草、八宝景天、迎春、云南黄馨、狭叶十大功劳、红叶小檗、蔷薇、金银花、紫藤、凌霄等。

（2）群落式。

适宜于结构顶板承载力较高（一般不小于 400kg/m^2）的屋顶，土壤厚度要求 30～50cm。可选用生长缓慢或耐修剪的小乔木、灌木、地被等搭配构成立体栽植的群落，如罗汉松、红枫、紫荆、石榴、桃叶珊瑚、杜鹃、箬竹等（图 8-16a）。

（3）庭院式。

适宜于承载力大于 500kg/m^2 的屋顶，可仿建露地庭院式绿地，也就是把地面的庭院绿化建在屋顶上。除了配植立体植物群落外，还可建亭、台、浅水池、假山、小品、园路等，使屋顶空间变化多，建成有山、有水的绿地环境，但应注意承重点的查看，一般多沿周边设置，安全性较好（图 8-16b）。

（a）群落式

（b）庭院式

图 8-16　屋顶绿化

无论哪一种屋顶绿化，树种栽植时都要注意搭配，特别是群落式屋顶花园，由于屋顶载荷的限制，乔木特别是大乔木数量不能太多；小乔木和灌木树种的选择范围较大，搭配时注意树木的色彩、姿态和季相变化；藤本类以观花、观果、常绿树种为主。

3. 屋顶绿化种植床的结构

屋顶绿化的种植床结构一般分为保温隔热层、防水层、排水层、过滤层、土壤层、植物层等。种植床厚度应根据屋顶设计负荷载数值确定。

4. 屋顶绿化施工

（1）制作种植床。

在紧贴屋面顶应垫一层 3～7cm 厚的排水层，排水层一般用透水的粗颗粒材料如炉炭渣、蛭石、粗砂等平铺而成，并在其上面铺一层玻璃纤维布或塑料窗纱纱网，作为滤水层。在滤水层上就可以填入栽培基质。

栽培基质一般多采用人工配制，用壤土 1 份、多孔页岩砂土 1 份和腐殖土 1 份的混合土，也可用腐熟过的锯末或蛭石等。

（2）施肥。

要施用足够的有机肥作为基肥，必要时也可追肥，草坪应每年覆 1～2 次肥土，肥土是用壤土 1 份和腐殖土 1 份混合晒干后打碎，均匀地撒在草坪上。

（3）浇水。

给水的方式分为土下给水和土上表面给水两种。

1）一般草坪和较矮的花草可用土下管道给水，利用水位调节装置把水面控制在一定位置，利用毛细管原理保证花草水分的需要。

2）土上给水可用人工喷浇，也可用自动喷水器，平时注意土中含水量，依土壤湿度的大小决定给水的多少。

3）要特别注意土下排水必须流畅，应避免在土下局部积水，使植物受涝。

5. 屋顶绿化的养护管理

屋顶绿化的养护管理主要是定期检查构筑物的安全性，疏通排水管道，防止被枝叶、泥土等阻塞；注意防风、防倒伏。

通过修枝整形，控制植物生长过大、过密、过高。

屋顶植物施肥宜用复合型有机肥，要适时浇水以保持土壤湿润，确保植物正常生长，同时应注意检查和防治病虫害。

8.8.2　墙体垂直绿化

墙体垂直绿化是指利用藤本或其他植物材料装饰建筑物墙面及各种实体围墙表面或运用植物材料本身构造绿色墙体的绿化形式，包括在各类建筑墙面上（如外墙、内廊、屋檐、女儿墙等）的绿化和运用绿色植物形成绿墙的绿化。

1. 墙体垂直绿化的特点

（1）不占地面空间，绿视率高。

墙面空间绿化不同于地面绿化和屋顶绿化，植物仅附于建筑物外立面，很少或几乎不占地面空间，虽然形式较单一，但绿化效果显著，有较高的绿视率。

（2）保温隔热，降噪除尘。

据测试，在夏季有绿墙的建筑室内温度比无绿墙的低 3～5℃，同时，攀援植物叶片上的绒毛或脉纹还可吸尘、反射噪声等。

（3）造价低廉，管护简便。

一般来说，由于墙面空间绿化所选用的植物具有生命力强，对土壤、水、肥等生存环境要求较低的特点，因此造价低，管理维护较简便。

2. 墙体垂直绿化的类型

墙体空间绿化根据建筑的结构形态和绿化目的等，一般有以下几种类型：

（1）吸附攀爬型。

即将爬山虎、常春藤、地锦、凌霄等吸附型的藤蔓植物栽植在墙体的附近，让藤蔓植物直接吸附墙面攀爬的绿化（图 8-17a）。由于不同植物的吸附能力有很大的差异，选择时要根据各种墙面的质地来确定，越粗糙的墙面对植物攀附越有利。

（2）缠绕攀爬型。

在墙体的前面安装网支架、格栅，使木通、南蛇藤、络石、金银花、紫藤、凌霄等卷须类、缠绕类的藤蔓植物借支架绿化墙面（图 8-17b）。支架安装可采用在墙面钻孔后用膨胀螺旋栓固定，或者预埋于墙内，或者用凿砖、打木楔、钉钉、拉铅丝等方式进行。支架形式要考虑有利于植物的攀援、人工缚扎牵引和养护管理。

（3）下垂型。

即在墙面的顶部安装种植容器（花池），种植枝蔓伸长力较强的藤蔓植物，如常春藤、金银花、牵牛、木香、迎春、凌霄、扶芳藤等，让枝蔓下垂绿化，尤其是开花、彩叶类型装饰效果更好。

（4）植物墙型。

即将灌木，如法国冬青、北海道黄杨等，栽植在墙体前面，使树横向生长，呈篱笆状贴附墙面遮掩墙体。即使没有空间也能进行绿化，所以特别适合土地狭小地区。

（5）预制装配构件式。

此方法的主要特点就是将建筑预制装配技术与植物人工栽培技术有机结合在一起，绿化墙主要由承载框架和种植模块两部分组成。常用的主要有以下三种形式：

1）骨架＋花盆式绿化。通常先紧贴墙面或离开墙面 5～10cm 搭建平行于墙面的骨架，辅以滴灌或喷灌系统，再将事先绿化好的花盆嵌入骨架空格内，其优点是对地面或山崖植物均可以选用，自动浇灌，更换植物方便，适用于临时植物花卉布景（图 8-17c）。

2）模块化墙体绿化。建造工艺与骨架＋花盆绿化类同，但改善之处是花盆变成了方块形、菱形等几何模块，这些模块组合更加灵活方便，模块中的植物和植物图案通常须在苗圃中按客户要求预先定制好，经过数月的栽培养护后再运往现场进行安装（图 8-17d）。

3）铺贴式墙体绿化。铺贴式墙体绿化无需在墙面加设骨架，是通过工厂工业化生产，将平面浇灌系统、墙体种植袋复合在一层 1.5mm 厚的高强度防水膜上，形成一个墙面种植平面系统，在现场直接将该系统固定在墙面上，并且固定点采用特殊的防水紧固件处理，防水膜除了承担整个墙面系统的重量外，还同时对被覆盖的墙面起到防水的作用，植物可以在苗圃预制，也可以现场种植。

其他栽植措施与一般苗木的栽植规范和技术相同。

（a）吸附攀爬型 （b）缠绕攀爬型

（c）预制装配构件式（骨架＋花盆式） （d）预制装配构件式（模块化）

图 8-17 墙体垂直绿化

8.8.3 无土岩石坡面绿化

1. 无土岩石立地类型及绿化特点

常见的无土岩石立地的类型主要有：在山地上建房、筑路、架桥后对原立地改造形成的人工坡面；采矿后破坏表层土壤而裸露出的未风化岩石；因各种自然或人为因素导致滑坡而形成的无土岩地；以及人造的岩石园、园林叠石假山等。

这类立地大多缺乏树木生存所需的土壤或土层十分浅薄，少自然植被，难以固定树木根系，缺少树木正常生长需要的水分和养分，树木生存环境恶劣。

2. 无土岩石立地条件的改造

无土岩石的立地条件恶劣，必须要经过改造后才能栽植树木。常见的改造方法主要有以下几种：

（1）客土改良。

客土改良是无土岩石地栽植树木的最基本做法。岩石缝隙多的可在缝隙中填入客土，整体坚硬的岩石可局部打碎后再填入客土。

（2）斯特比拉纸浆喷布。

将种子、泥土、肥料、粘合剂、水放在纸浆内搅拌，通过高压泵喷洒在岩石地上。斯特比拉是一种专用纸浆，纸浆中的纤维相互交错，形成密布孔隙，具有较强的保温、保水和固定种子的作用，尤其适于无土岩石山地的荒山绿化。

（3）水泥基质喷射。

水泥基质是由固体、液体和气体组成的，具有一定强度的多孔人工材料。固体物质包括粗细不等的土壤矿质颗粒、胶结材料（低碱性水泥和河沙）、肥料和有机质以及其他混合物。基质中加入稻草秸秆等成孔材料，使固体物质直接形成形状和大小不等的空隙，空隙中充满水分和空气。

水泥基质喷射施工工序：

1）施工前先开挖、清理并平整岩石立地，钻孔、挂上由尼龙高分子材料等编制的网布；

2）然后喷射拌有种子的水泥基质，基质铺设的厚度为3～10cm；

3）萌发后转入正常养护。

水泥基质喷射技术一般只适用于小灌木或地被树种的栽植。

3. 岩石坡面绿化技术

无土岩石立地的类型多种多样，这里主要介绍岩石坡面的绿化技术。

岩石坡面绿化技术是通过铺网和喷播作业，在岩石坡面上形成一层植物生养基础，使在不毛之地的坚硬岩石边坡上种植树草的理想成为现实，适用于各种岩石边坡、碎石边、水电站、船闸及其他土木建筑物混凝土墙面的绿化，具有防止水土流失的作用。

目前，在我国大江南北的矿山复绿、高速公路边坡绿化等工程中应用较为广泛的是岩石坡面生态防护技术。岩石坡面生态防护技术是利用人工合成网等工程材料，在岩石坡面构建一个适合植物生长的功能系统，通过植物的生长活动和其他工程辅助措施进行坡面加固。

岩石坡面绿化的形式、方法是多样的，各种方法各有利弊，并分别适用不同的坡面，在特定的自然条件和经济技术条件下，应该因地制宜地选用。表8-10中列出了几种常用的坡面生态防护方法、优缺点及其应用坡面类型，以供参考。

几种常用坡面生态防护方法综合比较表8-10

种类	方法	优点	缺点	应用坡面
挂网喷播	挂网后，将泥浆状混合物喷射到坡面上	绿化效果快	需较多机械和人力，成本高	岩质边坡或坡面较陡的土石混合边坡
普通喷播	将种子、肥料、水等按一定比例混合成泥浆状喷射到坡面上	绿化效果快，覆盖度高景观效果好	需较多机械，不利植物长期生长	坡面较缓的土石混合边坡
轮胎固土	将轮胎固定在坡面上，覆客土，然后播种	方法简便，前期景观效果较好	投入高，土层较薄处植物生长受限	岩质坡面
草棒技术	固定草棒和钢丝网，拉紧，排列草棒，固定后覆土	成本较低，方法简便，生态效果好	后期防止水土流失效果不佳	有一定土壤，坡面较缓

续表

种类	方法	优点	缺点	应用坡面
草包技术	将种子播撒在两层布质或纸质无纺布中间,制成草包,装土	施工简便	易出现斑秃现象,植物种类单一	岩石边坡,坡面较陡
穴植灌木	直接挖穴,放入客土及肥料,栽种	成本低,施工方法简便易行	覆盖速度慢,后期养护成本高	土石混合,坡面较缓
植生带技术	将带有种子的植生带铺于坡面,固土护坡	方法简便,绿化效果快	植物种类单一,易退化	有一定土壤,坡面较缓
植草技术	按一定规格开挖栽植穴,进行栽植	成本较低,施工方法简便易行	覆盖度低,易退化	有一定土壤,坡面较缓
三维植被网技术	坡顶开挖暗沟;贴地展开网材,顶端固定于暗沟内,播撒草籽,填土	能有效防止水土流失,植草覆盖率较高	需较多机械,不利于植物长期生长	土石混合,坡面较缓
植草塑料固土网垫技术	网垫制作成宽1m、长30m或50m的形状,铺于坡面	效果好,节约成本	——	有一定土壤,坡面较缓
HYCEL-OH液植草护坡	将新型化工产品HYCEL-OH液与水按一定比例稀释后和草籽一起喷洒于坡面	施工简单、迅速,不需后期养护,坡面防护、绿化效果好	这些产品尚未国产化,价格较高	贫瘠的土质边坡和风化严重的岩石坡面
边坡打孔植草技术	按一定规格于坡面钻孔栽植容器苗木	抗冲刷能力强,植物成活率高	缺点是施工难度较大,作业时间相对较长	坡面硬度较大的土质和岩质边坡
土工格室植草护坡技术	在坡面上固定展开的土工格室内填充改良客土,然后在格室内植草	施工迅速、容易与环境协调、没有明显人工痕迹、对坡面有较好的稳定加固作用	目前成本优势不明显	岩石坡面,坡面较陡
砌石骨架植草护坡技术	采用砌石在坡面形成框架,结合铺草皮、三维植被网、土工格室、喷播植草、栽植苗木等方法进行防护	对边坡有较好的稳定加固作用	不仅成本较高,而且容易受冻融影响,后期损坏时维修费用也很高;从与环境的协调性来看,人工痕迹十分明显	有一定土壤,坡面较缓

2003~2004 年,宁杭高速公路建设期间,为了解决沿线挖方段较多,普遍有水土流失现象的问题,考虑实施坡面生态防护,取代以往的纯工程防护的形式。表 8-11 中列举了在该路段中使用的防护形式及选用的植物种类。

宁杭高速公路边坡防护形式及选用的植物种类　　　　　　　　　　表 8-11

生态防护形式	所用方法	选用的主要植物
挂网喷播	先将铁丝网与坡面固定,种子、肥料、土壤和水等按一定比例混合成泥浆状喷射到边坡上(图 8-18a)	马棘木蓝、狗牙根、高羊茅、黑麦草、白三叶、波斯菊、紫花苜蓿、紫穗槐、海桐、小叶女贞、云南黄馨、金钟
普通喷播	将种子、肥料、土壤和水等按一定比例混合成泥浆状喷射到边坡上	马棘木蓝、狗牙根、黑麦草、高羊茅、白三叶、波斯菊、紫花苜蓿、紫穗槐、海桐、小叶女贞、云南黄馨、金钟

生态防护形式	所用方法	选用的主要植物
草棒技术	用螺纹钢按一定间距固定草棒和钢丝网，将草棒按一定间距排列，固定后进行覆土（图 8-18b）	狗牙根、黑麦草、白三叶、波斯菊、海桐、小叶女贞、云南黄馨、金钟、美人蕉、金丝桃、黄杨、火棘
植草护坡	坡面平整后，铺植草坪	狗牙根、高羊茅
草包技术	将植物种子播撒在两层布质或纸质无纺布中间，装土制成草包（图 8-18c）	马棘木蓝、狗牙根、黑麦草、紫穗槐、海桐、小叶女贞等
藤本护坡	坡面平整后，按一定间距挖穴，栽植植物	常春藤、狗牙根、白三叶
轮胎固土	将轮胎固定在坡向上，覆客土播种（图 8-18d）	狗牙根、黑麦草、马棘木蓝、小叶女贞、紫花苜蓿、云南黄馨
穴植竹子	在坡面上挖出合适的坑穴，穴中放入固体肥料及土壤，栽种植物，然后播草种	狗牙根、高羊茅、黑麦草、淡竹、苦竹、波斯菊、凤尾竹

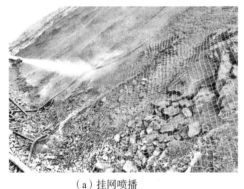

（a）挂网喷播

（b）草棒技术

（c）草包技术

（d）轮胎固土

图 8-18　岩石坡面绿化

8.8.4　盐碱地的树木栽植

大多数树木在盐碱土上生长极差甚至死亡，因此，在盐碱地进行园林绿化时既要选择一些抗盐碱性强的园林树木，如柽柳、紫穗槐、乌桕、海桐、苦楝、刺槐、白蜡、紫薇、火炬树、银芽柳、木槿、卫矛等，更要注意土壤的改造。

1. 栽培客土

利用微区改土的原理，首先将绿地内原有的盐渍化严重的土壤清理干净，然后再回填 pH 值、含盐量符合设计要求的种植土进行绿化，即"客土"绿化模式。该方式不受时间、地点限制，施工速度快。

2. 土壤改良

施用土壤改良剂可达到直接在盐碱地栽植树木的目的，如施用石膏可中和土壤中的碱，或施用盐碱改良肥，利用酸碱中和、盐类转化、置换吸附原理，既能降低土壤 pH 值，又能改良土壤结构，提高土壤肥力。

3. 客土抬高地面

客土抬高地面，相对降低了地下水位，可解决植物种植初期的成活问题。

客土抬高的理想高度是使地下水位控制在临界深度以下，这样就需要更多的种植客土，客土厚度为 1.5~2.0m，同时在盐土区域内，客土容易很快次生盐渍化而影响后期植物的生长和绿化景观效果，因此该技术仍然为一种短期行为，没有解决水盐运动的根本问题。

4. 铺设隔盐层

对盐碱度高的土壤，可采用防盐碱隔离层来控制地下水位上升，阻隔地表土壤返盐，在栽植区形成相对的局部少盐或无盐环境。

隔离层可使用炉灰渣、碎石子、卵石、麦糠、锯末、树皮、稻草等材料，隔离层铺设厚度一般为 30cm，并用土工布或塑料薄膜与周边的碱土进行隔离，防止绿地四周碱土中的盐分渗透到绿地内。土工布的底层与隔离层紧密结合，底部用碎石压住 20cm，顶部高出绿地表面约 20cm，并用石块等压紧，防止回填客土时滑落。

5. 暗管排水

排盐管的铺设一般为水平封闭式。一级管和二级管相结合，一级管的渗入水汇入二级管中，然后流入市政雨水管网排走，若雨水管道埋深较浅，不能自行排泄渗水，可在二级管的末端设强排井，定期强排。排盐管底部铺设鹅卵石、炉渣、碎石为隔离层，保证在灌溉和降雨后，重力水通过土壤的非毛细孔隙顺利向下移动，并通过水分的横向运动，降低上层土壤的含盐量，而且由于隔离作用使下层高含盐水分难以上升，避免上层土壤次生盐化现象。

第9章 园林植物造景

9.1 园林植物造景的基本形式

9.1.1 园林植物造景配置原则

每一种植物都有各自的生物学及生态学特性，在进行配置时，既要考虑满足景观造景的需要，又要认真考虑植物本身的习性。园林植物的配置是相当复杂的，涉及面广，变化多样，其配置原则如下：

9.1.1.1 生态性原则

每一种植物对其生存环境中的生态因子都有特定的要求，而环境中的生态因子对植物的影响是综合的，环境中各生态因子又相互联系和制约，如光照强度影响大气温度和地面相对湿度，而光照强度又受大气湿度、云雾的影响。在利用植物进行造景配置时，必须首先满足植物的生态要求，遵循长期进化演变形成的自然规律。

9.1.1.2 体现设计意图，满足多功能性原则

植物的配置要体现园林绿化的目的和设计意图，满足多种功能的需要。要从园林绿化的主题、立意和功能出发，从绿地的性质和功能来考虑，选择适当的树种和配置方式来表现主题，体现设计意境，满足绿地的功能要求。

9.1.1.3 景观性原则

要充分运用植物的色彩季相变化和发挥植物本身的形体美，合理地进行配置，构成优美的景观空间。植物的叶、花、果、枝以及树皮的色彩是植物配置中应着重考虑的要素。植物的色彩变化，一方面是由植物本身所具有的季相特点和形体引起的，另一方面是采用不同色彩的花木配置而形成的。植物的季相变化能够体现时空感，体现其丰富多彩、交替出现的优美季相，做到四季各有重点。

要充分利用植物千姿百态的外形，应根据实际需要选择配置的方式，来营造绿化空间。植物配置的形体变化，主要是结合地形，用乔、灌木的不同组合形式，形成虚实、疏密、高低、简繁、曲折不同的林缘线和立体轮廓线。

9.1.1.4 协调性原则

植物的配置要与绿地的总体布局形式和环境相协调。一般说来，在规则式绿地中，应多采用中心植、对植、列植、环植、篱植、花坛、花台等规则式配置方式；在自然式绿地中，则应多采用孤植、丛植、群植、林植、花丛、自然式花篱、草地等自然式配置方式；在混合型绿地中，可根据绿地局部的规划和自然程度分别采用规则式或自然式配置方式。

除了与绿地总体布局形式协调外，运用植物进行配置时还应与地形、周围的建筑物、山水、道路合理搭配，考虑其协调性，取得景观的统一性。

9.1.1.5 经济性原则

在发挥植物主要功能的前提下，植物配置要尽量降低成本，并妥善结合生产。降低成本

的途径主要有：

（1）节约并合理使用名贵树种；

（2）多采用乡土树种；

（3）尽可能用小苗；

（4）遵循适地适树的原则。

9.1.1.6 发展性原则

植物是活的有机体，随着时间的更替，在不断地生长壮大，在配置时应考虑到这种发展和变动性，获得较长期稳定的效果。如果初植过密，后期管理措施跟不上，造成植物生长不良，树冠不整，高低粗细杂乱无章，则达不到所需的效果。因此应遵循植物本身的生长规律，让城市绿地中的植物各有其生长和伸展的空间。

9.1.2 乔灌木配置的基本形式

按照植物的生态习性，运用美学原理，依其姿态、色彩、干形进行平面和立面的构图，使其具有不同形式的有机组合，构成千姿百态的美景，创造出各种引人入胜的植物景观。

9.1.2.1 孤植

孤植树也叫园景树、独赏树或标本树。在设计中多处于绿地平面的构图中心和园林空间的视觉中心而成为主景，也可起引导视线的作用，并可烘托建筑、假山或活跃水景，具有强烈的标志性、导向性和装饰作用（表9-1）。

乔灌木孤植 表 9-1

配置作用	作主景，也可作配景
配置数量	1 株
配置形式	单株配置
配置地点	多处于绿地平面的构图中心、园林空间的视觉中心，或在建筑、假山、水景旁等（图9-1）
配置要点	（1）四周要空旷，树木能够向四周伸展； （2）孤植树的四周要安排最适宜的鉴赏视距，最适视距在树高的4～6倍，设计时至少在树高4倍的水平距离内； （3）不要有其他景物阻挡视线
树种选择	（1）大中型乔木，寿命较长； （2）植株姿态优美，叶、花、果、树形等可观赏； （3）分枝点高、树冠开展、枝叶茂盛、叶大荫浓、病虫害少、无飞毛飞絮、不污染环境； （4）可以是常绿树，也可以是落叶树
常用树种	栎类、七叶树、槐、栾树、金钱松、海棠、樱花、梅花、山楂、雪松、油松、圆柏、侧柏、元宝枫、紫叶李、核桃、柿、白蜡、皂荚、臭椿、银杏、薄壳山核桃、朴树、丝棉木、无患子、乌桕、合欢、枫杨、枫香、鹅掌楸、香樟、紫楠、广玉兰、白玉兰、桂花、鸡爪槭、喜树、糙叶树、大花紫薇等

图 9-1 孤植

9.1.2.2　对植

将树形美丽、体量相近的同一树种，以呼应之势种植在构图中轴线的两侧称为对植。对植强调对应的树木在体量、色彩、姿态等方面的一致性，以体现出庄严、肃穆的整齐美（表 9-2）。

乔灌木对植　　　　　　　　　　表 9-2

配置作用	起衬托主景的作用，或形成配景、夹景，以增强透视的纵深感
配置数量	2 株或 2 丛
配置形式	对称种植
配置地点	常用于房屋和建筑前、广场入口、大门两侧、桥头两旁、石阶两侧等（图 9-2）
配置要点	（1）如用同一树种，姿态可以不同，但动势要向构图的中轴线集中，不能形成背道而驰的局面，影响景观效果； （2）在自然式栽植中，也可以用两个树丛形成对植，选择的树种和组成要比较近似
树种选择	（1）多选用树形整齐优美、生长较慢的树种； （2）以常绿树为主； （3）很多花色优美的树种也适于对植
常用树种	松柏类、南洋杉、云杉、冷杉、苏铁、桂花、玉兰、碧桃、银杏、蜡梅、龙爪槐等，整形的大叶黄杨、石楠、海桐等也常用作对植

图 9-2　对植

9.1.2.3　列植

树木呈带状的行列式种植称为列植，有单行（列）、双行（列）、多行（列）等类型，其株距与行距可以相同或不同（表 9-3）。列植有利于通风透光，便于机械化管理。

乔灌木列植　　　　　　　　　　表 9-3

配置作用	起衬托作用的配景
配置数量	多数
配置形式	单行、双行或多行
配置地点	主要用于公路、铁路、城市街道、广场、大型建筑周围、防护林带、农田林网、水边种植等（图 9-3）
配置要点	（1）既可单树种列植，也可两种或多种树种混用。 （2）作园林景观背景时，种植密度较大的可以起到分割隔离的作用，形成树屏。 （3）引导游人视线时，要注意不能对人形成压迫感，也不能遮挡游人。 （4）列植树木要保持两侧的对称性，平面上株距与行距可以相同或不同，立面上树木的冠径、胸径、高矮要大体一致。 （5）株行距取决于树种的特点、用途和苗木规格。行内的株距与行距的大小也应视树木的种类和所需要的郁闭度而定。一般大乔木的株行距为 5～8m；中、小乔木为 3～5m；大灌木为 2～3m；小灌木为 1～2m；绿篱的种植株距一般为 30～50cm，行距也为 30～50cm

续表

树种选择	（1）要考虑能对景点起到衬托作用的种类； （2）宜选用树冠形体比较整齐一致的种类
常用树种	（1）乔木有：圆柏、银杏、槐树、白蜡、元宝枫、毛白杨、柳杉、悬铃木、槐树、龙爪槐、加杨、栾树、臭椿、柳、合欢等； （2）灌木有：丁香、红瑞木、小叶黄杨、西府海棠、玫瑰、木槿等； （3）行植绿篱时，常选用常绿的圆柏、侧柏、小叶黄杨、水蜡、小檗、木槿、蔷薇、小叶女贞、黄刺玫等分蘖性强、耐修剪的树种

图 9-3 列植

9.1.2.4 丛植

丛状配置所形成的树丛，通常由二三株至一二十株同种或异种树种组成，树丛的功能可以遮阳为主兼顾观赏，也可以观赏为主（表 9-4）。

乔灌木丛植 表 9-4

配置作用	常作局部空间的主景，或配景、障景、隔景、背景等
配置数量	通常由两株到 9 株乔木组成，如果加入灌木，总数最多可以到 15 株左右
配置形式	自然式配置，不能对植、列植或形成规则式树林
配置地点	可用于桥、亭、台、榭、假山、雕塑等的点缀和陪衬，也可设于路旁、岩石旁、水边、岛屿、庭院、草坪、土丘或广场一侧（图 9-4）
配置要点	（1）以遮阳为主的树丛，一般由单一乔木树种组成； （2）以观赏为主的树丛可将不同种类的乔木与灌木（应选一些稍耐阴的种类）混交，还可与宿根花卉搭配； （3）作主景或焦点时，四周要有较为开阔的观赏空间和通透的视线，使主景突出； （4）树丛的组合一方面要体现群体美，另一方面又要表现单株树木的个体美，因此树丛要有较强的整体感，又要求某些单株具有独赏的艺术效果
树种选择	（1）乔木树种选择与孤植树基本相似； （2）必须符合多样统一的原则，所选树种要相同或相似，但树的形态、姿势及配置的方式要多变化； （3）若要在丛内配置灌木，应选一些耐阴的种类
常用树种	（1）乔木有：朴树、毛白杨、香樟、油松、三角枫、元宝枫、女贞、马尾松、槐、白蜡、合欢、榉树、梓树、黄栌、垂柳、鹅掌楸等； （2）灌木有：桂花、紫薇、丁香、连翘、碧桃、珍珠梅、木槿等

图 9-4　丛植

9.1.2.5　群植

一般由二三十株至数百株的乔、灌木成群配植称为群植，形成的群体称为树群（表 9-5）。树群分为单纯树群和混交树群，可以是单层林，也可以是复层林。单纯树群由一种树种构成。混交树群是树群的主要形式，混交树群结构完整时可分为乔木层、亚乔木层、大灌木层、小灌木层及多年生草本层五个部分，其中每一层都要显露植物观赏特征突出的部分。

乔灌木群植　　　　　　　　　　　　　　表 9-5

配置作用	主要表现群体美，观赏功能与树丛近似，是构图上的主景之一；也可作为背景，两组树群配合还可起到框景的作用
配置数量	二三十株至数百株的乔、灌木
配置形式	（1）单纯树群或混交树群； （2）单层林或复层林
配置地点	应布置在有足够距离的开阔场地上，如靠近林缘的大草坪上、宽广的林中空地、水中的小岛上、宽广水面的水滨、小山的山坡上、土丘上等（图 9-5）
配置要点	（1）树群主要立面的前方至少在树群高度的 4 倍、宽度的 1.5 倍距离上，要留出空地，以便游人欣赏； （2）规模不宜太大，在构图上要四面空旷，组成树群的每株树木在群体的外貌上都起到一定作用； （3）树群内的植物要构成不等边三角形，切忌成行、成排、成带地栽植； （4）配置时要注意各种树木的生态习性，创造满足其生长的生态条件，要注意耐阴种类的选择和应用； （5）高度喜光的乔木层应该分布在中央，亚乔木在其四周，大灌木、小灌木在外缘，互相遮掩，树群的某些外缘可以配置一两个树丛及几株孤植树； （6）树群外貌要有高低起伏变化，注意林冠线、林缘线的优美及色彩季相效果
树种选择	（1）乔木层：应为阳性树种，树冠的姿态要特别丰富，使整个树群的天际线富于变化； （2）亚乔木层：可以是半阴性的，最好开花繁茂，或者具有美丽的叶色； （3）灌木层：可以是半阴性和阴性的，一般以花木为主； （4）草本植物：以宿根花卉为主； （5）应以一两种乔木树种为主体和基调树种，其他树种不宜过多，一般不超过 10 种； （6）考虑树群外貌的季相变化，使树群景观具有不同的季相景观特征
常用树种	大多数园林树种均适合，如乔木有枫香、元宝枫、黄连木、槭树、黄栌、黄檀、榔榆、三角枫等；灌木有鸡爪槭、红枫、洒金珊瑚、杜鹃等；草本植物有吉祥草、土麦冬、石蒜等

图 9-5　群植

9.1.2.6　林植

林植是占地面积较大、株数众多的树木成片林状的种植形式。风景林、大型自然公园、各种城市防护林、城市周边的绿化带、城内山体上的树林等常采用林植（表 9-6）。林植的树林具有强大的生态防护功能，它们是城市森林的主体。

乔灌木林植　　　　　　　　　　　　　　　　　　　　　　　　表 9-6

配置作用	常作主景、配景或背景等			
配置数量	大量乔灌木			
配置地点	多见于自然风景区、大型自然公园、工矿场区的防护带，城市外围的绿化带等			
林植方式	密林		疏林	
配置形式	单纯密林、混交密林		与草地相结合，形成疏林草地景观，按游人密度不同，可设计成草地疏林、花地疏林、广场疏林等形式	
郁闭度	0.7～1.0		0.4～0.6	
配置要点	单纯密林	（1）由一个树种组成，简洁、壮观； （2）可尽量利用起伏地形和不同树龄疏密相间造林，增加垂直郁闭景观美和丰富的季相变化； （3）风景林的外缘适当配置些树群、树丛和孤植树； （4）林下可选用耐阴植物，其垂直结构一般为 3～6 层	草地疏林	（1）常采用单一乔木树种种植，一般不配置灌木和花卉； （2）树木种植三五成群，疏密相间，有断有续，错落有致，构图生动活泼； （3）树木间距一般为 10～20m，不小于成年树树冠直径，其间也可设林中空地
	混交密林	（1）具有多层结构的植物群落； （2）由多种树木采取块状、带状或点状混交的方式形成，季相变化比较丰富； （3）大面积的可采用片状混交，小面积的多采用点状混交，同时要注意常绿与落叶、乔木林与灌木林的配合比例，以及植物对生态因子的要求，一般不用带状混交	花地疏林	（1）要求乔木间距大些，以利于林下花卉植物生长； （2）花卉可单一品种，也可多品种进行混交配置
			广场疏林	林下全部为铺装广场
	（1）注意林冠线与林相的变化、林木疏密的变化； （2）注意林下（林中）植物的选择与搭配； （3）注意种群与种群及种群与环境之间的关系； （4）应按照绿地休憩游览的要求，留出一定大小的林间空地； （5）每个群落的树种组成或单一或多样，层次结构或单层或多层，年龄结构或同龄或异龄，形式多样，林相丰富			

续表

		（1）以落叶树为主，应具有较高的观赏价值； （2）选择树体高大、观赏或庇荫效果独特、适应性强、病虫害少的树种； （3）林下草坪应选择含水量少、组织坚韧耐践踏的种类，不污染衣服，最好冬季不枯黄
树种选择	一般选用观赏价值较高、生长健壮的适生树种，林下可选用耐阴植物	
常用树种	马尾松、油松、白皮松、水杉、枫香、桂花、黑松以及竹类植物	白桦、水杉、银杏、枫香、金钱松、毛白杨等

9.1.2.7　散点植

以单株为一个点在一定面积上进行有韵律、有节奏地散点种植，有时也以两株或三株的丛植作为一个点来进行疏密有致的扩展。对每个点不是如独赏树般给以强调，而是强调点与点之间的呼应和动态联系，特点是既体现个体的特征又使其处于无形的联系之中。

9.1.2.8　篱植

由灌木或小乔木以近距离密植成行，形成规则的绿篱或绿墙，这种配置形式称为篱植，园林中主要用来分隔空间、屏障视线，阻止通行，隔声防尘，作范围或防范之用。但不管以什么功能为主，都应体现绿篱的整体美、线条美、姿色美（表9-7）。

乔灌木篱植 表9-7

配置作用	主要用来分隔空间、屏障视线，阻止通行，隔音防尘，作范围或防范之用
配置数量	多量
配置形式	一般由单行、双行或多行树木构成；宽度或厚度较小，长度不定且可曲可直，变形较多；高度20~160cm，甚至达210cm不等
配置地点	住宅、庭院、果园周围，路旁、园内局部界处、各式庭园中等
配置要点	一般由单一树种组成
树种选择	（1）常绿、落叶或观花、观果树种均可，多选用常绿树种； （2）树体低矮、紧凑，枝叶稠密； （3）萌芽力强，耐修剪，易更新，脚枝不易枯死； （4）生长较缓慢，枝叶细小
常用树种	黄杨、大叶黄杨、罗汉松、侧柏、圆柏、小叶女贞、南天竹、火棘、木槿、小檗、珊瑚树、红叶石楠、金森女贞、红花檵木、海桐等

9.1.3　花卉的配置形式

花卉在园林中广泛应用，作观赏和重点装饰、色彩构图之用，在烘托气氛、基础装饰、分隔屏障、组织交通等方面有着独特的景观效果。其主要应用形式有花坛、花境、花台以及立体装饰、造型装饰等。

9.1.3.1　花坛

花坛是按照设计意图，在有一定几何形轮廓的栽植床内布置各种色彩艳丽或纹样优美的花卉，构成一幅显示群体美的平面图案画。花坛的设计见表9-8。

花坛的设计   表 9-8

花坛布置的位置	大多设置在公园内或大型建筑物的前面、绿地中心、广场和道路的中央或道路两旁等处，常作为主景		
花坛的形式	通常床面高出地面或呈中央高、四周略低的缓曲面；边缘为砖石、水泥或栏杆等结构，也有镶嵌其他装饰性的材料		
花坛的材料	同一花坛可由 1～3 种花卉组成，种类不宜过多		
	常选用植株低矮、生长整齐、花期集中并一致、花朵繁茂、色彩鲜艳、管理方便的花卉		
花坛的类型	（1）根据外形轮廓可分为：规则式、自然式和混合式； （2）按空间位置可分为：平面花坛、斜面花坛、立体花坛； （3）按照设计布局和组合可分为：独立花坛、带状花坛和花坛群等； （4）从植物景观设计的角度，一般按照花坛坛面花纹图案分类，分为：盛花花坛、模纹花坛、造型花坛、造景花坛等		
花坛的设计	体量	应与花坛设置的广场、出入口及周围建筑的高度成比例，一般不应超过广场面积的 1/3，不小于 1/5	
	色彩	应与所在环境有所区别，既起到醒目和装饰作用，又与环境协调，融于环境之中，形成整体美	
	外形轮廓	一般为规则几何形，长短轴之比一般小于 3:1，平面花坛的短轴长度在 8～10m 以内或圆形的半径在 4.5m 以内，斜面花坛倾斜角度小于 30°	
	内部图案	应主次分明、简洁美观、色彩明快，忌过于复杂	
	植物选择	盛花花坛	以观花草本植物为主体，一、二年生花卉、多年生球根或宿根花卉，要求其花期一致，花朵繁茂，盛开时花朵能掩盖枝叶，达到见花不见叶的程度，可适当选用少量常绿、色叶及观花小灌木作辅助材料（图 9-6）
		模纹花坛	选用低矮细密的植物，以生长缓慢的多年生植物为主，枝叶细小、株丛紧密、观赏期一致、萌蘖性强的植物，各种不同色彩的五色草是最理想的植物材料（图 9-7）
		造型花坛	植物选择基本与模纹花坛相同，各种造型主要用五色草附着在预先设计好的模型上，也可选用易于蟠扎、弯曲、修剪、整形的植物，如菊、侧柏、三角花等（图 9-8）
		造景花坛	根据造景的要求选择各种植物材料，如草本花卉、木本花卉、大型观叶植物，甚至盆栽果树、蔬菜、水生花卉等都可以用来布置花坛（图 9-9）

图 9-6　盛花花坛

图 9-7　模纹花坛

图 9-8　造型花坛

图 9-9　造景花坛

9.1.3.2　花境

花境是模拟自然界中林地边缘地带多种野生花卉交错生长的状态，运用艺术手法设计的一种花卉应用形式，是一种半自然式的带状种植形式，既表现植物个体的自然美，又展示植物自然组合的群落美。花境的设计见表 9-9。

花境的设计　　　　　　　　　　　　　　　表 9-9

花境类型	从设计形式上分为：单面观赏花境、双面观赏花境、对应式花境	
	从植物选择上分为：宿根花卉花境、球根花卉花境、灌木花境、混合式花境、专类花卉花境	
花境的设计形式	外形轮廓	是沿着长轴方向演进的带状连续构图，带状两边是平行或近于平行的直线或曲线（图 9-10）
	基本构图单位	是一组花丛，每组花丛通常由 5～10 种花卉组成，一种花卉集中栽植，平面上看是多种花卉的块状混植；立面上看高低错落，状如林缘野生花卉交错生长的自然景观

种植设计	植物选择	注意选择适合当地露地越冬、不需要特殊管理的宿根花卉为主，兼顾一些小灌木及耐寒的球根、一、二年生草本花卉
	季相景观	利用花期、花色、叶色及各季节所具有的代表植物创造季相景观；考虑每种植物其自身独特的外型、质地和颜色

图 9-10　花境

9.1.3.3　花台

花台又称高设花坛，将花卉种植于高出地面的台池中。类似花坛，但面积较小，适合近距离观赏，在庭院中做厅堂的对景或入门的框景，也有将花台布置在广场、道路交叉口或园路的端头以及其他突出醒目、便于观赏的地方。花台的设计见表 9-10。

花台的设计　　　　　　　　　　　　　　表 9-10

花台类型		有独立花台、连续花台、组合花台等类型，以植物的形体、花色、芳香以及花台造型等综合美为观赏要素
花台高度		一般高 40～100cm
花台形状		多为规则式的几何形体，如正方形、长方形、圆形、多边形，也有自然形体的
花台设置		可独立设置，也可与假山、座凳、墙基相结合，作为大门、窗前、墙基、角隅的装饰，但在花台下面必须设有盲沟，以利排水
种植设计	植物材料	最好选用花期长、小巧玲珑、花多枝密、易于管理的草本和木本花卉，也可和形态优美的树木配置在一起
	常用植物	一叶兰、玉簪、芍药、土麦冬、三色堇、孔雀草、菊花、日本五针松、梅、榔榆、小叶榕、杜鹃花、牡丹、山茶、黄杨、竹类、铺地柏、福禄考、金鱼草、石竹等
花台植床		有固定式和可移动式两种，材料可以用石材、砖砌饰面，也可用玻璃钢（环氧树脂）做成可移动的花台（图 9-11）

图 9-11　花台

9.1.4　草坪与地被植物的配置形式

9.1.4.1　草坪的配置应用

草坪在现代园林中广泛应用，其最适宜的应用环境是面积较大的集中绿地，尤其是自然式的草坪景观，其面积不宜过小。草坪具有多功能性，在配置时首先考虑其环境保护作用，同时适当注意其他综合功能。要适地适草、合理配置。

草坪的配置应用形式详见表9-11。

<table>
<tr><td colspan="3" align="center">草坪的配置应用形式</td><td align="right">表 9-11</td></tr>
<tr><td colspan="2">草坪作为主景</td><td colspan="2">（1）草坪以其平坦、致密的绿色平面，能够创造开朗柔和的视觉空间，具有较高的景观作用，可以作为园林的主景进行配置。
（2）常在大型的广场、街心绿地、街道两旁、公园中大面积的开阔的局部空间铺植优质草坪，机关、医院、学校及工矿企业也常在开阔的空间设置草坪（图9-12a）</td></tr>
<tr><td colspan="2">草坪作为基调</td><td colspan="2">在草坪中心配置雕塑、喷泉、纪念碑等建筑小品，可以用草坪衬托出主景物的雄伟</td></tr>
<tr><td rowspan="3">草坪与其他植物材料的配置</td><td>与乔木配置</td><td colspan="2">与孤植树、树丛、树群相配，既可以表现树体的个体美，又能加强树群、树丛的整体美。疏林草地景观是应用最多的设计手法（图9-12b）</td></tr>
<tr><td>与花灌木配置</td><td colspan="2">花灌木常用草坪作基调和背景。大片的草坪中间或边缘用花灌木点缀，这种配置仍以草坪为主体，花灌木起点缀作用，所占面积不宜超过整个草坪面积的1/3</td></tr>
<tr><td>与花卉配置</td><td colspan="2">（1）常见的是"缀花草坪"。缀花草坪的花卉数量一般不宜超过草坪总面积的1/4～1/3，分布自然错落，疏密有致，以观赏为主，缀花处不能踩踏（图9-12c）
（2）花坛、花带或花境也可以用草坪作镶边或陪衬来提高观赏效果</td></tr>
<tr><td rowspan="4">草坪与山石、水体、道路、建筑的配置</td><td>与山石配置</td><td colspan="2">（1）草坪配置在山坡上可以显现出地势的起伏，展示山体的轮廓。
（2）用景石点缀草坪是常用的手法，如在草坪上埋露石块，半露上面，犹如山的余脉，能够增加山林野趣、影响整个草坪的空间变化（图9-12d）</td></tr>
<tr><td>与水体配置</td><td colspan="2">在水池、河流、湖面岸边配置草坪，能够为人们创造观赏水景或游乐的理想场地（图9-12e）</td></tr>
<tr><td>与道路配置</td><td colspan="2">在道路的两边及分车带中配置草坪，可以装饰、美化道路环境，又不遮挡视线，还能提供一个交通缓冲地带，减少交通事故的发生</td></tr>
<tr><td>与建筑配置</td><td colspan="2">（1）草坪与纪念碑、雕塑、喷泉及其他园林景点配置，具有很好的衬托效果。
（2）建筑物周围的草坪，可作为建筑的底景，作为和环境过渡的空间，软化建筑的生硬性，同时也使建筑物的色彩变得柔和（图9-12f）</td></tr>
</table>

（a）草坪作为主景　　　　　　　　　　　　（b）草坪与乔木配置

图9-12　草坪的配置形式

（c）草坪与花卉配置

（d）草坪与山石配置

（e）草坪与水体配置

（f）草坪与建筑配置

图 9-12 草坪的配置形式（续）

9.1.4.2 地被植物的配置应用

地被植物比草坪更为灵活，在地形复杂、树荫浓密、不良土壤等不适于种植草坪的地方，地被植物是最佳选择。

地被植物种类繁多，既有草本植物，也包括部分低矮的木本和藤本植物。在地被植物应用中要充分了解和掌握各种地被植物的生态习性，根据其对环境条件的要求、生长速度及长成后的覆盖效果，并与乔、灌、草合理搭配，才能营造理想的景观。地被植物配置时要注意以下几点：①适地适植，合理配置；②高度搭配适当；③色彩协调、四季有景。

常见地被植物的造景配置形式见表 9-12。

地被植物的造景配置形式 表 9-12

与草坪相配置	在草坪上小片状点缀多种开花草本地被，如鸢尾、石蒜、葱莲、韭莲、红花酢浆草、二月兰、蒲公英等，以及部分铺地柏、偃柏等匍匐灌木，分布有疏有密、自然错落、有叶有花，形成高山草甸景观，别有风趣
与假山、岩石相配置	在假山、岩石园中配置矮竹、蕨类等地被植物，构成假山岩石小景。如选用铁线蕨、凤尾蕨等蕨类和菲白竹、箬竹、鹅毛竹、翠竹、菲黄竹等低矮竹类地被，既赋予山石生机，又显示出清新、典雅的意境，别具情趣（图 9-13a）
与乔、灌木相配置	乔、灌木林下采用两种或多种地被间植、轮植、混植，使其四季有景，色彩分明，形成优美的林下花带（图 9-13b）
与花卉相配置	以浓郁的常绿树丛为背景，配置适生地被，用宿根、球根或一二年生草本花卉成片点缀其间，形成人工植物群落
大面积的地被景观	在阳光充足的区域采用大手笔、大色块的手法，大面积栽植花朵艳丽、色彩多样的地被植物，如美人蕉、杜鹃花、红花酢浆草、葱莲以及时令草花等，形成群落，着力突出这类低矮植物的群体美，形成美丽的景观（图 9-13c）
与水体相配置	在小溪、湖边配置一些耐水湿的地被植物，如石菖蒲、鸢尾等，溪中、湖边散置山石，构成溪涧景观，也别有情趣（图 9-13d）

（a）地被与假山、岩石相配置

（b）地被与乔、灌木相配置

（c）大面积的地被景观

（d）地被与水体相配置

图 9-13　地被植物的配置形式

9.2　道路和广场的植物造景

9.2.1　城市道路的植物造景

9.2.1.1　城市道路植物造景的原则

城市道路植物造景应统筹考虑道路的功能、性质、人行和车行要求、景观空间构成、立地条件，以及与市政公用及其他设施的关系。

1. 保障行车、行人安全

城市道路植物造景首先要遵循交通安全原则，保证行车与行人的安全，注意行车视线要求、行车净空要求、行车防眩要求等。

道路中的交叉口、弯道、分车带等的植物对行车的安全影响最大，这些路段的植物景观要符合行车视线的要求（表 9-13）。

城市道路植物景观的行车、行人安全要求　　　　　表 9-13

行车、行人安全要求	路段	行车视线要求	植物高度要求
行车视线要求	交叉口	留出足够的透视线，以免相向往来的车辆碰撞	—
	弯道处	种植提示性植物，起到引导作用	—

行车、行人安全要求	路段	行车视线要求	植物高度要求
行车视线要求	人行横道从分车带穿过的	在车辆行驶方向到人行横道间要留出足够大的停车视距安全距离	此段分车带的植物种植高度应低于0.75m
	两条道路呈平面纵横交叉的	视距三角形内保证视线通透	植物高度应低于0.7m
行车防眩要求	中央分车带	种植绿篱或灌木球，可防止司机产生目眩	绿篱高度应比司机眼睛与车灯高度的平均值高，一般宜为1.5~2.0m；灌木球种植株距应不大于冠幅的5倍
行车净空要求	道路景观设计时，各种植物的枝干、树冠和根系都不能侵入该空间内，以保证行车净空的要求		

2. 妥善处理植物景观与道路设施的关系

城市中的各种架空线路和地下管网一般沿城市道路铺设，因而会与道路植物景观产生矛盾。一般而言，在分车绿带和行道树上方不宜设置架空线，以免影响植物生长，从而影响植物景观效果。必须设置时，应保证架空线下有不小于9m的树木生长空间。架空线下配置的乔木应选择开放形树冠或耐修剪的树种。树木与架空线的最小垂直距离、与地下管线的最小水平距离应符合相关规定（表9-14、表9-15）。此外，进行道路植物造景还要充分考虑其他要素，如路灯灯柱、消防栓等公共设施（表9-16）。

树木与架空电力线的最小垂直距离　　　　表 9-14

电压（V）	1~10	35~110	154~220	330
最小垂直距离（m）	1.5	3.0	3.5	4.5

树木与地下管线外缘的最小水平距离　　　　表 9-15

管线名称	距乔木中心距离（m）	距灌木中心距离（m）	管线名称	距乔木中心距离（m）	距灌木中心距离（m）
电力电缆	1.0	1.0	污水管道	1.5	—
电信电缆（管道）	1.5	1.0	燃气管道	1.5	1.2
给水管道	1.5	—	热力管道	1.5	1.5
雨水管道	1.5	—	排水管道	1.0	—

树木与其他设施的最小水平距离　　　　表 9-16

设施名称	距乔木中心距离（m）	距灌木中心距离（m）	设施名称	距乔木中心距离（m）	距灌木中心距离（m）
低于2m的围墙	1.0	—	电力、电线杆柱	1.5	—
挡土墙	1.0	—	消防栓	1.5	2.0
路灯灯柱	2.0	—	测量水准点	2.0	2.0

3. 行道树的选择与应用原则

选择行道树时，特别要考虑其生长环境，因此，对树种选择的要求比较严格，既要在不利的环境条件下正常生长，还要满足行道树多种功能的要求。

根据城市对行道树的特殊要求，选择行道树时应考虑的条件见表 9-17。

选择行道树时应考虑的条件　　　　　　　　　　　　表 9-17

序号	应考虑的条件	具体要求
1	生命力强健	移植成活率高，生长迅速而健壮的树种（最好是乡土树种）
2	适应性强，管理粗放	对土壤、水分、肥料要求不高，耐修剪、病虫害少等适应性强的树种
3	景观特色鲜明	树干端直、分枝点较高、冠大荫浓、遮阴效果好、树冠优美、株形整齐、观赏价值较高，最好叶片秋季变色，冬季可观树形、赏枝干的树种
4	叶幕期长	发芽早、落叶迟，适合本地正常生长，晚秋落叶期在短时间内树叶即能落光，便于集中清扫的树种
5	易繁殖，安全系数高	要求繁殖容易，枝干无刺、花果无毒、无臭味、无飞毛、深根性、少根蘖的树种
6	长寿、抗性强	适应城市生态环境、树龄长、有一定耐污染、抗烟尘的能力，对废水废气、风害等抗性强的树种

我国选用的行道树主要有：白皮松、华山松、油松、黑松、雪松、湿地松、罗汉松、金钱松、落羽杉、水杉、柳杉、云杉、池杉、法桐、青桐、香樟、红枫、五角枫、三角枫、元宝枫、广玉兰、白玉兰、枫香、苦楝、枫杨、意杨、毛白杨、杂交鹅掌楸、北美鹅掌楸、七叶树、樱花、合欢、大叶女贞、刺槐、国槐、金枝国槐、银杏、乌桕、香花槐、金丝垂柳、垂柳、栾树、梓树、灯台树、楠木、紫楠、红花木莲、乐昌含笑、深山含笑、重阳木、南酸枣、喜树、无患子、黄连木、巨紫荆、白蜡、椴树、枇杷、棕榈、扁桃、大花紫薇、木棉、火炬树、千头椿、杜仲、厚朴、木瓜、杜英、乳源木莲、珙桐、黄连木等。

4. 近期与远期相结合

道路植物景观从建设开始到形成较好的景观效果往往需要十几年时间，因此要有长远的眼光，近期与远期规划相结合，近期内可以使用速生树种，或者适当密植，以后适时更换、移栽，充分发挥道路绿化功能。

根据我国《城市道路绿化规划与设计规范》CJJ 75—1997 的规定，在进行道路植物造景时，应确保达到以下标准：① 园林景观路绿地率不得小于 40%；② 红线宽度大于 50m 的道路绿地率不得小于 30%；③ 红线宽度在 40~50m 的道路绿地率不得小于 25%；④ 红线宽度小于 40m 的道路绿地率不得小于 20%。

9.2.1.2　城市道路植物造景的形式

城市道路主要的植物造景形式有以下几种：

1. 单层式

道路两侧建筑物前空地很少，沿路两侧只能栽一行树，这样就形成了一条路两行树的老模式。

2. 复层式

由于道路两侧（或一侧）的绿地面积较宽，可栽植多行多种植物，里层为较大的落叶乔木，中间层为较低的常绿树种，靠近道路的一层为花灌木或草坪，形成高低错落、开合有序的空间和色彩各异的层次。

3. 混合式

根据道路两侧的空间和周边环境，地形略有起伏变化，以草坪为基调，用常绿、落叶乔木、花灌木等不同园林植物布置有韵律的自然树丛、花带、横纹、组团等各种生动活泼的形式，主要用于城市的出入口绿地及风景区道路等。

9.2.1.3 城市道路植物造景

1. 人行道绿化带的植物造景

人行道绿化带是指从车行道边缘至建筑红线之间的绿地，包括人行道和车行道之间的隔离绿地（行道树绿化带）以及人行道与建筑之间的缓冲绿地（路侧绿化带或基础绿地）。由于绿化带宽度不一，因而植物配置也各异。

（1）行道树绿化带的植物造景。

行道树绿化带布设在人行道和车行道之间，主要功能是为行人和非机动车蔽阴，以种植行道树为主。其宽度应根据道路性质、类别和对绿地的功能要求以及立地条件等综合考虑而决定，一般不宜小于1.5m。绿化带较宽时，可采用乔木、灌木、地被植物相结合的配置方式，提高防护功能，加强景观效果。

行道树的种植方式、行道树绿化带的布置形式、配置方式、株距及树枝下高见表9-18、表9-19。

行道树的种植方式及要求　　　　　　　　　　　表 9-18

种植方式	树池尺寸或绿地宽度	栽植形式	设置条件
树池式	树池的尺寸最低为 1.2m×1.2m 的正方形，以 1.5m×1.5m 为较合适，长方形树池以 1.2m×2.0m 为宜；也可以是圆形树池，直径不小于 1.5m	树池的立面高度根据具体情况而定，通常可分为平树池与高树池两种	人行道宽度在 2.5～3.5m 时，考虑行人的步行要求，原则上不设连续的长条状绿带，应以树池式种植方式为主（图 9-14）
树带式	种植绿带宽度不小于 1.5m，可由乔木搭配灌木及草本植物，形成带式狭长的不间断绿化	栽植的形式可分为规则式、自然式与混合式。具体方式根据交通的要求和道路的具体情况而定	人行道宽度在 3.5～5m 时，可设置带状的绿带，起到分隔护栏的作用，每隔至少 15m 左右，设有供行人出入人行道的通道以及公交车的停靠站台，一般配以硬质地面铺装（图 9-15）

图 9-14　树池式行道树

图 9-15　树带式行道树

行道树绿化带的布置形式、配置方式、株距及枝下高 表 9-19

行道树绿化带的布置形式	对称	两侧的绿带宽度相同，植物配置和树种、株距等均相同	每侧 1 行乔木，或 1 行绿篱、1 行乔木等
			人行道较宽时，也可布置 2 行行道树
	不对称	道路横断面为不规则形式时，或道路两侧行道树绿带宽度不等时，宜采用不对称布置形式	根据行道树绿带的宽度，可以一侧 1 行乔木，而另一侧是灌木，或者一侧 1 行乔木，另一侧 2 行乔木等
			因道路一侧有架空线的，可采取道路两侧行道树树种不同的非对称栽植
行道树株距		一般不宜小于 4m，如采用高大乔木，株距应在 6～8m，同时还应考虑树木的生长速度和对环境的要求	
行道树枝下高		一般应在 2.5～3.5m 以上，以保证车辆、行人安全通行	
行道树的配置方式		常采用单一乔木的配置、不同树种间植、乔灌木搭配、落叶乔木与常绿绿篱结合、常绿树木为主或常绿树与常绿绿篱搭配、乔木与灌木为主的搭配、草地与花卉搭配、林带式种植、自然式种植等	
树种选择		一般以乡土树种为主，选择分枝点高，花果无异味，无飞絮、飞毛，无落果，枝干无刺、枝叶无毒、耐修剪、深根性有观赏价值的阔叶乔木树种	

（2）路侧绿化带的植物造景。

路侧绿化带是指从人行道边缘至道路红线之间的区域，是构成道路景观的重要组成部分，在街道绿地中占有较大的比例。它与沿路的用地性质或建筑物关系密切，应采用乔木、灌木、花卉、草坪等，结合建筑群的平立面组合关系、造型、色彩等因素，根据相邻用地性质、防护和景观要求进行设计，并在整体上保持绿化带的连续、完整和景观效果的统一。

1）道路红线与建筑线重合的路侧绿化带。

植物的种植不能影响建筑物的采光和通风，植物的色彩、质感应互相协调，并与建筑的立面设计形式相结合，起到相互映衬的作用，在视觉上要有所对比。设计时考虑地形的坡度，以利排水。另外如果路侧绿化带较窄或地下管线较多时，可用攀援植物来进行墙面的绿化。若宽度允许，可以攀援植物为背景，前面适当配置花灌木、宿根花卉、草坪等，也可将路侧绿化带布置为花坛。

2）位于两条人行道之间的绿化带（由建筑退让红线后留出内侧人行道）。

造景方式因绿化带宽度和沿街的建筑物性质而定。一般可种植两行落叶阔叶乔木，起到庇护作用。为了突出建筑的风格与特点，则应适当降低植物的种植高度，并以常绿树、花灌木、绿篱、草坪及地被植物来衬托建筑，也可将植物配置成花境，或用连续的、有规律的花坛群来进行造景。

3）路侧绿化带与道路红线外侧绿地结合（建筑退让红线后，在道路红线外侧留出绿地）。

由于绿化带的宽度增加，造景面积增大，故造景形式也更为丰富，一般宽度达到 8m 就可以设计为开放式绿地。内部可铺设步道和共短暂休憩的设施，以提高绿地的功能和街景的艺术效果。

另外，路侧绿化带也可与靠街建筑的宅旁绿地、公共建筑前的绿地等相连，统一造景。

2. 分车带的植物造景

分车带植物景观是道路线性景观及道路环境的重要组成部分，对道路的整体气氛影响很大。

（1）分车带植物造景需考虑的因素：

1）分车带植物配置时，首先要保证交通安全和提高交通效率，在此前提下再考虑增添街景，提高遮阴，减少浮尘等。在接近交叉口及人行横道的一定距离内必须留出足够的安全视野。

2）造景时应结合路形、建筑环境、交通情况等，并考虑人行道绿化带的特点，通过不同的植物造景方式塑造出富有特色的道路景观。

3）分车带应进行适当的分段，以便于行人过街及车辆转向、停靠等，一般以75~100m为宜。

4）分车带要注意保持一定的通透性，尤其是被出入口等断开的分车绿带，不能妨碍司机的视线，枝下高距机动车路面0.9~3.0m的范围内，树冠不能遮挡司机视线。当人行横道线通过分车带时，分车带上不宜种植绿篱或花灌木，但可种植草坪或低矮花卉，以免影响行人和驾驶员的视线。

5）分车带的植物配置应形式简洁、树形整齐、排列一致，以便驾驶员易于辨别穿行道路的行人，也可减少驾驶员视线的疲劳。

6）从交通安全和树木的种植养护方面考虑，分车带上种植的乔木树干中心至机动车道路缘外侧距离不能小于0.75m。

（2）中央分车带的植物造景。

中央分车带的种植形式有绿篱式、整形式和图案式（表9-20）。

中央分车带种植形式　　　　　　　　　　　　　　　表 9-20

种植形式		特点	适用道路
绿篱式	在绿化带内密植常绿树，经过整形修剪，使其保持一定的高度和形状	栽植宽度大，行人难以穿越，而且由于树间没有间隔，杂草少，管理容易	适于车速不高的非主要交通干道上
整形式	树木按固定的间隔排列、整齐划一	为避免路段过长，产生单调的感觉，可采用改变树木种类、树木高度或者株距等方法丰富景观效果	目前使用最普遍的方式
图案式	将树木或绿篱修剪成几何图案	整齐美观，但需经常修剪，养护管理要求高	可在园林景观路、风景区游览路使用

中央分车绿化带应阻挡相向行使车辆的眩光。在距相邻机动车道路面高度0.6~1.5m的范围内种植灌木（球）、绿篱等枝叶茂密的常绿树，能有效阻挡夜间眩光，其株距应小于冠幅的5倍。

（3）两侧分车带的植物造景。

两侧分车带距交通污染源最近，应尽量采取复层混交配置，扩大绿量，提高保护功能。另外，要注意的是两侧分车带的乔木树冠不要在机动车道上面搭接，形成绿色隧道，以免影响汽车尾气及时向上扩散。

两侧分车带的植物造景形式见表9-21。

两侧分车带的植物造景形式　　　　　　　　　　　　表 9-21

两侧分车绿化带宽度	植物造景形式
宽度小于1.5m	只能种植灌木、地被植物或草坪

两侧分车绿化带宽度	植物造景形式
宽度为 1.5~2.5m	以种植乔木为主
宽度大于 2.5m	可采用落叶乔木、灌木、常绿树、绿篱、草坪和花卉相互搭配的种植形式，景观效果最好

3. 交通岛绿地的植物造景

交通岛一般包括中心岛（俗称转盘）、安全岛、导向岛等形式。通过在交通岛周边的合理植物配置，可强化交通岛外缘的线形，有利于诱导驾驶员的行车视线，特别是在雪天、雾天、雨天，可弥补交通标志的不足。交通岛绿地的植物造景形式见表 9-22。

交通岛绿地的植物造景形式 表 9-22

交通岛绿地形式		植物造景形式
中心岛	面积不大的中心岛	一般不种植高大乔木，忌用常绿乔木或大灌木，以免影响视线。通常以草坪、花坛为主，或以低矮的常绿灌木组成简单的图案花坛，外围栽种修剪整齐、高度适宜的绿篱
	面积较大的环岛	为了增加层次感，可以零星点缀几株乔木
	位于主干道交叉口的中心岛	因位置适中，是城市的主要景点，可以用雕塑、市标、组合灯柱、立体花坛等为构图中心，但体量、高度等不能遮挡视线
安全岛		除停留的地方外，其他地方可种植草坪，或结合其他地形进行种植设计
导向岛		植物景观布置常以草坪、花坛或地被植物为主，不可遮挡驾驶员视线

4. 交叉路口的植物造景

交叉路口是指道路的交汇处，在城市道路系统中一般以平面交叉路口和立体交叉路口两种形式出现。植物造景时，应与其交通功能紧密结合，树种选择应以乡土树种为主，并具有较好的抗性，以适应较为粗放的管理。植物造景形式与要求见表 9-23。

交叉路口的植物造景形式与要求 表 9-23

交叉路口形式	植物造景形式与要求
平面交叉路口	（1）在交叉路口的"视距三角形"内不能有建筑物、构筑物、树木等遮挡司机视线的地面物； （2）布置植物时，其高度不得超过 0.7m，或者在"视距三角形"内不布置任何植物； （3）安全视距的大小一般采用 30~35m 为宜
立体交叉路口	（1）植物造景形式与邻近城市道路的绿化风格应该相协调，但要具有不同的景观特质，达到识别性和地区性标志； （2）植物造景应简洁明快，以大色块、大图案来营造出大气势，满足移动视觉的欣赏，避免过于琐碎、精细的设计； （3）树种选择以乡土树种为主，充分考虑其景观性与功能性的结合； （4）立体交叉路口的绿地需进行立体空间绿化，植物的造景形式、树种的选择运用，都应与突出立交桥的宏大气势相一致

9.2.2 高速公路的植物造景

9.2.2.1 高速公路植物造景的基本原则

1. 保证道路和行车的安全

严禁其他车辆及人畜进入，减缓驾驶员的疲劳，减弱其心理副效应，同时对驾驶员和乘客的视觉起到绿色调节作用。中间隔离带在夜间起到防眩作用，避免会车时灯光对人眼的刺激。植物造景要加强道路的特性，使其连续性、方向性、距离感突出，加强视线的诱导，通过树木的高度和位置的安排等达到预示作用。

2. 以乡土树种为主，体现本土性

根据当地的气候和地理特点，以乡土树种为主，合理引用外来树种，借鉴自然植被类型的特征，合理进行植物搭配。

3. 注重环境、生态、经济相协调

高速公路植物造景要充分利用当地的自然植被种类，减少裸露地和挖方岩石，最大限度地保持和维护当地的生态景观。为减少道路在环境中的视觉规模，可利用天然或人工种植树木屏蔽的办法遮去部分道路，或在分隔带中种植绿色植物，遮蔽对向车道，从而减少视觉比例。同时，植物造景首选是恢复自然环境，采用乡土植被种类，部分地段可以放任自然植被的入侵，以减少养护费用，降低绿化成本。

在选用苗木时，要本着经济的原则，根据使用目的不同，决定栽植苗木的大小。一般情况下采用中小苗，只有在服务区或有人为踩踏的地段，为保证绿化效果才选用大苗。

另外，因高速公路供水比较困难，绿地一般只靠雨水，所以建设初期应选用耐旱性强的速生植物作先锋种，以达到短期成景的目的，并起到防止水土流失的作用。

9.2.2.2 高速公路的植物造景注意事项

高速公路在造景时应注意：

（1）高速公路与建筑物之间，用较宽的绿带隔开，宽度不低于4m。

（2）高速公路交叉口的150m以内以及会车弯道处不宜栽植乔木，并且植物的栽植不能影响到交通标志的明示作用。

（3）高速公路每100km以上，要设休息站，绿化要结合休息站设施进行，灵活运用林带、花坛、草坪等进行造景，给人一个放松、舒适的空间。

（4）在穿越城市时，为了防止噪声及烟尘对环境的影响，一般在干道两侧留出20～30m的安全防护地带，采用乔、灌、草的复式绿化造景。

（5）高速公路选择树种时要尽量采用一些常绿、抗性较好、生长量小、低维护、少修剪的种类；草皮也应为绿期长、免修剪、耐性好的品种。

（6）高速公路上绿化植物的种植应注重整体的美感，配置讲究简单明快，要根据车辆的行车速度及视觉特性确定变化的节奏。

（7）在环境及生态条件较好的地段，如城郊及乡镇等地方，高速公路的绿化也可以和苗木培育、用材林的生产相挂钩，发挥其经济效益。也可与农田防护林紧密结合。

9.2.2.3 中央隔离带的植物造景

高速公路中央绿色隔离带的植物造景形式多采用整形结构，宜简单重复形成节奏韵律，并控制适当高度，以遮挡对面车的灯光，保证良好的行车视线。高的植物起到防眩作用，低的植物在色彩和高度上与高层植物形成对比，组成道路中部的风景线。中央分隔带设有护栏、道牙等，基部的土壤条件差，因此，宜选用耐贫瘠、耐干旱、抗逆性强的植物。

中央分隔带的植物配置形式见表9-24。

高速公路的中央分隔带较窄，不宜种植乔木，尤其是落叶乔木，以防树叶污染路面，并且所投射的光影也会对司机产生影响。植物配置一般以低矮、修剪整齐的常绿灌木及花灌木为主，结合铺设草坪。设计时应考虑植物的高度和间距，并通过修剪控制植株的高度，一般为 1.5～2.0m。

高速公路中央分隔带的植物配置形式　　　　　　　　　　表 9-24

植物配置形式		常用植物
树篱式	选用一种绿篱植物，按同一株距均匀布局，并修剪成规整的绿墙带	大叶黄杨、石楠、红背桂、小叶女贞、圆柏等，定型高度在 1.5m 左右
球串式	（1）以整形成圆球状树冠的植物为材料，以冠球直径的 3～4 倍或 4～5 倍为株距，单行或双行交错布置，形成一串球状绿带。 （2）为了丰富景观，可以采用不同种类的间隔种植，或者在球形植物之间加种其他观赏植物，如紫薇、紫叶李等	海桐、红叶石楠、大叶黄杨、洒金千头柏、小蜡等
图案式	以草坪或其他绿色地被为基调，选 1～2 种彩叶植物为图案材料，用粗线条布置成各式图案，主要用于互通式立交区前后 1km 地段，配合立交区绿化美化	紫叶小檗、金叶女贞、金森女贞、红叶石楠等

9.2.2.4　边坡的植物造景

边坡一般较陡，在绿化时应考虑将美化环境、保护路基、防止雨水冲刷、固土护坡等功能相结合，选择植物种类时应主要考虑植物的深根固土能力（表 9-25）。

边坡上自然生长的杂草及地被植物应当尽量保留，与周边环境协调一致，效果良好。

高速公路边坡的植物造景形式　　　　　　　　　　表 9-25

边坡形式		植物造景形式	
挖方边坡	护坡顶部	采用低矮树种或下垂植物，如连翘、迎春等，并且尽可能使用攀援植物绿化护坡	
	壤土质地段	土层较厚，可结合砌石或砂浆喷布工程，撒播草种为先锋种	
	砂土质地段	采用砌石工程防止滑坡现象，可在墙面上覆以蔓性植物，在碎落台上设置花槽进行栽植，并于顶部种植低矮灌木和草皮，减缓雨水冲刷	
填方边坡	高填方地段	（1）高度一般在 4m 以上，坡度较大，坡面较长。 （2）植物应选择生长和固土能力强的植被，并结合必要的水土保持工程。 （3）要求植物造景采用的图案比例较大，并且随着护坡高度的降低进行缓慢的过渡	填方区容易水土流失，植物造景时以固土和水土保持为主
	中填方地段	坡面种植草皮，坡顶栽植灌木防止冲刷，坡底的边脚种植蔓性植被	
	低填方地段	高度在 2m 以下，可种植耐干旱瘠薄、保土能力强的灌木先锋树种，并注意栽植当地常见草种，与环境相一致	

9.2.2.5　互通区的植物造景

互通区植物配置形式主要有两种：

1. 大型的模纹花境图案

花灌木根据不同的线条造型种植，形成大气简洁的植物景观。

2. 苗圃景观模式

人工植物群落按乔、灌、草的种植形式种植，密度相对较高，在发挥其生态和景观功能的同时，还兼顾了经济功能，为城市绿化发展所需的苗木提供了有力的保障。

互通区的景观非常引人注目。其形式一般都大同小异，都会形成一些圆滑优美的弧线，汽车沿着道路行进时，会从多角度、连续性地观看到互通区景观，所以，在进行互通区的植物造景时应注意要满足这两方面的要求。

9.2.2.6 立交区的植物造景

高速公路立交区植物造景配置主要考虑司机辨认道路的走向、美化环境以及衬托桥梁的造型。造景应以植被或低矮灌木为主。在匝道进出口等处，还应有指示性种植引导视线等。立交周围的造景景观应与其本身的绿化有机联系在一起。

9.2.3 城市广场的植物造景

由于广场类型繁多，其造景形式、对植物的要求也各有不同。广场植物造景设计需在充分考虑广场使用功能的基础上，通过植物合理的配置，以乔、灌、草与雕塑、花坛、花架等园林手段来完成。在重大的节日也可通过大型组合式花坛、主题花坛、大型花钵、花塔以及花架等来装饰及烘托气氛。

9.2.3.1 城市广场植物造景的原则

1. 生态性原则

广场的植物造景必须将生态原则作为基础原则，应考虑城市生态环境的特殊性对土壤、光照、水分的影响。在城市广场的植物造景中，要注意选择适应城市环境、抗性强、养护管理方便的园林植物种类。

2. 景观性原则

城市广场的植物景观设计：

（1）应注重整体的美感，既有统一性又有一定节奏与韵律的变化；

（2）要注意做到主次分明，并体现植物景观群落的要求。主景应选择观赏效果好、特征突出、观赏期长的种类，同时也应体现色彩和季相变化；

（3）考虑植物景观与其他景观要素的配置，要做到与总体环境协调统一。以植物为主体的景观造景过程中，要与水体、建筑、道路与铺装场地及景观小品等其他景观要素相得益彰。

3. 文化性原则

城市广场的植物造景要注重特色化，把当地最具有代表性的城市文化通过城市广场的植物造景展示出来，宣扬城市独特的文化和风格，将城市的特点和文化内涵通过植物造景的方法向外展示，使城市空间更具有亲和力、艺术感染力，体现时代气息，突出个性，营造特色风格的植物景观。

9.2.3.2 广场植物造景的形式

广场绿化的植物造景形式，应考虑到植物的生态习性和广场的生态条件。一般应以耐干旱瘠薄、深根性的植物为主。广场常见的植物造景形式见表9-26。

广场常见的植物造景形式　　　　　　　　　　　　　　　　　　表 9-26

植物造景形式		布置地点
规则式种植	多用列植乔灌木等手段，起到严整规则的效果。既可用作遮挡或隔离，又可以作为背景（图 9-16a）	主要用于广场的周围、大型建筑前或者长条形地带
集团式种植	把几个树丛有规律地排列在一定的地段上，也可以自然式搭配，或用花卉及矮灌木进行一定面积的片植，形成较为整体的景观效果（图 9-16b）	一般布置在大型广场周围开阔地带

续表

	植物造景形式	布置地点
自然式种植	可以采用乔木、灌木、宿根花卉相结合的手法，配置成不同的树丛、树群，并结合自然地形的变化，因地制宜地布置（图 9-16c）	用于一般的休闲广场、文化广场等，或者其他广场的局部范围内
广场草坪	（1）用多年生矮小的草本植物进行密植，经修剪形成平整的人工草地。草坪空间具有视野开阔的特点，可以增加景深和层次，并能充分衬托广场形态美感； （2）选用的草本植物要具有个体小、枝叶紧密、生长快、耐修剪、适应性强、易成活等特点，常用的有：野牛草、早熟禾、剪股颖、黑麦草、假俭草等	一般布置在广场的辅助性空地，供观赏、游戏之用，也有用草坪作广场的主景
广场花坛、花池	花坛、花池的形状要根据广场的整体形式来安排，常见的形式有花带、花台、花钵及花坛组合等（图 9-16d）	布置位置灵活多变，可放在广场中心，也可布置在广场边缘、四周，可根据具体情况具体安排
广场花架	在广场中起点缀作用，同时也可以利用花架进行空间组合，为居民提供休息、乘凉的场所	一般用于非政治性广场，多设在小型休闲娱乐广场的边缘

（a）规则式种植

（b）集团式种植

（c）自然式种植

（d）花坛、花池式种植

图 9-16　广场植物造景形式

9.2.3.3　广场植物景观营造应注意的问题

在进行广场植物造景时应注意以下几个问题：

（1）根据人流进行植物配置造景，避免人流穿行和践踏草坪景观，在有大量人流经过的地方不进行植物配置，必要时设置栏杆，禁止行人穿过；

（2）合理安排植物与管线的关系，注意树木种植的位置，要合理避让地下管线和地上杆线，在种植设计前要按照距离要求定出具体尺寸。最重要的是热力管线，一定要按规定的距离设计；

（3）花草树木要和道路、路灯、座椅、栏杆、垃圾箱等市政设施很好地配合，最好是一次性施工完成，并能统一设计；

（4）根据景观需要，尽可能选用大规格苗木。广场是人流集中的地方，应尽快形成广场的完整面貌。

9.3　居住区绿地的植物造景

9.3.1　居住区绿地植物造景的原则

居住区绿地以植物造景为主进行布局，充分发挥绿地的卫生防护功能。居住区绿化中既要有统一的格调，又要在布局形式、树种的选择等方面做到多种多样、各具特色，提高居住区绿化水平。为了达到良好的居住区植物景观效果，需要遵循以下原则：

（1）实用性。环境不仅要求幽雅舒适，而且需与周边环境设施协调。

（2）经济性。因地制宜，结合环境，注重分散与集中兼顾，便于管理。

（3）先进性。在满足现在用户需求的同时，要考虑可持续发展，为时代的发展、环境景观的深化，留有发展余地。

（4）开放性。将封闭的绿地进行开放，满足人的基本生活需求。

（5）多样性。乔、灌、草、地被、花卉的合理组合，常绿与落叶植物的搭配等，都要充分注意生物的多样性，保持群落的良性循环。

9.3.2　居住区植物选择的要求

在居住区绿化中，为了更好地创造出舒适卫生、宁静优美的生活、休息、游憩的环境，在植物的选择上要注意以下几点：

（1）根据绿化生态功能的需要，选择具有良好生态效益的植物。如具有杀菌、滞尘、香化等功能；

（2）根据四季景观，选择适应居住区特殊生境的植物，如耐瘠薄、耐干旱、抗污染的植物；

（3）选择耐粗放管理的植物，如榔榆、珊瑚树、构树、火炬树、臭椿等；

（4）选择无飞絮、无毒、无刺和无污染的品种。在儿童游戏场的运动场、活动场周围，忌用带刺、有毒、大量飞毛、落果的植物，如夹竹桃、花椒、玫瑰、黄刺玫、漆树、枸骨、悬铃木、构树等；

（5）选择多种攀援植物，注重垂直绿化，如地锦、凌霄、常春藤、络石、金银花、紫藤、扶芳藤等。

除了考虑一般的观赏及生态功能外，还应注意植物对建筑结构的影响，如在1～2层的住宅旁需避免栽植树体大、需水量多的树木；不宜在朝南的窗边栽植常绿的大乔木；选择花粉量少、分泌释放物对人体健康无影响的植物等。

9.3.3　居住区各类绿地的造景布置

9.3.3.1　中心公共绿地

居住区公园和小区游园是居住区的公共活动中心，应以绿化为主，树木、草坪、花卉相结合栽植，最好结合自然地形、水体，创造出自然、活泼、别致的小环境，还可配备健身设施。

1. 居住区公园

此类公园绿地面积比较大，服务半径为 500～1000m。居住区公园的各项布局与城市小公园相似，设施比较齐全，内容比较丰富，有一定的地形地貌、小型水体、园林小品、活动设施等。因而可利用植物配置来划分功能区和景区，使植物景观的意境和功能区的作用相一致。如在老人活动、休息区，可适当地多种一些常绿树。在体育运动场地内，可种植冠辐较大、生长健壮的大乔木，为运动员休息时遮阴。

居住区公园布置紧凑，各功能分区或景区间的节奏变化比较快，因而在植物选择上也应及时转换，符合功能或景区的要求。居住区公园与城市公园相比，游人成分单一，游园时间比较集中，多在早晚，特别是夏季的晚上。因此，要在绿地中加强照明设施，避免人们在植物丛中因黑暗而造成危险；另外，也可利用一些香花植物进行配置，如白兰花、白玉兰、含笑、蜡梅、丁香、桂花、结香、栀子、玫瑰、素馨等，形成居住区公园的特色。

2. 居住区小游园

小游园面积相对较小，功能也较简单，为居民提供茶余饭后活动休息的场所，利用率高，因而在植物配置上要求精心、细致、耐用。

小游园以植物造景为主，考虑四季景观，如要体现春景，可种植垂柳、玉兰、迎春、连翘、海棠、樱花、碧桃等，使得春日时节，杨柳青青，春花灼灼；而要体现夏景，则宜选悬铃木、栾树、合欢、木槿、石榴、凌霄、蜀葵等，炎炎夏日，绿树成荫，繁花似锦。

在小游园还要因地制宜地设置花坛、花境、花台、花架、花钵等，这些植物应用形式有很强的装饰效果和实用价值，为人们休息、游玩创造良好的条件。

小游园绿地多采用自然式布置形式，自由、活泼，易创造出自然而别致的环境。植物配置也模仿自然群落，与建筑、山石、水体融为一体，体现自然美。当然，根据需要也可采用规则式或混合式。

9.3.3.2　组团绿地

组团绿地的用地面积虽然不是很大，但离居住区近，居民能就近方便使用，尤其是少年儿童和老人，经常去这里活动。在植物配置时要考虑到他们的生理和心理的需要。利用植物围合空间，尽可能地植草种花，达到"乔、灌、草兼有，终年保持丰富"的绿貌，形成"春花、夏绿、秋色、冬姿"的美好景象。但种植植物应避免靠近住宅，以免造成底层住宅阴暗潮湿及通风不良等负面的影响。组团绿地应以花草树木为主，充分利用楼间空地、组团入口或组团内不规则的空地进行绿化，增加绿量，并利用绿地景观加强组团的可识别性。

9.3.3.3　宅旁庭院绿地

宅间绿地是居民使用最频繁的室外空间，是居民每天必经之处，带有"半私有"性质，处在居民日常生活的视野之内。宅间绿地应以绿化为主，绿地率要在 90%～95%，树木花草要具有较强的季节性，植物配置要有明显的季相变化，使宅间绿地具有浓厚的时空特点，让居民感受到强烈的生命力。

要根据庭院的大小、高度、色彩、建筑物的风格，选择合适的植物品种。一些形态优美的树木可消除建筑物的僵硬感；地下管线的检查口宜选用一些铺地植物或小灌木来遮挡。

可根据住户的爱好进行居住区宅旁庭院绿地配置，以提高居民栽花种草的积极性，形成具有个性的绿化景观。

宅旁绿地植物景观营造应注意以下几点：

1. 布局、树种选择要多样性

行列式住宅容易造成单调感，甚至不易分辨。因此要选择不同的植物种类，不同的种植方式，作为识别的标志。比如可以用观花、观果植物来布置，如葡萄、草莓、枸杞、柑橘、枇杷、杨梅、无花果、麦冬、桂花等，形成富有情趣的特色绿地。

2. 适地适树

住宅周围常因建筑物的遮挡造成大面积的阴影，宜选择耐阴的植物种类，如桃叶珊瑚、罗汉松、十大功劳、珍珠梅、金银木、玉簪、紫萼、麦冬等。植物的栽植不要影响住宅的通风采光，尤其是南向窗前不要栽植大乔木。

3. 科学性

住宅附近管道密集，树木的栽植要算准距离，尽量减少二者之间的相互影响。要注意尺度感，以免由于树种选择不当而造成拥挤、狭窄的不良心理反应，并且容易形成窝藏垃圾的死角。

9.3.3.4　专用绿地

专用绿地即居住区配套公用建筑所属绿地。配置时要注意结合周围环境，如幼儿园应配置可供儿童游戏的绿地；学校应配置体育运动绿地；中老年活动中心应设置适合休息、活动的风景优美的绿化空间。居住区的专用绿地要处理好空间的分隔、防止阳光西晒、阻隔噪声、净化空气，营造良好的居住环境。

9.3.3.5　道路绿地

居住区道路绿化布置要根据道路的断面组成、走向和管线铺设情况综合考虑：

（1）行道树带宽一般不小于1.5m，主干高不低于2m，要能够为行人遮阴又不影响车辆的通行，保持视线的通畅；

（2）行道树树种不宜与城市道路的树种相同，要体现居住区的特色，使乔木、灌木、绿篱、草地、花卉相结合，显得更为生动活泼；

（3）可在道路旁边种植高大的乔木、浓密的灌木、鲜艳的花卉及绿色的草坪，也可一侧以草坪为主、一侧以乔灌结合的方式进行道路绿化；

（4）在道路交叉口的视距三角形内，不宜栽植高大乔木、灌木，避免妨碍驾驶员的视线；

（5）道路与建筑之间宜形成草坪、灌木、乔木的多层次复合绿地，以利防尘和阻挡噪声；通过树木的季相搭配以增强居民的时间变迁感，使道路空间更具有自然的气息。

9.4　建筑与植物造景

园林植物与建筑的配置是自然与人工美的结合。植物丰富的自然色彩、柔和多变的线条、优美的姿态及风韵都能增添建筑的美感，使建筑与周围的环境更为协调。

9.4.1　建筑与园林植物

运用植物可以衬托、软化建筑物生硬的轮廓。较为庄重且视野宽阔的大型建筑物，可采用树体高大、树冠开阔的树种，如雪松；小型建筑宜选用姿态雅致、色彩鲜艳、具芳香的树种。

在色彩上，植物的颜色与建筑物的色彩对比越明显，观赏效果越好。

植物的选择，无论是体形大小还是色彩浓淡，必须同建筑的性质、体量相适应，植物的配置方式也要与建筑的形式、风格以及建筑在绿地中所起的作用联系起来，这样才能发挥植物陪衬和烘托的作用，协调建筑和环境的关系，丰富建筑的艺术构图，完善建筑的功能（图 9-17）。

图 9-17　建筑与植物造景

9.4.2　建筑入口及门、窗的植物配置

9.4.2.1　建筑入口及门的植物配置

园林中建筑入口及门的应用很多，其造型也有很多，可以充分利用门的造型，以门为框，通过植物配置，与路、石等形成精细的艺术构图，不但可以入画，还可以扩大视野，延伸视线。

建筑物入口的植物配置是视线的焦点，起到标志性作用，一般采用对称式的种植设计。根据建筑类型，既可采用树形规整的乔木、整形灌木或花灌木、花坛等，也可树木与花坛结合，但应首先满足功能要求，不能遮挡视线（图 9-18）。

图 9-18　建筑入口处植物配置

9.4.2.2　窗的植物配置

窗也可以作为框景的材料充分利用，坐在室内，透过窗框，看窗外的植物配置，俨然一

幅生动画面。

由于窗框的尺度是固定不变的，而植物却不断生长，体量逐渐增大，会破坏原来的画面，因此要选择生长缓慢，变化不大的植物，如南天竹、孝顺竹、芭蕉、苏铁、棕竹等，适合小庭院应用。近旁可配些尺度不变的石笋石、湖石，增添其稳固感（图9-19）。这样有动有静，构成相对稳定持久的画面。为了突出植物主题，窗框的花格不宜过于花哨，以免喧宾夺主。

图 9-19　窗与植物配置

9.4.3　墙的植物配置

现代园林中，一般的墙体绿化常选用藤本植物，或经过整形修剪及绑扎的观花、观果灌木，辅以各种球根、宿根花卉作为基础栽植，在欧洲甚至用乔木来美化墙面。常用种类如爬山虎、五叶地锦、紫藤、木香、藤本月季、凌霄、金银花、葡萄、铁线莲、常春油麻藤、鸡血藤、绿萝、迎春、何首乌、连翘、火棘等。

9.4.3.1　墙体的色彩与植物的颜色

白粉墙常起到画纸的作用，通过配置观赏植物，用其自然的色彩与姿态作画，植物的枝、叶、花、果跃然墙上（图9-20）。常用的植物有红枫、南天竹、芭蕉、山茶、杜鹃花、枸骨、石榴、木香、孝顺竹、紫竹等。欲取姿态效果的常选用一丛芭蕉或数枝修竹；为加深景深，可在围墙前做些高低不平的地形，将高低错落的植物栽于其上，使墙面若隐若现，产生远近层次延伸的视觉效果。灰白色墙壁前宜配置红花、红叶树种，如红花檵木、红枫、紫玉兰、紫荆等；红色墙壁前则宜配置开白花或黄花的玉兰、迎春、连翘等。若墙面是黑色的，宜配置开白花植物，如木绣球。

图 9-20　墙与植物配置

9.4.3.2 墙前的基础栽植

墙前的基础栽植宜采用规则式，与墙面平直的线条取得一致。但应充分了解植物的生长速度，掌握其体量和比例，以免影响室内采光。在一些花格墙或虎皮墙前，宜选用草坪和低矮的花灌木以及宿根、球根花卉。高大的花灌木会遮挡墙面的美观，变得喧宾夺主。

9.4.4 角隅的植物配置

建筑角隅的线条生硬，但在转角处常成为视觉焦点。通过植物配置来缓和最为有效，宜选择观赏性强的观果、观叶、观花或观枝干的植物成丛配置，并有适当的高度，最好在人的水平视线范围内（图 9-21）。也可略作地形，竖石栽草，再栽些优美的花灌木组成一景。

图 9-21 角隅的植物配置

9.5 水体与植物造景

9.5.1 水体绿化植物选择

绿地中的各种水体，无一不借助树木花草来创造丰富的水体景观。水体给人以清澈、柔和开怀的感觉，在进行水体绿化配置时宜强化其宁静效果，形成幽静、含蓄的氛围。

（1）一般以选择耐水湿、线条柔和的绿叶植物为好，如垂柳、垂枝樱、龙爪槐、迎春等；

（2）外形峭立的水松、池杉、落羽杉等若在水边配置，则宜丛植，不宜孤植；

（3）流水旁边宜配置落花的花木，如桃、李、梅、杏、梨、樱花等，树下配置耐阴灌木如杜鹃、山茶等；

（4）飞瀑旁宜用松、枫及藤蔓象征山崖的险要；

（5）溪谷宜用竹、桃、柳等；

（6）水中之岛可配置南天竹、棕榈、罗汉松、杜鹃花、桃叶珊瑚、八角金盘、木芙蓉等；

（7）水滨宜种落羽杉、池杉、水杉、柳、樱花、蜡梅、梅、桃、棣棠、锦带花、迎春、连翘、紫薇、月季等，作为湖面背景的乔灌木配置，沿湖以远，要层层搭配，留出水景透视线；

（8）岸边植物的配置，可根据设计意图需要或形成宁静的"垂直绿障"，或以树木（如红枫、香樟）为主景，或是与湖石结合，利用花草镶边配置花木，加强水景趣味，丰富水边的色彩。

通常在水体旁边忌规则式配置，宜有远有近、有疏有密、有高有低、弯弯曲曲。

9.5.2　水体植物配置的原则

水体的植物配置必须符合以下几个原则：

（1）生态性原则。

种植在水边或水中的植物在生态习性上有其特殊性，植物应耐水湿，或是各类水生植物，自然驳岸更应注意。

（2）艺术性原则。

水给人以亲切、柔和的感觉，水边配置植物时宜选树冠圆浑、枝条柔软下垂或枝条水平开展的植物，如垂枝形、拱枝形、伞形等。宁静、幽静环境的水体周围，宜以浅绿色为主，色彩不宜太丰富或过于喧闹；水上开展活动的水体周围，则以色彩喧闹为主。

（3）多样性原则。

根据水体面积大小，选择不同种类、不同形体和色彩的植物，形成景观的多样化和物种的多样化。

9.5.3　水体的植物配置

9.5.3.1　水边的植物配置

水边可以栽植垂柳，形成柔条拂水之美感，同时在水边种植落羽杉、池杉、水杉及具有下垂气根的小叶榕等，均能起到线条构图的作用。但水边树木配植切忌等距种植及整形式修剪，以免失去画意（图9-22a、b）。

在构图上，注意应用探向水面的枝、干，尤其是似倒未倒的水边大乔木，以起到增加水面层次和富有野趣的作用。

9.5.3.2　驳岸的植物配置

驳岸分土岸、石岸、混凝土岸等，其植物配置的原则是既能使山和水融成一体，又对水面的空间景观起到主导作用（图9-22c、d）。

土岸边的植物配置，应结合地形、道路、岸线布局，有近有远，有疏有密，有断有续，曲曲弯弯，自然有趣。

石岸线条生硬、枯燥，树木配置的原则是露美、遮丑，使之柔软多变，一般岸边配置垂柳和迎春，让细长柔和的枝条下垂至水面，遮挡石岸，同时配以花灌木和藤本，如变色鸢尾、黄菖蒲、燕子花、地锦等来局部遮挡（忌全覆盖，不分美、丑），增加活泼气氛。

9.5.3.3　水面的植物配置

水面景观低于人的视线，与水边景观相呼应，加上水中倒影，最宜观赏。水中植物配置可以用荷花，以体现"接天莲叶无穷碧，映日荷花别样红"的意境。但若岸边有亭、台、楼、阁、榭、塔等建筑时，或设计种有优美树姿、色彩艳丽的观花、观叶树种时，则水中植物配置切忌拥塞，留出足够空旷的水面来展示倒影（图9-22e）。

9.5.3.4 堤、岛的植物配置

水体中设置堤、岛是划分水面空间的主要手段。堤常与桥相连，而堤、岛的植物配置，不仅增添了水面空间的层次，而且丰富了水面空间的色彩，倒影成为主要景观。岛的类型很多，大小各异。环岛以柳为主，间植侧柏、合欢、紫藤、紫薇等乔灌木，疏密有致，高低有序，增加层次，具有良好的引导功能（图 9-22f）。

（a）水边的植物配置（一）

（b）水边的植物配置（二）

（c）驳岸的植物配置（一）

（d）驳岸的植物配置（二）

（e）水面的植物配置

（f）堤、岛的植物配置

图 9-22 水体的植物配置

第 10 章 园林绿化养护管理

园林绿化养护管理的内容主要包括园林植物的土壤管理、施肥管理、水分管理、光照管理、树体管理、整形修剪、自然灾害和病虫害防治、看管围护以及绿地的清扫保洁等。

10.1 土肥水的管理

10.1.1 土壤管理

10.1.1.1 松土除草

松土除草亦可称作"无水灌溉"。

1. 松土除草时间

绿化栽植后应及时松土除草，做到"除早、除小、除了"，早春杂草初发时抓紧时机结合松土进行，生长季节要随见随除。具体时间应在天气晴朗时或初晴之后，要选土壤不过干又不过湿时进行，才可获得最大的保墒效果。

2. 松土除草要求

要认真细致，做到不伤根、不伤皮、不伤梢，杂草除净，土块、石块拣净，并给树木根部适当培土。

3. 化学除草

当绿地面积较大、劳动力紧张时，可采用化学除草。生产上常用的除草剂有：草甘膦、氟乐灵、扑草净、百草敌、西玛津、敌草隆、茅草枯等，使用除草剂时一定要注意保护好园林植物。

另外，杂草也是生态系统中生物多样性的重要组成部分，除了对一些生长势过强、确实有碍观瞻的杂草要及时清除以外，其余杂草应允许它们与园林植物"和平共处"，以减少人工除杂的工作量。

10.1.1.2 地面覆盖与地被植物

1. 地面覆盖

（1）覆盖材料。

以就地取材、经济实用为原则，如水草、稻草、豆秸、树叶、树皮、锯屑、马粪、泥炭等均可利用（图 10-1、图 10-2）。在大面积粗放管理的园林中还可将草坪上或树旁刈割下来的草头堆于树盘附近进行覆盖。国外多用树皮打碎以后进行地面覆盖。上海一些新种的大树也有用陶粒进行树盘的覆盖。

（2）覆盖厚度。

一般常在生长季节土温较高而干旱时在树盘下进行覆盖，厚度通常以 3~6cm 为宜，过厚会影响生长。

图 10-1 树皮覆盖

图 10-2 草垫覆盖

2. 种植地被植物

用地被植物作为活的覆盖物是最为理想的做法，可以形成一个非常接近自然的植物群落，符合生态优先和可持续发展的原则。

地被植物可以是紧伏地面的多年生植物，也可以是一、二年生较高大的绿肥作物（图 10-3、图 10-4）。

图 10-3 种植红花酢浆草

图 10-4 种植紫云英

（1）地被、绿肥植物选择要求。

应选择适应性强，有一定耐阴性，覆盖作用好，繁殖容易，与杂草竞争能力强，但与树木生长矛盾不大，并有一定观赏或经济价值的植物。

在地被植物的选择上除了注意色彩、形态的协调外，还要考虑植物的生长习性是否接近或互补以及植物之间的相生相克等问题。

（2）常用地被、绿肥植物种类。

常用的草本地被植物有：石竹类、鸢尾类、麦冬类、玉簪类、铃兰、酢浆草、勿忘我、萱草、二月兰、丛生福禄考、吉祥草、蛇莓、石碱花、沿阶草、苜蓿、紫云英等。

木本地被植物有：地锦类、金银花、木通、扶芳藤、常春藤类、络石、菲白竹、葛藤、裂叶金丝桃、铺地柏、野葡萄、凌霄类等。

10.1.2 施肥管理

10.1.2.1 施肥的时期和次数

生产上根据肥料性质以及施用时期，施肥一般分为基肥和追肥两种类型。

1. 基肥

基肥分秋施基肥和春施基肥。

（1）秋施基肥。

秋施基肥正值根系又一次生长高峰，伤根容易愈合，并可发出新根。结合施基肥，再施入部分速效性化肥，可以增强树木的越冬性，为来年生长和发育打好物质基础。

增施有机肥作基肥可提高土壤孔隙度，使土壤疏松，减少根际冻害；而且有机质腐烂分解的时间较充分，可提高矿质化程度，翌春可及时供给树木吸收和利用，促进根系生长。

（2）春施基肥。

如果有机物没有充分分解，肥效发挥较慢，早春不能及时供给根系吸收，到生长后期肥效才发挥作用，往往会造成新梢的二次生长，对树木生长发育不利，特别是对某些观花、观果类树木的花芽分化及果实发育不利。

2. 追肥

追肥又称补肥，分为前期追肥和后期追肥。

前期追肥又分生长高峰期追肥、开花前期追肥、花后追肥及花芽分化期追肥。具体追肥时期与地区、树种、品种及树龄等有关，应依据植物各物候期特点进行追肥。

对观花树木来说，花后追肥与花芽分化期追肥比较重要，尤以花谢后追肥更为关键。观果树木在果实膨大期施一次氮、磷、钾配方的壮果肥，可取得较好效果。具体施肥时期则需视情况合理安排，灵活掌握。有营养缺乏征兆的树木可随时追肥。

10.1.2.2 施肥方法

根据植物对肥料元素的吸收部位，园林树木施肥主要有土壤施肥和根外追肥。

1. 土壤施肥

土壤施肥的方法主要有地表施肥、沟状施肥、穴状施肥、打孔施肥等，具体采用什么方法，需根据园林植物的种类、肥料种类、土质等而定。施肥方法及操作见表10-1。

常见施肥方法及操作

表10-1

施肥方法		施肥具体操作	适用类型
地表施肥		结合松土或浇水对生长在裸露土壤上的小树进行撒施，使肥料进入土层。注意不要在树干30cm以内干施化肥，否则会造成根茎和干基的损伤	主要适用于园林中的草坪和地被及小灌木
沟状施肥	环状沟施（分为全环状沟施和半环状沟施）	沿树冠滴水线外缘，挖宽30～40cm、深达密集根层附近的环状沟，将肥料或肥料与适量的土壤充分混合后施入沟内，上面覆土踩实，使之与地面平齐（图10-5c）	这种方法可保证树木根系吸肥均匀，适用于青、壮龄树
	放射状沟施	从离干基约1/3树冠投影半径的地方开始至滴水线附近，等距离间隔挖4～8条宽30～60cm、深达根系密集层，内浅外深、内窄外宽的辐射状沟，施肥后覆土踩实（图10-5a）	这种方法可保证树盘内的根也能吸收肥分，对壮、老龄树适用
	条状沟施	在树木行间或株间开2～4条宽30～40cm、深达密集根层附近的条状沟，施肥后覆土踩实（图10-5b）	多适用于呈行列式布置的树木
穴状施肥		在树冠正投影线的外缘，挖掘数个分布均匀的洞穴，将肥料施入后覆土踏实，使之与地面平齐（图10-5d）	此法操作简便省工，多用于园林中的灌木和小乔木

续表

施肥方法	施肥具体操作	适用类型
打孔施肥	在施肥区用普通钢钎每隔 60～80cm 打一个 30～60cm 深的孔，将额定施肥量均匀地施入各个孔中，然后用表土堵塞孔洞、踩紧	此方法是从穴状施肥衍变而来的，可使肥料遍布整个根系分布区。通常大树或草坪上生长的树木采用此法
水施	与喷灌、滴灌结合进行施肥（图 10-5e）	水施供肥及时，肥效分布均匀，既不伤根系，又能保护土壤结构，节省劳力，肥料利用率高，是一种很有发展潜力的施肥方式

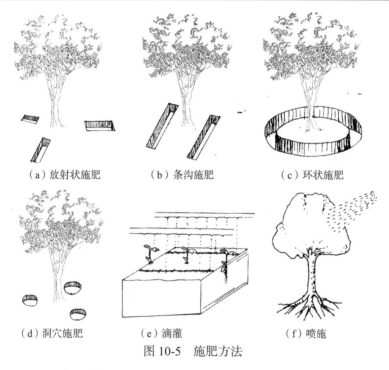

（a）放射状施肥　　（b）条沟施肥　　（c）环状施肥

（d）洞穴施肥　　（e）滴灌　　（f）喷施

图 10-5　施肥方法

除了以上几种施肥方法外，还有微孔释放袋施肥、树木营养钉和超级营养棒等方法。

肥料施入后应当尽可能地进行覆盖，特别是化学肥料。土壤施肥还应注意施肥位置的恰当，对于大多数木本园林植物而言，开沟、开穴最适合的位置是树冠垂直投影线的前后，因此处的吸收根最多。每年还应变换不同的施肥位置，使根系生长平衡。

2. 根外追肥

根外追肥是通过树木叶片、枝条和树干等地上器官进行喷、涂或注射，使营养直接进入树体的方法。根外追肥分为叶面喷肥和树干注射。

（1）叶面喷肥。

叶面喷肥，是将尿素、硝酸铵或专用的叶面配方肥按一定比例兑水稀释后，用喷雾器喷施于叶面，直接被树叶吸收利用（图 10-5f）。施用的浓度控制在 0.5‰～1‰。此法简单易行，宜作为土壤施肥的一种补充。

叶面喷肥一般喷后 15min～2h 即可被树木叶片吸收利用，其吸收强度和速度与叶龄、肥料成分、溶液浓度等有关。

1）幼叶较老叶吸收速度快，效率高。

2）叶背较叶面气孔多，利于渗透和吸收，因此，应对树叶正反两面进行喷雾。

3）肥料种类不同，进入叶内的速度有差异，如硝态氮喷后 15min 可进入叶内，而铵态氮需 2h；硝酸钾 1h，而氯化钾只要 30min；硫酸镁需 30min，氯化镁只需 15min。通常碱性溶液中的钾渗入速度比酸性溶液的快。

叶面喷肥要在空气湿度较大的时候效果较好，可使肥液不易干燥，有利于延长叶片对肥料的吸收，因而夏季最好在上午 10 时以前和下午 16 时以后喷雾，以免气温高，溶液很快浓缩，影响喷肥效果或导致药害。

（2）树干注射。

树干注射是通过在树干、树枝的韧皮部注射营养肥料来供应树木营养的施肥方法。其操作方法是将营养液装在一种专用的容器中，系在树上，将针管插入木质部，甚至髓心，慢慢吊注数小时或数天。

10.1.2.3 施肥注意事项

在进行施肥管理的时候要注意以下几点：

（1）应选天气晴朗、土壤干燥时施肥。阴雨天由于树根吸收水分慢，不但养分不易吸收，而且肥分还会被雨水冲失，造成浪费。

（2）有机肥料要充足发酵、腐熟，切忌用生粪；化肥必须完全粉碎成粉状，不宜成块施用。

（3）由于树木根群分布广，吸收养料和水分全在须根部位，因此，施肥要在须根部的四周，不要靠近树干。

（4）根系强大，分布较深远的树木，施肥宜深，范围宜大，如油松、银杏、臭椿、合欢等；根系浅的树木施肥宜浅，范围宜小，如法桐、紫穗槐及花灌木等。

（5）施肥后（尤其是追化肥），必须及时适量灌水，使肥料渗入土内。

（6）基肥因发挥肥效较慢，应深施；追肥肥效较快，宜浅施，供树木及时吸收。

（7）氮肥在土壤中移动性较强，可以浅施渗透到根系分布层内，被树木吸收；钾肥的移动性较差，磷肥的移动性更差，宜深施至根系分布最深处。

（8）沙地、坡地、岩石易造成养分流失，施肥要深些。

（9）城市绿地施肥，在选择肥料种类和施肥方法时，应考虑到不影响市容卫生，散发臭味的肥料不宜施用。

10.1.3 水分管理

10.1.3.1 灌水

要做到科学合理的灌溉，应掌握灌水时间、灌水时期、灌水量和灌水方法四个重要因素。

1. 灌水时间

灌水时间主要取决于温度：

（1）夏季。

宜在清晨或傍晚灌水，中午气温太高，灌水使土温骤降，抑制根系吸水，同时，蒸腾作用因表面突然冷却而骤减，造成植物体内温度高，易造成植株萎蔫。

（2）冬季。

冬季的灌水时间，有些说是"适宜在中午灌水，这时温度较高，水比较容易被吸收。"

这样的说法也会受到质疑，冬季中午气温和土温都升高了，而水温因水管埋在土里往往没有升高，因此中午灌水使水温和土温的差异可能比早晨还大，更不适宜灌水。

较为合理的做法是：看水温和土温的差异大小。不适宜在差异大的时候灌水，而应该在差异小的时候灌水，最好把水温和土温的差异控制在 5℃以下。

2. 灌水时期

树木在一年中各个物候期的灌水，除栽植时要浇大量的定根水外，可分为休眠期灌水和生长期灌水。

（1）休眠期灌水。

在秋冬和早春进行。在我国东北、西北、华北等地降水量较少，冬春又严寒干旱，休眠期灌水十分必要。秋末冬初灌水一般称为灌"冻水"或"封冻水"，可提高树木越冬能力，并可防止早春干旱；对于边缘树种、越冬困难的树种以及幼年树木等，灌冻水更为必要。

（2）生长期灌水。

分为花前灌水、花后灌水、花芽分化期灌水。

1）花前灌水　花前及时灌水补充土壤水分的不足，是促进树木萌芽、开花、新梢生长和提高坐果率的有效措施，同时还可以防止倒春寒、晚霜的危害。

2）花后灌水　多数树木在花谢后进入新梢速生期，如果水分不足，会抑制新梢生长，观果树此时如果缺少水分也会引起大量落果，因此需在花后灌水。

3）花芽分化期灌水　此时期灌水对观花、观果树木非常重要，因为树木一般是在新梢生长缓慢或停止生长时开始花芽的形态分化，如果水分不足会影响果实生长和花芽分化。因此，在新梢停止生长前及时而适量地灌水，可促进春梢生长，抑制秋梢生长，有利花芽分化及果实发育。

3. 灌水量

灌水量可从土壤质地、气候和园林植物特性三方面加以考虑，并在实践中灵活掌握运用"见干见湿"和"灌饱浇透"这两个原则，目前还没有通用的定量指标。

（1）在有条件灌溉时，要灌饱灌足，切忌表土打湿而底土仍然干燥；

（2）适宜的灌水量一般为土壤最大持水量的 60%～80%；

（3）一般已达花龄的乔木，大多应浇水令其渗透到 80～100cm 深处；

（4）一些养护水平高的草坪，是以表土 15cm 处湿润为"度"；

（5）同量的水，做一次深灌，要比分 2～3 次浇灌维持得更久，抗旱能力更强；

（6）耐旱树种灌水量要少些，不耐旱的树种灌水量要多些；

（7）在盐碱地灌水量每次不宜过多，以防返碱和返盐；

（8）土壤质地轻、保水保肥力差的，也不宜大水灌溉，以免土壤中的营养物质随水流失。

4. 灌水方法

依据园林绿地的地形、配置方式和规模大小，最常用的灌水方法有喷灌、用胶管浇灌和用水车运水浇灌三种。在园林绿地中，喷灌以其经济、高效而得到越来越广泛的应用，特别是园林花灌木和草本。

（1）喷灌特点。

1）洒水面积较大而均匀，水滴直径和喷灌强度可根据土壤质地和透水性大小进行调整，能达到不破坏土壤的团粒结构，保持土壤的疏松状态，不产生土壤冲刷，使水分都渗入土层内，基本上不会引起地表径流，可减少对土壤的破坏；

2）喷灌不会产生深层渗漏，可节约用水 20% 以上，对渗漏性强、保水性差的沙质土壤可节水 60%～70%；

3）能调节绿地的小气候，提高空气湿度，降低高温、低温、干风对树木的影响；

4）喷灌工效高，适于机械化操作，节省劳动力；

5）可以配合施肥、喷药及除草剂，节省管理用工；

6）适应性强，不受地形坡度和土壤透水性的限制，喷灌对土地平整的要求不高，一些由于造景要求而地面变化较大的园林绿地，更适宜采用喷灌。

（2）注意要点。

1）使用喷灌时应注意，风力在 3～4 级时应停止喷灌。在风较大的情况下，难以做到灌水均匀，而且蒸发损失、地面流失都会较高。由于水喷洒到空中，比在地面时的蒸发量大，尤其在干旱季节，空气湿度相对较低，蒸发量更大，水滴降低到地面前可以蒸发掉 10%，因此，可以在夜间风力小时进行喷灌，减少蒸发损失。其中喷灌强度、喷灌均匀度和雾化指标为喷灌技术的三要素。

2）早春或夏季经常性的喷灌，对一些易感病的品种有加重白粉病和其他真菌性病害的可能。

用胶管和用水车运水两种浇灌方法虽然容易引起地表径流，且水的利用率较低，但由于无须预先埋设管道，操作灵活，也被广泛采用。

10.1.3.2 排水

园林绿地的排水主要是在施工时平整园地，不使坑洼或隆起，并使绿地有一定排水坡度。栽植不宜过深，雨季注意栽植穴底部是否积水，并及时引排。土质黏硬坚实的，要加深加大栽植穴，并在穴底设置排水管道，更换穴内的土壤，然后再种植。

1. 明沟排水

在绿地旁纵横开浅沟，内外连通，将水引导到出口，以排除积水。明沟排水是园林绿地中经常用的排水方法。

如果是成片栽植的绿地，则应全面安排好排水系统，尤其要根据总的集水面积和可能的暴雨量，设置足够大的总排水出口和足够的排水坡度，一般明沟的排水坡度以 0.2%～0.5% 为宜。

小面积的草坪和花坛可在绿地的边缘挖一深度和宽度在 6～8cm 的排水明沟进行排水。

2. 暗沟排水

在地下铺设暗管或用砖石砌筑暗沟，借以排除积水。在积水严重的地方，也可以在栽植前挖深沟，沟底要略倾斜，低的一头有出口，在沟中铺 20～30cm 厚的卵石、炉渣等材料，做成暗的沥水沟，再用土壤将沟填平。

暗沟排水的优点是对地面无影响，能保持绿地原貌，不占地面，便于交通，缺点是工作量较大，造价较高。

3. 地表径流法

开建绿地时将地面整成一个平缓的坡度（0.1%～0.3%），使雨水能顺畅地排入河湖。此法节省费用又不留痕迹，是绿地常用的排水方法。

采用地表径流法应注意：坡度要严格掌握，过陡会引起水土流失，过平则易积水。

10.2　园林树木自然灾害的防治

由于自然条件复杂、不同季节的气候变化，树木经常会遭受到冻害、冻旱、寒害、霜害、日灼、风害、旱害、涝害、雹灾、雪害、雷害、盐害、酸雨以及病虫害等自然灾害的威胁。因此，掌握各种自然灾害的规律，采取积极的预防措施，是保持树木正常生长，充分发挥其综合效益的关键。对于各种灾害都应贯彻"预防为主、综合防治"的方针。在栽植养护过程中，要加强树木的综合管理，促进树木的健康生长，增强其抵抗各种灾害和外界胁迫的能力。

10.2.1　低温伤害的防治

不论是生长期还是休眠期，低温都可能对树木造成伤害，在季节性温度变化大的地区，这种伤害更为普遍。低温既可伤害树木的地上或地下组织与器官，又可改变树木与土壤的正常关系，进而影响树木的生长与生存。

树木忍耐低温的能力受许多非人为控制因素的影响，但是在一定范围内采取合理的预防措施，可以减少低温的伤害。

10.2.1.1　预防低温危害的主要措施

1. 选择抗寒的品种

这是最有效的措施。在栽植前必须了解树种的抗寒性，有针对性地选择抗寒性强的树种。乡土树种和经过驯化的外来树种或品种，已经适应了当地的气候条件，具有较强的抗逆性，应是城市园林绿化的主要树种。新引进的树种，一定要经过试验，证明其有较强的适应能力和抗寒性才能推广。

2. 加强栽培管理

加强栽培管理（尤其是生长后期管理）有助于树体内营养物质的贮备。树木生长越健壮，积累的营养越多，病虫害越少，在与低温危害的斗争中就越处于优势地位。

（1）春季加强肥水供应，合理运用排灌和施肥技术，可以促进新梢生长和叶片增大，提高光合效能，增加营养物质的积累，保证树体健壮；

（2）生长后期控制灌水，及时排涝，适量施用磷、钾肥，勤锄深耕，可促使枝条及早结束生长，有利于组织充实，延长营养物质积累的时间，提高木质化程度，增加抗寒性；

（3）正确的松土施肥，不但可以增加根量，而且可以促进根系深扎，有助于减少低温伤害；

（4）在整个生长期中还必须加强病虫害的防治。

此外，夏季适期摘心，促进枝条成熟；冬季修剪，减少蒸腾面积及人工落叶等均对预防低温伤害有良好的效果。

3. 改善树木生长的小气候

通过生物、物理或化学的方法，改善小气候条件，减少树体的温度变化，提高大气湿度，促进上下层空气对流，避免冷空气聚集，可以减轻低温、特别是晚霜和冻旱的危害。

改善小气候的常用方法有：设置防护林带、喷水法、加热法、遮盖法、吹风法、设置防风障等。

4. 加强树体保护

加强树体保护的方法很多，常用的有：

（1）灌水法 一般采用灌"冻水"和"春水"防寒。冻前灌水、特别是对常绿树周围的土壤灌水，保证冬季有足够的水分供应，对防止冻旱十分有效；

（2）培土增温法 为了保护容易受冻的树种，低矮的植物可采用全株培土（如月季等），较高大的可在根颈处培土（高30cm）或者西北面培半月形土埂；

（3）搭风障 用草帘、帆布或塑料布等遮盖树木，防寒效果好。此法成本较高，且影响观赏效果。对于珍贵的园林树种可用此法；

（4）其他保护措施 涂白、喷白、主干包草等。为了防止土壤深层冻结和有利于根系吸水，可用腐叶土或泥炭藓、锯末等保温材料覆盖根区或树盘。在深秋或冬初对常绿树喷洒蜡制剂或液态塑料，可以预防或大大减少冬褐现象。

此外，当树木已经萌动、开始伸枝展叶或开花时，根外追施磷酸二氢钾，有利于增加细胞液的浓度，增强抗晚霜的能力。

5. 推迟萌动期，避免晚霜危害

利用生长调节剂或其他方法，延长树木休眠期，推迟萌动，可以躲避早春寒潮袭击所引起的霜冻。方法：

（1）用B9、乙烯利、萘乙酸钾盐（250~500mg/kg）或顺丁烯二酰肼（MH 0.1%~0.2%）溶液，在萌芽前或秋末喷洒在树上，可以抑制萌动；

（2）在早春多次灌返浆水，降低地温（即在萌芽后至开花前灌水2~3次），一般可延迟开花2~3d；

（3）树干刷白或树冠喷白（7%~10%石灰乳），可使树木减少对太阳热能的吸收，使温度升高较慢，发芽可延迟2~3d，从而防止树体遭受早春回寒的霜冻。

10.2.1.2 受害后的养护管理

低温危害发生后，如果树木受害严重，继续培养无价值或已死亡的，应及时清除被害木。多数情况下，低温危害只造成部分组织和器官受害，为了使受低温伤害的植株恢复生机，应采取适当的养护措施。

1. 加强肥水管理

树木如果受害比较严重，不宜立即施肥，即使施肥一般也要到7月份以后，因为过早施肥会刺激枝叶生长，加强蒸腾，而树木输导组织尚未恢复正常的运输功能。如果树木受害较轻，灾害过后可增施肥料，促使新梢萌发、伤口愈合。

2. 加强病虫害预防

树木遭受低温危害后，树势较弱，树体上有创伤，极易受病虫害的侵袭，可结合防治冻害，施用化学药剂。杀菌剂加保湿胶粘剂效果较好，其次是杀菌剂加高脂膜，它们都比单纯使用杀菌剂或涂白效果好。其原因是主剂杀菌剂只起表面消毒和杀菌作用，副剂保湿胶粘剂和高脂膜，既起保湿作用，又起增温作用，这都有利于冻裂树皮愈伤组织形成，从而促进伤口愈合。

3. 合理修剪

低温危害过后，要全部清除已枯死的枝条，为了便于识别受害枝条，修剪可推迟至芽开放后进行。对受害植株重剪会产生有害的副作用，因此修剪中要严格控制修剪量。如果只是枝条的先端受害，可将其剪至健康位置，不要将整个枝条都剪掉，以免过分破坏树形，增加恢复难度。实践证明，经过合理修剪的受害植株，其恢复速度快于重剪或不剪的植株。

4. 伤口保护与修补

树木受到低温危害后按前述的方法合理修剪后，修整伤口，并进行消毒与涂漆、桥接修补或靠接换根。

10.2.2　高温伤害的防治

10.2.2.1　高温伤害的类型

树木高温伤害以仲夏和初秋最为常见。高温对树木的影响，一方面表现为组织和器官的直接伤害——日灼病；另一方面表现为呼吸加速和水分平衡失调的间接伤害——代谢干扰。高温对树木的伤害程度，不但因树种、年龄、器官和组织状况而异，而且受环境条件和栽培措施的影响。

10.2.2.2　高温伤害的防治措施

根据高温对树木伤害的规律，预防高温伤害可采取以下措施：

（1）选择耐高温、抗性强的树种或品种栽植。

（2）在树木移栽前加强抗性锻炼。如逐步疏开树冠和庇荫树，以便适应新的环境。

（3）移栽时尽量保留比较完整的根系，使土壤与根系紧密接触，以便顺利吸水。

（4）树干涂白。涂白可以反射阳光，缓和树皮温度的剧变，对减轻日灼和冻害有明显的作用。此外，树干缚草、涂泥及培土等也可防止日灼。

（5）合理整形修剪。可适当降低主干高度，多留辅养枝，避免枝、干的光秃和裸露。在需要去头或重剪的情况下，应分 2～3 年进行，避免一次透光太多，否则应采取相应的防护措施。在需要提高主干高度时，应有计划地保留些弱小枝条自我遮阴，以后再分批修除。

（6）加强综合管理，能促进根系生长，改善树体状况，增强抗性。生长季要特别防止干旱，避免各种原因造成的叶片损伤，防止病虫危害，合理施用化肥，特别是增施钾肥。必要时还可给树冠喷水或使用抗蒸腾剂。

（7）加强受害树木的管理。对于已经遭受伤害的树木应进行审慎的修剪，去掉受害枯死的枝叶。皮焦区域应进行修整、消毒、涂漆，必要时还应进行桥接或靠接修补。适时灌溉和合理施肥，特别是增施钾肥，有助于树木生命力的恢复。

10.2.3　雷击伤害的防治

生长在易遭雷击位置的树木和高大珍稀古树与具有特殊价值的树木，应安装避雷器，消除雷击伤害的危险。

对于遭受雷击伤害的树木应进行适当的处理加以挽救，但在处理之前，必须进行仔细的检查，分析其是否有恢复的希望，否则就没有进行昂贵处理的必要。有些树木尽管没有外部症状，但内部组织或地下部分已经受到严重损伤，不及时处理就会很快死亡。在外部损害不大或具有特殊价值的树木应立即采取措施进行救助：

（1）撕裂或翘起的边材应及时钉牢，并用麻布等物覆盖，促进其愈合和生长；

（2）劈裂的大枝应及时复位加固并进行合理的修剪，并对伤口进行适当的修整、消毒和涂漆；

（3）撕裂的树皮应切削至健康部分，也要进行适当的整形、消毒和涂漆；

（4）在树木根区施用速效肥料，促进树木的旺盛生长。

10.2.4　风害的防治

园林树木遭受风害主要表现在风折、风倒和树权劈裂上。

10.2.4.1　树木遭受风害的原因

树木遭受风害的原因有三种：一是因为V形分叉或根系；二是因为土壤内渍地下水位高或土层浅根系发育差；三是市政工程对树体地下与地面部分开挖，破坏了树木的根系。

此外，树冠庞大、枝叶浓密、树体高度和修剪状况等对树体的抗风力都有较大影响。

10.2.4.2　风害的防治措施

预防风害可以综合采取以下措施：

1. 选择抗风性强的树种

在种植设计时，易遭风害的地方尤应选择深根性、耐水湿、抗风力强的树种，如悬铃木、枫杨、无患子、香樟和枫香等。此外，应根据不同的地域，不同级别的道路，因地制宜选择或引进各种抗风力强的树种。

2. 合理的整形修剪

正确的整形修剪，可以调整树木的生长发育，保持优美的树姿，做到树形、树冠不偏斜，冠幅体量不过大，叶幕层不过高和避免V形叉的形成。

3. 加固树体的支撑

在易受风害的地方，特别是在台风和强热带风暴来临前，在树木的背风面用竹竿、钢管、水泥柱等支撑物进行支撑，用铁丝、绳索扎缚固定。

4. 改善园林树木的生存环境

在养护管理措施上应根据当地实际情况采取相应的防风措施。如排除积水，改良栽植地的土壤质地，采取大穴换土，适当深栽，合理疏枝、控制树形，定植后立即立支柱，对幼树、名贵树种可设置风障等。

5. 及时扶正和精心养护风倒树木

对于遭受大风危害，折枝、损坏树冠或被风刮倒的树木，应根据受害情况，及时维护。首先对被风刮倒的树木及时扶正，折断的根加以修剪填土压实，通常培土为馒头形，修去部分或大部分枝条，并立支柱。对裂枝要顶起或吊起，捆紧基部伤面，涂药膏促其愈合，并加强肥水管理，促进树势的恢复。对难以补救者应加以淘汰，秋后重新栽植新株。

10.2.5　雪害和雨凇的防治

10.2.5.1　雪害的防治

雪害是指树冠积雪过多，压断枝条或树干的现象。积雪一般对树木无害，但常常因为树冠上积雪过多压裂或压断大枝。另外，因融雪期的时融时冻交替变化，冷却不均也易引起冻害。

在多雪地区，应在雪前对树木大枝设立支柱，枝条过密的还应进行修剪，在雪后及时将被雪压倒的枝条提起扶正，振落积雪或采用其他有效措施防止雪害。

10.2.5.2　雨凇的防治

雨凇（冰挂）对树木也有一定的影响，由于冰层不断地冻结加厚，常压断树枝，对园林树木造成破坏。发生雨凇，可以用竹竿打击枝叶上的冰，并设支柱支撑。

10.2.6　涝害和雨害的防治

涝害和雨害是园林绿地中常见的危害树木的灾害，主要是由于地势处理不当、降雨量过大、树种选择不当、排水不畅等引起的。

10.2.6.1　涝害和雨害的表现

树木受涝后虽然表现出黄叶、落叶、落果、部分枝芽干枯，如果受涝时间较短，除耐淹力最弱的少数树种外，大多数树木能逐渐恢复。

10.2.6.2　防治措施

树木受害后不要急于刨除树木，应积极采取保护措施，促进树势恢复：

（1）及时排除积水；

（2）扶正冲倒的树木，设立支柱防止摇动；

（3）铲除根际周围的压沙淤泥，对裸露根系培土；

（4）及时将受淹的树木表土翻样晾晒，根据天气情况适时遮阴；

（5）对涝后受损较重的树木进行适当修剪，并喷洒消毒药，防止病虫害的滋生和蔓延。

通过这些措施，使受涝后的树木重获生机。

10.2.7　旱害的防治

干旱对树木生长发育影响很大，会造成树木生长不正常，加速树木的衰老，缩短树木的寿命。防止树木发生旱害的根本途径是：

（1）适地适树选栽抗旱性强的树种、品种；

（2）开发水源，修建灌溉系统，及时满足树木对水分的要求；

（3）营造防护林；

（4）在养护管理中及时采取中耕、除草、培土、覆盖等既有利于保持土壤水分又有利于树木生长的技术措施。

10.3　树体的保护与损伤修复

树木的树干和骨干枝上，往往因病虫害、冻害、日灼及机械损伤等原因或人为因素造成伤口。这些伤口，如果不及时治疗、修补，经过长期雨水侵蚀和病菌滋生，容易使内部腐烂形成树洞。因此，对树体进行保护和修补是非常重要的养护措施。

10.3.1　表皮损伤的治疗

树皮受伤以后，有的能自愈，有的不能自愈。为了使其尽快愈合，防止扩大蔓延，应及时对伤口进行处理。治疗方法见表 10-2。

树皮损伤处理方法　　　　　　　　　　　　　　　　表 10-2

表皮损伤类型	处理方法、步骤
伤面不大的枝干	（1）于生长季移植新鲜树皮； （2）涂以 10% 的萘乙酸； （3）用塑料薄膜包扎缚紧
树皮上的伤疤	（1）清洗伤疤； （2）用 30 倍的硫酸铜溶液进行喷涂 2 次（间隔 30min），晾干； （3）用聚硫密封剂封闭伤口； （4）在损伤处粘贴原树皮

表皮损伤类型	处理方法、步骤	
皮部受伤面很大的枝干	于春季萌芽前进行桥接以沟通输导系统，恢复树势。具体方法：	（1）剪取较粗壮的一年生枝条，将其嵌接入伤面两端切出的接口； （2）用细绳或小钉固定； （3）用接蜡、稀黏土或塑料薄膜包扎
		（1）利用伤口下方的徒长枝或萌蘖，将其接于伤面上端； （2）、（3）同上

10.3.2 树干保护

由于风折使树木枝干折裂，应立即用绳索捆缚加固，然后消毒、涂保护剂。

（1）可用 2 个半弧圈构成的铁箍加固，为了防止摩擦树皮用棕麻绕垫，用螺栓连接，以便随着干茎的增粗而放松；

（2）另一种方法是用带螺纹的铁棒或螺栓旋入树干，起到连接和夹紧的作用。

由于雷击使枝干受伤的树木，应将烧伤部位锯除并涂保护剂。

10.3.3 树木倒伏修复

树木倒伏分为轻度倒状、中度倒状、重度倒状三种类型，分别是指倒伏倾斜角度在 20°、30°、40° 左右。树木倒伏修复方法详见表 10-3。

树木倒伏修复方法 表 10-3

树木倒伏类型	修复方法	具体操作
轻度倒伏	因轻度倒伏对树木生长影响不太大，因此可以不修枝，直接扶直	（1）将倒伏的迎风面树基下部土方挖至 1m 深； （2）用人工或机械推拉，缓缓拉动扶直； （3）对倒伏面立木及软物隔垫支撑，支撑木与倒伏树木的支点成 25°～30°，绑成三角立木支架支撑； （4）将迎风面挖出的土回填，将根系舒展，使之不团根、不窝根； （5）及时进行浇水盖草养护
中度倒伏	按修枝、挖穴、支撑、埋土、养护依次进行	（1）对树木进行修枝整冠，减少扶直过程中树冠下坠的阻力和枝叶蒸发消耗水分； （2）挖穴、扶直（同轻度倒伏）； （3）用双立木支撑斜倒面，在两侧分不同支点和高度进行两点或多点支撑，绑在一起固定好树干不使松动； （4）回填土埋根，分层夯实； （5）立即浇水，并连续浇 3 次透水； （6）等根系稳定、新枝芽长出后及时追施速效肥，辅之抗寒措施安全过冬
重度倒伏	要按重修枝、深挖穴、搞吊扶、支四周依次进行	（1）剪掉大部分三级侧枝，并对大枝伤口喷洒杀菌剂，再涂抹油漆封住伤口； （2）在迎风面挖深穴，在根部喷洒生根粉； （3）用吊车缓慢吊起扶直； （4）将根系舒展开，进行分层覆土； （5）四周进行支架加固； （6）加强浇水、松土、叶面喷施肥料、保湿盖草、防治病虫害等养护措施

10.3.4　树干伤口的治疗

树木的伤口有两类：一类是皮部伤口，包括外皮和内皮；另一类是木质部伤口，包括边材、心材或二者兼有。木质部伤口一般在皮部伤口形成之后产生。树木创伤包括修剪和其他机械损伤及自然灾害等造成的损伤，树木受伤后会对创伤产生一系列的保护性反应。树木腐朽和过早死亡的主要原因是忽视早期伤口的处理。因此树木受伤后，就应尽快对伤口进行处理。处理越快，木腐菌或其他病虫侵袭的机会就越少。

针对不同的伤口种类，有不同的处理方法，详见表 10-4。

树干伤口的处理方法　　　　　　　　　　　　表 10-4

树干伤口类型	处理方法	
因病害、虫害、冻害、日灼或修剪等原因造成的伤口，尤其是直径 2cm 以上的大伤口	（1）先用锋利的刀把伤口四周刮平削光，使皮层边缘成弧形； （2）用浓度为 2%~5% 的硫酸铜溶液（或 0.1% 的升汞溶液、石硫合剂原液等）消毒； （3）涂抹保护剂	保护剂：一般用动物油 1 份、松香 0.7 份、蜂蜡 0.5 份配制，将这几种材料加热熔化拌匀后，涂抹于树体伤口即可
大枝劈裂的伤口	（1）先将落入劈裂伤口内的土和落叶等杂物清除干净； （2）把伤口两侧树皮刮削至露出形成层； （3）用支柱或吊绳将劈裂枝皮恢复原状； （4）用塑料薄膜将伤处包严扎紧，以促进愈合	（1）劈裂枝条较粗的：可用木钉钻在劈裂处正中钻一透孔，用螺丝钉拧紧，使劈裂枝与树体牢牢固定； （2）劈裂枝附近有较长且位置合适大枝的：可用"桥接法"把劈裂的枝条连接上，促进愈合，以恢复健壮的树势； （3）枝条损坏程度不是很严重的：可借助木板固定、捆扎，短期内便可愈合，半年至一年后可解绑； （4）树干被风刮断的大树：可锯成 1~1.5m 高的树桩，视树干粗细高低接 2~4 根接穗，或在锯后把锯面切平刨光，消毒涂药保护后，让其自然发生萌蘖枝，逐渐培养成大树
雷击造成的受伤枝干	（1）将烧伤部位锯除； （2）涂保护剂	

10.3.5　树洞的修补

因各种原因造成的树干上伤口长久不愈合，长期外露的木质部受雨水浸蚀逐渐腐烂，形成树洞。修补树洞的方法有三种，详见表 10-5。

树洞修补方法　　　　　　　　　　　　表 10-5

修补方法	具体操作	
开放法	（1）将洞内腐烂木质部彻底清除，刮去洞口边缘的死组织，直至露出新的组织为止（图 10-6）； （2）同时改变洞形，以利于排水（图 10-7），也可以在树洞最下端插入排水管； （3）用药剂消毒并涂防护剂，防护剂每半年左右重涂一次	树洞不深或树洞过大都可以采用此法

续表

修补方法	具体操作	
封闭法	（1）清除洞内腐烂的木质部； （3）对树洞进行消毒处理； （3）在洞口表面钉上板条； （4）用油灰和麻刀灰封闭，也可直接用安装玻璃的油灰（俗称腻子）封闭； （5）涂以白灰乳胶，用颜料粉面以增加美观；或在上面压上树皮花纹，或钉上一层真树皮	油灰：用生石灰和熟桐油以体积1∶0.35调制
填充法	（1）清理树洞，消毒处理； （2）在树洞内立一木桩或水泥柱作支撑物，其周围固定填充物，填充物从底部开始，每20～25cm为一层，用油毡隔开，略向外倾斜，以利于排水，填充物与洞壁之间距离为5cm为宜； （3）树洞灌入聚氨酯，使填充物与洞壁连成一体； （4）再用聚硫密封剂封闭； （5）最后粘贴树皮	树洞大，边材受损时，可采用实心填充； 填充物：最好是水泥和小石砾的混合物。如无水泥，也可就地取材

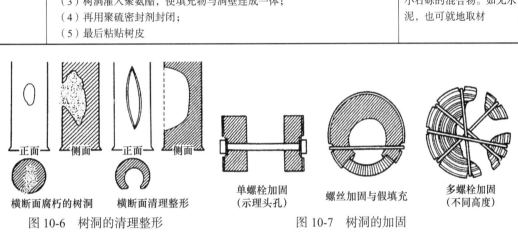

图 10-6　树洞的清理整形　　　　　图 10-7　树洞的加固

10.3.6　树干涂白

为了防治病虫害和延迟树木萌芽，避免低温、日灼危害，往往应给树干涂白。涂白剂配制及涂白方法见表10-6。

涂白剂的配制及涂白方法　　　　　表 10-6

涂白剂的配制	配制成分	各地不一，一般常用的配方：水10份，生石灰3份，石硫合剂原液0.5份，食盐0.5份，油脂（动植物油均可）少许
	配制方法	（1）先用水化开生石灰； （2）把油脂倒入后充分搅拌； （3）再加水拌成石灰乳； （4）最后放入石硫合剂及盐水，也可加黏着剂，以延长涂白的作用时间
	涂白剂的贮存	要随配随用，不宜存放时间过长
涂白方法	涂白高度	一般按1.2m要求进行，同一路段、区域的涂白高度应保持一致，以达到整齐美观的效果
	涂白要求	（1）涂白剂要干稀适当； （2）对树皮缝隙、洞孔、树杈等处要重复涂刷； （3）避免涂刷流失、刷花刷漏、干后脱落
	涂白时间	应在每年秋末冬初雨季后进行，最好早春再涂一次，效果更好

10.3.7　洗尘

由于空气污染、工程施工、裸露地面尘土飞扬等原因，树木枝叶上多蒙有烟尘，这会堵塞气孔，影响光合作用和树木生长，大大降低观赏效果。因此，对园林植物定期进行洗尘是树体保护的必要环节。

（1）一般在无雨少雨季节应定期喷水冲洗，夏秋酷热天，宜早晨或傍晚进行；

（2）在连续长时间干旱无雨天气，对新栽植苗木要注意每周结合浇水对叶片喷水洗尘一次。

10.3.8　围护与隔离

园林树木多数喜欢土质疏松、透气良好的生长环境，但因长期的人流践踏造成土壤板结，妨碍了树木的正常生长，进而引起早衰，特别是根系较浅的乔灌木和一些常绿树，反应更为敏感。对这类树木，应在改善通气条件后，用围篱或栅栏加以围护，但应以不妨碍观赏视线为原则。

为突出主要景观，围篱要适当低些，造型和花色宜简朴，以不喧宾夺主为佳，围护也可用绿篱等形式。

10.3.9　清除危枝、危树、死树

由于树木衰老、病虫侵袭、机械损伤、人为破坏以及其他原因，造成一些枝条或树木濒危或死亡。对此应采取相应的措施：

（1）对那些已无可挽救，也无保留必要的枝条或树，应在尚未完全死亡之前，尽早伐除，以避免树对行人、交通、建筑、电线及其他设施带来危害，减少病虫潜伏与蔓延，否则会影响市容并造成危害。

（2）应该对大树、危树、古树采取定期检查的措施。在夏季台风季节到来之前还要加强对危树、古树的检查评估，发现确有危险的，经过专家评定和法定程序报批以后，及时采取相应的防治病虫害、修剪、支撑、补洞、补强、伐除等措施。

（3）应该伐除的危树、死树，伐前应调查其死亡原因；观察四周环境，仔细分析砍伐过程可能对建筑、电线、交通、行人等的安全问题，经申请报批，即可进行伐除。街道、居民院内的死树需砍伐时，应在有经验的工人参与指导下，按符合安全的程序（如先锯枝，后砍干）和措施（如吊枝落地）进行。伐后对残桩也应尽早挖掘清理，并填平地面。

10.3.10　看管与巡查

为了保护树木免遭或少受人为破坏，一些重点绿地应设置专人看管，定期巡视，及时发现问题，及时处理。主要职责如下：

（1）看护所管绿地，进行爱护树木的宣传教育，发现破坏绿地和树木的现象，应及时劝阻和制止；

（2）与有关部门配合，协同保护树木，同时保证各市政部门（如电力、通信、交通等）的正常工作；

（3）检查绿地和树木的有关情况，发现问题及时向上级报告，以便得到及时处理。

10.4 病虫害的防治

病虫害防治是一项非常重要的工作。对病虫害的防治，"防重于治"是基本原则。

10.4.1 园林植物病虫害的特点

在病虫害的发生和防治方面，一些普遍规律是适合所有植物的，但园林植物由于在生长环境、群体结构和功能要求上存在特殊性，因而有其本身的特点。

（1）由于城市环境中存在许多不利于植物生长发育的因素，如热岛效应、空气污染、热辐射、土壤紧实、根系伸展受阻等，使得园林植物面临更多的环境胁迫，容易出现非侵染性病害，如果因环境胁迫导致植物生长发育不良，各种病原菌和害虫就会乘虚而入；

（2）由于城市土地空间的限制，植物种类往往比较单调，树木常采用孤植或块团状种植，其群落结构比较简单，削弱了生物的多样性和食物链的完整性，给病虫害的大发生创造了条件；

（3）为了满足观赏的要求，常常对园林植物进行修剪和造型，过度修剪常干扰植物的正常生长，修剪留下的伤口给病虫的入侵以可乘之机。

10.4.2 园林植物病虫害防治的方针与原则

10.4.2.1 病虫害防治的方针

病虫害防治的总方针是"预防为主，综合防治"。园林植物病虫害防治更应贯彻这一方针。

"预防为主"就是要对病虫害的发生有预见性，以园林经营管理技术防治为基础，将防治贯彻到园林设计、树种选配和养护管理等工作环节中，最大限度地利用各种自然防治因素，营造一个适宜植物生长而不利于病虫发生的生态环境。

"综合防治"就是要采取综合措施防治病虫害。园林植物的高投入和集约化经营为开展综合防治创造了条件，应积极开展园林防治、生物防治、机械和物理防治，合理使用化学农药，杜绝使用对环境污染严重、对人畜危害大的剧毒农药。

10.4.2.2 病虫害防治的基本原则

常见病虫害防治的基本原则主要有下面几点：

（1）维护生态平衡，贯彻"预防为主，综合防治"的方针，并充分利用园林植物群落结构，贯彻生物多样性原则，利用保护、增殖天敌等防治措施，有效控制病虫害；

（2）引进和输出种苗，必须严格遵守国家和本省、本市有关植物检疫法规和规章制度；

（3）应做好园林植物病虫害的预测预报工作，制订长期和短期的防治计划，根据病虫害的发生规律，及时做好园林植物病虫害的防治工作；

（4）加强城镇行道树、街道绿地、广场以及水陆交通要道园林植物病虫草害的防治，局部发生严重病虫害的地区必须及时治理；

（5）严禁使用剧毒、高残留和有关部门规定禁用的化学农药。化学农药的使用必须按照有关安全操作规定执行。

此外，园林绿化以创造优美、自然、和谐的环境为目的，蜂飞蝶舞、鸟语虫鸣是园林景观的重要组成部分，因此一般情况下，要允许一定数量昆虫的存在。防治的任务主要是控制病虫害不成灾。当然，对幼虫上有毒刺、毒毛，可能对游人造成直接威胁的害虫，如刺蛾、毒蛾等，应尽量消灭。

10.4.3　园林植物病虫害的防治措施

园林植物病虫害防治的方法多种多样，归纳起来可分为栽培管理防治法、物理机械防治法、生物防治法、化学防治法等。

10.4.3.1　栽培管理防治法

通过改进栽培技术，使环境条件有利于植物生长发育的同时而不利于病虫害的发生。此法是最基本的病虫害防治方法，可长期控制病虫害。当然，在病虫害发生时还必须依靠其他防治措施。

在种植工程施工前，栽培技术可采用：选用抗性强的优良品种、选用无病虫害健康苗、对外地引进植物进行检疫、种植地的消毒处理、植物配置合理等措施；种植工程完成后，养护管理措施可采用以下方法：

1. 肥水管理

（1）肥：改善植株的营养条件，增施磷、钾肥，使植株生长健壮，提高抗病虫能力，可减少病虫害的发生。施用的有机肥必须通过堆沤完全腐熟后合理施用，否则不但容易烧根，也容易引致病虫（如金龟子等）危害。

（2）水：水分过分潮湿，不但对植物根系生长不利，而且容易使根部腐烂或发生一些根部病害。合理的灌溉对地下害虫具有驱除和杀灭作用，排水对喜湿性根病具有显著的防治效果。

2. 改善环境条件

改善栽培地的温度和湿度，要注意树冠内通风，降低湿度，以减轻灰霉病、霜霉病等病害的发生。

3. 合理修剪

合理修剪、整枝不仅可以增强树势、花繁叶茂，而且可以减少虫害。如刺蛾、袋蛾等食叶害虫，可采用修剪虫枝的方法进行防治。

4. 中耕除草

中耕除草可以为树木创造良好的生长条件，增加抵抗能力，也可以消灭地下害虫。冬季中耕可以使潜伏土中的害虫病菌冻死，除草可以清除或破坏病菌害虫的潜伏场所。

5. 翻土培土

结合深耕施肥可将表土或落叶层中的越冬病菌、害虫深翻入土。

10.4.3.2　物理机械防治法

物理机械防治法是利用各种简单的机械和各种物理因素来防治病虫害的方法。这种方法既包括传统的、简单的人工捕杀，也包括现代物理新技术的应用。

1. 人工或机械的防治方法

利用人工或各种简单的机械工具捕杀害虫和清除发病部分，适用于具有假死性、群集性或其他目标明显易于捕捉的害虫，如人工捕杀小地老虎幼虫，人工摘除病叶、剪除病枝等。

2. 阻隔法

阻隔法是人为设置各种障碍以切断病虫害的侵害途径，也称障碍物法。对有上下树习性的幼虫，可在树干上涂毒环或涂胶环，阻隔和触杀幼虫。对不能飞翔只能靠爬行扩散的害虫，可在未受害区周围挖沟，待害虫坠入沟中后予以消灭。对于只能在树上产卵这类害虫，可在害虫上树前在树干基部设置障碍物阻止其上树产卵。

3. 诱杀法

很多夜间活动的昆虫具有趋光性，可利用灯光诱杀，如黑光灯可诱杀夜蛾类、冥蛾类、毒蛾类等700种昆虫。有的昆虫对某种色彩敏感，可用该昆虫喜欢的色彩胶带吊挂在栽培地进行诱杀。有的昆虫对某些食物有特殊的嗜食习惯，可利用食物诱杀，在其所喜欢的食物中掺入适量毒剂进行诱杀。有的昆虫有在某一时期喜欢某一特殊环境的习性，可人为设置类似的环境来诱杀害虫。

4. 放射处理法

随着生物物理的发展，应用新的物理学成就来防治病虫也有了更加广阔的前景。原子能、超声波、紫外线、红外线、激光、高频电流等物理方法在防治病虫害中得到应用。

10.4.3.3 生物防治法

生物防治法是利用生物来控制病虫害的方法，其效果持久、经济、安全，是一种很有发展前途的防治方法。

1. 以菌治病

以菌治病就是利用有益微生物和病原菌间的拮抗作用，或者某些微生物的代谢产物来达到抑制病原菌的生长发育甚至使病菌死亡的方法，加"5406"菌肥（一种抗菌素）能防治某些真菌病、细菌病及花叶型病毒病。

2. 以菌治虫

以菌治虫指利用害虫的病原微生物使害虫感病致死的一种防治方法。害虫的病原微生物主要有细菌、真菌、病毒等，如青虫菌能有效防治柑橘凤蝶、尺蠖、刺蛾等，白僵菌可以防治鳞翅目、鞘翅目等昆虫。

3. 以虫治虫，以鸟治虫

以虫治虫和以鸟治虫是指利用捕食性或寄生性天敌昆虫和益鸟防治害虫的方法。如利用草蛉捕食蚜虫，利用红点唇瓢虫捕食紫薇绒蚧、日本龟蜡蚧，利用伞裙追寄蝇寄生大袋蛾、红蜡蚧，利用扁角跳小蜂寄生红蜡蚧等。

4. 生物工程

生物工程防治病虫害是防治领域一个新的研究方向，近年来已取得一定的进展。如将一种能使夜盗蛾产生致命毒素的基因导入到植物根系附近生长的一些细菌内，夜盗蛾吃根系的同时也将带有该基因的细菌吃下，从而产生毒素致死。

10.4.3.4 化学防治法

利用化学药剂的毒性来防治病虫害的方法称为化学防治法。

1. 优缺点

优点：具有较高的防治效力，收效快、功效性强、适用范围广，不受地区和季节的限制，使用方便。

缺点：如使用不当会引起植物药害和人畜中毒，长期使用会对环境造成污染，易引起病虫害的抗药性，易伤害天敌等。

化学防治虽然是综合防治中一项重要的组成部分，但只有与其他防治措施相互配合，才能收到理想的防治效果。

2. 化学药剂种类

在化学防治中，使用的化学药剂种类很多，根据对防治对象的作用可分为杀虫剂和杀菌剂两大类。

（1）杀虫剂。

杀虫剂又可根据其性质和作用方式分为胃毒剂、触杀剂、熏蒸剂和内吸剂等。常用的杀虫剂主要有敌百虫、敌敌畏、乐果、氧化乐果、三氢杀螨砜、杀虫脒等。

（2）杀菌剂。

杀菌剂一般分为保护剂和内吸剂，常用的杀菌剂有波尔多液、石硫合剂、多菌灵、粉锈灵、托布津、百菌清等。

3. 化学防治的注意事项

在采用化学药剂进行病虫防治时，必须注意防治对象、用药种类、使用浓度、使用方法、用药时间和环境条件等，然后根据不同防治对象选择适宜的药剂。如对高 3m 以内的白兰，用乐果涂干防治蚧壳虫最有效；对苏铁上的蚧壳虫，用毛巾蘸煤油涂抹最可行。药剂使用浓度以最低的有效浓度为宜。

在人工营造的园林绿地中，用单项措施去防治病虫害不可能获得理想效果，需要采取综合防治的方法，并在实践中不断地总结和提高综合防治水平。

10.4.4 常见病虫害的防治方法

常见病虫害的防治方法见表 10-7。

常见病虫害的防治方法 表 10-7

序号	类型		防治方法
1	食叶害虫类	如灰白蚕蛾、榕透翅毒蛾、斜纹夜蛾	园林防治：（1）清除杂草及枯枝落叶，结合园林植物的整形修剪，剪除病虫害叶； （2）经常勤检细查，摘除枝、叶上蛹、茧、袋囊与卵块，集中处理； （3）幼虫点、片发生为害不重时，可及时捕杀群集一起的幼虫； （4）幼虫大龄时则因粪粒大而易发现（特别是天蛾、天蚕蛾类），可直接杀死
			药剂防治：（1）幼虫发生严重时，根据不同种类的食叶害虫，可选择下列药剂喷洒：32.5% 尽胜 1000～1500 倍、2.5% 保得乳油 2000～2500 倍、35% 赛丹乳油 1000 倍、10% 除尽悬浮剂、10% 高效灭百可乳油 1500 倍液等； （2）同时可用昆虫生长调节剂如米螨、卡死克、抑太保、病毒制剂虫瘟一号等混配或交替使用，以避免产生抗药性，提高防效
2	蚧壳虫类		园林防治：加强检疫，加强栽培管理，加强预测预报，及时防治
			药剂防治：采用高效低毒的药剂和环保的施药方法，以保护利用天敌。在卵孵化盛期，可以喷松脂合剂，冬季用 20 倍液、夏季用 30～40 倍液，或喷机油乳剂，冬季用 30 倍液、夏季用 60 倍液，或以 40% 氧化乐果 800～1000 倍、20% 灭扫利 1500～2500 倍、40% 融蚧乳油 1000 倍、40% 速扑杀 1000 倍＋0.1% 肥皂粉或洗衣粉、99.1% 加德士矿物油 100～200 倍或其他杀虫剂混用 500～800 倍，喷雾防治

序号	类型		防治方法
3	蚜虫、叶蝉、粉虱、木虱类	园林防治	成虫期挂黄板诱杀，银膜屏蔽隔离防治
		药剂防治	很多药剂对这类害虫有着良好的防治效果，但必须轮换使用或与增效剂混用。 如可用25%阿克泰水分散粒剂、5%锐劲特悬浮剂、24%万灵水剂、10%除尽1500倍、70%艾美乐水分散粒剂10000~15000倍等喷雾防治，连续防治1~2次。 蓟马及网蝽的防治药剂与防治这类害虫的基本一致
4	地下害虫 如蛴螬、小地老虎	园林防治	（1）园林花圃地要适当深翻，适时中耕； （2）铲除圃地及其附近的杂草、枯枝落叶，少施用堆肥、厩肥等有机肥料； （3）也可结合灌溉杀虫
		药剂防治	可在花卉、草坪根部灌50%辛硫磷乳剂1000~1500倍防治，或用绿地清或米乐尔、毒死蜱拌砂，均匀地撒在受害植物地上，通过雨水或淋水溶解药物渗透到土中将蛴螬、小地老虎杀死，或用金龟子乳状杆菌防治
5	钻蛀性害虫 如：天牛、木蠹蛾	园林防治	及时剪除枯枝落叶、周边杂草
		人工防治	勤查枝干，捕捉成虫，刮除卵粒、铁丝桶杀、钩杀幼虫等
		药剂防治	（1）可以黄泥10份＋25%西维因3份混合均匀或用棉球浸渍80%敌敌畏、40%氧化乐果20~40倍液，塞于蛀孔熏杀，并用磷化铝1/4片塞入蛀孔，用黄泥封孔，熏杀幼虫； （2）也可通过树干注射药液、涂干、根部埋药等无公害防治方法毒杀幼虫
6	蛞蝓、蜗牛	园林防治	及时剪除枯枝落叶、周边杂草
		啤酒毒液诱杀	把废啤酒盛装在浅盘内，加入少许敌百虫，于晚上置于花卉等观赏植物下面，一夜可诱杀大量的蛞蝓与蜗牛
		堆鲜草诱捕	在庭园、花圃地周围堆放青草或莴苣叶，于傍晚放置，清晨则掀堆捕捉
		药剂防治	（1）在蛞蝓、蜗牛为害盛期，喷20%蜗牛敌800~1000倍液或撒施15%蜗牛粉剂； （2）也可喷70~100倍的氨水、密达、梅塔、百螺敌、五氧酚钠等； （3）在花盆、圃地近苗基部土表撒施石灰粉，具有良好的毒杀效果
7	螨类	园林防治	（1）螨类为害初期容易被忽略，因此应做好测报工作，及时掌握虫情，及时防治； （2）在植物冬眠期向枝干喷洒3~5波美度石硫合剂，喷药后能减少春季为害； （3）在7~8月高温少雨、螨类繁殖迅速季节，应多给植物淋水，冲刷叶螨，减少为害
		药剂防治	20%螨克乳油1000~2000倍、15%哒嗪酮乳油2000~3000倍、20%三氯杀螨醇700倍、1.8%爱福丁乳油3000倍等防治。尽量采取局部喷药，以保护天敌

续表

序号	类型		防治方法
8	低等真菌病害	如疫病、立枯病、根腐病、霜霉病、枯萎病、茎腐病等	**园林防治** （1）此类病害一般在低温潮湿的春秋两季发病较多，因此在春秋两季应加强预测预报； （2）在大田上一旦发现病株必须马上拔掉销毁，用石灰、敌克松等对土壤消毒后才可补种
			药剂防治 （1）在播种或扦插前 1～2 个星期，应用 98% 必速灭颗粒剂、32.7% 斯美地水剂消毒土壤； （2）苗期用 72.2% 普力克水剂 800～1500 倍、30% 土菌消水剂 1000～1500 倍淋施保护； （3）发病期可用 72% 克露 1000～1500 倍、10% 科佳 800～1000 倍、20% 好靓（丙硫咪唑）2000～3000 倍、乙膦铝、金雷多米尔等喷雾防治
9	高等真菌病害	如叶斑病、炭疽病、黑斑病、白绢病、菌核病、褐斑病等	**园林防治** （1）此类病害大多周年可发生，防治主要是以预防为主； （2）及时清理枯枝病叶，加强植物的水肥管理，提高植物抗逆性； （3）对于一些发生与湿度密切相关的季节性病害，如白绢病、灰霉病，在雨季应注意疏苗通风，降低空气湿度，控制病害发生和蔓延
			药剂防治 （1）平时可用 40% 灭病威 800～1000 倍、75% 百菌清 800 倍、50% 多菌灵、大生 1000 倍喷雾预防防治，发病高峰期可用 10% 世高水分散粒剂 1500～2000 倍、50% 施保功 1000～2000 倍、25% 施保克乳油 800～1500 倍喷雾防治，7～10d 喷洒一次，连续用药 3～4 次； （2）白绢病、灰霉病等发病期可用 40% 施佳乐 1000 倍，25.5% 扑海因 1500～2000 倍等防治
10	细菌性病害	常见如：美人蕉青枯病、细菌性角斑病	**园林防治** （1）清除侵染源，种植前对土壤、植株等进行消毒； （2）注意防治虫害，减少细菌从伤口侵染
			药剂防治 （1）传统药剂有：77% 可杀得可湿性粉剂 500～700 倍液、72% 硫酸链霉素 3000～4000 倍液、30% 氧氯化铜悬浮剂 600～800 倍液等； （2）新型的特效药有：2% 加收米液剂 400～500 倍、47% 加瑞农可湿性粉剂 600～800 倍喷雾或淋施
11	线虫		**园林防治** （1）及时清除和烧毁病株； （2）加强检疫，防止病株调入调出，使用无线虫的土壤、肥料及种苗； （3）定植的土壤最好在夏日高温天气翻晒数次
			药剂防治 可用 10% 福气多 0.3～0.5kg/亩、10% 利满库 2kg/亩、3% 米乐尔 1kg/亩等

10.5　园林树木的整形修剪

园林树木整形修剪技术是一项极为重要的养护管理措施。"修剪"是指对树木的某些器官（如枝、叶、花、果、根等），加以疏删或剪截，以达到调节生长、开花结实的目的。"整形"是指用剪、锯、捆绑、扎等手段，使树木长成栽培者所希望的特定形状。整形是目的，修剪是手段，整形必须通过一定的修剪手段才能完成，而修剪则是在一定的整形基础上，根据某种目的要求来实施。在养护过程中，整形修剪是一项关键工作，具有很强的科学性与技巧性，在实际操作中，要根据不同情况区别对待。

10.5.1 整形修剪的意义

通过整形修剪可以培育出满足城市造林要求的，树干主侧枝结构合理的，形状美观的树体。整形修剪的意义主要表现在以下几个方面：

（1）美化树形。

一般说来，自然树形是美的，但从城市景观需要来说，单纯自然树形有时并不能满足园林景观的需要，必须通过人工修剪整形，使树木在自然美的基础上，创造出人为干预后的自然与艺术融为一体的美。

从树冠结构来说，经过人工修剪整形的树木，各级枝序、分布和排列会更科学、更合理。使各层的主枝在主干上分布有序，错落有致，各占一定方位和空间，互不干扰，层次分明，主从关系明确，结构合理，树形美观。

（2）调整树势。

树木在生长过程中因环境不同，生长情况各异。为了避免树木主干高大、树冠瘦长或树冠庞大、主干相对低矮，可用人工修剪来控制。利用修剪可以剪掉地上部分不需要的枝条，使之养分、水分供应更集中，有利于留下的枝条及芽的生长。

通过修剪可以促进局部生长。枝条生长有强有弱，易造成偏冠，为防止倒伏，应及早修剪改变强枝先端方向，开张角度，使强枝处于平缓状态，以减弱生长或去强留弱。但修剪不能过大，防止削弱树势。

（3）协调比例。

在园林绿地中，树木有时起陪衬作用，不需要过于高大，以便和某些景点或建筑物相互烘托，相互协调，或形成强烈的对比，这就需要通过合理的修剪整形来加以控制，及时调节其与环境的比例，保持它在景观中应有的位置。

从树木本身来说，树冠占整个树体的比例是否得当，直接影响树形观赏效果。因此合理的修剪整形，可以协调冠高比例，确保观赏效果。

（4）增加开花结果量。

正确修剪可使树体养分集中，使新枝生长充实，促进大部分短枝和辅养枝成为花果枝，形成较多的花芽，从而达到花开满树、果实满膛的目的。通过修剪可以调整营养枝和花果枝的比例，促其提早开花结果，同时克服大小年现象，提高观赏效果。

（5）调节矛盾。

在城市街道绿化中由于市政建筑设施复杂，常与树木发生矛盾。如地上地下的电缆、管道与植物之间的关系，尤其是行道树，面临上有架空线路、地面有人流车辆等问题。另外，随着树木的长大，与建筑物之间也会有矛盾。因此，通常都需要用整形修剪来解决树木与其之间的矛盾。

（6）改善透光条件。

自然生长的树木或修剪不当的树木，往往枝条密生使湿度大大增加，为喜湿润环境的病虫害（蚜虫、蚧壳虫）的发生创造条件。疏枝使树冠内通风透光，可大大减少病虫害的发生。

10.5.2 整形修剪的原则

园林树木整形修剪的原则包括：

1. 因需修剪

根据园林绿化对该树木的要求进行修剪整形。不同的绿化目的各有其特殊的修剪整形要求，而不同的修剪整形措施会造成不同的后果。因此，首先应明确园林绿化对该树木的要求。

2. 因树修剪

整形修剪必须根据树木生长习性、树木开花习性、树木年龄和植株的实际状况实施，否则难以达到既定的目的与要求。具体因树修剪原则见表 10-8。

因树修剪原则　　　　　　　　　　　　　　　　　　　　表 10-8

因树修剪类型		树种类型	整形修剪原则
树木生长习性	顶端优势的强弱	呈尖塔形、圆锥形树冠的乔木，如钻天杨、毛白杨、银杏等，顶芽的生长势强，形成明显的主干与主侧枝的从属关系	这类树种可采用保留中央领导干的整形方式，修剪整形成圆柱形、圆锥形等
		一些顶端生长势不太强，但发枝力却很强、易于形成丛状树冠的树木，如桂花、栀子、榆叶梅、毛樱桃等	可修剪整形成圆球形、半球形等形状
		一些喜光的树种，如梅、桃、樱、李等	如果为了多结果实，可采用自然开心的修剪整形方式
		具有曲垂而开展习性的树木，如龙爪槐等	应采用选留外侧上方芽的方式，以便使树冠呈张开的伞形
	萌芽力、成枝力的大小和愈伤能力的强弱	具有很强萌芽发枝能力的树种，如悬铃木、大叶黄杨、女贞等	大多能耐多次的修剪
		萌芽发枝力弱或愈伤能力弱的树种，如梧桐、玉兰等	应少修剪或只进行轻度修剪
	主枝与侧枝的生长状况	主枝生长势的调节	修剪原则是"强主枝强剪，弱主枝弱剪"
		侧枝生长势的调节	掌握的原则是"强侧枝弱剪，弱侧枝强剪"
树木开花习性	花芽着生位置	有着生于枝中部或上部的花芽，有着生于枝梢的花芽；有着生于新梢的花芽，有着生于二年生或多年生的花芽	修剪时应予充分考虑这些因素，以免造成较大损失；凡秋季开花的树木都在当年生的新梢上形成花芽，应在早春发芽前修剪，而不宜在花后即行修剪，以免刺激新梢大量发生而遭冻害
	开花习性	有先花后叶的，有先叶后花的；有纯花芽的，有混合芽的	
树木年龄	幼年期	对幼龄小树除特殊需要外，只宜弱剪，不宜强剪，以求扩大树冠，快速成型	
	成年期	（1）花果类树木：主要是调节生长与发育的关系，防止不必要的养分消耗，促进花芽分化，配好花枝与生长枝、叶芽和花芽的比例，延长开花结实的旺盛期；（2）观形类树木：主要是通过修剪，保持丰满的树冠，防止变形和内膛空虚	
	衰老期	修剪时应以强剪为主，以刺激其恢复生长势，并应善于利用徒长枝来达到更新复壮的目的	

3. 因地制宜

由于树木的生长发育与环境条件间具有密切关系，因此即使具有相同的园林绿化目的和要求，但由于环境条件的不同，在进行具体修剪整形时也会有所不同。

在良好的土壤条件下，树木生长高大，反之则矮小。因而整形时应注意以下几点：

（1）在土地肥沃处以修剪整形成自然式为佳；

（2）在土壤瘠薄或地下水位较高处则应适当降低分枝点，使主枝在较低处即开始构成树冠；

（3）在无大风袭击的地方可采用自然式树高和树冠，而在风害较严重的地方主干则宜降低高度，并应使树冠适当稀疏；

（4）在春夏雨水较多，易发病虫害的南方，应采用通风透光良好的树形和修剪方法，而在气候干燥、降水量少的内陆地区，修剪不宜过重。

此外，还要掌握树木生长空间的大小及其与空中管线、房屋、建筑等的相互关系，以及人们对采光程度的要求等进行合理修剪。

10.5.3　整形修剪的时期

对园林树木的修剪工作，理论上来说随时都可进行，如抹芽、摘心、除蘗、剪枝等。许多因素对园林树木修剪的时期有着重要的影响，如各树种的抗寒性、生长特性及物候期。有些树木因伤流等原因，要求在伤流最少的时期内进行。总的来说，修剪时期可分为冬季修剪和夏季修剪。

1. 冬季修剪（休眠期修剪）

落叶树从落叶开始至春季萌发前修剪称为冬季修剪或休眠期修剪。大部分树木及大量的修剪工作在此时间内进行。

（1）冬季修剪时要考虑到树龄，通常对幼树的修剪以整形为主。

（2）对于观叶树以控制侧枝生长、促进主枝生长为目的；对花果类树则着重于培养构成树形的主干、主枝等骨干枝，以使其早日成形，提前观花观果。

（3）冬季严寒的地区，为避免修剪后伤口受冻害，树木以早春修剪为宜，但不应过晚。早春修剪应在树液流动前进行，可减少养分的损失，对花芽、叶芽的萌发影响也不大。

（4）对于生长正常的落叶果树来说，一般要求在落叶后1个月左右修剪，不宜过迟。

（5）有伤流现象的树种，如核桃、槭类、四照花等，在萌发后有伤流发生，应在春季伤流期前修剪。

2. 夏季修剪（生长期修剪）

夏季修剪在生长季节进行，故也称为生长期修剪。生长期修剪，若剪去大量枝叶，对树木尤其对花果类树有一定影响，故宜尽量从轻。

（1）对于发枝力强的树。

如在冬剪基础上培养直立主干，就必须对主干顶端剪口附近的大量新梢进行短截，目的是控制它们生长，调整并辅助主干的长势和方向。

（2）观花观果类树种及行道树的修剪。

主要控制竞争枝、内膛枝、直立枝、徒长枝的发生和长势，以集中营养供骨干枝旺盛生长之需。

（3）绿篱的夏季修剪。

主要是为了保持整齐美观，同时剪下的嫩枝可作插穗。

树木在夏季着叶多时修剪，易调节光照和枝梢密度，便于判断病虫、枯死与衰弱的枝条，也便于把树冠修整成理想的形状。幼树整形和控制旺长，更应重视夏季修剪。

常绿树种，尤其是常绿观花观果类树种，如桂花、山茶、柑橘等，无真正的休眠期，其修剪时间，除过于寒冷或炎热的天气外，大多数常绿树种的修剪全年都可进行，但以早春萌芽前后至初秋以前最好。因为新修剪的伤口大都可以在生长季结束之前愈合，同时可以促进芽的萌动和新梢的生长。

10.5.4　园林树木常用的修剪工具

园林树木常用的修剪工具见表 10-9。

常用园林树木修剪工具　　　　　　　　　　　　　　表 10-9

修剪工具类型		使用方法及适用情况
修枝剪	普通修枝剪	一般剪截 3cm 以下的枝条，只要能够含入剪口内，都能被剪断。操作时，用右手握剪，左手将粗枝向剪刀小片方向猛推，不要左右扭动剪刀，否则影响正常使用
	长把修枝剪	剪刀呈月牙形，手柄很长，能轻快地修剪直径 1cm 以内的树枝，适用于高灌木丛的修剪
	高枝剪	装有一根能够伸缩的铝合金长柄，使用时可根据修剪的高度要求来调整，用以剪截高处的细枝
	大平剪	又称绿篱剪、长刃剪，适用于绿篱、球形树和造型树木的修剪，它的条形刀片很长，刀片很薄，易形成平整的修剪面，但只能用来平剪嫩枝
修枝锯	手锯	常用于花木、果木、幼树枝条的修剪
	单面修枝锯	适用于截断树冠内中等粗度的枝条
	双面修枝锯	适用于锯除粗大的枝干
	高枝锯	适用于修剪树冠上部大枝
	电动锯	适用于大枝的快速锯截
修剪机械	绿篱机	适用于整修绿篱
	升降机	对于高大树木的修剪，采用移动式的升降机辅助能大幅度提高工作效率
其他工具		其他还有梯子、板斧、刀具、绳索等工具及安全带、安全绳、安全帽、工作服、手套、胶鞋等劳保用具

10.5.5　园林树木修剪的方法

10.5.5.1　常用修剪方法

修剪的技法归纳起来基本是截、缩、疏、放、伤、变等。

1. 截

又称短截、短剪，即剪去一年生枝条的一部分，保留一定长度和一定数量的芽。

（1）短截时期。

一般在休眠期进行。

（2）短截作用。

短截对枝条生长具有局部刺激作用，能刺激剪口侧芽萌发，诱发新梢，增加枝条数量，多发叶多开花。

（3）短截程度。

短截程度影响到枝条的生长，短截程度越重，局部发芽越旺。根据短截的程度可分为轻短截、中短截、重短截和极重短截（表10-10、图10-8）。

短截类型及截后反应　　　　　　　　　　　　　　表 10-10

短截类型	短截程度	短截后的反应	适用情况
轻短截	轻剪枝条的顶梢（剪去枝条全长的1/5～1/4）	去掉枝条顶梢后可刺激其下部多数半饱满芽的萌发，促进产生大量的中短枝。因剪口的强度较轻，一般长势缓和，有利于形成果枝，促进花芽分化	主要用于观花观果类树木强壮枝的修剪
中短截	剪截到枝条中部或中上部饱满芽处（剪去枝条全长的1/3～1/2）	由于剪口芽强健壮实，养分相对集中，刺激其多发营养枝。因此剪截后能促进分枝，增强枝势，连续中短截能延缓花芽的形成	主要用于某些弱树复壮以及骨干枝和延长枝的培养
重短截	剪到枝条下部饱满芽处（剪去枝条全长的2/3以上）	剪截后由于留芽少，刺激作用大，一般都萌发强壮的营养枝	主要用于弱树、老树、老弱枝的复壮更新
极重短截	在枝条基部留2～3个芽，其余剪去	由于剪口芽为秕芽，芽的质量差，剪后只能抽出1～3个中短枝条，可降低枝的位置，削弱旺枝、徒长枝、直立枝的生长，以缓和枝势，促进花芽的形成	主要用于竞争枝的处理

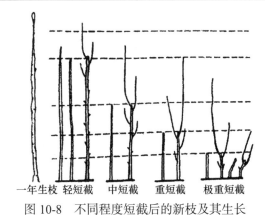

图 10-8　不同程度短截后的新枝及其生长

一年生枝　轻短截　中短截　重短截　极重短截

短截应注意留下的芽，特别是剪口芽的质量和位置，以正确调整树势。

2. 缩

将多年生枝条截去一部分，称为回缩或缩剪（图10-9）。

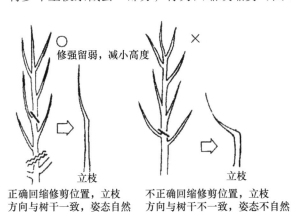

修强留弱，减小高度

延长枝

○正确剪口

错误剪口×

○正确留桩

正确留桩

错误留残桩

立枝

立枝

正确回缩修剪位置，立枝方向与树干一致，姿态自然　　不正确回缩修剪位置，立枝方向与树干不一致，姿态不自然

正确留桩　　错误剪口留桩

图 10-9　缩剪

（1）回缩时期。

一般在休眠期进行。

（2）回缩作用。

回缩一般修剪量大、刺激较重，有更新复壮的作用。多用于枝组或骨干枝更新，以及控制树冠辅养枝等。其反应与缩剪程度、留枝强弱、伤口大小等有关。如缩剪时留强枝、直立枝，伤口较小，缩剪适度可促进生长；反之则抑制生长。前者多用于更新复壮，后者多用于控制树冠或辅养枝。

3. 疏

疏指将枝条自分生处（枝条基部）剪去，又称疏剪或疏删（图 10-10、图 10-11）。

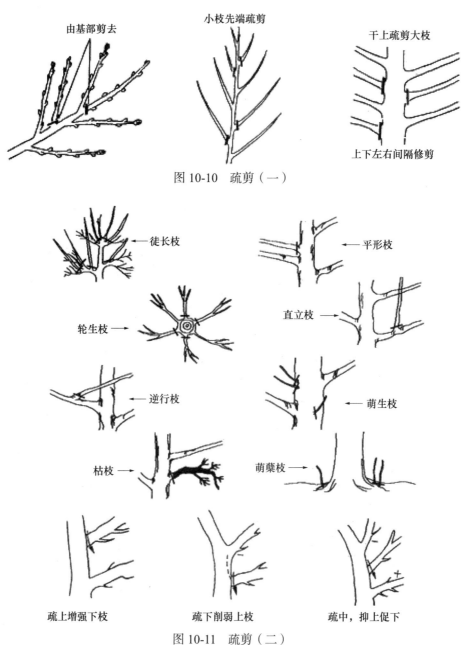

图 10-10　疏剪（一）

图 10-11　疏剪（二）

（1）疏剪作用。

疏剪能减少树冠内部枝条的数量，可调节枝条均匀分布、加大空间、改善通风透光条件，有利于树冠内部枝条生长发育，减少病虫害的发生，有利于花芽分化。

（2）疏剪对象、疏剪强度及疏剪时间。

疏剪对象、疏剪强度、疏剪时间见表10-11。

疏剪 表10-11

疏剪的对象		枯枝、病虫枝、过密枝、徒长枝、竞争枝、衰弱枝、下垂枝、交叉枝、重叠枝及并生枝等（图10-11）。	
疏剪强度	轻疏	疏去的枝条不超过全树的10%	疏剪强度依树种、长势、树龄而定： （1）萌芽力强、成枝力弱的或萌芽力、成枝力都弱的树种，应少疏枝； （2）萌芽力、成枝力都强的树种，可多疏，如悬铃木； （3）马尾松、雪松等枝条轮生，每年发枝数有限，尽量不疏枝； （4）幼树宜轻疏，以促进树冠迅速增大，对于花灌木类则可提早形成花芽开花
	中疏	疏去的枝条占全树的10%～20%	
	重疏	疏去的枝条达全树的20%以上	
疏剪时间		疏剪工作贯穿全年，可在休眠期、生长期进行	

（3）疏剪注意事项。

疏剪时，对可能妨碍生长或起到遮蔽作用的非目的枝条，虽然最终也会除去，但在幼树时期，宜暂时保留，以便使枝体营养良好。为了使这类枝体不至于生长过旺，可放任不剪，尤其是同一树上的下部枝比上部枝停止生长早，消耗的养分少，供给根及其他部分生长的营养较多，因此宜留则留，切勿过早疏除。

园林绿地中的绿篱或球形树的修剪，常因短截修剪造成枝条密生，致使树冠内枯死枝、光腿枝过多，因此必须与疏剪交替应用。疏剪的应用要适量，尤其是幼树一定不能疏剪过量，否则会打乱树形，给以后的修剪带来麻烦。

4. 放

营养枝不剪称为甩放或长放。其原理是利用单枝生长势逐年递减的自然规律。但是营养枝长放后，枝条增粗较快，特别是背上的直立枝，越放越粗，运用不妥，会出现树上长树的现象，必须注意防止。

（1）一般情况下，对背上的直立枝不采取甩放，如果要甩放应结合运用其他的修剪措施，如弯枝、扭梢或环剥等。

（2）甩放一般多应用于长势中等的枝条，促使形成花芽把握性较大，不会出现越放越旺的情况。

通常对桃花、西府海棠、榆叶梅等花木的幼树，为了平衡树势，增强较弱枝条的生长势，往往采取长放的措施，使该枝条迅速增粗，赶上其他枝条的生长势；丛生的花灌木多采用长放的修剪措施，如整剪连翘时，为了形成潇洒飘逸的树形，在树冠的上方往往甩放3～4条长枝，远远看去，长枝随风摆动，非常好看。杜鹃、金银木、迎春等花木也多采用甩放的修剪方法。

5. 伤

用各种方法破伤枝条，以达到缓和树势，削弱受伤枝条长势的目的，称为伤，如环割、刻伤、扭梢等（表10-12、图10-12～图10-15）。

伤的方法

表 10-12

伤的方法	具体操作	伤的作用	
环状剥皮	在发育盛期对不大开花结果的枝条，用刀在枝干或枝条基部适当部位，剥去一定宽度的环状树皮。环状剥皮深达木质部，剥皮宽度以 1 个月左右剥皮伤口能愈合为宜。一般为枝粗的 1/10 左右（2～10cm），弱枝不宜剥皮（图 10-12）	在一段时期内可阻止枝梢碳水化合物向下输送，利于环状剥皮上方枝条营养物质的积累和花芽的形成。伤流过旺或流胶的树种，不宜应用此措施	
刻伤	在春季树木发芽前，用刀在芽上方横切刻伤，深达木质部	可暂时阻止部分根系贮存的养料向枝顶回流，使位于刻伤口下方的芽获得较为充足的养分，有利于芽的萌发和抽新枝	此法在观赏树木修剪中广为应用，如雪松的树冠往往发生偏冠现象，用刻伤可补充新枝；再如观花观果树的光腿枝，为促进下部萌发新枝，也可用刻伤的方法
刻伤	在树木生长盛期，用刀在芽的下方横切刻伤，深达木质部	可阻止碳水化合物向下输送，滞留在伤口芽的附近，同样能起到环状剥皮的效果	
目伤	在芽或枝的上方切刻，伤口形状似眼睛，深度以达木质部为度	阻止矿质养分和水分继续向上运输，以在理想的部位萌芽抽生壮枝	
目伤	在芽或枝的下方切刻，深达木质部，伤口形状似眼睛（图 10-13）	使该芽或枝生长势减弱，但由于有机营养物质的积累，有利于花芽的形成。刻伤越深越宽，其作用越强	
扭梢与折梢	扭梢：在生长季内，将生长过旺的枝条，特别是着生在枝背上的旺枝，在中上部扭曲下垂	伤骨不伤皮，目的是阻止水分、养分向生长点输送，削弱枝条长势，利于短花枝的形成（图 10-14），如碧桃常采用此法	
扭梢与折梢	折梢：将新梢折伤而不断		
折裂	（1）先用刀斜向切入，深达枝条直径的 1/2～2/3 处； （2）小心地将枝弯折，并利用木质部折裂处的斜面相互顶住； （3）为了防止伤口水分过多损失，在伤口处进行包裹	为了曲折枝条，使之形成各种艺术造型，常在早春芽略萌动时，对枝条施行折裂处理（图 10-15）	

图 10-12　环状剥皮

图 10-13　目伤
1—在芽上方刻伤；2—在枝下方刻伤

图 10-14 扭梢与折梢　　　　　　　　　　　　　　　图 10-15 折裂

6. 变

改变枝条生长方向，缓和枝条长势的方法称为变，如曲枝、拉枝、抬枝等（图 10-16、图 10-17）。变的目的是改变枝条的生长方向和角度，使顶端优势转位、加强或削弱。

（1）曲枝。

将直立生长的背上枝向下曲成拱形时，顶端优势减弱，枝条生长转缓。

（2）抬枝。

下垂枝因向地生长，顶端优势弱，枝条生长不良，为了使枝势转旺，可抬高枝条，使枝顶向上。

曲枝，拉枝、抬枝等的具体操作、方法和材料等，可以因地制宜。

7. 摘心

在生长季节，随新梢伸长，随时剪去其嫩梢顶尖的技术措施称为摘心（图 10-18）。

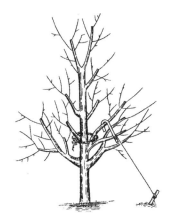

图 10-16 拉枝

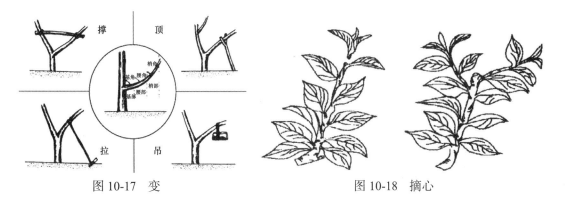

图 10-17 变　　　　　　　　　　　　　　图 10-18 摘心

（1）摘心操作。

摘心具体进行的时间依树种、目的要求而异。通常在梢长至适当长度时，摘去先端4～8cm，可使摘心处1～2个腋芽受到刺激发生二次枝，根据需要二次枝还可再进行摘心。

（2）摘心作用。

摘心后削弱了枝条的顶端优势，改变了营养物质的输送方向，有利于花芽分化和结果，促使侧芽萌发，从而增加了分枝，促使树冠早日形成。适时摘心能增加分枝数、增加分枝级次，有利于提早形成花芽，还可使枝、芽得到足够的营养，充实饱满，提高抗寒力。

8. 摘叶

将叶片带叶柄一起剪除称摘叶。

摘叶可改善树冠内的通风透光条件，观果的树木果实充分见光后着色好，增加果实美观程度，从而提高观赏效果；对枝叶过密的树冠，进行摘叶有防止病虫害发生的作用；通过摘叶还可以进行催花。

9. 剪梢（除梢）

在生长季节，由于某些树木新梢未及时摘心，使枝条生长过旺，伸展过长，且又木质化。为调节观赏树木主侧枝的平衡关系，调整观花观果树木的营养生长和生殖生长关系，采取剪掉一段已木质化的新梢先端，即为剪梢。

10. 除芽（抹芽）

为培养通直的主干，或防止主枝顶端竞争枝的发生，在修剪时将无用或有碍于骨干枝生长的芽除去，即为除芽。如月季、花石榴等脚芽。

11. 除萌（去蘖）

主干基部及大伤口附近经常长出嫩枝，或根部长出的根蘖，有碍树形，影响生长。剪除最好在木质化前进行，亦可用手除掉。此外，碧桃、榆叶梅等易长根茬，也应除掉。

12. 摘蕾、摘果（疏花疏果）

花蕾或幼果过多，影响存留花果的质量和坐果率。如月季、牡丹等，为促使花朵硕大，过多的花蕾应摘除。易落花的花灌木，一株上不宜保持较多的花朵，应及时疏花。

13. 拿枝（梢）

拿枝是用手对旺梢自基部到顶部慢慢捏一捏，响而不折，伤及木质部，即通常花农所说的"伤骨不伤皮"。这些方法可以阻碍养分的运输，从而使长势缓和，促进中、短枝的形成，有利于花芽的分化。

14. 撬树皮

为了在树干上某部位有疣状隆起，好似高龄古树的老态龙钟，可以在生长最旺的时期，用小刀插入树皮下轻轻撬动，使皮层与木质部分离，则经几个月后这个部分就会呈现疣状隆起。

15. 断根

断根是将植株的根系在一定范围内全部切断或部分切断的措施。进行抑制栽培时常常采取断根的措施，断根后可刺激根部发生新的须根，所以在移栽珍贵的大树或移栽山野里自生的大树时，往往在移栽前1～2年进行断根，在一定的范围内促发新根，非常有利于大树移栽成活。

10.5.5.2　综合修剪技术

园林树木整形修剪时一般运用综合修剪技术，具体手法见表10-13。

园林树木综合修剪技术　　　　　　　　　　表 10-13

综合修剪技术	具体方法	应用情况
去顶修剪（缩冠修剪或更新修剪）	（1）疏枝去顶：剪去顶端优势强的主枝，而在剪口附近应保留不再修剪的大枝，并使这些大枝成为新树冠的主枝； （2）短截去顶：去顶时产生的大量干萌条应及时抹除，这些干萌条与母枝相连的仅是细小的维管束，一般长势弱而难成大器，因此短截去顶宜慎用	（1）一般用于生长空间受到限制的树木（空中管线）； （2）土壤太薄或因根区缩小而不能支撑的大树； （3）因病虫害侵袭而明显枯顶枯梢的树木； （4）因风害而需要降低树木重心的树或老龄树木的树冠更新； （5）适用于萌芽力强的树种，不适合松树类、荷花玉兰、玉兰等萌芽成枝能力弱的树种
病虫害控制修剪	从明显感病位置以下 7~8cm 的地方剪除感病枝条，最好在切口下留枝。 修剪时应避免有雨水或露水时进行，工具用后应以 70% 的酒精消毒，以防传病	为了防止病虫害的侵染和蔓延至健康的组织和器官，应按照病虫害的预测预报，及时进行病虫害控制修剪
去萌修剪	（1）及时去除不定芽萌发出的细嫩枝条； （2）及时去除树木短截去顶后形成的干萌条，除选取保留主要培养枝外，还可视情况需要保留一部分可以遮阴保护树皮的枝条，以后再除	大量萌条的存在往往是树体结构破坏、病虫侵袭和不合理修剪的象征，必须及时处理
V 形树杈的修剪	将几个相邻生长的并以 V 形相接的大枝去掉一两个	V 形树杈的分枝角度小，很容易因风暴等外力作用发生劈裂。因此，要及时对这些枝条进行处理，避免发生伤人事故
线路修剪	（1）截顶修剪：又叫落头修剪，当树木的正上方有管线经过时截除上部树冠。截顶修剪易破坏树木的自然形状； （2）侧方修剪：当树木上方一侧与线路发生干扰时，截除上部树冠的一部分。有时也同时剪除相对一侧的枝条，以维持树木的对称生长； （3）下方修剪：当线路通过树冠的中下侧时，截除下部一侧的树冠； （4）穿过式修剪：指给空中管线让路，对较小枝条进行修剪，在树冠中形成一个可以让管线穿过的通道	主要是为了给空中管线让路，避免其相互摩擦或接近而产生危险的修剪方式。在不可能改变线路位置的情况下，只能及时地对与线路有矛盾的树木进行线路修剪
应急修剪	（1）台风季节前应做好抗风修剪及支撑的工作； （2）台风来临前要对可能出现问题的路段和树种检查一遍，看有否需要补剪的地方； （3）风暴过后要及时对吹倒吹折的树木进行应急处理	易遭受台风影响的地区
老桩修剪	修剪时应仔细检查桩基附近的愈合情况，在愈合体外侧切掉老桩	老桩是以前不正确的修剪、风雪损伤或自然枯死留下的残桩，应剪除
造型修剪	（1）在生长季节一般 15~20d 要修剪一次； （2）每次的修剪应按照不同的树种和观赏要求，比上一次提高 1~3cm，不能长期在同一位置短截； （3）每隔一年或两年进行一次更新修剪或回缩	造型树木要进行定期修剪，以维持设计的造型，更重要的是使造型树木健康生长，延缓老化
花后修剪	春季开花的树木最好是在开花后一到两周进行修剪，促使其萌发新梢，形成第二年的花枝，如梅花、桃花、云南黄素馨等	春季开花的树木，其花芽一般是上一年夏天形成的，因此不宜在花芽形成后到开花前这一阶段进行修剪

10.5.5.3　修剪的程序

园林树木的修剪程序概括起来，即"一知、二看、三剪、四拿、五处理"。

一知：修剪人员要了解修剪的质量要求和技术操作规程、技术规范及该地段对植物的特殊要求。

二看：修剪前先绕树观察，对实施的修剪方法应心中有数。

三剪：根据因地制宜、因树修剪的原则进行合理修剪。先处理大枝、中枝，后修剪小枝；先疏枝，后短截；先修内膛枝后修外围枝；先剪上部，后剪下部。这样就会避免差错或漏剪，既能保证修剪质量又可提高修剪速度。

四拿：修剪下的枝条及时拿掉，集中运走，保证环境整洁。

五处理：剪下的枝条，特别是病虫害枝条要及时处理，防止病虫害蔓延。

10.5.5.4　修剪中常见问题及注意事项

1. 剪口芽

（1）剪口的状态。

在修剪具有永久性各级骨干枝的延长枝时，应特别注意剪口与其下方芽的关系。剪口要平坦，剪口芽上部分不宜留得过长，应在叶芽上方 0.3～0.5cm 处，剪口斜面不能太大，剪口芽留外芽。同时，剪口最好与剪口芽成 45° 角的斜面。从剪口芽的对侧下剪，斜面上方与剪口芽尖相平，不留残桩，斜面最低部分和芽基相平，芽萌发后生长快（图 10-19、图 10-20）。

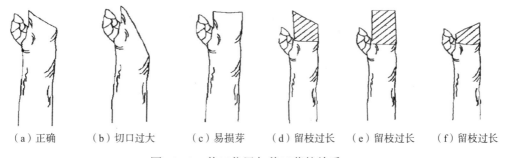

（a）正确　　（b）切口过大　　（c）易损芽　　（d）留枝过长　　（e）留枝过长　　（f）留枝过长

图 10-19　剪口位置与剪口芽的关系

（2）剪口芽的选择。

剪口芽的强弱和选留位置不同，生长出来的枝条强弱和姿势也不一样。

1）剪口芽留壮芽，则发壮枝；剪口芽留弱芽，则发弱枝；

2）背上芽易发强旺枝，背下芽发枝中庸；

3）剪口芽留在枝条外侧可向外扩张树冠，而剪口芽方向朝内则可填补内膛空位；

4）为抑制生长过旺的枝条，应选留弱芽为剪口芽；而欲弱枝转强，剪口则应选留饱满的背上壮芽。

因此，须从树冠整形的要求来具体决定究竟应留哪个方向的芽。这主要是针对骨干枝修剪时所应注意的事项，而小侧枝由于其寿命较短，即使芽的位置、方向等不适当也影响不大。

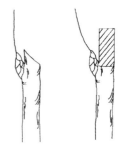

图 10-20　不同剪法剪口芽的发枝趋势

2. 分枝角度

对高大的乔木而言，分枝角度太小时，容易受风吹、雪压、冰挂或结果等过多压力而发生劈裂现象。故修剪时应剪除分枝角过小的枝条，而选留分枝角较大的枝条作为下一级的骨干枝。对初形成树冠而分枝角较小的大枝，可用绳索将枝拉开，或于二枝间嵌撑木板，加以矫正（图 10-21）。当然，分枝角度也不宜过大，否则会影响树体的稳定性，导致树体劈裂。因此，分枝角的角度应该掌握在 50° 左右最佳。

3. 大枝锯截

在疏剪或截除粗大的侧生枝干时，应采用"三锯法"（图 10-22）：

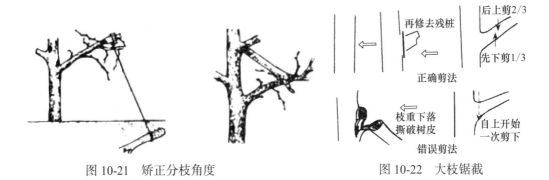

图 10-21　矫正分枝角度　　　　　　　图 10-22　大枝锯截

（1）先用锯在粗枝基部的下方，由下向上锯入 1/3～2/5；

（2）再自上方在基部略前方处从上向下锯下，以避免劈裂；

（3）最后用利刃将伤口自枝条基部切削平滑。

伤口用 20% 的硫酸铜溶液消毒，并涂上保护剂以免病虫侵害和水分蒸腾。伤口平滑有利于愈伤组织的发展和伤口的愈合。保护剂可以用接蜡、涂白剂、桐油或油漆等。同时，注意锯截大枝时不能留下残桩。

锯截大枝时应注意的问题：

（1）锯口应平齐，防止锯口劈裂；

（2）在建筑及架空线附近截除大枝时，应先用绳索，将被截大枝捆吊在其他生长牢固的枝干上，待截断后慢慢松绳放下，以免砸伤行人、建筑物和下部保留的枝干；

（3）基部突然加粗的大枝，锯口不要与着生枝平齐，而应稍向外斜，以免锯口过大；

（4）欲截去分生两个大枝之一，或截去枝与着生枝粗细相近时，不要一次齐枝基截除，而应先保留一部分，宜将侧生分枝以上的部位截去，过几年待留用枝增粗后，再将暂留枝段全部截除；

（5）较大的截口应抹防腐剂保护，以防水分蒸发或病虫侵蚀及滋生。目前多用的调和漆效果并不好，国外有专用的伤口保护剂。

4. 竞争枝的处理

无论是观花观果树、观形树还是用材树，其中心主枝或其他各级主枝，如果冬季修剪时对顶芽或顶端侧芽处理不当，常在生长期形成竞争枝，如不及时修剪往往扰乱树形，影响树木功能效益的发挥。竞争枝的处理方法见表 10-14。

竞争枝的处理方法　　　　　　　　　　　　　　　表 10-14

竞争枝处理	长势情况		处理方法
一年生竞争枝	竞争枝未超过延长枝	下部邻枝弱小	从竞争枝基部一次剪除（图 10-23a）
		下部邻枝较强壮	分两年剪除：第一年对竞争枝重短截，抑制竞争枝长势，第二年再齐基部剪除（图 10-23b）

续表

竞争枝处理	长势情况		处理方法
一年生竞争枝	竞争枝长势超过延长枝	竞争枝的下邻枝较弱小	换头：一次剪去较弱的原延长枝（图 10-23c）
		竞争枝的下邻枝较强壮	转头：分两年剪除原延长枝，使竞争枝逐步代替原延长枝，即第一年对原延长枝重短剪，第二年再疏剪它（图 10-23d）
多年生竞争枝	处理竞争枝不会造成树冠过于空膛和破坏树形		可将竞争枝一次回缩到下部侧枝处或一次疏除（图 10-24a）
	处理竞争枝会破坏树形或会留下大空位		可逐年回缩疏除（图 10-24b）

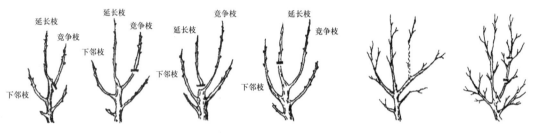

（a）一次剪除　（b）分两年剪除　（c）换头　　（d）转头　　　　（a）一次回缩或疏除　（b）逐年回缩疏除

图 10-23　一年生竞争枝的处理　　　　　　图 10-24　多年生竞争枝的处理

10.5.5.5　修剪的安全措施

（1）修剪时使用的工具应当锋利，上树机械或折叠梯在使用前应检查各个部件是否灵活，有无松动，防止发生事故；

（2）上树操作必须系好安全带、安全绳，穿胶底鞋，手锯一定要拴绳套在手腕上，以保安全；

（3）作业时严禁嬉笑打闹，要精力集中，以免错剪，刮五级以上大风时，不宜在高大树木上修剪；

（4）作业时应设置现场专职安全员，封闭工作区域，设立明显的路障和安全警示标志；

（5）在供电电缆及各类管线设施附近作业时，应划定保护区域，采取必要的保护措施，保障作业人员的安全，防止损坏管线及设施；

（6）在高压线附近作业时，应特别注意安全，避免触电，必要时应请供电部门配合；

（7）行道树修剪时，须事先与交通管理部门联系，选派专人维护现场，并在来车方向的80m 以前放置警戒标志。树上树下密切配合，以防锯落大枝砸伤行人和车辆；

（8）每个作业组由有实践经验的老工人担任安全质量检查员，负责安全、技术指导，质量检查及宣传工作；

（9）上大树梯子必须牢靠，要立得稳，单面梯将上部横挡与树身捆住，人字梯中腰拴绳，角度开张适中；

（10）截除大枝要由有经验的老工人指挥操作，有高血压和心脏病者，不准上树；

（11）修剪工具要坚固耐用，防止误伤和影响工作，一棵树修完不准从此树跳到另一棵树上，而应下树后再上另一颗树；

（12）几个人同时在一棵树上修剪，要有专人指挥，注意协作，避免误伤同伴。使用高车修剪，要检查车辆部件，要支放平稳，操作过程中，有专人检查高车情况，有问题及时处理。

10.5.6 园林树木的整形

为了满足园林树木正常的生长发育和园林绿化功能的需要，常要对树木进行整形。除特殊情况外，整形工作总是结合修剪进行的。园林树木具有多种功能和任务，整形的形式因此而异。

10.5.6.1 自然式整形

自然整形的基本方法是利用各种修剪技术，按照树种本身的自然生长特性，对树冠的形状做辅助性的调整和促进，使之早日形成自然树形，对由于各种因子而产生的扰乱生长平衡、破坏树形的徒长枝、冗枝、内膛枝、并生枝以及枯枝、病虫枝等，加以抑制或剪除，注意维护树冠的匀称完整（图10-25）。

自然式整形符合树种本身的生长发育习性，因此常有促进树木生长良好、发育健壮的效果，并能充分发挥该树种的树形特点，提高观赏价值。在园林绿地中以自然式整形形式最为普遍，施行起来最省工，最易获得良好的观赏效果。

图 10-25　自然式整形

10.5.6.2 人工式整形

为了满足园林绿化中某些特殊的目的，有时可将树木整剪成各种规则的几何形体或非规则的各种形体，如鸟、兽、城堡等（图10-26）。

图 10-26　人工式整形

图 10-26　人工式整形（续）

1. 几何形体的整形

按照规则几何形体的构成规律进行整形修剪，例如正方形树冠应先确定每边的长度，球形树冠应确定半径等。该方式一般具有明显的规则或对称的轮廓线，在欧式园林中运用较多。

2. 非几何形体的整形

（1）垣壁式　在庭院及建筑附近为达到垂直绿化墙壁的目的，常采用垣壁式整形，如在欧洲古典式庭园中。常见的形式有 U 形、肋骨形、扇形等。垣壁式的整形方法是使主干低矮，在干上向左右两侧呈对称或放射状配列主枝，并使之保持在同一平面上。

（2）雕塑式　根据整形者的意图匠心，创造出各种各样的形体。但应与四周园景协调，线条勿过于繁琐，以轮廓鲜明简练为佳。整形的具体做法视修剪者技术而定，也常借助于棕绳或铅丝，事先做成轮廓样式进行整形修剪。

人工式整形与树种本身的生长发育特性相违背，是不利于树木的生长发育的，而且一旦长期不剪，其形体效果就易破坏，所以在具体应用时应该全面考虑。一般多应用于萌芽力强、耐修剪的树种。

10.5.6.3　自然与人工混合式整形

由于园林绿化上的某种要求，以原有自然树形为基础，加以或多或少的人工改造而形成的形式，常见的见表 10-15。

自然与人工混合式整形形式表 10-15

混合式整形形式	形式特点		适用类型
杯状形	"三叉、六股、十二枝"的树形（图 10-27）： （1）树形无中心主干，仅有相当高的一段树干； （2）主干上部分生 3 个主枝，向四周均匀排开； （3）3 个主枝各自再分生 2 枝而成 6 枝； （4）再以 6 枝各分生 2 枝成 12 枝	这种几何状的规整分枝不仅整齐美观，而且冠内不允许有直立枝、内向枝的存在，一经出现必须剪除	此种树形在城市行道树中较为常见，如悬铃木、槐树等。但要注意，上方有架空线路时，应按规定保持一定距离，勿使枝与线路接触
开心形	（1）不留中央领导干而留多数主枝配列四方，分枝较低。 （2）在主枝上每年留有主枝延长枝，并于侧方留有副主枝处于主枝间的空隙处	属于杯状形改良的一种形式（图 10-28），整个树冠呈扁圆形，树冠内透光良好，有利于开花结果	适用于轴性弱、枝条开展的树种。可在观花小乔木及苹果、桃等喜光果树上应用

续表

混合式整形形式	形式特点		适用类型
多领导干形	留 2~4 个中央领导干，其上分层配列主枝，形成匀称的树冠（图 10-29）	可形成优美的树冠，提早开花年龄，延长小枝寿命	适用于生长较旺盛的种类，最宜于作观花乔木和庭荫树的整形，如桂花等
中央领导干形	留一强大的中央领导干，其上配列疏散的主枝（图 10-30）。 如果主枝分层着生，则称为疏散分层形	能形成高大的树冠，此形式是对自然树形加工较少的形式之一	适用于韧性强的树种，最宜作庭荫树、独赏树及松柏类乔木的整形
灌丛形	主干不明显，每丛自基部留主枝 10 个左右，其中保留 1~4 个老主枝，更新复壮		多用于小乔木及灌木的整形
棚架形	形状由架形而定。先建各种形式的棚架、廊、亭，种植物后，按生长习性加以剪、整等诱引工作	凡是有卷须或具有缠绕性特性的植物均可自行依支架攀援生长，如葡萄、紫藤等；不具备这些特性的，如木香、爬蔓月季等则靠人工搭架引缚，便于它们延长扩展	主要应用于园林绿地中的蔓生植物

图 10-27 杯状形   图 10-28 开心形

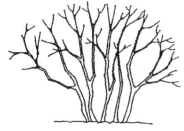

图 10-29 多领导干形   图 10-30 中央领导干形

以上三种整形方式，在园林绿地中以自然式整形应用最多，既省人力、物力，又易成功；其次是自然与人工混合式整形，比较费工，也需适当配合其他栽培技术措施。关于人工式整形，一般而言，由于很费人工，且需具有较熟练技术水平的人员才能修整，所以常只在园林局部空间或有特殊美化要求处应用。

10.5.7　不同用途园林树木的整形修剪

10.5.7.1　行道树的整形修剪

行道树一般使用树体高大的乔木树种，主干高度一般以 2.5～4m 为宜，行道树上方有架空线路通过的干道，其主干的分枝点高度应在架空线路的下方，而为了车辆行人的交通方便，分枝点不得低于 2～2.5m。城郊公路及街道、巷道的行道树，主干高可达 4～6m 或更高。定植后的行道树要每年修剪扩大树冠，调整分枝点高度和枝条的伸出方向，增加遮阴保湿效果，同时也应考虑到建筑物的使用与采光。

1. 杯状形行道树的修剪与整形

杯状形行道树具有典型的三叉六股十二枝的冠形，主干高在 2.5～4m，整形工作在定植后的 5～6 年内完成。以悬铃木为例：

（1）春季定植时，于树干 2.5～4m 处截干；

（2）萌发后选 3～5 个方向不同、分布均匀与主干呈 45° 夹角的枝条作主枝，其余分期剥芽或疏枝；

（3）冬季对主枝留 80～100cm 短截，剪口芽留在侧面，并处于同一平面上，使其匀称生长；

（4）第二年夏季再剥芽疏枝，幼年顶端优势较强，在主枝呈斜上生长时，其侧芽和背下芽易抽生直立向上生长的枝条，为抑制剪口处侧芽或下芽转上直立生长，抹芽时可暂时保留直立主枝，促使剪口侧向斜上生长；

（5）第三年冬季于主枝两侧发生的侧枝中，选 1～2 个作为延长枝，并在 80～100cm 处再短剪，剪口芽仍留在枝条侧面，疏除原暂时保留的直立枝、交叉枝等；

（6）如此反复修剪，经 3～5 年后即可形成杯状形树冠。

成形后的修剪：

（1）骨架构成后，树冠扩大很快，疏去密生枝、直立枝，促发侧生枝，内膛枝可适当保留，增加遮阴效果；

（2）上方有架空线路时，勿使枝与线路接触，按规定保持一定距离，一般电话线为0.5m，高压线为 lm 以上；

（3）近建筑物一侧的行道树，为防止枝条扫瓦、堵门、堵窗，影响室内采光和安全，应随时对过长枝条行短截修剪；

（4）生长期内要经常进行抹芽，抹芽时不要扯伤树皮；

（5）冬季修剪时把交叉枝、并生枝、下垂枝、枯枝、伤残枝及背上直立枝等截除。

2. 开心形行道树的修剪与整形

开心形多用于无中央主轴或顶芽能自剪的树种，树冠自然展开。

（1）定植时将主干留 3m 截干；

（2）春季发芽后，选留 3～5 个位于不同方向、分布均匀的抽枝进行短剪，促进枝条生长成主枝，其余全部抹去；

（3）生长季注意将主枝上的芽抹去，只留 3～5 个方向合适、分布均匀的侧枝；

（4）来年萌发后选留侧枝，共留 6～10 个，使其向四方斜生，并进行短截，促发次级侧枝，使冠形丰满、匀称。

3. 自然式冠形行道树的修剪与整形

在不妨碍交通和其他公共设施的情况下，树木有任意生长的条件时，行道树多采用自然式冠形，如塔形、卵圆形、扁圆形等。

（1）有中央领导枝的行道树。

如杨树、水杉、侧柏、金钱松、雪松、银杏、枫杨等，主要是控制好中心干的生长，并在其上选留好主枝，一般要求大主枝上下错开，方向匀称，分枝角度适宜。

1）分枝点的高度按树种特性及树木规格而定，栽培中要保护顶芽向上生长。郊区多用高大树木，分枝点在4～6m以上；

2）主干顶端如受损伤，应选择一直立向上生长的枝条或在壮芽处短剪，并把其下部的侧芽抹去，抽出直立枝条代替，避免形成多头现象；

3）整株树的修剪要以疏剪为主，主要针对枯死枝、病虫枝、并生枝、重叠枝、徒长枝、竞争枝和过密枝等；

4）阔叶类树种如毛白杨，不耐重抹头或重截，应以冬季疏剪为主；

5）修剪时应保持冠与树干的适当比例，一般树冠高占3/5，树干（分枝点以下）高占2/5；

6）在快车道旁的分枝点高至少应在2.8m以上；

7）注意最下面的三大主枝上下位置要错开，方向匀称，角度适宜；

8）要及时剪除三大主枝上基部贴近树干的侧枝，并选留好三大主枝以上的其他各主技，使呈螺旋形往上排列。

（2）无中央领导干的行道树。

选用主干干性不强的树种，如旱柳、榆树等。

1）分枝点高度一般为2～3m，留5～6个主枝，各层主枝间距短，使自然长成卵圆形或扁圆形的树冠；

2）每年的常规性修剪主要对象是密生枝、枯死枝、病虫枝和伤残枝等。

行道树定干时，同一条干道上分枝点高度应一致，使整齐划一，不可高低错落，影响美观与管理。总之，行道树通过修剪应达到叶茂形美遮阴，侧不妨碍建筑，上不妨碍架空线，下不妨碍车人行走。

10.5.7.2 庭荫树的整形修剪

1. 庭荫树修剪整形

（1）首先是培养一段高矮适中、挺拔粗壮的树干。树干的高度应与周围的环境相适应。作为遮阳树，树干的高度相应要高些（1.8～2.0m），为游人提供在树下自由活动的空间；栽植在山坡或花坛中央的观赏树主干可矮些（一般不超过1.0m）。

（2）树木定植后，尽早将树干上1.5m以下的枝条全部剪除，以后随着树体的长大，逐渐疏除树冠下部的侧枝。

（3）一般以自然式树形为宜，在休眠期间将过密枝、伤残枝、枯死枝、病死枝及扰乱树形的枝条疏除，也可根据需要进行特殊的造型和修剪。

（4）树冠应尽可能大些，以最大可能发挥其遮阳作用。一般认为，以遮阳为主要目的的庭荫树，其树冠占树高的比例以2/3以上为佳。

2. 孤植树修剪整形

孤植树的整形修剪与庭荫树类同。

10.5.7.3 片林的整形修剪

成片树木的修剪整形，主要是维持树木良好的干性和冠形，改善通风透光条件，因此修剪比较粗放。整形修剪时要注意以下几个方面：

（1）有主轴的树种（如杨树等）组成片林，修剪时注意保留顶梢。当出现竞争枝（双头现象），只选留一个；如果领导枝枯死折断，应扶立一分枝代替主干延长生长，培养成新的中央领导枝。

（2）适时修剪主干下部侧生枝，逐步提高分枝点。分枝点的高度应根据不同树种、树龄而定。同一分枝点的高度应大体一致，而林缘分枝点应低留，使其呈现丰满的林冠线。

（3）对于一些主干很短，但树已长大，不能再培养成独干的树木，可以把分枝的主枝当作主干培养，逐年提高分枝，或呈多干式。

（4）应保留林下的树木、地被和野生花草，增加野趣和幽深感。

松柏类树木一般采取自然式整形。在大面积人工林中，常进行人工打枝，即将处在树冠下方生长衰弱的侧生枝剪除。但打枝多少，必须根据栽培目的及对树木生长的影响而定。

10.5.7.4　花灌木的整形修剪

花灌木应依其生长的周围环境、光照条件、植物种类、长势强弱及其在园林绿地中所起的作用进行修剪与整形。

1. 因树势修剪与整形

（1）幼树。生长旺盛，以整形为主，宜轻剪。①严格控制直立枝，斜生枝的上位芽在冬剪时应剥掉，防止生长直立枝；②所有病虫枝、干枯枝、人为破坏枝、徒长枝等用疏剪方法剪去；③丛生花灌木的直立枝，选择生长健壮的加以轻摘心，促其早开花。

（2）壮年树。应充分利用立体空间，促使其多开花。于休眠期修剪时，在秋梢以下适当部位进行短截，同时逐年选留部分根蘖，并疏掉部分老枝，以保证枝条不断更新，保持丰满株形。

（3）老弱树。以更新复壮为主，采用重短截的方法，使营养集中于少数腋芽，萌发壮枝，及时疏删细弱枝、病虫枝、枯死枝。

2. 因时修剪与整形

落叶花灌木依修剪时期可分冬季修剪（休眠期修剪）和夏季修剪（花后修剪）。

（1）冬季修剪一般在休眠期进行，夏季修剪在花谢后进行，目的是抑制营养生长，增加光照，促进花芽分化，保证来年开花；

（2）夏季修剪宜早不宜迟，这样有利于控制徒长枝的生长。若修剪时间稍晚，直立徒长枝已经形成。如空间条件允许，可用摘心办法使之生出二次枝，增加开花枝的数量。

3. 根据树木生长习性和开花习性进行修剪与整形

（1）春季开花，花芽（或混合芽）着生在二年生枝条上的花灌木。

如连翘、榆叶梅、碧桃、迎春、牡丹等灌木是在前一年的夏季高温时进行花芽分化，经过冬季低温阶段于第二年春季开花。

1）应在花谢后叶芽开始膨大尚未萌发时进行修剪，对花枝进行短截，保留枝条基部2～4个饱满芽；

2）修剪的部位依植物种类及纯花芽或混合芽的不同而有所不同；

3）对于具有拱形枝条的种类，如连翘、迎春等，老枝还应该重剪，以利抽生健壮的新枝，充分发挥其树姿的特点。

（2）夏秋季开花，花芽（或混合芽）着生在当年生枝条上的花灌木。

如紫薇、木槿、珍珠梅等是在当年萌发枝上形成花芽，因此应在休眠期进行修剪。

1）将二年生枝基部留2～3个饱满芽或一对对生芽进行重剪，剪后可萌发出苗壮的枝条，花枝虽少些，但由于营养集中会产生较大的花朵；

2）有些灌木如希望当年开两次花，可在花后将残花及其以下的2～3个芽剪除，刺激二次枝条发生，适当增加肥水可使其二次开花；

3）值得注意的是，当新梢抽生后千万不能再对它进行短剪，否则会把花芽剪掉。

（3）花芽（或混合芽）着生在多年生枝上的花灌木。

如紫荆、贴梗海棠等，虽然花芽大部分着生在二年生枝上，但当营养条件适合时多年生的老干亦可分化花芽。

1）对于这类灌木中进入开花年龄的植株，修剪量应较小；

2）在早春可将枝条先端干枯部分剪除，在生长季节为防止当年生枝条过旺而影响花芽分化可进行摘心，使营养集中于多年生枝干上。

（4）花芽（或混合芽）着生在开花短枝上的花灌木。

如西府海棠等，这类灌木早期生长势较强，每年自基部发生多数萌芽，自主枝上发生大量直立枝，当植株进入开花年龄时，多数枝条形成开花短枝，在短枝上连年开花。

1）这类灌木一般不进行修剪，可在花后剪除残花；

2）夏季生长旺时，将生长枝进行适当摘心，抑制其生长，并将过多的直立枝、徒长枝进行疏剪。

（5）一年多次抽梢，多次开花的花灌木。

1）可于休眠期对当年生枝条进行短剪或回缩强枝，同时剪除交叉枝、病虫枝、并生枝、弱枝及内膛过密枝，如月季；

2）寒冷地区可进行强剪，必要时进行埋土防寒；

3）生长期可多次修剪，可于花后在新梢饱满芽处短剪（通常在花梗下方第二芽至第三芽处），剪口芽很快萌发抽梢，形成花蕾开花，花谢后再剪，如此重复。

在温暖的气候条件下，落叶灌木常因冬季低温不够而使芽在春天到来之后不能正常萌动，并导致不正常的放叶和开花，对于这类灌木应在夏季摘心（剪除2～6cm梢端），以改善下一年的放叶与开花状况。

10.5.7.5 绿篱的整形修剪

绿篱是萌芽力强、成枝力强、耐修剪的树种，依其高度可分为：矮篱（50cm以下）、中篱（50～120cm）、高篱（120～160cm）、绿墙（160cm以上）。对绿篱进行修剪，既为了整齐美观，增添园景，也为了使篱体生长茂盛，长久不衰。

1. 绿篱的整形方式及修剪

根据篱体的形状和整形修剪程度，可分为自然式绿篱、半自然式绿篱和整形式绿篱（表10-16）。

绿篱的整形方式及修剪方法　　　　　　　　　　表 10-16

整形方式	修剪方法	适用类型
自然式绿篱	（1）一般可不行专门的剪整措施，适当控制高度，并疏剪病虫枝、干枯枝，任枝条生长，使其枝叶相接紧密成片提高阻隔效果； （2）用于防范的枸骨、火棘等绿篱和玫瑰、木香等花篱，也以自然式修剪为主，开花后略加修剪使之继续开花，冬季修去枯枝、病虫枝； （3）对蔷薇等萌发力强的树种，盛花后进行重剪，新枝粗壮，篱体高大美观	绿墙、高篱和花篱采用较多
半自然式绿篱	不进行特殊整形，在一般修剪中除剔除老枝、枯枝与病枝外，使绿篱保持一定的高度，下部枝叶茂密，使绿篱呈半自然生长状态	

续表

整形方式		修剪方法	适用类型
整形式绿篱	新植绿篱	（1）种植后剪去高度的1/3~1/2，剪口在规定高度的5~10cm 以下，保证粗大的剪口不暴露； （2）用大平剪或绿篱机修去平侧枝，统一高度和侧面，促使下部侧芽萌发生成枝条，形成紧枝密叶的矮墙，显示立体美	多用于中篱和矮篱，且常用于草地、花坛镶边，或组织人流的走向。这类绿篱低矮，为了美观和丰富园景，多采用几何图案式的修剪整形，如矩形、梯形、倒梯形、篱面波浪形等
	成型绿篱	（1）每年最好修剪 2~4 次，使新枝不断发生、更新和替换老枝； （2）整形时顶面与侧面要兼顾，不应只修顶面不修侧面，以免造成顶部枝条旺长，侧枝斜出生长	
	组字、图案式绿篱	（1）一般用矩形整形方式，要求边缘棱角分明，界限清楚，篱带宽窄一致； （2）每年修剪次数应比一般镶边、防范的绿篱多； （3）枝条的替换、更新时间应短，不易出现空秃，以保持文字和图案的清晰	

2. 老龄绿篱的更新复壮

绿篱的栽植密度都很大，不论怎样精心地修剪和养护，随着树龄的不断增长，最终都无法将其控制在应有的高度和宽度之内，从而失去规整的篱体状态，失去观赏价值，此时应当更新。

（1）阔叶树绿篱的更新复壮。

大部分阔叶树种的萌发和再生能力都很强，当它们年老变形以后，可以采用台刈或平茬的办法进行更新，不留主干或仅保留一段很矮的主干，将地上部分全部锯掉。更新过程一般需要 3 年。台刈或平茬后的植株，因具有强大的地下根系，因此萌发力特别强，可以在一年之中长成绿篱的雏形，两年以后就能恢复成原有的规整式篱体。此外，也可通过老干疏伐逐年更新。

更新要选择适宜的时期，常绿树种可选在 5 月下旬至 6 月底进行，落叶树种以秋末冬初进行为好。绿篱的更新应配合土肥水管理和病虫害防治。

（2）针叶树绿篱的更新复壮。

大部分常绿针叶树种的再生能力较弱，不能采用上述平茬的办法。如果这些绿篱位于庭园四周的边缘地带，则可采用间伐的手段加大它们的株行距，使它们自然长成非规整式绿篱，仍能起到防护作用，否则就必须把它们全部挖掉，另栽年幼的新株，重新培养。

10.5.7.6　藤木类的整形修剪

藤本多用于垂直绿化或绿色棚架的制作。在自然风景中，对藤本植物很少加以修剪管理，但在一般的园林绿地中则有以下几种处理方式：

1. 棚架式

对于卷须类及缠绕类藤本植物多用此种方式进行修剪与整形。

（1）剪整时应在近地面处重剪，使发生数条强壮主蔓，然后垂直诱引主蔓至棚架的顶部，并使侧蔓均匀地分布架上，则可很快地成为荫棚。

（2）除隔年将病、老或过密枝疏剪外，一般不必每年修剪整形。但对结果类如葡萄、百香果等，需每年下架，将病弱衰老枝剪除，均匀地选留结果母枝，经盘卷扎缚后埋于土中，翌年再去土上架。

2. 凉廊式

常用于卷须类及缠绕类植物，亦偶尔用吸附类植物。因凉廊有侧方格架，所以主蔓勿过早诱引至廊顶，否则容易形成侧面空虚。常用的如凌霄、金银花等。

3. 篱垣式

多用于卷须类及缠绕类植物。将侧蔓进行水平诱引后，每年对侧枝施行短剪，形成整齐的篱垣形式。常用的有藤本蔷薇、藤本月季、云实等。

4. 附壁式

多用吸附类植物为材料。方法简单，只需将藤蔓引上墙面即可自行依靠吸盘或吸附根而逐渐布满墙面。例如爬墙虎、凌霄、扶芳藤、常春藤等均用此法。此外，在某些庭园中，有在壁前 20～50cm 处设立格架，在架前栽植植物的，例如蔓性蔷薇等开花繁茂的种类多在建筑物的墙面采用本法。修剪时应注意使墙面基部全部覆盖，各蔓枝在立面上应分布均匀，勿使互相重叠交错为宜。

在本式修剪与整形中，最易发生的毛病为基部空虚，不能维持基部枝条长期茂密。对此，可配合轻、重修剪以及曲枝诱引等综合措施，并加强栽培管理工作。

5. 直立式

对于一些茎蔓粗壮的种类，如紫藤等，可以修剪整形成直立灌木式，用于公园道路旁或草坪上，可以收到良好的效果。主要方法是对主蔓进行多次短截，注意剪口留芽的位置，一年留左边，一年留右边，应彼此相对，将主蔓培养成直立强健的主干，然后对其上的枝条进行多次的短截，以形成多主枝式或多主干式的灌木丛。也可以修剪整形成拱桥式、篱笆式和柱杆式等（图 10-31）。

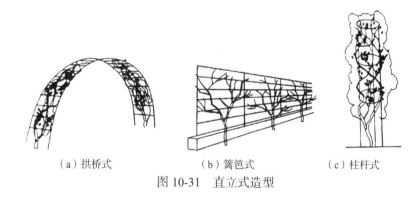

（a）拱桥式　　　　　（b）篱笆式　　　　　（c）柱杆式

图 10-31　直立式造型

10.6　古树名木的养护管理

10.6.1　古树名木的含义

根据原国家林业局《全国古树名木普查建档技术规定》，古树是指树龄在 100 年以上的树木。根据树龄大小，其保护级别分为三级：

500 年以上为国家一级保护古树；

300～499 年为国家二级保护古树；

100～299 年为国家三级保护古树。

名木是指树种稀有珍贵，国家予以重点保护的，或由历史上、社会上重大影响的中外历代名人所种植的、具有某种重要历史、文化价值和纪念意义的树木。

古树名木往往一身兼二任，当然也有名木不古或古树未名的，不管哪一种情况，都应引起重视，加以保护和研究。

10.6.2　古树名木养护管理技术措施

1. 土壤管理

古树名木的土壤管理主要包括保持土壤的通透性、埋条促根、地面铺梯形砖和地被植物、作渗井、埋透气管等（表 10-17）。

古树名木的土壤管理　　　　　　　　　　　　　　　　　　表 10-17

土壤管理		实施方法
保持土壤的通透性		（1）生长季多次中耕松土，冬季深翻，施有机肥料； （2）古树名木周围应设立栅栏，避免践踏； （3）在树木周围一定范围内，不得铺装水泥路面
埋条促根	放射沟埋条	（1）在树冠投影外侧挖放射状沟 4~12 条，每条沟长 120cm 左右，宽为 40~70cm，深 80cm； （2）沟内先垫放 10cm 厚的松土，再把剪好的树枝绑成捆，平铺一层，每捆直径 20cm 左右，上撒少量松土； （3）同时施入粉碎的麻酱渣和尿素，每沟施麻酱渣 1kg，尿素 150g，为了补充磷肥可放少量脱脂骨粉； （4）覆土 10cm 后放第二层树枝捆，最后覆土踏平
	长沟埋条	株距大的可以采用长沟埋条： （1）在树冠投影外侧挖长沟，沟宽 70~80cm，深 80cm，长 200cm 左右； （2）分层埋树条施肥，覆盖踏平
地面铺梯形砖和地被植物		（1）在地面上铺置上大下小的特制梯形砖，砖与砖之间不勾缝，留有通气道，下面用石灰砂浆衬砌，砂浆用石灰、沙子、锯末配制，比例为 1：1：0.5，注意土壤 pH 值的变化； （2）可以在被埋树条的上面种上花草，并设围栏禁止游人践踏，或铺上带孔或有空花条纹的水泥砖或铺铁筛盖； （3）用挑空的木栈道取代水泥路面，可以减少对树木土壤的压迫，降低对树木的破坏程度
作渗井		（1）按埋条法挖深 120~140cm，直径 110~120cm 的渗井； （2）井底壁掏 3~4 个小洞，内填树枝、腐叶土、微量元素等； （3）井壁用砖砌成坛子形，不用水泥砌实，周围埋树条、施肥，井口盖上盖子，以透气存水，将新根引过来，改善根系的生长条件
埋透气管		（1）在树冠半径 4/5 以外挖放射状沟，一般宽 80cm，深 80cm，长度视条件而定，保留直径 1cm 以上的根，1cm 以下可以断根； （2）在沟中适当位置垂直安放透气管，每株树 2~4 根，管径 10cm，管壁有孔，管外缠棕绳； （3）透气管外填酱渣、腐叶土、微量元素和树枝的混合物

2. 肥水管理

根据树木的需要，及时进行施肥，并掌握"薄肥勤施"的原则。

（1）当土壤质地恶化，不利树木生长时，可进行换土。

（2）在地势低洼或地下水位过高处，要注意排水；当土壤干旱时，应及时补水。也可根据需要对树木进行喷水，既可以满足树体对水分的需要，也可以清洗树体灰尘。

（3）可根据具体情况采取换土、浇水、增施有机肥等综合措施。对于顶部和外围枯梢较多的衰老树木，其吸收根多数仅限于树冠正投影范围内，一般在树冠半径内以距树干的1/2～2/3处以外进行改土、施肥、灌水等措施。

3. 整形、修剪

（1）对于一般古树可将弱枝进行缩剪或锯去枯死枝，改变根冠比，集中供应养分，有利发出新枝；

（2）对特别珍贵的古树，应少整枝、少短截，以轻剪、疏剪为主，基本保持原有树形；

（3）对病虫枝、枯弱枝、交叉重替枝进行修剪时应注意修剪方法，以疏剪为主，以利于通风透光并减少病虫害滋生，有时要对枯枝做防腐处理。

4. 病虫害防治

古树衰老，易遭受病虫危害。病虫危害是古树生长衰弱的重要原因之一，应及时注意防治病虫害，如红蜘蛛、白蚁、蚜虫等害虫常危害古树名木，要及时喷药加以控制，做到"预防为主，综合防治"，避免古树因受病虫侵袭致死。

5. 设围栏、堆土、筑台

为防止游人踩踏，使古树名木根系生长正常，应在古树周围设围栏、堆土、筑台，可起保护作用，也有防涝效果。

砌台比堆土收效尤佳，可在台边留孔排水，切忌围栏造成根部积水。

设围栏的形式应根据具体情况确定，如在风景区还应结合周围环境，尽量与周围环境一致。

6. 支架支撑

古树年代久远，生长衰弱，主干、主枝常有中空或死亡，造成树冠失去均衡，树体倾斜；又因树体衰老，枝条容易下垂，遇此情况需用支撑进行树体加固。

支撑材料可以选用水泥柱、钢管或木柱等（图10-32）。

图10-32　古树支撑

7. 树洞修补、治伤

衰老的古树加上人为的损伤、病菌的侵袭，使木质部腐烂蛀空，造成大小不等的树洞，对树木生长影响极大。除有特殊观赏价值的树洞外，一般应及时填补。

具体方法：

（1）先刮去腐烂的木质，用硫酸铜或硫磺粉消毒，然后在空洞内壁涂水柏油防腐剂；

（2）为恢复和提高观赏价值，表面用1:2的水泥黄沙加调色粉，按树木皮色皮纹装饰；

（3）较大树洞则要用钢筋水泥或填砌砖块补树洞并加固，再涂以油灰和粉饰。

8. 自然灾害和人为损害的防治

一般自然灾害的防治同一般树木自然灾害的防治相同，对于古树来说还应注意避免被雷击。可以通过设避雷针加以防治，如千年古银杏大多曾遭过雷击，严重影响生长，有的在雷击后未采取补救措施便很快死亡。所以，高大的古树应加避雷针，如遭雷击，应立即将伤口刮平，涂上保护剂，并堵好树洞。

古树名木不要随意搬迁，也不应在古树名木周围修建房屋，挖土，架设电线，倾倒废土、垃圾及污水等，以免改变和破坏原有的生态环境。

9. 设立标示牌

标示牌应标明树种、树龄、等级、编号，明确养护管理负责单位，设立宣传牌，介绍古树名木的来源、意义与现况，发动群众自觉保护古树名木。

10. 定期巡查，建立档案

（1）定期巡查。

对古树名木要定期进行巡查和安全评估，以消除隐患。巡查可以分类进行，长势好的可以每个季度巡查一次，长势差的可以每月巡查一次。发现安全隐患时，要写出评估报告和处理建议，报绿化主管部门，依法进行处理。

（2）建立档案。

对所有的古树名木应建立生长情况档案，每年记录养护管理措施及生长情况，以供日后养护管理时参考。

另外，为增加古树名木的观赏价值，在以上的各种日常管理技术措施中，均应考虑树体的整体效果以及与环境的协调性。有些地方还种植一些藤本等植物，与古树共生，效果较好。对一些有历史渊源或有重要价值的古树，即便是枯死，也可以加以利用，如进行防腐处理后观赏，或种植藤本攀援等。

10.7　园林绿地花卉的养护管理

前文中园林树木的养护管理技术同样可以应用于园林绿地花卉的养护，但由于花卉比一般树木更娇嫩，观赏要求更高，因此在养护管理上也要求更为精细。

10.7.1　土壤的选择

绝大多数花卉要求肥沃、疏松、排水良好的土壤，优良的园土应深达数米，富含各种营养成分，有一定的空隙以利通气和排水，持水与保肥能力强，还具适合花卉生长的 pH 值，不含杂草、有害生物以及其他有毒物质。

壤土最适合花卉的生长，砂土和黏土也可通过加入有机质和砂土进行改良。有机质包括堆肥、厩肥、锯末、腐叶、泥炭等。

土壤的 pH 值对花卉的生长有较大的影响，多数花卉喜中性或微酸性土，即 pH 值在 6～7。特别是喜酸性土的花卉，如杜鹃、山茶、八仙花等，要求 pH 值在 4.5～5.5。土壤过酸可加入适量的石灰，偏碱宜加入适量的硫酸亚铁来调整。

10.7.2　灌水与排水

灌水应考虑土壤的类型、湿度与坡度，栽培花卉的种类和品种，气候、季节、光照强度、风、空气湿度以及地面有无覆盖等因素的影响。

1. 灌水量

灌水量因土质而定，基本原则是保证植物根系集中分布层处于湿润状态，即根系分布范围内的土壤湿度达到田间最大持水量的 70% 左右。一般一、二年生花卉，灌水渗入土层的深度应达 30～35cm，草坪应达 30cm。以小水灌透为原则，使水分慢慢渗入土中。

（1）如遇表土较浅，下有黏土盘情况，每次灌水量宜少，但次数宜多；

（2）如为土层深厚的砂质壤土，水应一次灌足，待现干后再灌；

（3）黏土水分渗透慢，灌水时间应适当延长，最好采用间歇方式，留有渗入期，如灌水 10min，停灌 20min，再灌 10min 等。遇高温干旱时此法尤为适宜，并且场地应预先整平，以防水土流失。

2. 水质

（1）灌溉用水以软水为宜，避免使用硬水；

（2）最好用河水，其次是池塘水和湖水；

（3）切忌使用工厂排出的废水、污水；

（4）在灌溉过程中，应注意灌溉用水的酸碱度对植物的生长是否适宜；

（5）北方地区的水质一般偏碱性，对于某些要求土壤中性偏酸或酸性的植物种类来说，容易出现缺铁现象。

3. 浇水时间

一般应安排在上午 4 时前或下午 4 时以后，忌在中午、气温正高、阳光直射的时间浇水。灌溉和排水的方法与前面第一节所述相同。

10.7.3 施肥

施肥的目的是提高花卉的营养水平，改善土壤的理化性质，促使花卉叶茂花丰。

10.7.3.1 施肥时期

在花卉需肥或是表现缺肥时进行施肥。

1. 施肥要考虑花卉的物候期和肥料种类

物候期的进展和养分分配规律，决定着施肥时期以及能否及时满足花卉生长发育的需要。

（1）早春花卉萌芽前，是根系生长的旺盛期，应施一定量的磷肥；

（2）萌芽后及花后新梢生长期，应以氮肥为主；

（3）花芽分化期、开花期与结果期，应施磷、钾肥；

（4）秋季对某些花卉而言，落叶后正值根系生长高峰，此时应施磷肥，以后随花卉逐渐进入休眠期，应适时增施钾肥，来提高花卉的耐寒性。

2. 施肥要考虑气候条件

如植物生长各个时期的温度、降水量等。北方夏季正值植物旺盛生长、开花、花芽分化等时期，可结合下雨进行施肥。

3. 施肥要考虑土壤条件

根据土壤的质地、结构、含水量、酸碱度等来决定施肥。

（1）高温多雨或砂质土，施肥量宜少而次数宜多。

（2）对于速效性、易淋失或易被土壤固定的肥料，如碳酸氢铵、过磷酸钙等，宜于需肥稍前施；而迟效性肥料可提前施，如有机肥等。

（3）施肥后应随即进行灌水。在土壤干燥情况下，还应先行灌水再施肥，以利吸收并防伤根。

（4）一、二年生草本园林植物生育期短，植株比较矮小，对肥料的需求量相对较少。生产实践中，为减少栽培过程中追肥的次数，特别是为了改良土壤，应施用基肥。

10.7.3.2　施肥量

施肥量因花卉种类、品种、土质以及肥料种类不同而异。一般植株矮小，生长旺盛的花卉可少施；植株高大，枝叶繁茂，花朵丰硕的花卉宜多施。

一般草花类的施肥量 N $0.94\sim2.26kg/100m^2$、P_2O_3 $0.75\sim2.26kg/100m^2$、K_2O $0.75\sim1.69kg/100m^2$；球根类的施肥量 N $1.50\sim2.26kg/100m^2$、P_2O_3 $1.03\sim2.26kg/100m^2$、K_2O $1.83\sim3.00kg/100m^2$。花卉的施肥应以氮、磷、钾 3 种营养成分配合使用。

10.7.3.3　施肥方法

施肥方法包括土壤施肥和根外追肥两种方式。

土壤施肥的深度和广度，应依根系分布的特点，将肥料施在根系分布范围内或稍远处。由于各种营养元素在土壤中移动性不同，不同肥料施肥深度也不相同。氮肥在土壤中移动性强，可浅施；磷钾肥移动性差，宜深施至根系分布区内，或与其他有机肥混合施用效果更好。氮肥多用作追肥，磷钾肥与有机肥多用作基肥。

在本章第 1 节已经介绍了各种施肥的方法，对于花卉来说，主要采用地面全面施肥和环状施肥，有时也用根外施肥。应注意将施肥与灌溉结合起来。

10.7.4　除草松土

除草松土是花卉养护管理中一项十分繁重的工作。除草松土一般同时进行，在花卉的生长期内，一般要做到见草就除，除草即松土，其效果很好。

（1）除草松土的次数。

要根据气候、植物种类、土壤等而定。草本花卉则一年多次。

（2）除草松土时间。

可安排在天气晴朗或雨后、土壤不过干和不过湿的情况进行方可获得最大的保墒效果。

（3）松土的深度和范围。

应视植物种类及植物当时根系的生长状况而定，对于灌木、草本花卉，深度可在 5cm 左右。除草松土时应避免碰伤花卉。

10.7.5　整形修剪

整形是对花卉进行修剪，使其形成一定形状。

1. 整形方式

露地花卉常有以下整形方式：

（1）单干式。

只留主干，顶端开花 1 朵，如标本菊。

（2）多干式。

留主枝数条，使开出较多花朵，如菊花留 3、5、9 枝，大丽花留 2～4 个主枝。

（3）丛生式。

全株发生多数枝条成低矮丛生状，开出多数花朵，适合此种整形的花卉较多，如百日草、万寿菊、一串红、矮牵牛、金鱼草等。

（4）悬崖式。

是全株枝条向一个方向伸展下垂，多用于小菊品种整形。

（5）攀援式。

多用蔓生花卉，如茑萝、铁线莲。

2. 修剪技术

修剪主要包括摘心、除芽、折梢、曲枝、去蕾、修枝等技术措施。

（1）摘心。

促进分枝，可使株形低矮紧凑，草花和宿根花卉多采用，如金鱼草、波斯菊、一串红等。但是对以顶花为主和自然分枝强的种类不宜摘心，如凤仙花、鸡冠花、观赏向日菊、三色堇、麦秆菊等。

（2）除芽、去蕾。

即除去过多的腋芽和侧芽，使留下的花朵充实而美丽，如菊花和大丽花多采用此法修剪。

（3）折梢、曲枝和修枝

多在木本花卉上采用。

10.7.6　越冬越夏

1. 越冬

在我国北方严寒季节，要对不耐寒的多年生花卉和 2 年生露地花卉进行防寒处理，保证安全越冬。常见的方法有：

（1）灌水法。

冬灌减少冻伤或防冻，春灌有保温、增温效果。

（2）覆盖压土法。

在霜冻到来前，在多年生花卉地的畦面上覆盖干草、马粪或草席，上面用土压实，至晚霜过后再清理好畦面，这是防寒效果较好的方法。

（3）熏烟法。

露地越冬的二年生花卉常采用这种防霜方法。熏烟法在温度不低于 −2℃时效果显著。因此，当晴天夜间温度降至近 0℃时可开始熏烟。

熏烟方法很多，常用的方法有：

1）每亩堆放 3～4 个草堆，每堆放柴草 50kg 左右，进行烟熏；

2）也可用铁皮桶制成熏烟炉，烟熏时放在车上，往返推动，更方便适用，效果更好。

2. 越夏

在夏季高温酷暑的地方，对要求夏季干燥、凉爽的地中海气候型的植物来说，要保护其安全越夏，可采取叶面喷水、地面灌水、架设遮阳网、修剪枝叶、喷蒸腾抑制剂等措施。

10.7.7　覆盖

将一些对花卉生长发育无害而有益的材料覆盖在圃地上（株间）。它具有防止水土流失、水分蒸发、地表板结、杂草滋生的效果以及调节土温的作用。

（1）地面进行覆盖后，应行镇压使其稳定，不易为风力或鸟类所扰动。

（2）覆盖物应是容易获得、使用方便、价格低廉的材料，应因地制宜进行选择。常用天然覆盖物，有堆肥、秸秆、腐叶、松毛、锯末、泥炭藓、树皮、甘蔗渣、花生壳等。

（3）覆盖厚度一般为 3～10cm，不宜太厚，以防止杂草生长。目前还有用黑色聚乙烯薄膜、铝箔片或喷沥青等作覆盖物的。以聚乙烯薄膜为覆盖物时，应预先于其上打些孔洞，以利雨水渗入。

10.8　草坪的养护管理

草坪的种植仅是开始，更重要的是后期的养护管理。良好的养护管理可以延长草坪寿命和品质，但若管理不妥，则草坪很快就会衰退，甚至 1～2 个月即成为退化草坪。

10.8.1　草坪修剪

草坪修剪是保证草坪质量的重要措施。通常情况下，草坪应定期修剪。在草坪草能忍受的修剪范围内，草坪修剪得越短，草坪越显得均一、平整和美观。草坪若不修剪，长高的草坪草将干扰运动的进行，使草坪失去坪用功能，降低品质，进而失去其经济价值和观赏价值。

10.8.1.1　修剪时间和修剪频率

1. 修剪时间

在草坪的养护管理实践中，通常可根据草坪的高度来确定修剪时间，一般遵循草坪修剪的 1/3 原则。1/3 原则是指每次修剪时，剪掉的部分不能超过草坪草茎叶自然高度（未修剪前的高度）的 1/3。当草坪高度大于适宜修剪高度的 1/2 时，应遵照 1/3 原则进行修剪，不能伤害根茎，以免影响草坪草的正常生长。

2. 修剪频率

草坪的修剪强度和频率取决于草坪草的种类及品种、草坪草的生育时期、草坪的用途等。一般草坪草的适宜留茬高度为 3～4cm，部分遮阴地带、水土保持草坪、绿化草坪等可适当留高一些。常见草坪草修剪留茬高度见表 10-18。

在草坪草休眠期和生长期开始之前，可剪得很低，并对草坪进行全面清理，促进草坪快速返青和健康生长。一天中最好在清晨草叶挺直时修剪。

常见草坪草修剪留茬高度　　　　　　　　　表 10-18

冷季型草种	留茬高度（cm）	暖季型草种	留茬高度（cm）
匍茎剪股颖	0.6～1.3	狗牙根	1.3～3.8
细弱剪股颖	1.3～2.5	杂交狗牙根	0.6～2.5
草地早熟禾	2.5～5.0	结缕草	1.3～5.0
加拿大早熟禾	6.0～10.1	野牛草	2.5～5.0
细叶羊茅	3.8～6.4	地毯草	2.5～5.0
紫羊茅	2.5～5.0	假俭草	2.5～5.0
高羊茅	3.8～7.6	巴哈雀稗	2.5～5.0
黑麦草	3.8～5.0	钝叶草	3.8～7.6

10.8.1.2 修剪工具

修剪工具主要为剪草机，选择应以能快速、优质地完成剪草作业且费用适度为依据。目前，用于草坪修剪的机械种类很多，按作业时的行进动力有机动式和手推式之分，按工作方式可分为滚筒式剪草机和圆盘式剪草机两类。

（1）滚筒式剪草机。能将草坪修剪得十分干净整齐，只是价格较高，保养较严格。常用于网球场、高尔夫球场等运动场草坪。

（2）圆盘式剪草机。修剪质量稍差，但价格较低，保养也较简便，用于低保养草坪和大部分绿地。

10.8.1.3 修剪方法

1. 修剪方向

（1）剪草机作业时要注意运行的方向和路线，同一草坪每次修剪应避免同一地点、同一方向、使用同一种方式重复修剪，要更换方向，以免草坪草趋于瘦弱和发生"纹理"现象（草叶易趋向剪草的方向倾斜或生长），使草坪生长不均衡。另外，每次剪草机的轮子压过同一地方，时间长了会使土壤板结、草坪草矮化或出现秃斑，严重影响景观；

（2）剪草时要按顺序进行，保持草坪的清洁整齐。

2. 草坪图案的修剪

可根据预定设计，运用间歇修剪技术而形成色泽深浅相间的图形，如彩条形、彩格形、同心圆形等，常见于球类运动场和观赏草坪。

3. 草坪边缘的修剪

可视情况而采用以下方法：

（1）越出边界的茎叶，可用切边机或平头铲等切割整齐；

（2）毗邻路牙或栅栏，可用割灌机或刀修剪整齐。

10.8.1.4 草坪修剪的技术要点

（1）修剪时遵循"1/3"原则（剪去草的自然高度的1/3）。合理、科学的修剪是使草坪生长良好、使用年限增长的主要措施之一，无论何时修剪都要严格遵守"1/3"原则，长时间留茬过低，会出现"脱皮"现象；留茬过高会影响观赏，景观效果差。

（2）草坪草适宜的留茬高度应按照草坪草的生理、形态学特征和使用目的来确定，以不影响草坪的正常生长发育和功能发挥为原则。一般草坪草的留茬高度为3～4cm，部分遮阴和损害较严重的草坪应留茬高一些。新播草第一次修剪一般留茬在6～7cm。

（3）在温度适宜、雨量充沛的夏季，冷季型草坪草每周需修剪两次，暖季型草坪草需要经常修剪。在其他季节，因温度较低，草坪草生长变慢，冷季型草坪草每周修剪一次即可，而暖季型草坪草修剪间隔的天数也应适当增加。

（4）修剪机具的刀片一定要锋利，刀片钝会使草坪草叶片受到机械损伤，严重的会把整个植株拔出来。叶片切得不齐，有"拔丝"现象出现，观赏效果极差。天气炎热时会造成丝状伤口变成白色，同时还容易感染引发草坪病害。操作时应注意剪草机的安全使用。

（5）修剪完的草屑要及时清理干净，特别是湿度稍高时更应清理干净。草屑细碎时可以留在坪床上，进行养分循环，而草屑过长时最好移出坪地，以免草茎分解缓慢或不彻底，引起病害或使草坪通气受阻而导致草坪过早退化等难以控制的后果。

（6）修剪机具的刀片和工作人员的衣服要经常消毒，尤其在病害高发季节要特别注意。

（7）避免在有露水和阳光直射时进行修剪。如果有露水易使草坪草切口腐烂、引发病害，应在露水消退以后进行修剪。

（8）通常修剪的前一天下午不宜浇水，修剪完应间隔2～3h再浇水，以防止病害的传播。

（9）阳光直射会使草坪草脱水重，造成草坪草萎蔫，甚至死亡，故不应在炎热的正午修剪。

10.8.2　灌溉与排水

草坪草一般根系较浅，对地下深层水分吸收有限，因此草坪的水分管理十分重要。干旱地区或旱季和湿润地区的连续晴天必须及时为草坪草补充水分。

草坪灌溉频率虽有一定的规律，但并无严格的规定，一般认为：

（1）在生长季节内，普通干旱情况下，每周浇水一次；

（2）干旱季节，每周浇水2次或2次以上；

（3）在天气凉爽时，可减至10d左右浇水一次；

（4）新植草坪除雨季外，每周浇水2～3次，水量充足湿透表土10cm以上；

（5）夏季炎热时不在烈日当头的中午浇水，以免影响草坪草的正常生长。

草坪灌溉可遵循草坪干至一定程度后再灌水的方法。浇水应浇透。频繁使用浅层浇水的方式，会导致草坪草根系向浅层分布，从而降低草坪草对干旱的抵抗能力。

雨季一定要及时排除积水，巡查排水设施是否正常，随时用细土填平低处，及时排水。

10.8.3　施肥

草坪草需要足够的土壤营养才能生长良好，而城市土壤多数肥力较差，尽管施工时已施基肥，但也难以长期满足需要，故应进行施肥管理。

10.8.3.1　施肥时期

草坪施肥的最佳时期应该是温度和湿度最适宜草坪草生长的季节。具体施肥时期应管理水平不同而有所差异（表10-19）。

草坪施肥时期　　　　　　　　　　　　　　　　表 10-19

管理水平	草种	施肥时期及注意事项	
全年追肥一次的	暖季型草	以春末开始返青时为好	
	冷季型草	以夏末为宜	
全年追肥两次的	暖季型草	分别在春末和仲夏施用，以春末为主	第一次施肥可选用速效肥，但夏末秋初施肥要小心，以防止寒冷来临时草坪草受到冻害
	冷季型草	分别在仲春和夏末施用，以夏末为主	仲夏应少施肥或干脆不施，晚春施用速效肥应十分小心，以免导致草坪抗性下降而不利于越夏
管理水平高、需多次追肥的	暖季型草	春末常规施肥	其余各次的追肥时间应根据草情确定
	冷季型草	夏末常规施肥	

10.8.3.2　施肥量与施肥方法

根据草坪的实际情况确定肥料种类、施肥量和施肥方法。

1. 施肥种类

每年冬季应施经粉碎的有机质肥；生长季节施用以氮肥为主，磷、钾肥相配合的速效肥。

2. 施肥量

草坪氮肥用量不宜过大，否则会引起草坪徒长增加修剪次数，并使草坪抗性降低。

一般高养护水平的草坪年施氮量为 30～50kg/ 亩，低养护水平的草坪年施氮量为 4kg/ 亩。年施磷肥量一般养护水平草坪为 3～9kg/ 亩，高养护水坪草坪为 6～12kg/ 亩，新建草坪可施 3～15kg/ 亩。一般氮：磷：钾以 5：4：3 为宜。

3. 施肥方法

施肥方法一般可用人工撒施、穴施，也可用叶面喷施（根外追肥）或灌溉施肥。

（1）人工撒施：是广泛使用的方法，大面积草坪施肥可采用专用施肥机具施用，液肥应采用喷施法施用。人工撒施时为使施肥均匀可将肥料加少量细土混匀后撒于草坪上，撒施后喷水使肥料渗入土中，水量不要过多，以免肥料流失。

（2）穴施：可按 15cm×15cm 或 20cm×20cm 的间距打洞，将肥料均匀施于穴中。

（3）叶面喷施：是将可溶性好的一些肥料按比例加水稀释，制成浓度较低的肥料溶液或与农药一起混施，喷洒于叶面。溶解性差的肥料或缓释肥料不宜采用喷施。

（4）灌溉施肥：是指经过灌溉系统将肥料与灌溉水同时经过喷头喷施到草坪上。

10.8.3.3 施肥技术要点

1. 各种肥料平衡施用

为了确保草坪草所需养分的平衡供应，不论是冷季型草坪还是暖季型草坪，在生长季节内都要施 1～2 次复合肥。

2. 多使用缓效肥料

草坪施肥最好采用缓效肥料，如施用腐熟的有机肥或复合肥。

3. 在草坪草生长盛期适时施肥

冷季型草坪应避免在盛夏施肥，暖季型草坪宜在温暖的春、夏生长旺盛期适时供肥。

4. 调节土壤 pH 值

大多数草坪土壤的酸碱度应保持在 pH 6.5 左右。一般每 3～5 年测 1 次土壤 pH 值，当 pH 值明显低于所需水平时，需在春季、秋末或冬季施石灰等进行调整。

10.8.4 培土与覆沙

培土与覆沙是形成良好草坪的一项重要措施。

1. 培土与覆沙的时间、次数

在草坪萌芽期前及生长旺季进行最好，通常一年一次，需要高水平养护的场地一年可进行 2～3 次。在培土或覆沙前应先行修剪，但如果草坪生长较弱或有病虫害发生时则不宜进行。为起到防寒作用的可在初冬进行，并适当加大培土与覆沙厚度。

2. 培土与覆沙作业

培土是将沙、土壤和有机肥按一定比例混合均匀撒在草坪表面的作业。

（1）培土原料。沙、土壤、有机肥料需要过筛，不能含有杂草种子、病菌、害虫等有害物质。

（2）混合比例。各类原料过筛后按土：沙：有机肥料为 1：1：1 或 2：1：1 的比例混合均匀。

（3）培土或覆沙的方式。小面积草坪可用人力进行，用铁铲撒开后扫平；大面积草坪最好使用机械操作较为理想。

（4）培土或覆沙的厚度。应根据实际情况灵活处理，一般为 0.5～1cm，或掌握在小于等于 1/3 草坪厚度。切记培土或覆沙后应拖平。

10.8.5　打孔

1. 打孔工具

草坪打孔用打孔机进行。打孔机有两种：一种是实心锥，通过锥挤刺土壤造成小孔；另一种是空心锥，可以从土壤中挖出土心，在操作中对草坪表面造成的破坏很小，中耕深度大，但工作速度较慢。

2. 打孔时间

生产实践中打孔选择的时间十分重要。

（1）有些草种（如匍茎剪股颖）在干旱炎热的夏季打孔后，常会产生脱水现象，因此打孔时间应选择在草坪草生长旺盛、生长条件良好的情况下进行；

（2）冷季型草坪适合在夏末秋初，暖季型草坪适合在春末夏初进行；

（3）应避开杂草种子的成熟和萌发生长期。

3. 打孔与其他管理措施相结合

打孔后会在草坪上留下一系列的小洞，由于践踏、浇水以及土壤的横向移动，会迅速充填小洞，而失去打洞的作用，因此打孔应与其他措施相结合，与培土或覆沙配合进行。

打孔后应立即进行施肥和浇水、拖平。

4. 打孔后的管理

（1）打洞挖出的土心应尽可能直接运走，如无条件运走的，则应进行拖平或垂直修剪使其粉碎，并均匀地撒播在草坪表面；

（2）打孔后及时喷施除草剂和杀虫剂能很好地解决打孔后杂草、害虫易入侵的负面影响。

10.8.6　切边

切边是用切边机等工具将草坪的边缘修齐，以控制草坪根茎或匍匐茎等营养器官的越范围扩展，使之线条清晰，增加景观效果的一种管理措施。

（1）切边时间。

通常在草坪生长旺盛时进行，同时消除草坪周边的杂草。

（2）切边方式。

可以人工操作，也可以使用切边机进行。如果切边与修剪相结合，可以在草坪上绘制各种图案。

10.8.7　杂草防治

目前我国大部分地区都是以单一草种形成的纯种草坪，因此，消除杂草便成为草坪管理中极为重要和极为繁重的一项工作。

1. 草坪杂草的种类

危害草坪的杂草有两大类：一类为单子叶植物杂草，常见的有香附子、白茅等；另一类为双子叶植物杂草，常见的有莲子草（即虾钳菜、水花生）、白三叶草、天胡荽、打碗花、田旋花、洋菁草、刺儿菜等。

杂草危害以春、夏季最为严重。杂草的防除应掌握"除早、除小、除了"的原则，即在杂草幼小时彻底根除，才能收到良好的效果。

2. 草坪杂草的防除方法

（1）人工剔除。

目前除杂草主要靠手工操作，人工剔除，用小刀连根挖出，但香附子等深根性的恶性杂草很难除尽。对要求特别高的草坪，若杂草太多，最好是清除原有草坪植物，喷除草剂后，再重新建植草坪。

（2）化学除草。

根据草坪植物种类、杂草种类和天气状况等因素，选用不同专类性的化学除草剂。应用专类性除草剂清除草坪杂草是一条重要途径，应小面积试验后加以推广应用。

施用除莠剂的关键是撒布均匀，若不匀，药量少的地方杂草仍能发生，药量多的地方草坪草也会被杀死。为此，若用喷洒法应适当加大水量稀释，用撒施法则应加大掺细土的量。

目前除草剂种类繁多，且有新品不断出现。常用于草坪杂草防除的除草剂主要有：三氯乙酸、茅草枯、2甲4氯、2，4-D、麦草畏、敌草索、禾草克、盖草能、西马津、阿特拉津、赛克津、敌草隆、环草隆、伏草隆、拿草特、氟草胺、草乃敌、二甲戊灵、地散磷、苯达松、恶草灵等。

（3）修剪与滚压。

修剪与滚压对防除以种子繁殖为主的杂草，尤其是一二年生杂草，效果非常明显。

修剪剪除了杂草的花序以及花果，杂草不能结实，进而杂草自然灭绝；滚压能将子叶期的阔叶杂草压死或压伤，造成杂草的生长劣势，为草坪草所覆盖，从而抑制杂草的生长。

由于杂草的种类不同，生长发育期不一致，因此必须连续多次反复的修剪、滚压才能起到明显的效果。修剪时应注意带好集草斗、袋，以便将杂草的花、种子一并收集带走。

（4）切断杂草侵染的途径。

草坪管理中应注意搞清杂草入侵的主要途径，把切断杂草入侵途径作为优先防除方法来对待，阻止草坪上或周边杂草开花结实，防止新的杂草种子或其他繁殖材料进入草坪。

（5）生物除草。

遵循建坪草种的生长发育规律，做好草坪培育管理，科学的封场、修剪、滚压、灌溉、排水、施肥、培土铺沙、中耕松土等，把草坪养好，是防除杂草的一个重要前提。实际上，如果把建坪草种管理好了，即使有一些杂草侵入，也不会发生危害。

10.8.8 病虫害防治

草坪草病虫害一般不多，但有时也可能发生地下害虫及病害，如有发现应对症下药，及时除治，避免蔓延危害。

10.8.8.1 草坪病害防治

1. 常见草坪病害

草坪病害是指不良环境影响或病原微生物侵染草坪草所发生的病变，且于形态上反映出症状。

常见草坪病害有两种，一是苗期及幼草坪病害，主要发生在种子直播或植生带建立草坪过程中，最常见的是猝倒病；二是成熟草坪病害，主要为各种真菌病，此外也有细菌病、类菌体病、病毒病等。真菌是草坪病害中最主要的病原微生物，常见的有枯萎病、褐斑病、立枯病、叶枯病、赤霉病、币斑病、白粉病等。

2. 草坪病害防治基本原则和方法

为保证草坪景观效果和利用价值，保护环境，草坪病害应以"预防为主，综合防治"为原则，尽量少用农药。根据病害发生规律，抓住薄弱环节和防治的关键时期，采取经济实用、切实可行的办法，将病害控制在危害之前。

（1）严格执行植物检疫法规。

许多草坪病害可通过种子传播蔓延，因此对引进或调出的草坪种子应进行严格的检疫，控制病害的人为蔓延。

（2）做好预测预报。

根据当地或草种历年发生病害的资料，以及当年的气象变化，调查草坪主要病害发生规律和危害情况。通过综合分析，做好预测预报，如当年什么季节可能发生病害，流行的病害类型，并据此制订年度防治计划。

（3）加强草坪的培育管理。

做好草坪培育管理工作，创造有利于草坪草生长、不利于病原生物生长繁衍的环境，使草坪草发育良好、个体健壮，增强抗病能力。注意切勿肥、水过头，避免强修剪，及时清除剪草残渣，认真清除病株，保持草坪的洁净。

（4）化学药剂防治。

施用杀菌剂是防治草坪病害的重要手段之一，其特点是收效快而显著，实行方便，尤其是一旦病害发生，化学药剂是最有效的方法。

杀菌剂可分为保护剂和治疗剂两类：

1）保护剂：一般在草坪发病前使用，消灭病菌或阻止病菌侵入，使草坪免受病菌的侵染，以达到预防的目的，常见的有代森锌、百菌清等；

2）治疗剂：在草坪染病之后使用，常见的有多菌灵、甲基托布津等。

10.8.8.2　草坪虫害防治

1. 常见草坪虫害

草坪虫害包括地下害虫和地上害虫。

（1）地下害虫。主要啃食草坪草根系等地下营养器官，危害严重时可造成草坪空壳现象，常见的主要有蛴螬、金针虫、蝼蛄、土居天牛、象甲等。

（2）地上害虫。主要是啃食、钻心或刺吸草坪草，有的采食时传播病毒。常见的有蝗虫、地老虎、草坪螟虫、斜纹夜蛾、椿象、叶蝉、蚜虫等。

2. 草坪虫害的防治方法

（1）地下害虫的防治。

首先需要做好草坪草的培育管理工作，加强肥水管理，尤其是量小次多的灌溉，促进草坪草生长。

少量的地下害虫危害不大，但如害虫数量多，虫口密度达到防治要求，甚至出现空壳现象时则应以化学防治为主。

常见的农药有敌百虫、马拉松、杀虫灵、乐果、辛硫磷等。施药方式可以泼浇，也可以撒毒土。撒毒土后宜适量灌溉1次，若地面板结可以先梳草、打孔后施药。

（2）地上害虫的防治。

化学防治时可以喷洒农药，或撒毒土。

防治叶蝉常用的农药有叶蝉散、速灭威、乐果等；防治蚜虫常用的农药有除虫菊精、胺菊酯、乐果、速灭杀丁等。

10.8.9　草坪的管护

人口多、草坪少的地方，人们喜欢在草地上娱乐和休息，加大了草坪养护管理的难度。草坪管理要考虑以下几点：

（1）选用耐践踏的草种。

首先考虑使用该草坪的游人量，若在人流量大的地方铺设草坪，应选用耐践踏的草种，如大叶油草、狗牙根等。

（2）分片休养维护。

频繁的践踏也会使耐践踏的草种生长不良或成片死亡，严重影响覆盖度。此时应采取分片休养的方法进行维护，对受践踏影响大的草坪用网绳围护，提醒游人请勿入内，并采用栽培措施重点保养，直到草坪草生长恢复正常才去除网绳。

（3）铺设镶草砖。

游人确实很多的地方，以镶草砖代替草坪。

10.8.10　"天窗"修补

1. "天窗"形成的原因

"天窗"是指草坪内出现的裸地或近似于裸地，也称秃斑、秃块、空秃、空壳等。导致"天窗"的原因有许多，主要有以下几种：

（1）践踏过于频繁的草坪；

（2）运动场使用过于频繁的区域；

（3）草坪含水过多，土壤松烂时使用被践踏之后的区域；

（4）杂草、病虫危害未能及时防治，严重损害的区域；

（5）使用化学药剂发生药害的区域；

（6）过量使用化肥，造成化肥烧草坪；

（7）修剪时的草渣或其他原因所引起的垃圾，未能及时运走，堆放较久的地块。

2. "天窗"的修补

对草坪中出现的"天窗"，应该及时修补，修补的操作顺序如下：

（1）标出天窗的界限；

（2）铲去天窗内的草坪，但其中可以留用的植株应予保留；

（3）如地块内的土壤比较紧实，应进行翻松处理，受到污染的土壤最好应予换土，同时施足有机肥；

（4）平整土面；

（5）补种、补栽、补铺，采取何种方法应视草种、操作方便等具体条件而定，不论采取哪种方法，补完天窗，土面均应略高出原草坪土面；

（6）铺施堆肥，并培土，轻压一次；

（7）注意保湿；

（8）新老草坪衔接时，即予滚压。若新草坪沉陷，应继续培土、滚压，交替反复进行，直至新老草坪混成一体。

10.8.11　草坪的更新复壮

草本植物的生命期限毕竟较短，若要尽量延长草坪使用年限，就应更新复壮。草坪更新复壮方法见表 10-20。

草坪更新复壮的方法　　　　　　　　　　　　　　　　　表 10-20

更新复壮法	具体做法
带状更新法	具匍匐茎分节生根的草类（结缕草等），可每隔 50cm 宽留一带挖除一带，并将地面整平，经 1～2 年新平整地带长满新草，再挖留下的 50cm。这样经 3～4 年就可全面更新一次
一次更新法	将衰老的草坪全部翻挖重新栽种。只要加强养护管理，会很快复壮。多余的草根可作为草源供种植
草坪刺孔法	用特制的钉筒（钉长 10cm 左右），将地面扎成小洞，断其老根，洞内施入肥料，促使新根生长
	也可用滚刀每隔 20cm 将草坪切一道垄，划断老根，然后施肥，达到更新复壮的目的
打孔机法	用专用草坪打孔机进行打孔，将孔内的土和老根清除，以增加土壤的透气性和新根的生长复壮。打孔后及时施肥、压沙。压沙，用干净的河沙，厚度不超过 1cm
培土复沙法	入冬前将草坪修剪一次后，用沙或肥沃的细土在草坪上覆盖 3～5cm，以增加有效土层的厚度，并改良土壤的各项理化指标。此法不但可以复壮，也可使结缕草类草坪在冬季保持理想的绿色期

第11章 园林建筑与小品构造

园林建筑及小品的构造一般由基础、墙与柱、楼梯或台阶、屋顶屋面以及门窗等主要部分组成（图11-1）。其中墙与柱是建筑的垂直承重结构，承受屋顶等传给它的荷载，并把这些荷载传给基础；基础是建筑最下面的部分，它承受建筑的全部荷载，并把这些荷载传给下面的土层（地基），建筑墙体还具有承重、围护、保温、隔热、隔声、分隔空间的作用，屋顶是建筑的顶层结构，有坡屋顶、平屋顶等形式，除了围护功能外，还是建筑外形和景观效果的主要体现。楼梯与台阶则是园林建筑中联系室内外空间和建筑上下各层的垂直交通设施。门窗属于建筑的围护构件，为建筑物提供出入口和采光、通风等功能，并兼有围护、分隔的作用。建筑物的各个组成部分在建筑中都起着不同的作用，同时对于它们的尺寸、材料、形式等也有着不同的要求。

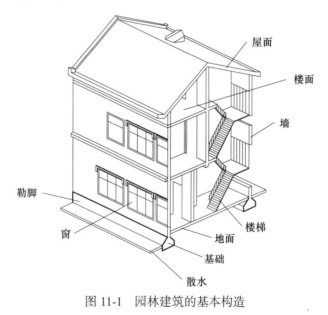

图 11-1 园林建筑的基本构造

11.1 园林建筑及小品的构造组成

11.1.1 地基与基础的概念

基础是在园林建筑工程中，位于建筑物的最下部位、埋入地下、直接作用于土层上的承重构件。基础承受建筑上部结构传下来的全部荷载，并把这些荷载连同本身的重力一起传到地基上。

地基是指建筑基础下面支承建筑物总荷载的土层或岩体。地基必须具有足够的承载力，承受建筑基础传来的全部荷载，并产生应力和应变（图11-2），因建筑荷载而产生的土层应力随着土层深度的增加而减少，越靠近基础的土层应力越大，在达到一定深度后就可以忽略不计。

地基承载力指的是每平方米地基所承受的最大压力。为了保证建筑物的稳定和安全，必须控制建筑基础的平均压力不超过地基承载力。

11.1.2　建筑基础

1. 基础埋置深度

建筑的基础构造除了保证本身具有足够的强度外，还应具有合理的埋置深度和宽度，并选择合适的基础材料和截面形式（图 11-3）。

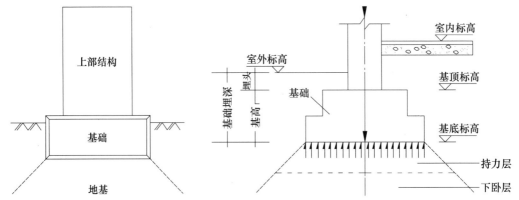

图 11-2　建筑物基础及地基结构示意图　　图 11-3　建筑基础的基本组成结构示意图

埋置深度是指从建筑室外设计地面到基础底面的垂直距离，按照基础埋置深度的不同，基础可以分为浅基础和深基础。浅基础的埋深不超过 5m，大于 5m 的称为深基础，当基础直接作用于地表面上时，称不埋基础。影响建筑基础埋深的因素主要有工程地质条件、地下水位的影响、土的冻结深度和相邻建筑物的基础埋深。

2. 基础的类型

建筑基础的构造类型与建筑物的上部结构形式、荷载大小、地基的承载力以及它所选用的材料性能有关，基础的断面形式则往往与基础所用材料的力学性能有关。

（1）按照受力特点，基础分为刚性基础和柔性基础。

1）刚性基础：由刚性材料建造，受刚性角限制的基础，如素混凝土基础、砖基础等（图 11-4）。基础的出挑 b 及高度 h 之比即宽高比形成的夹角称为刚性角。其中，毛石基础刚性角 $h/b = 1.25 \sim 1.5$；砖基础刚性角 $h/b = 1.5$。

2）柔性基础：主要指钢筋混凝土基础，它以钢筋抵抗拉应力，是不受材料的刚性角限制的基础。当建筑物的荷载较大而地基承载能力较小时，基础底面必须加宽，如果采用刚性材料，基础埋深就要加大，不经济。在混凝土基础中配置抗拉性能好的钢筋，利用钢筋来承受强大的弯矩，基础可以不受刚性角限制，厚度可以减少（图 11-5）。

（2）按照使用材料，基础分为砖基础、毛石基础、混凝土基础、钢筋混凝土基础。

1）砖基础：一般采用普通黏土砖和砂浆砌筑而成。常采用台阶式逐级向下放大的砌筑方法，称为大放脚。常用于地基土质好、地下水位较低的地基上。

2）毛石基础：由未加工成形的石块和砂浆砌筑而成，具有强度较高、抗冻、耐水、经济等特点，可以用在受地下水侵蚀和冰冻作用的基础中。

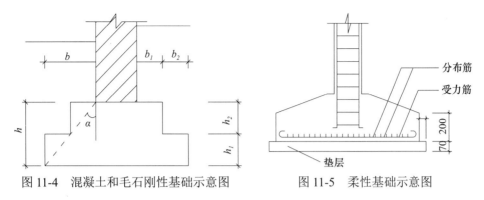

图 11-4 混凝土和毛石刚性基础示意图　　图 11-5 柔性基础示意图

3）混凝土基础：混凝土基础坚固、耐久、防水、抗冻、刚性角大，可用于有地下水和冰冻作用的基础。混凝土基础可做成矩形和阶梯形，当底面宽度大于或者等于 200mm 时，还可以做成锥形，以节省混凝土，减轻基础自重。

4）钢筋混凝土基础：钢筋混凝土柔性基础因不受刚性角的限制，基础就可以做得很宽、很薄，还可以尽量浅埋。钢筋的直径不宜小于 8mm，间距不宜小于 200mm，混凝土的强度等级也不宜小于 C20。

（3）按照构造形式，基础分为独立基础、条形基础、箱形基础和桩基础。

1）独立基础：基础呈独立的块状，形式有台阶形、锥形、杯形等，当需要满足局部工程条件变化时，要将个别柱基础底面降低，做成高杯口基础或长颈基础。

独立式基础主要用于柱下，在墙承式建筑中，当地基承载力较弱或埋深较大时，为了节约基础材料，减少土石方工程量，也可以采用独立基础（图 11-6）。

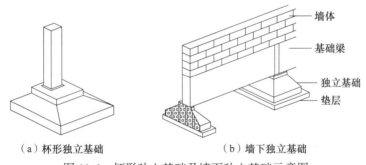

（a）杯形独立基础　　　　　（b）墙下独立基础

图 11-6 杯形独立基础及墙下独立基础示意图

2）条形基础：基础沿墙体连续设置成长条状称为条形基础，也称为带状基础，是砌体结构建筑基础的基本形式（图 11-7）。

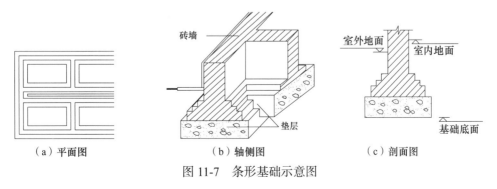

（a）平面图　　　　　（b）轴侧图　　　　　（c）剖面图

图 11-7 条形基础示意图

　　3）箱形基础：常见的联合基础有柱下条形基础、柱下十字交叉基础、片阀基础和箱型基础等。当柱的独立基础置于较弱地基上时，基础底面积可能很大，彼此相距很近甚至碰到一起，这时应把基础连起来，形成柱下条形基础（图 11-8）或柱下十字交叉基础。如果做成联合条形基础，地基承载力仍不能满足设计要求时，可将整个建筑的下部做成一整块钢筋混凝土梁或板，形成片阀基础。当建筑设有地下室，且基础埋深较大时，可将地下室做成整浇的钢筋混凝土箱形基础（图 11-9）。

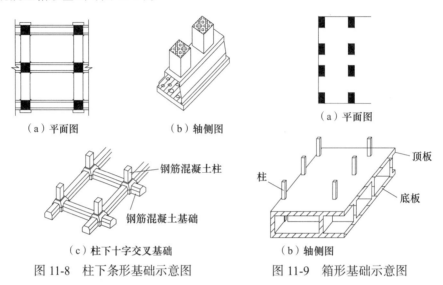

（a）平面图　　　　（b）轴侧图　　　　　　　　（a）平面图

（c）柱下十字交叉基础　　　　　　（b）轴侧图

图 11-8　柱下条形基础示意图　　　　　图 11-9　箱形基础示意图

　　4）桩基础：当建筑荷载较大，地基的软弱土层厚度在 5m 以上，基础不能埋在软弱土层内时，可采用桩基础（图 11-10）。目前采用较多的是钢筋混凝土桩，包括预制桩和灌注桩两大类。

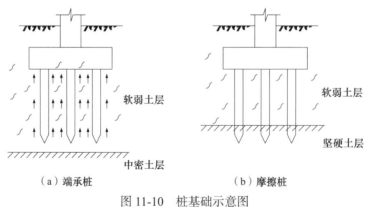

（a）端承桩　　　　　　　　　　（b）摩擦桩

图 11-10　桩基础示意图

11.1.3　建筑地基

　　建筑物的场址应尽可能选在承载力高且分布较为均匀的地段，如岩石类、碎石类、砂性土类等地段。需要处理的地基，尽可能选择合理的材料和构造形式，从而降低工程投资。根据地基是否需要进行处理，地基可以分为天然地基和人工地基两大类。

　　（1）天然地基。指天然土层具有足够的承载力，不需经人工改善或加固便可直接承受建筑物荷载的地基。岩石、碎石、砂石、黏性土等可以视作天然地基。

（2）人工地基。指在天然土层承载力较弱，缺乏足够的稳定性，不能满足承受上部荷载的情况下，对其进行人工加固，以提高地基的承载力和稳定性。

人工地基需要进行加固处理，常用的方法包括压实法（图11-11）、换填法和桩基处理等。压实法是用各种机械对土层进行夯打、碾压、振动来压实松散土的方法；换填法是在下层土层比较软弱，不能满足上部荷载对地基的要求时，可将较弱土层全部或者部分挖去，换成其他坚硬的材料，如黏性土、砂石、灰土、混凝土等；当建筑物荷载很大，地基土层很弱，地基承载力不能满足要求时，可以采用桩基，即采取措施将桩基打入地基土层中，从而使基础上的荷载经过桩传递到地基土层。

（a）夯实法　　　　　（b）重锤夯实法　　　　　（c）机械碾压法

图11-11　地基压实示意图

11.2　墙　　体

墙体是竖向承重构件，它支撑着屋顶、楼板等，并将这些荷载及自重传给基础，其造价、工程量和自重往往是建筑物所有构件当中所占份额最大的。

11.2.1　墙体的概述

11.2.1.1　墙体的主要作用

（1）承重。承担建筑物自身的荷载、建筑物中放置物品的荷载以及风荷载，是建筑物主要的竖向承重构件。

（2）围护。墙体是建筑物围护结构的主体，具有隔热、保温、隔声、抵御各类不利因素侵袭等功能。

（3）分隔。墙体是建筑物内部划分空间的重要构件，墙体还是划分室内外空间的重要方式。

11.2.1.2　墙体的分类

墙体在园林建筑中广泛分布，根据墙体的作用、材料及构造方式、施工方法等有着不同的分类方式。

（1）按在建筑物中的位置，分为外墙和内墙。外墙位于建筑物四周，是建筑物的围护构件；内墙位于建筑物内部，主要起分隔空间的作用（图11-12）。

（2）按在建筑物中的方向，分为纵墙和横墙。纵墙沿建筑物长轴方向布置；横墙沿建筑物短轴方向布置。外横墙通常称为山墙，屋顶顶部高出屋面部分的墙称为女儿墙。

（3）按受力情况，分为承重墙和非承重墙。承重墙直接承担上部构件如梁、楼板、屋顶等传下来的荷载。不承受外来荷载的墙称为非承重墙。非承重墙又可以分为自承重墙和隔墙，自承重墙仅仅承受自身重力，并把自重传递给基础，隔墙则把自重传给楼板层，不承受上部结构的重力。

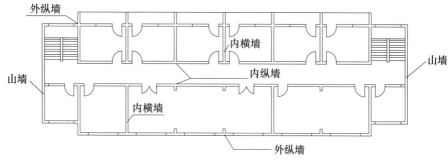

图 11-12　墙体分类示意图

（4）按照材料及构造方式分类，可以分为实体墙、空体墙和组合墙。实体墙由单一材料构成，如普通砖墙、石墙、玻璃幕墙、实心砌块墙、混凝土墙、钢筋混凝土墙等；空体墙也是由单一材料组成，或由单一材料砌成内部空腔（空斗砖墙），或使用具有孔洞的材料建造墙（如空心砖墙）；组合墙由两种以上的材料组合而成。

（5）按照施工方法分类，可以分为块材墙、板筑墙及板材墙。块材墙是用砂浆等胶结材料将砖石块材等组砌而成（如砖墙、石墙及各种砌块墙等）；板筑墙是在现场立模板现浇而成的墙体（如现浇混凝土墙）；板材墙是预先制成墙板，施工时安装而成的墙（如预制混凝土大板墙、各种轻质条板内隔墙等）。

11.2.1.3　墙体的承重

（1）横墙承重。凡以横墙承重的称横墙承重方案或横向结构系统。这时楼板、屋顶上的荷载均由横墙承受，纵墙只起纵向稳定和拉结的作用。它的主要特点是横墙间距密，加上纵墙的拉结，使建筑物的整体性好、横向刚度大，对抵抗地震力等水平荷载有利，适用于小开间建筑。

（2）纵墙承重。凡以纵墙承重的称为纵墙承重方案或纵向结构系统。这时楼板、屋顶上的荷载均由纵墙承受，横墙只起分隔房间的作用。纵墙承重可使房间开间的划分灵活，多适用于需要大房间的公共建筑。

（3）纵横墙承重。凡由纵向墙和横向墙共同承受楼板、屋顶荷载的结构布置称纵横墙混合承重方案。该方案房间布置较灵活，建筑物的刚度亦较好。混合承重方案多用于开间、进深尺寸较大且房间类型较多的建筑和平面复杂的建筑中。

（4）部分框架承重。在结构设计中，有时采用墙体和钢筋混凝土梁、柱组成的框架共同承受楼板和屋顶的荷载，这时梁的一端支承在柱上，而另一端则搁置在墙上，这种结构布置称部分框架结构或内部框架承重方案。

11.2.2　墙体材料与砌筑方式

11.2.2.1　砌体墙

（1）砌体材料。砌体墙指的是用块体和砂浆通过一定的砌筑方法砌筑而成的墙体。块体一般包括实心砖、空心砖、轻骨料混凝土砌块、混凝土空心砌块、毛料石、毛石等。砂浆一般包括水泥砂浆和混合砂浆。

（2）砌筑方式。以砖砌体墙为例，在砌筑时应该满足横平竖直、砂浆饱满的要求，为了保证墙体的坚固，砖块排列的方式应该遵循内外搭接、上下错缝的原则，错缝长度一般不小于 60mm。砌筑时不应使墙体出现连续的垂直通缝，否则会影响墙的强度和稳定性。砖墙的砌筑方式有全顺式、一顺一丁式、多顺一丁式等（图11-13）。

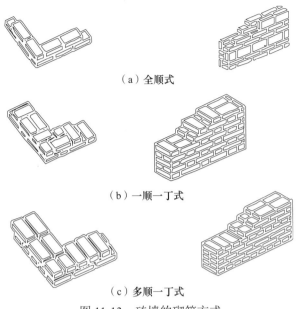

（a）全顺式

（b）一顺一丁式

（c）多顺一丁式

图11-13　砖墙的砌筑方式

砌体墙的厚度取决于荷载的大小和性质、建筑的层高及横向墙的间距等情况，砖墙的厚度一般用砖长以及灰缝的宽度来表示。

11.2.2.2　砌块墙

砌块墙专指空心块体和轻质块体，多用作隔墙、填充墙。砌块墙制作方便、施工简单，具有较大的灵活性。

（1）砌块材料。砌块是利用工业废料（煤渣、矿渣等）和地方材料制成的人造块材，按材料分为加气混凝土墙、硅酸盐砌块墙、水泥煤渣空心墙等；根据砌块尺寸的大小分为小型砌块、中型砌块和大型砌块墙体；按照砌块的构造方式有实心砌块和空心砌块两种。

（2）砌筑方式。为使砌块墙合理组合并搭接牢固，应做砌块的试排工作，按照建筑物的平面尺寸、层高进行墙体合理的分块和搭接，正确选择砌块的规格尺寸，减少砌块的规格类型。在此过程中应该使砌块整齐、有规律，要考虑到墙面的错缝、搭接，以及内外墙的交接咬砌。

砌块墙和砖墙一样，为增强其墙体的整体性与稳定性，必须从构造上予以加强。砌块在砌筑时，必须使竖缝填灌密实，水平缝饱满，上下左右砌块都能很好地连接。砌块上下皮搭接长度为砌块的1/4，高度为1/3～1/2，并大于等于90mm。当砌块无法满足搭接要求时，应在灰缝中设置拉结钢筋或钢筋网片。

11.2.3　墙体的细部构造

为了保证墙体的耐久性、稳定性以及墙体与其他构件之间的连接，应在相应位置进行细部构造处理。墙体的细部构造包括门窗过梁、窗台、勒脚、散水、明沟、变形缝、圈梁、构造柱和防火墙等。

11.2.3.1　过梁

过梁是承重构件，置于建筑的门窗洞口之上，用来支撑门窗洞口上墙体的荷载。根据材料和构造方式不同，过梁分为砖拱过梁、钢筋砖过梁和钢筋混凝土过梁三种。

（1）砖拱过梁。分为平拱砖过梁和弧拱砖过梁（图 11-14）。平拱砖过梁由竖砌的砖做拱圈，一般将砂浆灰缝做成上宽下窄，上宽不大于 20mm，下宽不小于 5mm，两端下部伸入墙内 20～30cm。砖砌平拱过梁净跨宜小于 1.2m，不应超过 1.8m，拱底应有 1% 起拱。平拱砖过梁的优点是钢筋、水泥使用量少，但施工速度慢。

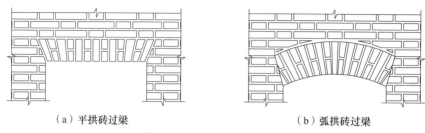

（a）平拱砖过梁　　　　　　　　　　（b）弧拱砖过梁

图 11-14　砖拱过梁示意图

（2）钢筋砖过梁。一般在洞口上方先支木模，砖平砌，下设 3～4 根 $\phi6$ 钢筋，要求伸入两端墙内不少于 240mm，梁高砌 5～7 皮砖，且不少于门窗洞口宽度的 1/4，钢筋砖过梁净跨宜为 1.5～2.0m（图 11-15）。此做法施工方便，清水墙面效果统一，但施工较麻烦。

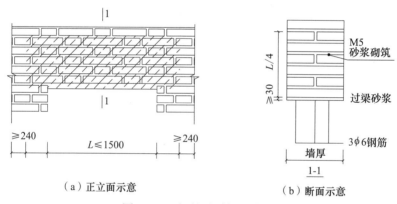

（a）正立面示意　　　　　　　　（b）断面示意

图 11-15　钢筋砖过梁示意图

（3）钢筋混凝土过梁。分为现浇和预制两种，梁高及配筋由计算确定。为了施工方便，梁高应与砖的皮数相适应，以方便墙体连续砌筑。梁宽一般同墙厚，梁两端支承在墙上的长度不少于 240mm，以保证足够的承压面积。过梁断面形式有矩形和 L 形（图 11-16）。为简化构造、节约材料，可将过梁与圈梁、悬挑雨篷、窗楣板或遮阳板等结合起来设计。

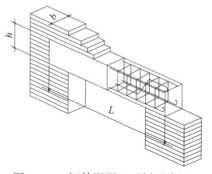

图 11-16　钢筋混凝土过梁示意图

11.2.3.2 窗台

　　窗台是窗洞口下部设置的泄水构件，其目的是防止雨水积聚在窗下侵入墙身和向室内渗透，同时避免雨水污染外墙面。建筑窗台有悬挑和不悬挑两种，处于内墙或者阳台等处的窗，不受雨水冲刷，可不必设悬挑窗台。外墙为贴面砖时，墙面被雨水冲洗干净，也可不设悬挑窗。

　　常用的悬挑窗台多采用砖砌方式，根据要求可以分为平砌挑砖（悬挑 60mm）和侧砌挑砖两类（图 11-17）。

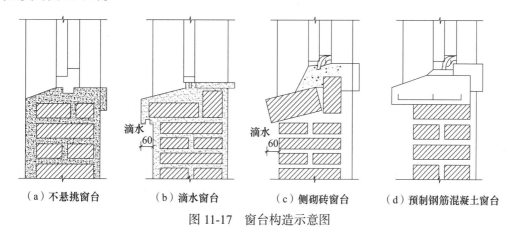

（a）不悬挑窗台　　　（b）滴水窗台　　　（c）侧砌砖窗台　　（d）预制钢筋混凝土窗台

图 11-17　窗台构造示意图

11.2.3.3 墙脚构造

　　建筑室内底层地面以下，基础以上的墙体称为墙脚，内外墙都有墙脚，外墙的墙脚又称勒脚。墙脚包括墙身防潮层、勒脚、散水和明沟等。

　　（1）防潮层。墙体防潮的方法是在墙脚铺设防潮层，防止土壤和地面水渗入墙体内影响墙身，并保持室内干燥，提高建筑物的耐久性。防潮层分为水平防潮层和垂直防潮层两类。当室内地面为不透水材料时，应在室内地面垫层中部（低于室内地坪 60mm）设置水平防水层；当室内地面为透水性材料时，位置应在室内地面以上 100mm 以上；当室内外地坪存在高差时，应在墙身内部设置高低两道水平防水层，并在靠近高地坪一侧设置垂直防潮层（图 11-18）。

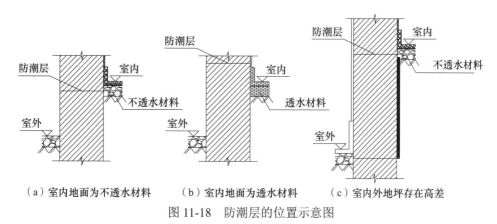

（a）室内地面为不透水材料　　（b）室内地面为透水材料　　（c）室内外地坪存在高差

图 11-18　防潮层的位置示意图

　　水平防潮层的形式主要有三种：① 防水砂浆防潮层，采用 1：2 水泥砂浆加水泥用量 3%～5% 防水剂，厚度为 20～25mm，或用防水砂浆砌三皮砖做防潮层，这种做法构造简单，但砂浆开裂或不饱满时影响防潮效果；② 细石混凝土防潮层，采用 60mm 厚的细石混凝土带，内配三根 $\phi6$ 钢筋，其防潮性能好；③ 油毡防潮层，先抹 20mm 厚水泥砂浆找平层，上铺一毡二油，此种做法防水效果好，但有油毡隔离，削弱了砖墙的整体性（图 11-19）。

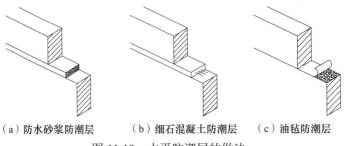

（a）防水砂浆防潮层　　　（b）细石混凝土防潮层　　（c）油毡防潮层

图 11-19　水平防潮层的做法

垂直防潮层的具体做法是在高地坪一侧填土前，在两道水平防潮层之间的垂直墙面上先抹 15～20mm 厚的水泥砂浆，然后再刷防水涂料。

如果墙脚采用不透水的材料（如条石或混凝土等），或设有钢筋混凝土地圈梁时，可以不设防潮层。

（2）勒脚。勒脚的作用是防止地面水、屋檐滴下的雨水对墙面的侵蚀，从而保护墙面。保证室内干燥，提高建筑物的耐久性；同时，勒脚还有美化建筑外观的作用。勒脚常见的类型有抹灰勒脚、贴面勒脚和石砌勒脚（图 11-20）。

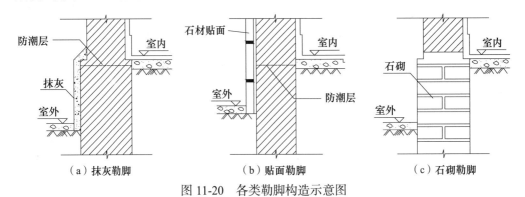

（a）抹灰勒脚　　　　　　（b）贴面勒脚　　　　　　（c）石砌勒脚

图 11-20　各类勒脚构造示意图

1）抹灰勒脚：采用 20mm 厚 1∶3 水泥砂浆抹面或 12mm 厚 1∶2 水泥白石子浆水刷石或斩假石抹面，此法多用于一般建筑；

2）贴面勒脚：可采用天然石材或人工石材，如花岗石、水磨石板等，其耐久性、装饰效果好，用于高标准建筑。

（3）散水和明沟。散水和明沟的作用是排除墙脚四周的地表水，防止屋顶落水与地表水侵入勒脚危害基础。其中，明沟适用于降雨量较大的地区（降水量大于 900mm），散水适用于降雨量较小的地区（降水量 < 900mm）。散水的做法通常是在素土夯实上铺三合土、混凝土等材料厚度为 60～70mm。散水应设不小于 3% 的排水坡，宽度一般为 0.6～1.0m。散水与外墙交接处应设分格缝，分格缝用弹性材料嵌缝，防止外墙下沉时将散水拉裂。散水整体面层纵向距离每隔 6～12m 设一道伸缩缝。

明沟的构造做法可采用砖砌、石砌、混凝土现浇等方式，沟底应做纵坡，坡度为 0.5%～1%。明沟宽度一般为 220～350mm，最浅处不小于 120mm，并在底部做圆角处理（图 11-21）。

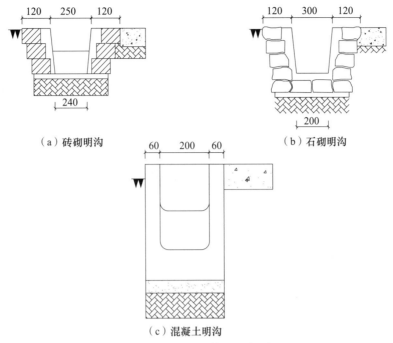

（a）砖砌明沟　　　　　　　　　　　（b）石砌明沟

（c）混凝土明沟

图 11-21　明沟做法示意图

11.2.3.4　墙体加固

（1）门垛与壁柱。当墙体的窗间墙上出现集中荷载，而墙厚又不足以承担其荷载或当墙体的长度和高度超过一定限度并影响到墙体稳定性时，常在墙身局部适当位置增设凸出墙面的壁柱以提高墙体刚度。壁柱突出墙面的尺寸一般为 120mm×370mm、240mm×370mm、240mm×490mm，或根据结构计算确定。

当在墙体上开设门窗洞口，为便于门框的安置和保证墙体的稳定，需在门靠墙转角处或丁字接头墙体的一边设置门垛，门垛凸出墙面不少于 120mm，宽度同墙厚（图 11-22）。

（2）圈梁。圈梁是沿外墙四周及部分内墙设置的连续闭合的梁，可提高建筑物的空间度及整体性，增加墙体的稳定性，减少由于地基不均匀沉降而引起的墙身开裂，提高抗震能力。圈梁应处于同一水平高度，其上表面与楼面平，像箍一样把墙箍住。

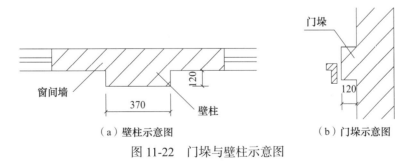

（a）壁柱示意图　　　　　　　　　　（b）门垛示意图

图 11-22　门垛与壁柱示意图

钢筋混凝土圈梁的高度不小于 120mm，宽度与墙厚相同。当圈梁被门窗洞口截断时，应在洞口上部增设相同截面的附加圈梁，其配筋和钢筋混凝土强度等级不变。

（3）构造柱。钢筋混凝土构造柱是从构造角度考虑设置的，是防止房屋倒塌的一种有效措施。构造柱必须与圈梁及墙体紧密相连，从而加强建筑物的整体刚度，提高墙体抗变形的能力。

多数构造柱设置在外墙四角、错层部分、横墙与纵墙交接处、较大洞口两侧以及两侧内外墙交接处等。构造柱的最小截面尺寸为 180mm×240mm，纵向钢筋宜用 ϕ12，箍筋间距不大于 250mm，房屋四个角的构造柱可适当加大截面及配筋。

（4）变形缝。为减少由于温度变化、地基不均匀沉降、地震产生的应力和变形对建筑物的损坏，应在建筑物变形敏感的部位将结构断开，预留变形缝，保证建筑物有足够的变形空间而不使建筑物破损。变形缝可分为伸缩缝、沉降缝、抗震缝三种。

1）伸缩缝：建筑构件因温度和湿度等因素的变化会产生胀缩变形。为此，通常在建筑物基础顶面至屋顶设置伸缩缝，将建筑物分离成几个独立的部分，基础可不断开。伸缩缝的宽度一般为 20～30mm；

2）沉降缝：为避免不均匀沉降使墙体或其他结构部位开裂而设置的建筑构造缝。沉降缝把建筑物划分成几个段落，自成系统，基础需要断开。缝宽一般为 30～70mm；

3）抗震缝：设置目的是将大型建筑物分隔为较小的部分，形成相对独立的防震单元，避免因地震造成建筑物整体震动不协调，而产生破坏。在抗震设防区，沉降缝和伸缩缝需满足抗震缝要求。很多建筑物对这三种接缝进行了综合考虑，即所谓的"三缝合一"。

11.2.4　隔墙及隔断

隔墙与隔断都是具有一定功能或装饰作用的建筑构配件，具有分隔室内或室外空间的功能，在建筑中不起承重作用。隔墙比较固定，一般都是到顶的，能在较大程度上限定空间，满足隔声、遮挡视线等要求；隔断一般不到顶，有时也可到顶，具有一定的空透性，使分隔的空间有一定的视觉交流，当有隔声和遮挡视线要求时，应容易移动或拆装。

11.2.4.1　隔墙材料及构件

（1）块材隔墙。有砖隔墙（普通砖、多孔砖、空心砖砌筑的隔墙）和砌块隔墙（采用各种空心砌块、加气混凝土块、粉煤灰硅酸盐块等砌筑的隔墙）两类。

（2）轻骨架隔墙。以木材、钢材或铝合金等构成骨架，把面层粘贴、涂抹、镶嵌，钉在骨架上形成的隔墙，面板可用纤维板、胶合板、石膏板等各类轻质人造板材。

（3）板材式隔墙。采用工厂生产的板材制品，用粘结材料拼合固定形成的隔墙。常见的板材有加气混凝土条板、石膏条板、碳化石灰板及各种复合板等。

11.2.4.2　隔断材料及构件

（1）屏风式隔断。按安装架立方式不同可分为固定式屏风隔断和活动式屏风隔断。固定式隔断又可分为立筋骨架式和预制板式。

（2）移动式隔断。移动式隔断可以随意闭合或打开，使相邻的空间随之独立或合成一个空间。这种隔断使用灵活，在关闭时也能起到限定空间、隔声和遮挡视线的作用。

（3）镂空式隔断。镂空花格式隔断是公共建筑门厅、客厅等处分隔空间常用的一种形式。有竹、木制的，也有混凝土预制构件的。隔断与地面、顶棚的固定也因材料不同而变化，可用钉、焊等方式连接。

（4）玻璃隔断。玻璃隔断有玻璃砖隔断和透空式隔断两种。玻璃砖隔断采用玻璃砖砌筑而成，既可分隔空间又透光。透空式玻璃隔断主要采用普通平板玻璃、刻花玻璃、磨砂玻璃、压花玻璃等嵌入木框或金属框中，透光性好，除了分隔空间、遮挡视线外，还起到装饰作用。

11.3 屋 顶

11.3.1 屋顶的基础知识

11.3.1.1 屋顶的作用及构造要求

建筑屋顶是建筑最上层覆盖的围护构件,主要有三个方面的作用:

(1)承重作用。具有足够的强度、刚度和稳定性,承受自身及上部的荷载,将这些荷载通过其下部的墙体或柱子,传递给基础。

(2)围护作用。与墙体等共同围合形成室内空间,抵御自然界风、霜、雨、太阳辐射、气温变化的影响,保证内部空间的良好使用环境。

(3)装饰作用。变化多样的屋顶外形和装修精美的屋顶细部,是园林建筑造型设计中最重要的内容。

11.3.1.2 屋顶的形式与组成

(1)屋顶的形式。屋顶的形式与建筑的使用功能、屋顶材料、结构类型以及建筑造型等有关。按照屋顶的形式和坡度不同,有平屋顶、坡屋顶以及曲面屋顶等多种形式。其中平屋顶和坡屋顶是目前应用最为广泛的形式。

1)平屋顶:通常指屋顶坡面小于5%的屋顶,一般坡度在2%~3%。平屋顶构造简单,适用于各种平面形式的建筑,尤其是平面形式不规则的建筑。平屋顶在丰富建筑造型方面受到局限,多以挑檐、女儿墙、挑檐女儿墙和篝顶等作为形式变化的手段(图11-23)。

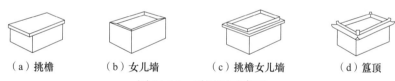

| (a)挑檐 | (b)女儿墙 | (c)挑檐女儿墙 | (d)篝顶 |

图 11-23 平屋顶示意图

2)坡屋顶:屋面坡度一般大于10%以上,随着建筑进深的加大,坡屋顶可为单坡、双坡、四坡,双坡屋顶的形式在山墙处可为悬山或硬山(图11-24)。由于坡屋顶造型丰富,能够满足人们的审美要求,所以在现代的城市建筑中运用较多。

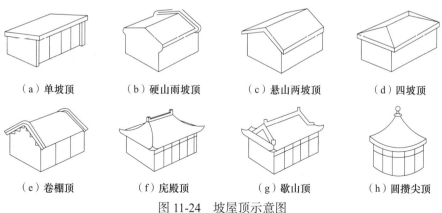

| (a)单坡顶 | (b)硬山雨坡顶 | (c)悬山两坡顶 | (d)四坡顶 |
| (e)卷棚顶 | (f)庑殿顶 | (g)歇山顶 | (h)圆攒尖顶 |

图 11-24 坡屋顶示意图

3)曲面屋顶:曲面屋顶的承重结构多为空间结构,如薄壳结构、悬索结构、张拉膜结构和网架结构等（图 11-25），这些空间结构具有受力合理、节约材料的优点，但施工复杂、造价高，一般适用于大跨度的公共建筑。

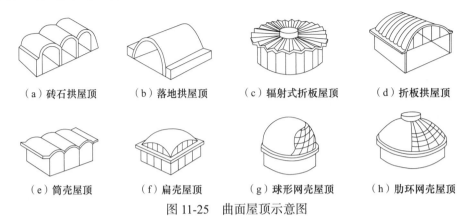

（a）砖石拱屋顶　　（b）落地拱屋顶　　（c）辐射式折板屋顶　　（d）折板拱屋顶

（e）筒壳屋顶　　（f）扁壳屋顶　　（g）球形网壳屋顶　　（h）肋环网壳屋顶

图 11-25　曲面屋顶示意图

（2）屋顶的组成。屋顶主要由支承构件、屋面和顶棚构成。其中，支承结构主要起承受和传递荷载的作用，在支承构件上表面设置屋面。屋面由具有防潮、防水、保温、隔热性能的材料按照一定的构造做法形成（图 11-26）。顶棚支承结构为采用梁板结构时，一般在梁、板的底面进行抹灰，形成抹灰顶棚，也可以在承重结构的下部向下吊挂顶棚，形成吊顶棚，俗称吊顶。

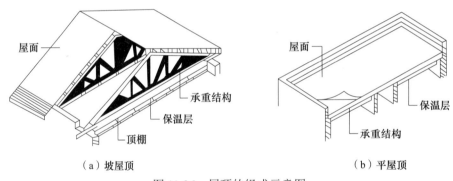

（a）坡屋顶　　　　　　　　　　　　　（b）平屋顶

图 11-26　屋顶的组成示意图

11.3.2　屋顶的设计要求

11.3.2.1　屋顶的坡度

屋顶的坡度大小常用百分比表示，即以屋顶倾斜的垂直投影高度与其水平距离的百分比表示，如 2%、5% 等（图 11-27）。影响屋顶坡度的因素与屋面选用的材料、当地降雨量大小、屋顶结构形式以及建筑造型有关。

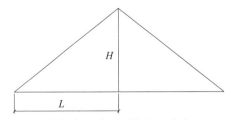

图 11-27　屋顶坡度表示［屋顶坡度百分率＝ H/L（%）］

屋顶坡度的形成有材料找坡和结构找坡两种形式。材料找坡是在屋顶结构层上用轻质的材料来垫置坡度，屋顶坡度不宜过大。结构找坡是屋顶层结构根据排水坡度搁置成倾斜，再铺设防水层。

11.3.2.2 屋顶排水

屋顶的排水分为无组织排水和有组织排水两大类。无组织排水又称自由落水，屋面雨水自由地从檐口落至室外地面。无组织排水一般只适用于年降水量较小、檐高小于等于10.0m的中小型建筑。

有组织排水是通过排水系统，将屋面集水有组织地排到地面，最后排往城市地下排水管网系统。有组织排水又可分为内排水和外排水两种方式。内排水的水落管设于室内，构造复杂，极易渗漏，维修不便，一般园林建筑则应尽量采用有组织外排水方式。常用的外排水方式有檐沟外排水和女儿墙外排水两类（图11-28）。

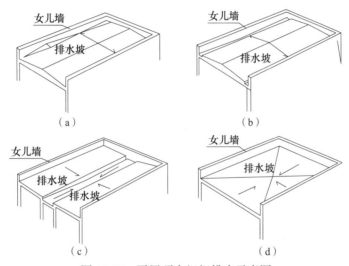

图 11-28　平屋顶有组织排水示意图

11.3.2.3 平屋顶屋面构造

平屋顶的结构一般由面层（防水层）、结构层、保温隔热层和顶棚层等主要部分组成，有时还包含保护层、结合层、找平层、隔气层等（图11-29）。平屋顶的防水是屋顶使用功能的重要组成部分，它直接影响整个建筑的使用功能。

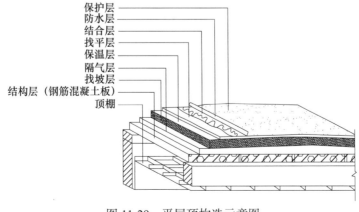

图 11-29　平屋顶构造示意图

（1）结构层。柔性防水屋面的结构层主要作用是承担屋顶的全部荷载，由钢或钢筋混凝土的梁、桁架和搁置在梁、桁架上的钢筋混凝土屋面板构成，这种屋顶结构可整体现浇或预制装配。

（2）找平层。柔性防水材料要求铺在坚固平整的基层上，因此应该在松散材料和不平整的楼板上铺设找平层，一般用 20～30mm 厚的 1:3 水泥砂浆。

（3）防水层。防水层多以柔性防水材料（防水卷材和沥青类胶结材料等）交替粘贴在屋顶基层上，形成大面积的密闭防水覆盖层。常用的卷材有玻璃布、无纺布、再生橡胶卷材、合成橡胶卷材等。

（4）保护层。保护层可以防止太阳光的辐射而致防水层过早老化。对上人屋面而言，直接承受人在屋面活动的各种作用。柔性防水顶面的保护层可选用豆石、铝银粉涂料、现浇或装配细石混凝土面层等。

（5）保温层。为防止冬季室内热量向外的过快传导，通常在屋面结构层之上、防水层之下设置保温层。保温层的材料为多孔松散材料，如膨胀珍珠岩、蛭石，炉渣等。

11. 3. 2. 4　坡屋顶屋面构造

坡屋顶是一种沿用较久的屋面形式，种类繁多，多采用块状防水材料覆盖，故屋面坡度较大，所以排水快、防水功能好，但屋顶构造高度大、消耗材料多，所受风荷载、地震作用也相应增加。坡屋顶一般由承重结构和屋面两部分组成，必要时还有保温层、隔热层及顶棚等。

1. 坡屋顶的结构体系

坡屋顶与平屋顶相比坡度较大，其结构体系大体可分为三类：檩式、椽式、板式。

（1）檩式屋顶结构体系。以檩条作为屋面主要支承结构的结构系统。檩条材料有钢、木和钢筋混凝土，与屋架常采用铁钉、螺栓和电焊的方法连接。檩式屋顶的支承体系有以下几种类型（图 11-30）。

| （a）横墙承重 | （b）屋架承重 | （c）梁架承檩式屋架 |

图 11-30　坡屋顶的承重结构类型

1）山墙支承（横墙承重）：山墙常指房屋的外横墙，常用各种砖砌成尖顶形状的墙体直接搁置檩条以承担屋顶重力，山墙间距应尽可能一致，一般在 4m 以内，不超过 4.5m。

2）屋架支承：利用建筑物的外纵墙或柱支承屋架，在屋架上搁置檩条来承受屋面重力，屋架形式有三角形、梯形、多边形、弧形等。

3）梁架支承：为我国传统的结构形式，由柱和梁组成排架，檩条置于梁间承受屋面荷载并将各个排架联系成为一个完整骨架。

（2）椽式屋顶结构体系。以椽架为主、小间距布置的屋面承重方式，椽架的间距一般为 400～1200mm。

（3）板式屋顶结构体系。以预制钢筋混凝土屋面板为屋面基层结构的体系。

2. 坡屋顶屋面构造方式

坡屋顶的屋面种类较多，我国目前采用较多的弧形瓦（小青瓦）、平瓦、油毡瓦、金属瓦、彩色亚星钢板等。

（1）平瓦屋面的构造。平瓦屋面根据基层的不同有冷摊瓦屋面、木塑板瓦屋面和钢筋混凝土板瓦屋面三种做法。

1）冷摊瓦屋面：在檩条上钉固椽条，然后在椽条上钉挂瓦条并直接挂瓦。这种做法构造简单，但雨雪易从瓦缝中飘入室内。

2）木塑板瓦屋面：木塑板瓦屋面是在檩条上铺 15～20mm 厚的木塑板（亦称屋面板），在塑板上平行于屋脊方向干铺一层油毡，在油毡上顺着屋面水流方向钉 10mm×30mm、中距 500mm 的顺水条，然后在顺水条上面平行于屋脊方向钉挂瓦条并挂瓦，挂瓦条的断面和间距与冷摊瓦屋面相同（图 11-31）。

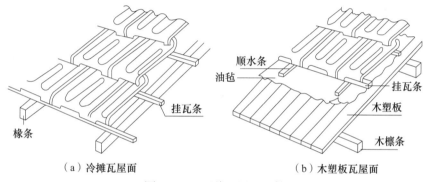

（a）冷摊瓦屋面　　　　　（b）木塑板瓦屋面

图 11-31　两种瓦屋面比较

3）钢筋混凝土板瓦屋面：钢筋混凝土板盖瓦的方式有两种。一种是在找平层上铺油毡一层，用压毡条钉在嵌在板缝内的木楔上，再钉挂瓦条挂瓦；另一种是在屋面板上直接粉刷防水水泥砂浆并贴瓦或陶瓷面砖或平瓦（图 11-32）。

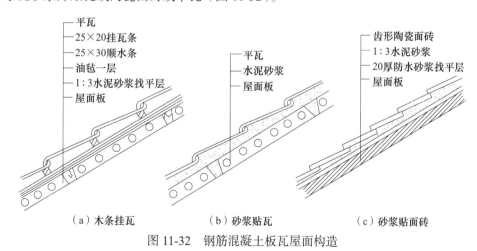

（a）木条挂瓦　　　　　（b）砂浆贴瓦　　　　　（c）砂浆贴面砖

图 11-32　钢筋混凝土板瓦屋面构造

（2）彩色压型钢板屋面的构造。彩色压型钢板屋面由于自重轻、强度高，且施工安装方便，色彩绚丽，被广泛应用与大跨度建筑中。按照彩板的功能构造分为单层彩板和保温夹芯彩板。

1）单层彩板屋面：单层彩板可分为波形板、梯形板、带勒梯形板等。由于单层彩板很薄，做屋面时必须在室内一侧另设保温层，单层彩板直接支撑于檩条上，采用各种螺钉、螺栓等紧固件固定。

2）保温夹芯彩板屋面：采用自熄性聚苯乙烯泡沫塑料或硬质聚氨酯泡沫塑料为保温芯材，彩色涂层钢板作为表层，通过加压加热固化制成的夹芯板，具有防寒、保温、自重轻、防水等多种功能。施工时，夹芯板与配件及夹芯板之间全部采用铝拉铆钉连接，铆钉在插入铆孔之前应预涂密封胶。

11.4　楼梯、台阶

11.4.1　楼梯的基础知识

楼梯是两层及以上建筑的垂直交通设施，起着疏散人流、引导人流和装饰环境的作用。楼梯作为园林建筑空间竖向联系的主要部件要充分考虑其造型美观、人流通行顺畅、行走舒适、结合坚固、防火安全，同时还应满足施工和经济条件的要求。

11.4.1.1　楼梯的组成

楼梯一般由梯段、平台、栏杆扶手三部分组成（图 11-33）。

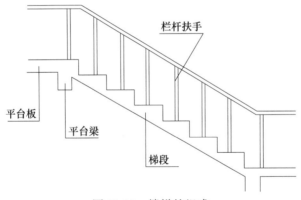

图 11-33　楼梯的组成

梯段是联系两个不同标高平台的倾斜构件，通常由连续的踏步板构成。梯段的踏步步数一般不宜超过 18 级，但也不宜少于 3 级。

平台按所处位置和高度不同，有休息平台和楼层平台之分。两楼层之间的平台称为休息平台，用来供人们行走时调节体力和改变行进方向。而与楼层地面标高齐平的平台称为楼层平台，除起着与休息平台相同的作用外，还用来分配从楼梯到达各楼层的人流。

栏杆是设在梯段及平台边缘的安全保护构件。当梯段宽度不大时，可只在梯段临空面设置；当梯段宽度较大时，非临空面也应加设靠墙扶手；当梯段宽度很大时，则需在梯段中间加设中间扶手。扶手附设于栏杆顶部，为人们行走时依扶之用。

11.4.1.2　楼梯的形式

园林建筑中，楼梯形式的选择取决于其所处位置、楼梯间的平面形状与大小、楼层高低与层数、人流多少与缓急等因素，设计时需综合权衡。楼梯的主要形式有以下几种（图 11-34、图 11-35）。

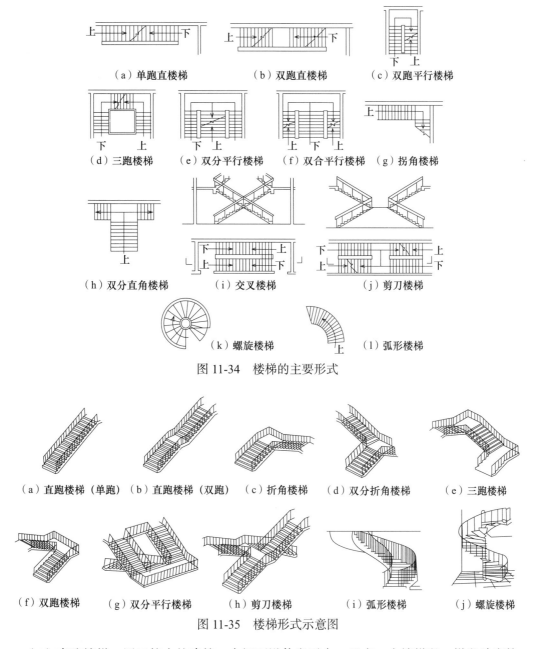

（a）单跑直楼梯　　　　（b）双跑直楼梯　　　（c）双跑平行楼梯

（d）三跑楼梯　　（e）双分平行楼梯　　（f）双合平行楼梯　　（g）拐角楼梯

（h）双分直角楼梯　　　（i）交叉楼梯　　　　（j）剪刀楼梯

（k）螺旋楼梯　　　　（l）弧形楼梯

图 11-34　楼梯的主要形式

（a）直跑楼梯（单跑）　（b）直跑楼梯（双跑）　（c）折角楼梯　　（d）双分折角楼梯　　（e）三跑楼梯

（f）双跑楼梯　　（g）双分平行楼梯　　（h）剪刀楼梯　　（i）弧形楼梯　　（j）螺旋楼梯

图 11-35　楼梯形式示意图

（1）直跑楼梯。用于较小的建筑，中间不设休息平台，只有一个楼梯段，梯段踏步数一般不超过 18 级，所占楼梯宽度较小，长度较大。

（2）双跑平行式楼梯。是采用最为广泛的一种楼梯形式。由于楼梯第二跑梯段折回，所以占用房间长度较小，楼梯间与普通房间平面尺寸大致相近，便于平面设计时进行楼梯布置。

（3）三、四跑楼梯。常用于楼梯间平面接近方形的公共建筑，由于梯井较大，不宜用于儿童经常上下楼梯的建筑，否则应有可靠的安全措施。

（4）螺旋楼梯。楼梯踏步围绕一根中央立柱布置，每个踏步面为扇形，另外还有圆弧、弧形等曲线形楼梯的形式，它们造型独特、美观。

（5）剪刀式楼梯。四个梯段用一个中间平台相连，可认为是由两个直行单跑楼梯交叉并列布置而成, 通行的人流量较大, 且为上下楼层的人流提供了两个方向, 对于空间开敞、楼层人流多方向进出有利。

(6) 园林室外楼梯。在园林室外空间中, 结合造景和功能的需求, 多采用各种花色景梯, 有的依楼依山, 有的凌空展翅或悬挑水面, 既能满足交通功能的需求, 又以自身姿态丰富了建筑空间的景观效果。常见的园林室外楼梯有锯齿形景梯、剪式悬挑景梯、悬挑板式螺旋景梯、梁式螺旋景梯等。

11.4.1.3 楼梯的尺度

(1) 楼梯的坡度。楼梯的坡度是指梯段中各级踏步前缘的假定连线与水平面形成的夹角, 楼梯坡度不宜过大或过小。坡度过大, 行走易疲劳; 坡度过小, 楼梯占用空间大。坡度范围常为 23° ~45°, 适宜的坡度为 30° 左右 (图 11-36)。坡度过小时, 可做成坡道; 坡度过大时, 可做成爬梯。

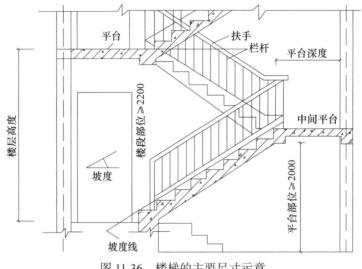

图 11-36 楼梯的主要尺寸示意

(2) 踏步尺寸。踏步是由踏步面和踏步踢板组成, 踏步尺寸包括踏步宽度和踏步高度。楼梯的坡度在实际应用中均由踏步高宽比决定。踏步的高度, 成人以 150mm 左右较适宜, 不应高于 175mm, 各级踏步高度均应相同。踏步的宽度以 300mm 左右为宜, 一般不宜小于 250mm (图 11-37)。为了在踏步宽度一定的情况下增加行走舒适度, 常将踏步出挑 20~25mm。

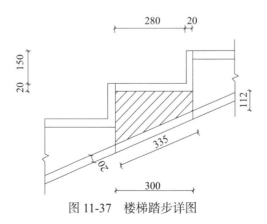

图 11-37 楼梯踏步详图

（3）梯段尺寸。梯段尺寸分为梯段宽度和梯段长度。梯段宽度指的是楼梯边缘或墙面之间垂直于行走方向的水平距离。梯段宽度是根据通行的人流量大小和安全疏散的要求决定的，一般按每股人流宽为 0.55m＋（0～0.15）m 的人流股数确定，并不应少于两股人流（图 11-38）。

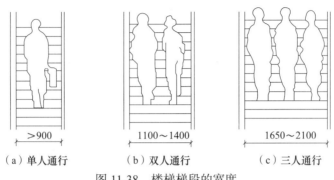

（a）单人通行 （b）双人通行 （c）三人通行

图 11-38 楼梯梯段的宽度

梯段长度 L 则是每一梯段的水平投影长度，其值为 $L = b(N-1)$，其中 b 为踏面水平投影步宽，N 为梯段踢面数（图 11-39）。

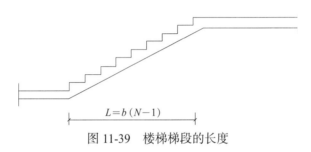

图 11-39 楼梯梯段的长度

（4）平台深度。平台宽度分为中间（休息、转向）平台宽度和楼层平台宽度。平台宽度不应小于楼梯梯段的宽度。但直跑楼梯的中间平台深度以及通向走廊的开敞式楼梯楼层平台深度，可不受限制（图 11-40）。

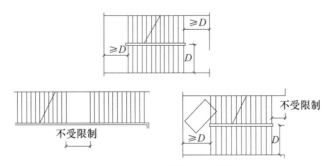

图 11-40 楼梯平台的深度

当梯段改变方向时，平台扶手处的最小宽度不应小于梯段净宽，当平台上设暖气片或消防栓时，应扣除它们所占的宽度。

（5）栏杆扶手高度。梯段栏杆扶手高度应从踏步中心点垂直量至扶手顶面。其高度根据人体重心高度和楼梯坡度大小等因素确定，一般不小于 900mm，通常取 1000mm，供儿童使用的楼梯应在 500～600mm 高度处增设扶手（图 11-41）。

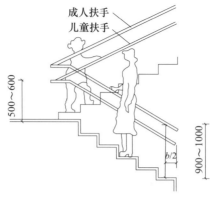

图 11-41 栏杆扶手高度

（6）楼梯净空高度。楼梯的净空高度包括梯段部位的净高和平台部位的净高。梯段净高是指踏步前缘到顶棚（即顶部梯段底面）的垂直距离，梯段净高不应小于 2200mm；平台净高是指平台面（或楼地面）到顶部平台梁底面的垂直距离，平台净高不应小于 2000mm（图 11-42）。

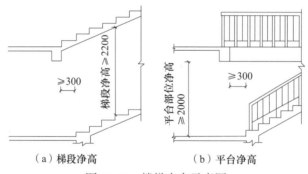

（a）梯段净高　　　　　（b）平台净高

图 11-42 楼梯净高示意图

11.4.2 钢筋混凝土楼梯构造

楼梯根据材料不同，可以分为钢筋混凝土楼梯、实木楼梯、钢木楼梯以及混合楼梯等多种类型，不同的构成材料其楼梯构造也不同。本部分内容以钢筋混凝土楼梯为例，简单介绍楼梯的基本构造。

钢筋混凝土楼梯按施工方法不同有现浇整体式和预制装配式两种类型。现浇钢筋混凝土楼梯由于整体性好、刚度大、抗震性能好等特点，目前应用最为广泛。现浇式钢筋混凝土楼梯按梯段的结构形式不同，有板式楼梯和梁式楼梯两种。

11.4.2.1 板式楼梯

板式楼梯通常由梯段板、平台梁和平台板组成，梯段板作为一块整浇板，斜向搁置在平台梁上。梯段板承受梯段的全部荷载，并且传给两端的平台梁，再由平台梁将载荷传到墙上。平台梁之间的距离即为板的跨度（图 11-43）。另外也可不设平台梁，将平台板和梯段板连在一起，荷载直接传给墙体。

板式楼梯底面应光洁平整、外形美观，便于支模施工。当梯段跨度较大时，梯段板较厚，混凝土和钢筋用量也随之增加，因此板式楼梯在梯段跨度不大（一般在 3m 以下）时采用。

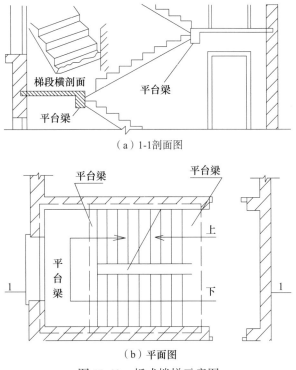

（a）1-1剖面图

（b）平面图

图 11-43　板式楼梯示意图

11. 4. 2. 2　梁式楼梯

梁式楼梯由踏步板、斜梁、平台板和平台梁组成，荷载由踏步板传给斜梁，再由斜梁传给平台梁，然后传到墙或柱上（图 11-44）。

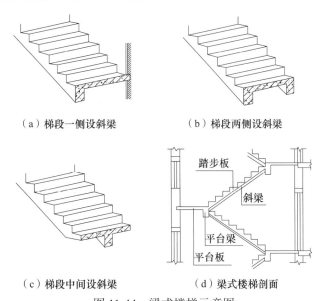

（a）梯段一侧设斜梁　　　　　（b）梯段两侧设斜梁

（c）梯段中间设斜梁　　　　　（d）梁式楼梯剖面

图 11-44　梁式楼梯示意图

踏步板靠墙一边可以搭在墙上，省去一根梯梁，以节省材料和模板，但施工不便。另一种做法是在梯段板两边设两根梯梁。梯梁在梯段板之下，踏步外露，称为明步；梯梁在梯段板之上，踏步包在里面，称为暗步。

11.4.3　楼梯细部构造

踏步面层装修和栏杆扶手处理的好坏直接影响楼梯的使用安全和美观，在园林建筑的楼梯设计中应引起足够重视。

1. 踏步表层处理

（1）踏步面层构造。踏步面层的构造可整体现抹，也可用块材铺贴。由于楼梯人流量大，使用率高，踏步面层装修应选择耐磨、美观、不起尘的材料。常用的有水泥砂浆面层、普通水磨石面层、彩色水磨石面层、缸砖面层、大理石面层、花岗石面层等（图 11-45）。

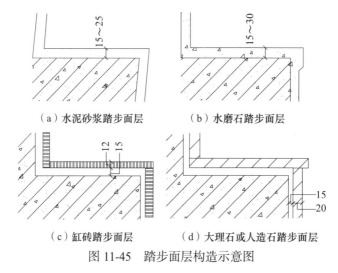

（a）水泥砂浆踏步面层　　　　（b）水磨石踏步面层

（c）缸砖踏步面层　　　　（d）大理石或人造石踏步面层

图 11-45　踏步面层构造示意图

（2）踏步突缘构造。当踏步宽度取值较小时，前缘可挑出形成突缘，以增加踏步的实际使用宽度，踏步突缘的构造做法与踏步面层做法有关。整体现抹的地面，可直接抹成突缘，突缘宽度一般为 20～40mm。

（3）踏步防滑处理。防滑处理的方法通常有两种：一种是设防滑条，可采用金刚砂、橡胶、塑料、马赛克和金属等材料，其位置应设在踏步前缘 40～50mm 处，踏步两端接近栏杆处可不设防滑条，防滑条长度一般按踏步长度每边减去 150mm；另一种是设防滑包口，即用带槽的金属等材料将踏步前缘包住，既能防滑又能起到保护作用（图 11-46）。

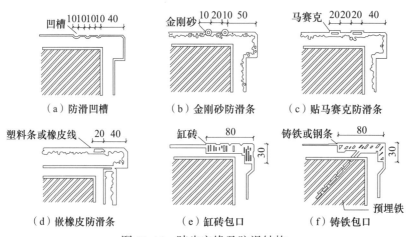

（a）防滑凹槽　　　　（b）金刚砂防滑条　　　　（c）贴马赛克防滑条

（d）嵌橡皮防滑条　　　　（e）缸砖包口　　　　（f）铸铁包口

图 11-46　踏步突缘及防滑结构

2. 栏杆与扶手

（1）栏杆形式。栏杆形式通常有空花栏杆、栏板式栏杆和组合式栏杆三种。材料一般采用金属材料制成，如圆钢、方钢、扁钢和钢管等，既起防护作用，又有一定的装饰效果。

栏板式栏杆构造简单，材料可采用钢筋混凝土、木材、砖、钢丝网水泥板、胶合板、各种塑料贴面复合板、玻璃、金属、轻合金板材等。

（2）扶手材料和断面形式。扶手一般采用硬木、塑料和金属材料制作，其中硬木扶手常用于室内楼梯。室外楼梯的扶手则很少采用木料，以避免产生开裂或翘曲变形，金属和塑料是室外楼梯扶手常用的材料。另外，栏板顶部的扶手可用水泥砂浆或水磨石抹面而成，也可用大理石板、预制水磨石板或木板贴面制成栏杆和扶手的节点。

（3）栏杆与梯段的连接。栏杆与楼梯段连接方法主要有：预埋铁件焊接，即将栏杆的立杆与楼梯段中预埋的钢板或套管焊接在一起；预留孔洞插接，即将栏杆的立杆端部做成开脚或倒刺插入楼梯段预留的孔洞，用水泥砂浆或细石混凝土填实；此外，还可以采用螺栓连接等。

11.5 传统园林建筑的设计与构造

11.5.1 亭、廊和花架

在园林绿地中如果把整体效果比作一个面，那么亭子等建筑物可比作点，廊和花架等可比作线，由不同的建筑物、构筑物、园林小品共同形成完整的"面"。下面简单介绍亭、廊、花架的相关知识。

11.5.1.1 亭

1. 亭的概述

（1）亭的含义。亭，停也，亦人所停集也，古代早先指设在路旁的公房，供旅客停宿后多指盖在路旁或者花园的小型建筑物，面积较小，大多有顶，无墙，多设于道旁、山麓、水边，供行人歇脚，有半山亭、路亭、半江亭等。

通常，亭是古典园林设计中的"重点"与"亮点"，起到"画龙点睛"的作用。《园冶》中有极为精辟的论述："……亭胡拘水际，通泉竹里，按景山颠，或翠筠茂密之阿，苍松蟠郁之麓。"可见在山顶、水涯、湖心、松荫、竹丛、花间都是布置亭的合适地点。

（2）亭的历史发展。随着时间的推移和历史的发展，亭的功能和形式不断变化。汉代以前，亭的使用价值高于观赏价值，而隋唐以后亭的观赏价值又逐渐超过了使用价值，最初的亭与现在的亭已是两个不同的概念。

秦汉时期，在乡村十里设一亭，置一亭长（汉高祖刘邦就曾做过泗水亭亭长）。魏晋南北朝时期，逐渐出现了供人游览和观赏的亭，东晋时期的王羲之描述的兰亭，究竟是供人休息的路亭还是供人玩赏山湖景色的闲亭虽无从考证，但可以肯定，这个时期的亭与汉代的亭迥然不同，它的功能与性质都已经发生了很大的变化。

隋唐时期，亭更成为园林中不可或缺的建筑物。唐代宫苑中亭的建筑大量出现，数量已经远远超过其他类型的建筑物。

宋元时期，亭的特点更加精致，并且开始运用"对景""借景"的设计手法来建造亭。明清时期，在重视亭造型本身的同时，也非常注重对于亭的位置选择及与其他建筑的关系。

同时，文人和画家也给亭赋予了更多的趣味和文化内涵。此时的建筑设计与建筑工艺与美学等的结合更趋于成熟，成就了中国古典亭发展的鼎盛时期，今天我们所见到的亭，绝大部分都是这一时期遗留下来的。

2. 亭的类型与特点

（1）按照平面形态分类。《园冶》中说，亭"造式无定，自三角、四角、五角、梅花、六角、横圭、八角到十字，随意合宜则制，惟地图可略式也"。这许多的亭，虽形式各不相同，但均以因地制宜为原则，使亭子在园中的出现不显得突兀，更像是自然的艺术（图 11-47）。

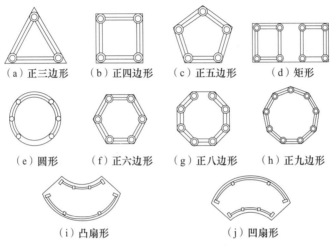

（a）正三边形	（b）正四边形	（c）正五边形	（d）矩形
（e）圆形	（f）正六边形	（g）正八边形	（h）正九边形
（i）凸扇形		（j）凹扇形	

图 11-47　亭的平面形式

（2）按照材料分类。材料是亭的造型风格的表现方法之一，由于各种材料质感、性能的差异，亭就有了不同的风格和特色。此外，亭想要表现的特色也是要受到材料的限制的。

1）木亭：木亭顾名思义，是以木材为主要材料筑造的亭子。中国古建筑中木材的使用是非常普遍和广泛的，其中木构架结构也是主要的结构方式。木结构的亭，以木构架琉璃瓦顶和木构架黛瓦顶两种形式最为常见。前者为皇家建筑和宗教建筑中所特有，整体的形式上凸显轮廓鲜明、富丽堂皇；而后者则是中国古典亭榭的主导，或质朴庄重，或典雅清逸，遍及大江南北，是中国古典凉亭的代表形式（图 11-48a）。此外，木结构的凉亭，也有做成片石顶、铁皮顶和灰土顶的，不过一般比较少见，属于较为特殊的形制。

2）石亭：使用石材建造亭子在我国也是相当普遍的，据记载，现存最早的亭子就是石亭。早期的石亭大多模仿木结构的做法，斗拱、月梁、明栿、雀替、角梁等，都是以雕刻石材的方式表现出来的（图 11-48b）。

3）茅草亭：茅草亭也是历史很悠久的形式之一，最初建造茅草亭是为了在山间路旁遮风避雨之用，它是最贴近现实生活，最具有使用性的亭子之一。此类凉亭，多用原木稍事加工以为梁柱，或覆茅草，或盖树皮，一派天然情趣。由于它保留着自然本色，颇具山野林泉之意，所以备受清高风雅之士赏识。唐代常建曾用"茅亭宿花影……"的诗句来描述王昌龄隐居之所，以赞其清雅隽秀之形（图 11-48c）。

4）竹亭：竹是一种非常好的建筑材料，挺拔秀丽、高雅柔美，和松一样四季苍翠，和梅一样傲雪耐霜，质朴无华，高风亮节，历来为人们所称道、讴歌。现在的竹亭多用绑扎辅以钉、铆的方法建造。而有些竹亭，梁、柱等结构构件仍用木材，外包竹片，以仿竹形，其坐凳、橼、瓦等则全部用竹制作，既坚固，又便于修护（图 11-48d）。

（a）木亭　　　　　　　　　　　　　（b）石亭

（c）茅草亭　　　　　　　　　　　　（d）竹亭

（e）钢筋混凝土结构亭　　　　　　　（f）钢结构亭

图 11-48　亭的类型

5）砖亭：用砖砌体或砌块做成的具有厚厚的砖墙的亭子。砖墙在亭子的结构中不起结构承重的作用，它是用来保护梁、柱以及碑身的。

6）铜亭：铜亭也是仿木结构建造的，现存的铜亭不多，著名的有泰山的金阙、颐和园中的宝云阁、昆明鸣凤山金殿，以及五台山的铜凉亭等。严格地说，它们不能算凉亭，只能说是凉亭式建筑，但习惯上，却都称它们是"铜亭"。以宝云阁为例，它通高 7.5m，重 20.7万 kg，四面有菱花扇。柱、梁、斗、拱、椽、瓦、宝顶，以及九龙匾额、对联等，都和普通木亭一模一样，造型精美，工艺复杂，是世上少有的珍品。

7）钢筋混凝土结构亭：钢筋混凝土结构亭是新技术、新材料发展的新成果，其筑造过程与其他钢筋混凝土建筑有异曲同工之妙，可以采用现浇式钢筋混凝土浇筑，也可以采用预制混凝土构件焊接装配。另外，钢筋混凝土亭还可以使用轻型结构，顶部用钢板网，上覆混凝土进行表面处理（图 11-48e）。

8）钢结构亭：现代钢结构亭，即由钢结构制作而成的亭子，它的材料可以采用彩钢板、不锈钢、钢结构等多种形式相结合的做法，形成丰富的造型。另外，钢结构亭具有抗震及抵抗水平荷载的能力强、强度高、整体刚性好、变形能力强、耐久性好等特点（图 11-48f）。

（3）按照功能分类。亭按其功能可分为路亭、桥亭、井亭、钟鼓亭、祭祀亭、乐亭、纪念亭、流杯亭、半亭等，园林中的桥亭，既可以歇憩，又能游赏。

3. 亭的设计要点

（1）亭的位置与布局。亭作为园林中重要的点景建筑，若布置合理，全园俱活，布置不得体则感到凌乱。园林布局中，亭主要是供人游览、休息、赏景之用，因此其位置的选择极其灵活，不受格局所限，可独立设置，也可依附于其他建筑物而组成群体，更可结合山石、水体、大树等，得其天然之趣，充分利用各种奇特的地形基址创造出优美的园林意境。亭的主要布局形式有以下几种：

1）山体建亭：一般会选择在山体的山腰、山脊或者山顶上建造亭子。亭与山的巧妙结合使建筑景观更趋于自然，显示了山体之美。

2）水体建亭：这类亭子一般会选择临水高台而建，或者建于水上较高的石矶上，以观远山近水，舒展胸怀。另外，在桥上建亭，更能使水面景色锦上添花，并增加水面空间层次。

3）平地建亭：通常而言，平地建亭主要是提供人们休息、纳凉、游览之用。单独的平地建亭会让人们觉得突兀，或与周围环境显得格格不入，所以，可以利用山石、树木、园林小品等多种元素相组合的方式构成具有特色的景致。

此外，还可结合园林中的巨石、山泉、洞穴、丘壑等各种特殊地貌建亭，以取得更为奇特的景观效果。

（2）亭的尺度与比例。亭的类别不同，规格尺度也就不同。在传统亭子的设计中，屋顶、亭身及开间三者的大小、比例有着密切的关系，亭的尺度与比例直接决定着亭子的造型，以及因此而引起的视觉效果。

由于亭的平面形状不同，开间与柱高之间有着不同的比例关系。四角亭，柱高：开间＝0.8：1；六角亭，柱高：开间＝1.5：1；八角亭，柱高：开间＝1.6：1。此外，亭子的尺度和比例又与台基、柱高、开间、屋顶出檐、顶高有着密切的关系。

4. 亭的造型与装饰

亭的造型和装饰以"繁简皆宜为原则"，主要取决于亭的平面、屋顶等的形式。它既可以精雕细琢，也可以不加雕饰，构成简洁质朴的亭。通常，皇家园林中的亭都会有一些良好的装饰，用以突显皇家地位的尊贵与富有。

亭的基本构造。亭由建造在台明上的构架、屋顶和坐凳、栏杆等组成：

（1）亭的构架。亭的构架由柱、梁、枋、椽等构成，但亭子的材料或者结构不同，其构成方法也有所区别，例如，木构架可能会涉及柱与梁的榫接、花梁头上安置搭交"檐檩"，形成圈梁作用等一系列的步骤，而钢筋混凝土结构则要考虑柱和梁的现浇或者预制等问题。所以说，亭的构架需要根据具体的形状而定。

（2）亭的屋顶。亭的屋面一般为攒尖顶，除多边形的亭以外只有垂脊和宝顶；而圆形亭只有屋面瓦和宝顶。大式建筑多使用简瓦屋面，小式建筑多使用蝴蝶瓦屋面。在应用中有些地方也将小规模的悬山、庑殿和歇山建筑，做成无围护结构的透空型亭子。

（3）亭的坐凳、栏杆。坐凳栏杆是指在廊、阁、亭、榭等建筑物廊柱间所安矮栏，其上部放置木板，有如条凳，可以坐人，因称坐凳栏杆，但坐凳栏杆并不是适用于所有的亭子，这跟亭子的适用功能相关。

5. 六角攒尖亭设计案例（图 11-49）

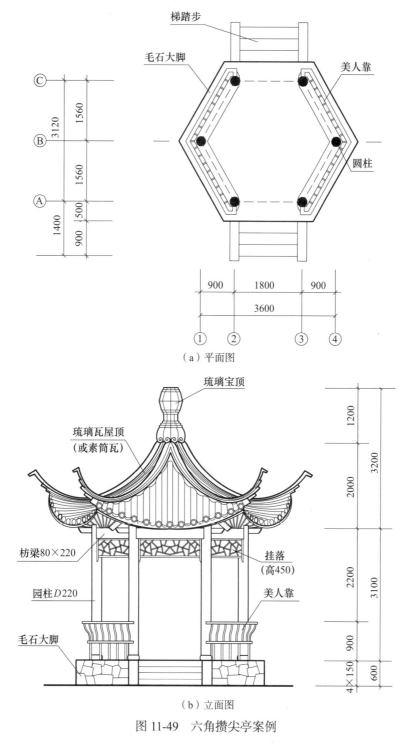

（a）平面图

（b）立面图

图 11-49 六角攒尖亭案例

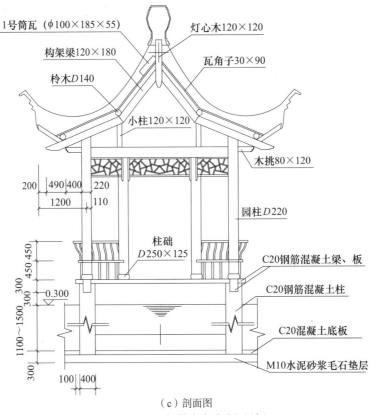

1 号筒瓦（φ100×185×55）
灯心木120×120
构架梁120×180
瓦角子30×90
枪木D140
小柱120×120
木挑80×120
200　490 400　220
1200　110
园柱D220
柱础
D250×125
C20钢筋混凝土梁、板
450 450
C20钢筋混凝土柱
300
300　300
0.300
1100～1500
C20混凝土底板
300
M10水泥砂浆毛石垫层
100　400

（c）剖面图

图 11-49　六角攒尖亭案例（续）

11.5.1.2　廊

1. 廊的概述

廊是指屋檐下的过道、房屋内的通道或独立有顶的通道等，具有遮阳、防雨、小憩等功能。廊是建筑的组成部分，也是构成建筑外观特点和划分园林空间格局的重要手段。园林中廊与亭是有着密切联系的，一般将廊视为亭的延伸，是联系风景点与建筑的纽带。

2. 廊的类型和特点

廊可按多种方法进行分类，其中按横剖面可分为单面空廊、双面空廊、复廊、双层廊、单排柱廊、暖廊；按照屋顶形式可分为坡顶、平顶和拱顶等；按廊的总体造型及其与地形、环境的关系可分为直廊、曲廊、回廊、抄手廊、爬山廊、叠落廊、水廊、桥廊等；按照结构可分为木结构、砖石结构、钢及混凝土结构、竹结构等。下面主要介绍几种按照横剖面划分的廊的形式。

（1）单面空廊。一边用柱支撑，另一边沿墙或附属于其他建筑物，形成半封闭的效果。单面空廊的廊顶有时做成单坡形，以利排水（图 11-50a）。

（2）双面空廊。屋顶用两排柱支撑，四面无墙无窗，通透；在廊的柱间常设坐凳栏杆供游人休息，在廊中可以观赏两面景色，是中国园林中最常使用的一种形式（图 11-50b）。

（3）复廊。在双面空廊的中间隔一道墙，形成两侧单面空廊的形式，又称"里外廊"。因为廊内分成两条走道，所以廊的跨度大些。中间墙上开有各种式样的漏窗，从廊的一边透过漏窗可以看到廊的另一边景色，一般设置两边景物各不相同的园林空间。复廊妙在借景，把园内的山和园外的水通过复廊互相引借，使山、水、建筑构成整体（图 11-50c）。

（4）双层廊：廊分上下层，又称为"楼廊"。它为游人提供了在上下两层不同高程的廊中观赏景色的条件，也便于联系不同标高的建筑物或风景点以组织人流，丰富园林建筑的空间构图。如扬州的何园（寄啸山庄）双层廊的主要段游廊与复道相结合的形式，中间夹墙上点缀着什锦空窗颇具特色。园中有水池，池边有戏亭、假山、花台。通过楼廊的上下立体交通可多层次地欣赏园林景色（图 11-50d）。

（a）单面空廊　　　　　　　　　　　　（b）双面空廊

（c）复廊　　　　　　　　　　　　（d）双层廊

图 11-50　廊的类型

3. 廊的设计要点

（1）廊的位置与布局。廊一般不会单独出现，它的最大作用是连接其他类型的园林建筑。无论直廊、曲廊、回廊、爬山廊还是其他形式的廊都应该做到"依山就势""因地制宜"。江南私家园林中"廊"的曲折程度要比北方皇家园林强烈得多，表现出更大的灵活性，以达到"随形而弯，依势而曲"的效果。建筑借助廊的运用，可以完美地实现平面上的曲曲折折、竖向上随地形的起伏而高低错落。

1）山地建廊：供游人登山观景和联系山坡上下不同高程的建筑物之用，也可借以丰富山地建筑的空间构图。爬山廊有的位于山之斜坡，有的依山势蜿蜒转折而上，屋顶和基座有斜坡式和层层跌落的阶梯式两种。

2）水边或水上建廊：一般此类廊多用于欣赏水景或者联系水上的建筑，它建于水面上一定高度的位置，形成以水景为主的空间。位于岸边的水廊，廊基一般紧挨着水面，廊的平面也大体贴近岸边。

3）平地建廊：通常在园林中，廊沿墙体及附属建筑物以"占边"的形式布置，在形式上有一面、两面、三面和四面环绕的向心布局等，以争取中心庭院的较大空间。如苏州洗马巷万宅，住宅大客厅与书房之间的一个后花园，园内东部沿外墙叠砌假山，假山上东北角置一六角亭，南部建方亭，彼此呼应。廊呈环抱状与东部的假山一起围合了庭院空间，书房三面突出于庭院之中，后面空出的小院使书斋格外静谧。

平地建廊，还可作为动观的导游路线来设计，连接于各风景点之间，廊平面上的曲折变化完全视其两侧的景观效果与地形环境来确定，随形而弯，依势而曲，蜿蜒自由变化。

（2）廊的体量尺度。廊以开间为基本单位，进行有规律的重复，有组织的变化，从而形成一定的韵律，产生美感。廊的体量以小巧玲珑为佳，开间不宜过大，3m 左右比较适宜，即廊的柱距保持在 3 m 的距离较为合适，一般横向净宽在 1.2～1.5m。

传统形式的廊多做成卷棚顶或者正脊顶，近代多做平顶，廊宽常在 2.5～3m，一般柱径 150mm，柱高为 2.5～2.8m，方柱截面控制在 150mm×150mm～250mm×250mm，长方形截面柱长边不大于 300mm。

根据情况，北方比南方尺度略大一些，可根据周围环境和使用功能的不同略有增减。但每个开间的尺寸应大体相等，如果由于施工或者其他原因需要发生变化时，则一般在拐角处进行增减变化。

4. 廊的基本构造

廊由基础、廊柱和廊顶三大部分组成，一般为木结构，木结构的廊在设计时要处理好廊柱与基础的相互作用，另外，廊柱与廊顶的结合也是廊的构造需要注意的问题。

5. 廊的设计案例（图 11-51）

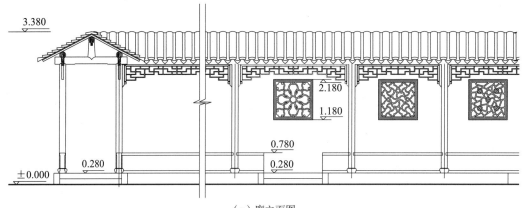

（a）廊立面图

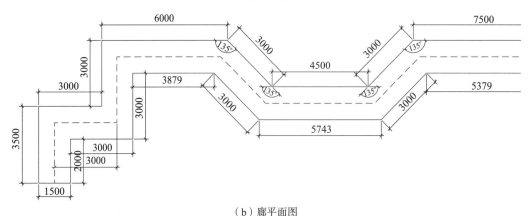

（b）廊平面图

图 11-51　廊设计案例

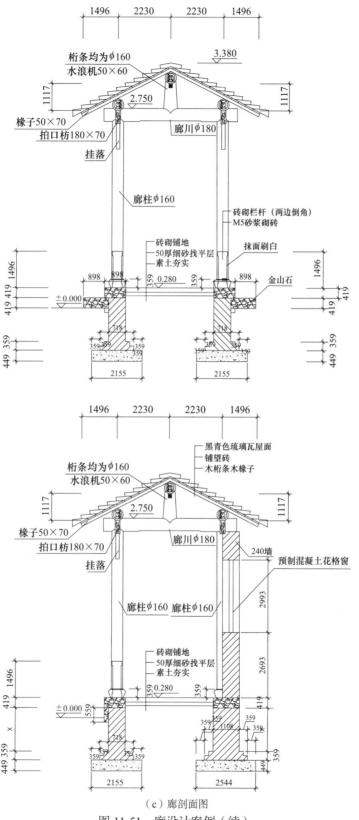

（c）廊剖面图

图 11-51 廊设计案例（续）

11.5.1.3　花架

1. 花架的概述

花架是用刚性材料构成一定形状的格架，供攀缘植物攀附的园林设施，又称棚架、绿廊。花架可作为遮阴休息之用，并可点缀园景。花架从其工程量讲，趋近与亭廊，只是它没有顶。

2. 花架的类型和特点

（1）按照建筑形式分类，可分为廊式花架、片式花架、独立式花架。

1）廊式花架：最常见的形式，片版支承于左右梁柱上，游人可入内休息；

2）片式花架：片版嵌固于单向梁柱上，两边或一面悬挑，形体轻盈活泼；

3）独立式花架：以各种材料做空格，构成墙垣、花瓶、伞亭等形状，用藤本植物缠绕成形，供观赏用。

（2）按照材料分类，可分为竹木花架、金属花架、实木花架。

（3）按照柱式结构分类，可分为双柱花架、单柱花架。

1）双柱花架：是以植物的攀爬为顶的休息廊，其平面排布可等距也可不等距，立面可直、可曲、可折；

2）单柱花架：当花架宽度缩小，两柱接近而成一柱时，花架板变成中部支承两端外悬。为了整体的稳定和美观，单柱花架在平面上宜做成曲线、折线形。

3. 花架的设计要点

花架是与植物景观相联系的，因此，需要注意以下几个方面：

（1）尽量接近自然，不能仅仅作为构筑物进行设计；

（2）要注意比例尺寸、选材和必要的装修，花架体现不宜太大，太大显得不够轻巧，太高不易荫蔽而显空旷；

（3）注意空间的把握，不宜过于封闭，也不能太过开敞，要把握好适宜的度；

（4）在设计过程中，要充分考虑攀缘植物的特点对花架的影响。

4. 花架设计案例（图 11-52）

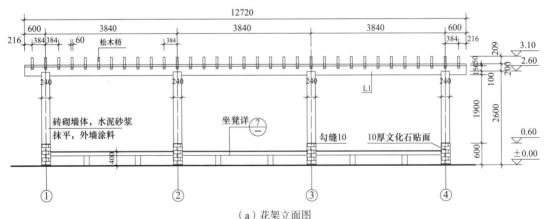

（a）花架立面图

图 11-52　花架设计案例

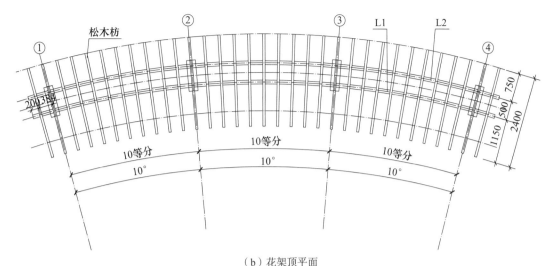

（b）花架顶平面

图 11-52　花架设计案例（续）

11.5.2　牌坊和牌楼

11.5.2.1　牌坊和牌楼的概念

牌坊和牌楼在现在是两个可以互换的概念，但最初的时候却是不同的。牌坊是以宣扬、标榜功德为目的的纪念性建筑物，主要功能是道德教化、纪念追思。牌楼是以强化突出其标志性的建筑物，主要功能是标志引导、装饰美化。

（1）牌坊，简称坊，是中国特有的一种广洞式的纪念性建筑物，一般用木、砖、石等材料建成，上刻题字。旧时多建于庙宇、陵墓、祠堂、衙署和园林前或街道、路口，用以宣扬功德。它是中国传统建筑中非常重要的一种建筑类型，被当作中华文化的象征之一，在西方很多城市的唐人街都有牌坊作为标志。

（2）牌楼，为我国古代建筑中极为重要的一种类型，其建筑布局细腻，结构紧凑，形式多样。牌楼较牌坊形式复杂，象征着威严、荣誉、表彰。

11.5.2.2　牌坊、牌楼的类型与特点

牌坊和牌楼的形式是多种多样的，可以从以下几方面对它们进行分类：

（1）按照材料分类，可分为木构、石构、砖构、琉璃、水泥等多种形式。

1）木构：除了基础、夹杆石和瓦顶之外，其余构件均以木材构成；

2）石构：除了一些必须用铁固定部分外，其余部分均用石材构成；

3）砖构：坊身用条砖砌成，在必要部位砌以条石；

4）琉璃：这类牌坊或者牌楼多用于佛寺建筑群内，它主要用黄、绿两种颜色的琉璃砖嵌砌壁面，远远望去威严壮观；

5）水泥：这类牌楼是近代建筑技术的产物。

（2）按照形式分类，可分为"冲天式"和"不出头式"。

1）"冲天式"：也称"出头"式，这类牌楼的间柱高出明楼楼顶；

2）"不出头式"：这类牌楼的最高峰是明楼的正脊。如果分得再细一些，可以每座牌楼的间楼和楼数的多少为依据。无论柱出头或不出头，均有"一间二柱""三间四柱""五间六柱"等形式。

（3）按照功能及适用范围分类，可分为街式类、纪念性类、寺庙类、陵墓类、苑囿类等。

1）街式类：也可称为"过街楼"，建于街道交汇处或者某条街道的中段，其跨度体量较大，以方便人行、车行等多种交通方式；

2）纪念性类：为了纪念某些重大的历史事件或者重要的历史人物而建，它一般不是孤立的单独存在，而是与相关的建筑群有一定的联系；

3）寺庙类：建于寺庙之前，烘托气势，如登封少林寺达摩洞前的石坊；

4）陵墓类：位于陵墓之前，常为石坊，用来歌功颂德，是身份和地位的象征；

5）苑囿类：位于苑囿之中，为园林建筑的一种。一方面它们以景点面貌出现，起点景作用；另一方面，又由柱身、横坊构成的方形空间起到框景的作用。

11.5.2.3　牌楼和牌坊的设计要点

牌楼作为古代建筑的一个重要建筑单体，在寺院、旅游景点、公司单位等都大量存在。石牌坊的组成部分主要是石柱、横梁、望板、支板、盖板、帽子等部件。

11.5.2.4　牌楼和牌坊设计案例（图 11-53）

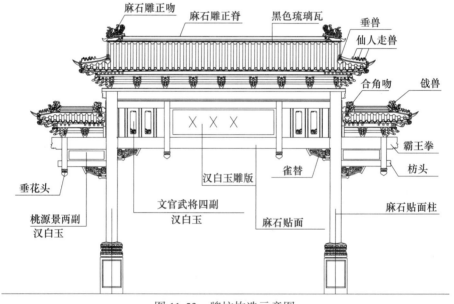

图 11-53　牌坊构造示意图

11.5.3　榭和舫

11.5.3.1　榭

（1）榭的概念。"榭者，籍也。籍景而成者也。或水边，或花畔，制亦随态。""榭"原意是凭借的意思，园林中的榭也就是凭借景境而设置的园林建筑，通常临水而建，也可设于花境之中，满足休憩、观景和点缀风景的作用。水榭一般有平台伸入水面，平台周围设置低矮栏杆，建筑开敞通透，体形呈长方形，与水池、池岸或植物造景相协调。

（2）榭的形式（以水榭为主）。水榭的基本形式分为一面临水、两面临水、三面临水和四面临水。四面临水以桥与驳岸相连接。江南园林的水榭屋顶多为罗锅脊歇山式，屋角高翘，轻盈生动。平台则有两种形式：一种为实心土台，水流仅在四周环绕；另一种则是平台下部以梁柱结构支撑，水流可部分或全部进入建筑底部，形成驾临碧波之上的效果。由于钢筋混凝土的运用,现常采用伸入水面的挑台取代平台,使建筑更为轻巧。

一般而言,北方皇家园林的水榭更具有宫廷建筑的色彩,整体建筑风格相对浑厚,尺度空间也相应的增大,彰显宫廷皇家风范,一些水榭不再是以单体建筑而是以建筑群体的方式呈现,而造型也更为多样化。

11.5.3.2 舫

(1)舫的概念。舫,原意是指小船,指园林中建在水边、形似船的建筑物,俗称旱船或不系船,其立意是"湖中画舫",使人产生虽在建筑中,却犹如置身于游船之感。舫的功能与榭相仿,供游人在内赏景、休憩、饮宴。

(2)舫的形式。舫的基本形式与船相似,分为三段,即前舱(船头或头舱)、中舱和后舱(船尾或尾舱)。一般下部用石砌做船体,上部木构建筑仿船形。舫平面多为矩形,常在短边两面设置长窗或门,长边两面设置窗,且多为支摘窗,建筑整体体量较小,造型简洁,多为独立布置,也可与廊道组合联系。

1)前舱:前舱较高,常做敞棚,供游人赏景谈话。前舱前部设有眺台,仿甲板之形。船头的一侧置石条似跳板用于联系池岸。

2)中舱:中舱较低,做两坡顶,或为船篷式,或为卷棚顶。中舱是整个建筑的主要空间,其作用是供游人休息、饮宴、赏景。中舱的室内地坪一般比外部地面略低 1~2 个台阶,有入船舱之感。中舱两侧设有长窗,以便观景。

3)后舱:后舱做两层,类似阁楼的形象,可登高眺望。后舱下层设置楼梯,上层作为眺望观景空间。上下两层构成下实上虚的对比,屋顶为歇山顶样式,轻盈舒展,造型丰富生动。

(3)舫的设计要点。舫与水榭类似,作为临水建筑,因而首要考虑建筑与水面、水岸的结合;在朝向问题的处理上与水榭相同。选址上宜在水面开阔处,可取得良好的视野,一般为两面或三面临水,最好是四面临水,舫的一侧设置平桥或石板,仿跳板之意。同时要注重的是应避开易积污垢的水域,方便今后长久管理。对于舫的造型设计要讲究神似、创新,介于似与不似之间,不可以过分模仿细部形式。

(4)船舫的设计案例(图 11-54)。

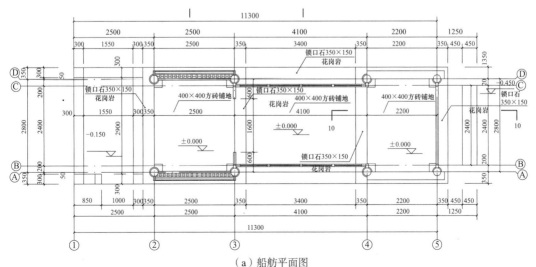

(a)船舫平面图

图 11-54　船舫的设计案例

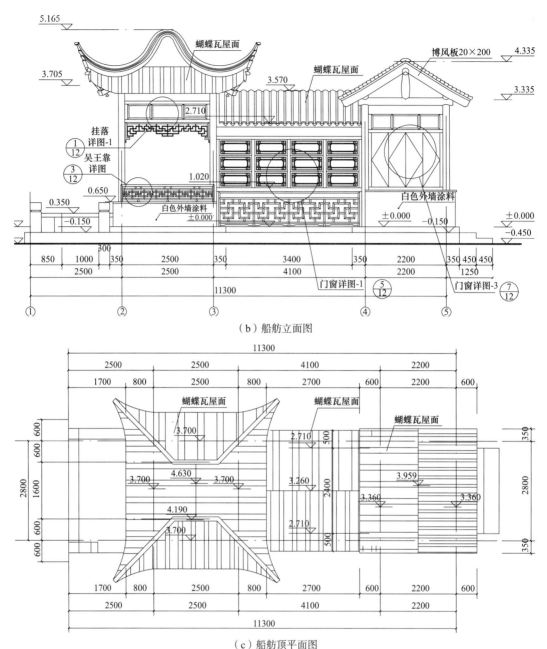

（b）船舫立面图

（c）船舫顶平面图

图 11-54　船舫的设计案例（续）

11.5.4　园桥

11.5.4.1　园桥的定义

园林中的桥称为"园桥"，它是园林景观的重要组成部分。园桥具有三重作用：一是悬空的道路，起组织游览路线和交通功能，并可变换游人观景的视线角度；二是凌空的建筑，不但点缀水景，其本身常常就是园林一景，在景观艺术上有很高的价值，往往超过其交通功能；三是分隔水面，增加水景层次，赋予构景的功能，在线（路）与面（水）之间起中介作用。

11.5.4.2 园桥的组成

园桥由两大部分组成，包括横跨水上的梁或拱和承担其荷载的桥台基础两部分。水面宽时用梁、拱跨度有限制，水中可设桥墩支撑，使得梁每个分段跨度减短。

（1）上部结构。桥的上部结构是桥的主体。主要考虑当地水文地质和技术条件选择符合荷载及跨度要求的材料与结构。桥梁也是过水道路的延续，所以桥梁上部也有路面，在梁拱承重结构上设路面层、基层、防水层。

（2）桥台、桥墩支撑部分。桥应坚固耐久，耐水流冲刷，因而要有坚固的桥台、桥墩基础。桥台、桥墩要有深入地基的基础，上面要用耐水流冲刷之材料，又应尽量减少对水流的阻力。

11.5.4.3 园桥的分类

1. 按材料划分

（1）竹桥与木桥：具有结构简单、施工方便、就地取材等优点，只是易腐蚀、不耐久，并且养护工程量大，一般可用于小水面和临时性的桥位上。

（2）土工石桥：一般建于盛产石材的风景区，便于就地取材，也耐久古朴。

（3）钢筋混凝土桥：经久耐用，适合场合广泛，但在一般情况下造价高于土工石桥。

（4）预应力混凝土桥：基本情况同钢筋混凝土桥，但跨度可较钢筋混凝土桥更大些，施工条件要求较高，要有预应力加工工厂。

钢桥和钢索桥在风景区特殊地段（诸如沟壑断崖上）架设，既能显示山势的险峻，又能令人感叹天险变通途的奇胜。

2. 按力学分类（含支撑方式）

（1）简支桥：即桥面梁两端的支撑方式为简支静定的结构，按桥面的厚度和桥的宽度又可以分为板式和梁式，一般桥面厚度小于 250mm 者称"板式"，大于 250mm 者称"梁式"，孔径大小和孔数不限。

（2）悬臂桥：即桥面梁两端或一端外伸悬空，一般做法是在简支梁桥的基本结构上，将梁端延伸或外伸静定结构。

（3）桁架桥：由桁架所组成的桥，杆件多为受拉或受压的轴力杆件，消除了弯矩产生的条件，使杆件的受力特性得以充分发挥，杆件结点多为铰接，造型纤秀轻巧，富有韵律。

（4）拱桥：由拱券受压结构所形成的桥，结构的各截面上多为压力，因此可采用价廉的砖石等材料，充分发挥它们受压强度高的特点，拱桥造型亦佳，常收一举两得之效。为了适应地基要求，有设计成三铰、两铰、无铰拱的结构模式。

（5）钢结构桥：梁和桥墩由钢结构构成的桥，可以使桥的断面减小，其造型既有力度又有简练挺拔的轻快感。当桥墩设计成外倾的八字形立柱时，清晰的表现力从梁转移到柱的传递路线，尤其当桥立于风景区两山峰之间，下为深谷或立交道路时，则更充分显示其雄踞屹立的形象。

（6）斜拉桥：是用斜拉索将长长的水平横梁悬拉在塔柱或塔门上的组合体系结构。斜拉索常用平行的钢丝缆索或放射式的钢索构成，更便于悬臂施工。

（7）吊桥：又称悬索桥，由受拉的悬索作为承重结构的桥，其中一根主缆索，在桥面的荷载作用下，构成了赏心悦目的抛物线形（塔柱支承，索端锚固）。吊桥由悬索（主索、边索和锚索）、塔桥、吊杆加劲梁和桥面系锚锭组成。吊桥跨越能力大，尤适用在 V 形山谷风景区中架桥。

（8）栈桥：在风景区水边或悬崖处，临水或者架空悬吊的桥，受力方式多为一端悬空，另一端插入山体固定，成悬臂梁，或两端支承，悬挂于空中或凌空于水面，形成一条式的长桥。有时还可带有休息或眺望的加宽平台，亦有在临水处兼作钓鱼台之用。

（9）浮桥：利用木排或铁筒或船只，排列于水面作为浮动的桥墩使用，为了防止水流的冲移，可在水面下系索以固定这浮动桥墩的位置。

11.5.4.4　桥的设计要点

（1）桥的选型、体量应与园林环境、水体大小协调。大型水面空间开阔，为突出水景效果，常取多孔拱桥，以桥的体量与水体相称；小水面常以单跨平桥或折桥，使人能亲近水面；平静小水面或小溪流，常设贴近水面的小桥，使人接近水面，远观也不会割断空间。

（2）桥的栏杆是丰富桥体造型的重要因素，栏杆的高度既要符合安全要求，也要与桥体大小宽度相协调。

（3）桥与岸相接处，要处理得当以免生硬呆板。故常以灯具、雕塑、山石、花木丰富桥体与岸壁的衔接，桥头装饰有显示桥位、增加安全的作用，因此这些装饰物兼有引导交通的作用，绝不可阻碍交通。

（4）充分考虑桥上与桥下的交通要求。桥体尺度除了要考虑水体大小、道路宽度及造景效果外，还要在功能上满足通车、行船以及坡度要求。另外，为满足人流集散与停留观景等要求，常设置桥廊及桥头小广场。

11.5.4.5　桥的设计案例（图 11-55）

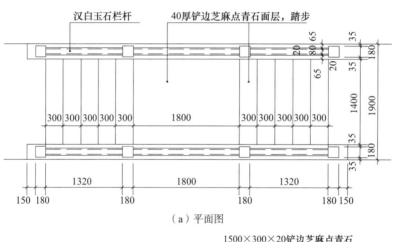

（a）平面图

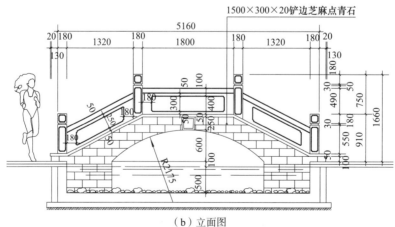

（b）立面图

图 11-55　拱桥设计案例

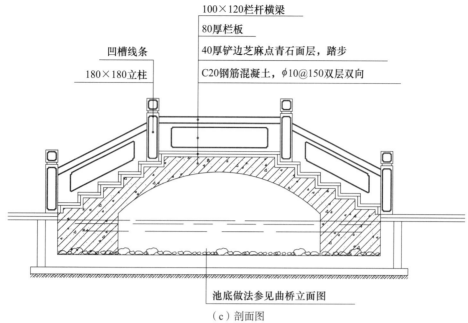

（c）剖面图

图 11-55　拱桥设计案例（续）

11.5.5　楼

11.5.5.1　楼的概念

楼，重屋也，概括地说就是屋上架屋，是指两层及以上的房屋。作为中国传统高层建筑的一种形式，与其他建筑形式不同，楼没有固定的功能，主要取决于周围环境以及在建筑群中的位置，如苏州拙政园见山楼、扬州个园抱山楼等。楼高大开敞，既可远眺，又可近观，在园林景观中往往作为一个画面的主题或整个的构图中心来设置，占据主要或特殊的地位。若在规模较小的园林中，常见于园的一侧或后部，丰富轮廓线，又能借景俯瞰全园景色。

11.5.5.2　楼的形式

楼大多是以单体建筑形式出现在园林中，或与廊连接，也有少数的楼与其他建筑组合在一起。设计时，为避免体量庞大、形式单一，在平面和立面上均注意到进退与高低错落，形成不对称而又和谐、统一的构图。

在结构形式上，楼一般做得较为精巧，面阔三间或五间，进深大。楼的底层和上层平面图大小相同的居多，显得平稳。当位于园林一侧时，多装长窗，外绕栏杆，或做挑梁阳台。楼之屋顶常为硬山式或歇山式，在苏州则多为歇山式。楼梯设置于室内，一般位于正间后，或借由假山而上，形式自然，兼具防火功能。若楼后的庭院规模较小，则后檐做成半窗半墙式，或以粉墙为主，墙上辟砖框景窗。若楼的位置处于前后空间相对开阔的位置，底层前后外檐多为长窗，上层也有做长窗，内部为栏杆，但更为常见的是半墙半窗式。有的楼上侧稍收进，上下层之间通常以水平砖制成挂落装饰。

上层四周缩进，底层形成回廊或三面廊，廊檐下设置坐槛鹅颈椅，上为挂落，使得楼轻盈、通透。楼的梁架形式与厅、堂相似，但楼的进深与厅、堂相比而言较小，因此梁架做草架的较少。在苏州，建筑大多是不做吊顶，因此室内空间显得高敞，所以楼的上层层高较低，不超过3m。

11.5.5.3　楼的设计案例（图 11-56）

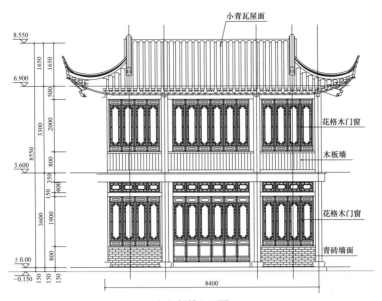

（a）阁楼立面图

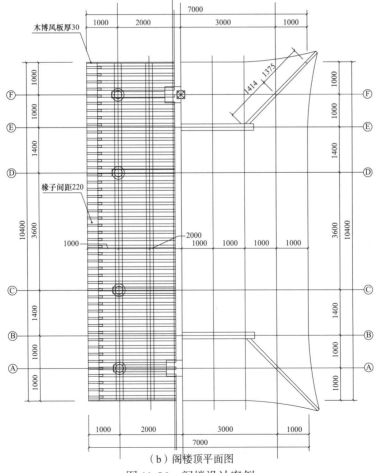

（b）阁楼顶平面图

图 11-56　阁楼设计案例

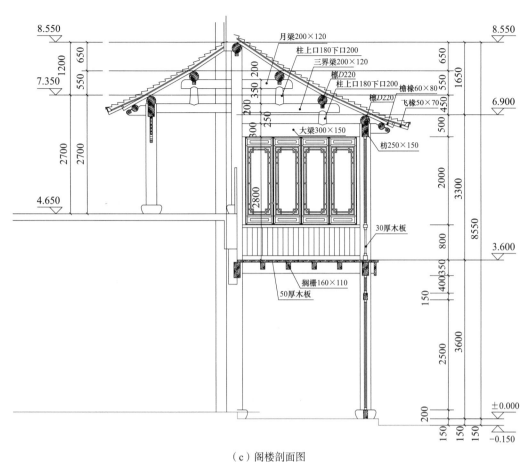

（c）阁楼剖面图

图 11-56 阁楼设计案例（续）

第12章 智慧园林应用

我国从工业发达国家引进项目管理的概念、理论、组织、方法和手段，历时30余年，在工程实践中取得了不少成绩。但是，至今多数业主方和施工方的信息管理水平还相当落后，主要表现在尚未正确理解信息管理的内涵和意义，以及现行的信息管理的组织、方法和手段基本还停留在传统的方式和模式上。应指出，当前我国在建设工程项目管理中最薄弱的工作领域是信息管理。

应用信息技术提高建筑业生产效率，以及应用信息技术提升建筑业行业管理和项目管理的水平和能力，是21世纪建筑业发展的重要课题。作为重要的物质生产部门，中国建筑业的信息化程度一直低于其他行业，也远低于发达国家的先进水平。同时在我国城市园林快速发展背景下，传统的管理模式已经不适用于现代城市园林的需求，此时需要现代化的管理方法来完善建筑及园林行业工作。因此，我国工程管理信息化任重而道远。

本章的重点是介绍与园林建设项目有关的智慧园林领域的基本知识及其应用。

12.1 园林绿化工程项目信息管理

12.1.1 工程管理信息化发展概况

《国家信息化发展战略纲要》（以下简称《纲要》）是为了以信息化驱动现代化，建设网络强国而制定的法规，2016年7月，由中共中央办公厅、国务院办公厅印发，自2016年7月起实施。《纲要》是根据新形势对《2006—2020年国家信息化发展战略》的调整和发展，是规范和指导未来10年国家信息化发展的纲领性文件，是国家战略体系的重要组成部分，是信息化领域规划、政策制定的重要依据。

《纲要》指出，当今世界，信息技术创新日新月异，以数字化、网络化、智能化为特征的信息化浪潮蓬勃兴起。全球信息化进入全面渗透、跨界融合、加速创新、引领发展的新阶段。谁在信息化上占据制高点，谁就能够掌握先机、赢得优势、赢得安全、赢得未来。

为贯彻落实《中共中央 国务院关于进一步加强城市规划建设管理工作的若干意见》及《国家信息化发展战略纲要》，进一步提升建筑业信息化水平，住房和城乡建设部组织编制了《2016—2020年建筑业信息化发展纲要》。该纲要指出：建筑业信息化是建筑业发展战略的重要组成部分，也是建筑业转变发展方式、提质增效、节能减排的必然要求，对建筑业绿色发展、提高人民生活品质具有重要意义。该纲要提出的指导思想为贯彻党的十八大以来、国务院推进信息化发展相关精神，落实创新、协调、绿色、开放、共享的发展理念及国家大数据战略、"互联网"行动等相关要求，实施《国家信息化发展战略纲要》，增强建筑业信息化发展能力，优化建筑业信息化发展环境，加快推动信息技术与建筑业发展深度融合，充分发挥信息化的引领和支撑作用，塑造建筑业新业态。

信息化是人类社会发展过程中一种特定现象，其表明人类对信息资源的依赖程度越来高。信息化是人类社会继农业革命、城镇化和工业化后迈入新的发展时期的重要标志。

信息化最初是从生产力发展的角度来描述社会形态演变的综合性概念，信息化和工业化一样，是人类社会生产力发展的新标志。

信息化的出现给人类带来新的资源、新的财富和新的社会生产力，形成了以创造型信息劳动者为主体，以电子计算机等新型工具体系为基本劳动手段，以再生性信息为主要劳动对象，以高技术型企业为骨干，以信息产业为主导产业的新一代信息生产力。在传统经济中，人们对资源的争夺主要表现为占有土地、矿产和石油等，而今天，信息资源日益成为争夺的重点，由此带来了国际社会新的竞争方式、竞争手段和竞争内容。在信息技术开发和应用领域尤其是网络技术方面存在的差距，导致信息获取和创新产生落差，于是就产生国与国、地区与地区、产业与产业、社会阶层与社会阶层之间的"数字鸿沟"。

我国不仅在生产力各个领域应用信息技术与工业发达国家相比存在较大的数字鸿沟，在国内各地区间也存在数字鸿沟，并有不断扩大的趋势，数字鸿沟造成的差别正在成为我国继城乡差别、工农差别、脑体差别"三大差别"之后的"第四大差别"。

在产业与产业之间，由于建筑业的特性，目前建筑业信息技术的开发和应用及信息资源的开发和利用效率较差，使其相对其他产业之间也存在较大的数字鸿沟。

12.1.2　工程管理信息化概念

信息化指的是信息资源的开发和利用，以及信息技术的开发和应用。工程管理信息化指的是工程管理信息资源的开发和利用，以及信息技术在工程管理中的开发和应用。工程管理信息化属于领域信息化的范畴，它和企业信息化也有联系。

我国实施国家信息化的总体思路是：

（1）以信息技术应用为导向。

（2）以信息资源开发和利用为中心。

（3）以制度创新和技术创新为动力。

（4）以信息化带动工业化。

（5）加快经济结构的战略性调整。

（6）全面推动领域信息化、区域信息化、企业信息化和社会信息化进程。

我国建筑业和基本建设领域应用信息技术与工业发达国家相比，尚存在较大的数字鸿沟，它不仅反映在信息技术在工程管理应用的观念上，也反映在有关的知识管理上，还反映在有关技术的应用方面。

工程管理的信息资源包括：组织类工程信息、管理类工程信息、经济类工程信息、技术类工程信息、法规类信息等。在建设一个新的工程项目时，应重视开发和充分利用国内和国外同类或类似工程项目的有关信息资源。

信息技术在工程管理中的开发和应用，包括在项目决策阶段的开发管理、实施阶段的项目管理和使用阶段的设施管理中开发和应用信息技术。

自20世纪70年代开始，信息技术经历了一个迅速发展的过程，信息技术在建设工程管理中的应用也有一个相应的发展过程：

（1）20世纪70年代，单项程序的应用，如工程网络计划的时间参数的计算程序，施工图预算程序等。

（2）20世纪80年代，程序系统的应用，如项目管理信息系统、设施管理信息系统

（Facility Management Information System，FMIS）等。

（3）20 世纪 90 年代，程序系统的集成，它是随着工程管理的集成而发展的。

（4）20 世纪 90 年代末期至今，基于网络平台的工程管理。

（5）住房和城乡建设部组织编制的《2016—2020 年建筑业信息化发展纲要》提出发展目标："十三五"时期，全面提高建筑业信息化水平，着力增强 BIM、大数据、智能化、移动通信、云计算、物联网等信息技术集成应用能力，建筑业数字化、网络化、智能化取得突破性进展，初步建成一体化行业监管和服务平台，数据资源利用水平和信息服务能力明显提升，形成一批具有较强信息技术创新能力和信息化应用达到国际先进水平的建筑企业及具有关键自主知识产权的建筑业信息技术企业。

12.1.3　工程管理信息化的意义

工程管理信息化有利于提高建设工程项目的经济效益和社会效益，以达到为项目建设增值的目的。

（1）工程管理信息资源的开发和信息资源的充分利用，可吸取类似项目的正反两方面的经验和教训，许多有价值的组织信息、管理信息、经济信息、技术信息和法规信息将有助于项目决策期多种可能方案的选择，有利于项目实施期的项目目标控制，也有利于项目建成后的运行。

（2）通过信息技术在工程管理中的开发和应用能实现：

1）信息存储数字化和存储相对集中；

2）信息处理和变换的程序化；

3）信息传输的数字化和电子化；

4）信息获取便捷；

5）信息透明度提高；

6）信息流扁平化。

信息技术在工程管理中的开发和应用的意义在于：

1）"信息存储数字化和存储相对集中"有利于项目信息的检索和查询，有利于数据和文件版本的统一，并有利于项目的文档管理；

2）"信息处理和变换的程序化"有利于提高数据处理的准确性，并可提高数据处理的效率；

3）"信息传输的数字化和电子化"可提高数据传输的抗干扰能力，使数据传输不受距离限制并可提高数据传输的保真度和保密性；

4）"信息获取便捷""信息透明度提高"以及"信息流扁平化"有利于项目各参与方之间的信息交流和协同工作。

12.1.4　项目信息管理的目的

1. 信息

信息指的是用口头的方式、书面的方式或电子的方式传输（传达、传递）的知识、新闻，或可靠的或不可靠的情报。声音、文字、数字和图像等都是信息表达的形式。建设工程项目的实施需要人力资源和物质资源，应认识到信息也是项目实施的重要资源之一。

2. 信息管理

信息管理指的是信息传输的合理组织和控制。

3．项目的信息管理

项目信息管理是通过对各个系统、各项工作和各种数据的管理，使项目的信息能方便和有效地获取、存储、存档、处理和交流。项目信息管理的目的旨在通过有效的项目信息传输的组织和控制，为项目建设的增值服务。

4．建设工程项目的信息

建设工程项目的信息包括在项目决策过程、实施过程（设计准备、设计、施工和物资采购过程等）和运行过程中产生的信息，以及其他与项目建设有关的信息，它包括：项目的组织类信息、管理类信息、经济类信息、技术类信息和法规类信息。

12.1.5　项目信息管理的任务

1．信息管理手册

业主方和项目参与各方都有各自的信息管理任务，为充分利用和发挥信息资源的价值，提高信息管理的效率以及实现有序的和科学的信息管理，各方都应编制各自的信息管理手册，以规范信息管理工作。信息管理手册描述和定义信息管理做什么、谁做、什么时候做和其工作成果是什么等，它的主要内容包括：

（1）信息管理的任务（信息管理任务目录）；

（2）信息管理的任务分工表和管理职能分工表；

（3）信息的分类；

（4）信息的编码体系和编码；

（5）信息输入输出模型；

（6）各项信息管理工作的工作流程图；

（7）信息流程图；

（8）信息处理的工作平台及其使用规定；

（9）各种报表和报告的格式，以及报告周期；

（10）项目进展的月度报告、季度报告、年度报告和工程总报告的内容及其编制；

（11）工程档案管理制度；

（12）信息管理的保密制度等。

2．信息管理部门的工作任务

项目管理班子中各个工作部门的管理工作都与信息处理有关，而信息管理部门的主要工作任务是：

（1）负责编制信息管理手册，在项目实施过程中进行信息管理手册的必要修改和补充，并检查和督促其执行；

（2）负责协调和组织项目管理班子中各个工作部门的信息处理工作；

（3）负责信息处理工作平台的建立和运行维护；

（4）与其他工作部门协同组织收集信息、处理信息和形成各种反映项目进展和项目目标控制的报表和报告；

（5）负责工程档案管理等。

3．信息工作流程

信息管理任务的工作流程包括：

（1）信息管理手册编制和修订的工作流程；

（2）为形成各类报表和报告，收集信息、录入信息、审核信息、加工信息、信息传输和输出的工作流程；

（3）工程档案管理的工作流程等。

4. 应重视基于互联网的信息处理平台

由于建设工程项目大量数据处理的需要，在当今的时代应重视利用信息技术的手段进行信息管理。其核心的手段是基于互联网的信息处理平台。

12.1.6　项目信息的分类

建设工程项目有各种信息，如图 12-1 所示。

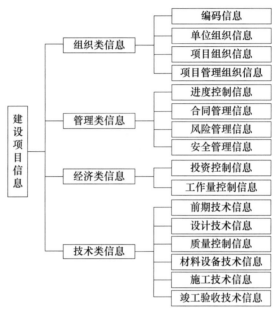

图 12-1　建设项目信息分类

业主方和项目参与各方可根据各自项目管理的需求确定其信息的分类，但为了信息交流的方便和实现部分信息共享，应尽可能作一些统一分类的规定，如项目的分解结构应统一。

可以从不同的角度对建设工程项目的信息进行如下分类：

（1）按项目管理工作的对象，即按项目的分解结构，如子项目 1、子项目 2 等进行信息分类；

（2）按项目实施的工作过程，如设计准备、设计、招标投标和施工过程等进行信息分类；

（3）按项目管理工作的任务，如投资控制、进度控制、质量控制等进行信息分类；

（4）按信息的内容属性，如组织类信息、管理类信息、经济类信息、技术类信息和法规类信息进行信息分类。

为满足项目管理工作的要求，往往需要对建设工程项目信息进行综合分类，即按多维进行分类，如下：

（1）第一维：按项目的分解结构；

（2）第二维：按项目实施的工作过程；

（3）第三维：按项目管理工作的任务。

12. 2　智慧园林概述

12. 2. 1　智慧园林发展概况及最新趋势

住房和城乡建设部、科技部、工业和信息化部、国家发展改革委等部委陆续出台相关文件指导智慧城市建设。"十二五"以来，借助移动技术、物联网、云计算为代表的新一代信息技术的兴起和推广应用，我国正掀起一股智慧城市建设的热潮。国家"十三五"规划纲要明确提出"建设一批新型示范性智慧城市"。截至 2016 年 11 月，我国超过 500 座城市明确提出构建智慧城市的相关方案，新型智慧城市建设在未来五年将成为推动我国经济改革、产业升级、提升城市综合竞争力的驱动力。智慧城市建设在城市综合治理、民生服务、政务服务、智慧产业、公共服务等方面得到广泛应用，出现了大批典型案例，如南京的智慧门户、贵阳的大数据基地、银川的政务云平台、福州 VR 产业基地、无锡的云计算创新等。而园林绿化管理的智慧化是国家智慧城市试点指标体系中的重要指标之一。

信息化技术在江苏工程建设领域中的应用越来越广泛深入，近年来，江苏省一直大力推动信息化和建筑业的融合，每个施工项目都将进行信息化。2020 年 6 月 18 日，江苏省第二届"信息技术推动建筑产业高质量发展论坛"在南京召开，论坛围绕"智慧建企、智慧工地、智慧建造"三个主题。智慧建造就是要把建设中的设备、材料、人员等管理对象借助物联网和 BIM 技术，实现互联互通与远程共享，通过信息化测绘、数字化施工、智能化监测等手段完成全生命周期的信息化管理。

党的十九大提出大力推进生态文明建设，全面贯彻绿色发展的理念，园林景观作为唯一具有生命力的基础设施建设，是绿色发展的重要载体。

12. 2. 2　智慧园林发展问题

近几年园林景观建设飞速发展，但原有建设模式存在较多问题。主要包括三点：一是统计、查询和管理资料不便捷，难以精确统计公园绿地、附属绿地、古树名木、风景林地等绿量信息；二是更新、传输和共享数据不及时，信息管理封闭，信息难以实现共享；三是规划、评估和监督项目不科学，大多靠人工、经验监管。面对人们日益增长的对美好生活的需要，园林景观发展还存在不平衡不充分的问题。结合关于推动互联网、大数据、人工智能与实体经济深度融合的论述，未来风景园林将呈现三个融合的创新态势：① 风景园林与信息化的融合，是园林景观科学化发展的起点；② 风景园林基于信息化与非风景园林的融合，是行业发展的横向扩展，如园林景观与医疗保健、智慧餐饮等融合发展；③ 风景园林基于互联网、大数据、人工智能与人们美好生活需求的融合，把园林景观建成科学的艺术。

12. 2. 3　智慧园林的概念

智慧园林就是智慧园林大数据库和智慧化操控，是"互联网＋"发展新形势下，我国园林部门在"互联网＋"思维指导下，把互联网和物联网、大数据云计算、移动互联网、信息智能终端等新科技技术，充分融入到现代生态园林建设中，把人和大自然用"智慧"的方式，让人获得立体、实时、真实的动态感知，进而还可以使人和自然产生互动、互知、互感等良好效应。使人们能够共同建设和共享智能园林的环境。实现人与自然的对话，充分享受园林绿化福祉，使人们的生活环境更加和谐、宜居。

其主要应用体现在两方面：一方面表现在如通过利用物联网，设立各种传感点，感知园林的土壤水分情况、环境温度与湿度、二氧化碳程度等，通过数据分析，实现园林管理的智能灌溉、智能预警与分析、专家线上指导等，实现园林管理的信息化、现代化、标准化、可视化、智能化、精细化；另一方面表现在如园林信息发布推送，园林网上虚拟游，园林绿化线上保护举报等市民服务。

12.2.4　智慧园林的内容

智慧园林系统构架可依据物联网结构分为三个层次，即感知层、网络层以及应用层（图 12-2）。

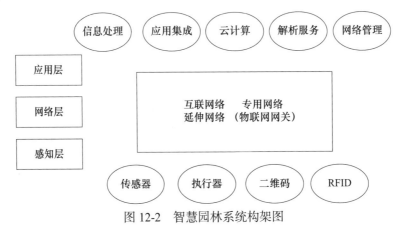

图 12-2　智慧园林系统构架图

感知层需借助于需要监测的每个终端佩戴的传感器，这样每一株植物都有一张自己的身份 ID，可感知监测对象的数据参数，从而提供大数据的数据支撑，在"智慧园林"方面可以感知风力、温度、土壤、水质、虫害情况，从而传回信息，管理者可以通过实时信息实现智能管理与控制。

传感器主要是用来实时采集城市园林各方面的环境参数，如通过风力、温度、湿度、光照度、土壤含水量、土壤酸碱度以及水质等探测器传感进行数据返回，并且依据参数对喷灌等设备进行智能控制；另外，高清晰度摄像头可以对待定区域植被生长情况进行监控，甚至可以观察病虫害情况。对于传感器一般是安置于比较空旷的没有遮挡物的区域，数据也较为准确。

网络层是一个中间介质的传输层，通过有线、无线传输方式，将数据传输到信息服务平台。

应用层的目的是为了实现系统的应用，用来实现园林信息管理、环境监测、能源以及用水量监测等。可以通过"智慧化""互联网＋"实现园林绿地的信息获取与监测，数据查询与运用。

基于地理信息系统的开放的智慧园林管理系统，可以对城市的园林绿地进行综合管理，设置分级权限，系统利用 GIS 技术与通信、遥感技术调用园林景区的地形图、遥感影像图、电子图像等基础地理数据，同时在基础地图上叠加园林绿化专题数据完成基于地图的查询，包括地名的定位、园林景点的查询、各树木的属性查询、多窗口地图对比等功能，在地图上显示园林绿化各工程项目的分布图，并以不同颜色图例表示不同工程项目的动态情况，同时可以集中展示或查询园林绿化管理的各项综合信息，如新闻动态，林木的实时监控情况，各项统计数据的汇总与群众的交互信息公开等。

12.3 智慧园林建设

12.3.1 智慧园林规划设计

1. 园林规划设计智慧化必要性

现阶段，国家需要高度重视风景园林的建设以及管理，通过分析可以看出，风景园林和人们的优质生活有着紧密的联系，并且风景园林会直接影响到国民经济的发展。所以需要高度重视风景园林建设，尤其是在开展城市园林景观建设时，需要把园林建设的艺术审美和建筑工程的规划工作进行联系。由于这个问题比较特殊，并且我国不同地区的社会经济发展水平不平衡，所以对于城市园林建设的要求也在持续增加，这样就需要按照有关的发展前景以及区域的综合因素，开展长期的战略布局以及统筹安排。在运行时，还可以提升设计建设效果，因而需要提高对于风景园林设计建设技术的要求。

设计先行，只有设计方式和设计成果数字化智能化，后期建设和管理才可能数字化智能化。如今设计智能化的趋势在建筑界已经得到推广，BIM 技术的采用将使建筑在设计建造和使用的全生命周期都介于数字化智能化之中（图 12-3）。当下，智慧风景园林设计也开始了探索，设计师采用 GIS、BIM 以及 LIM，将数字化扩展到风景园林领域，发展出基于全生命周期的植物配置设计、基于植物特征以及土壤成分和降水条件的植物配置设计，建立动态可调整的植物和水体数字模型，并为气象和管理数据的介入预留接口。

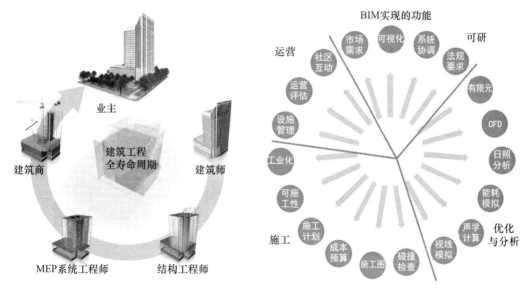

图 12-3 BIM 全周期集成运用示意图

2. BIM 技术含义

建筑信息模型是建筑学、工程学及土木工程的新工具。建筑信息模型（Building Information Modeling，BIM）一词由 Autodesk 所创。

BIM 是近年来一项引领建筑数字技术走向更高层次的新技术，它的全面应用将大大提高建筑业的生产效率。在规划、勘察、设计、施工和运营维护全过程的集成应用，实现工程建设项目全生命周期数据共享和信息化管理，为项目方案优化和科学决策提供依据，促进建筑业提质增效、降低成本，给运营管理提供更加可靠的保障。设计人员能够分享这个数据模型，使用这个模型可以有效完成信息交流工作以及信息共享工作。

3. BIM 技术在风景园林设计中的应用

通过总结可以看出，BIM 技术对于风景园林设计工作较为重要，原因有 2 点：（1）把普通的二维设计表现形式转换成更加全面的三维设计界面；（2）通过使用计算机网络技术，可以更好地开展远程工作，这样会使得设计师的工作更加方便，可以更好地进行创作以及修改。

BIM 技术所提供的技术板块的支持包括：

（1）分析现状。在风景园林设计初期，需要正确地规划设计，这里面包括较多的信息，在处理信息时会面临比较多的工作，BIM 技术中地理信息处理使用软件研究出了三维地形模拟的功能，在分析景观时会方便很多。

（2）概念设计和整体规划设计。概念设计是把已知的调查结果和地形骨架进行联系，然后完善整体的园林设计工作，通过使用 BIM 技术，可以充分显示出设计稿件，并且能够及时找出所存在的问题，并提出应对措施来解决问题。能够完成可视化现实，并提升创作灵感，完成修改及创作。至于整体规划的内容，需要借助 BIM 技术来生成建筑，道路或休息场所等，最后从各个角度开展更加合理的规划设计。

（3）绘制施工图。通过分析可以看出，BIM 技术研究出了计算机绘制图纸功能，在绘图时会比较准确，并且方便进行修改，最主要的就是方便进行传递以及交流，可以有效完成对于设计图纸的创作。

（4）设置三维模型。借助 BIM 技术来建立三维模型，设计人员能够在方案规划设计时通过使用计算机，得到更加准确的三维表现效果，使有关的修改工作变得更加简单。

（5）表现效果。普通手工绘制的三维图效果不够显著，借助 BIM 技术的计算机模拟现实功能，能够解决手工绘制图纸所存在的问题，并且可以更加清楚地掌握效果图，而且 BIM 技术的效果表现还包括三维建模功能、渲染技术和动画仿真技术。

12.3.2　智慧园林施工

1. 智慧施工内涵

智慧施工是指运用信息化手段，通过三维设计平台对工程项目进行精确设计和施工模拟，围绕施工过程管理，建立互联协同、智能生产、科学管理的施工项目信息化生态圈，并将此数据在虚拟现实环境下与物联网采集到的工程信息进行数据挖掘分析，提供过程趋势预测及专家预案，实现工程施工可视化智能管理，以提高工程管理信息化水平，从而逐步实现绿色建造和生态建造（图 12-4）。

智慧施工立足于"互联网＋"，利用云计算、大数据、移动技术和物联网等技术手段，针对当前建筑行业管理的特点，结合各级建筑管理部门及建筑企业信息化管理工作的需求，利用大量建筑行业企业信息库、项目信息库、人员信息库、设备信息库等现有数据平台为基础构建的一套信息化行业解决方案，对加强施工现场的安全文明施工管理具有重要意义。

通过工地管理可视化系统为政府、企业、现场工程管理，提供先进技术手段。通过安装在施工作业现场的各类传感装置，构建智能监控和防范体系，能够有效弥补传统方法和技术在监管中的缺陷，实现对人、机、料、法、环的全方位实时监控，变被动"监督"为主动"监控"。同时，其也将为安全生产监督管理引入新理念，真正体现"安全第一、预防为主、综合治理"的安全生产方针。

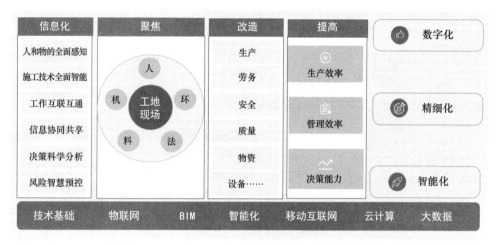

图 12-4　智慧施工系统图

2. 智慧施工实践应用

（1）劳务实名制，实现规范用工、安全用工、高效用工。实现持卡门禁、考勤、访客、就餐、消费、违规、签到、节水、工资发放等应用（图 12-5）。

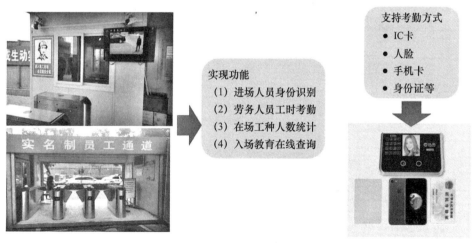

图 12-5　考勤打卡应用图

（2）实现人员管理—安全帽定位，了解工人现场分布、个人考勤数据（图 12-6）。简化劳务用工管理，建立工人出勤与工资支付台账，减少劳资纠纷。

（3）远程对分散的建筑工地进行统一管理，避免使用人力频繁地去现场监管、检查，减少工地人员管理成本，提高工作效率。

（4）通过视频监控系统及时了解工地现场施工实时情况，施工动态和进度，以及防范措施是否到位。对于重点项目企业领导也需要远程监管，管控人员设备安全，保障工程进度及质量。远程实时预览监控画面；支持 APP 端变焦及转向；支持图像截屏用于取证（图 12-7）。

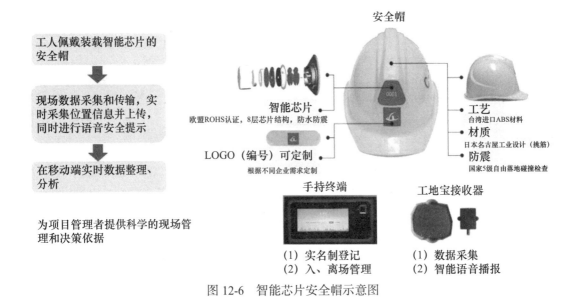

图 12-6　智能芯片安全帽示意图

图 12-7　视频监控移动端

（5）实时监控异常状况和突发事件，可以及时通过报警，电话短信消息等方式提醒管理人员及时处理（图 12-8）。

（6）监管建筑工地现场的建筑材料和建筑设备的财产安全，避免物品的丢失或失窃给企业造成损失（图 12-9）。安装车辆识别摄像头，系统对车辆进行抓拍统计，若出现问题便于问题追溯。车辆进出统计，便于评估施工强度。进出语音提示，体现工地人文关怀。

（7）手持机终端，实现进场材料的自动点数，采用先进的图像识别技术，支持人工修正计数结果。管理人员通过查看照片和验收记录，避免出现因误报、虚报导致材料成本虚高的现象（图 12-10）。

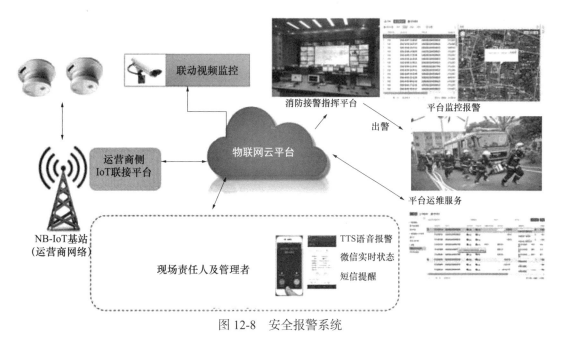

图 12-8　安全报警系统

图 12-9　车辆出入监控移动端

图 12-10　自动计数系统示意图

（8）实现采集气象数据，监测项目施工现场环境。APP 移动端获取最近 15 天的天气预报数据，便于更好的安排工作。设置 PM10、PM2.5 及噪声超标值并进行报警提醒（图 12-11）。

扬尘噪声监测实际场景展示　　　　扬尘噪声监测移动端数据服务

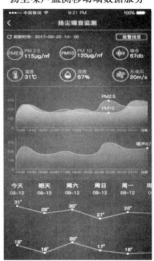

图 12-11　扬尘噪声监测移动端

（9）根据现场环境情况，通过降尘喷淋提高施工环境。可实现手动、定时以及与扬尘噪声设备联动三种喷淋方式。可对接墙面、塔吊、雾炮等多种喷淋设备（图 12-12）。

降尘喷淋设备架构及喷淋方式　　　　降尘喷淋控制移动端数据服务

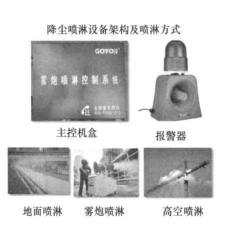

图 12-12　降尘喷淋控制移动端

（10）配置照明显示周期及开关操作统计用电量，减少用电浪费。设置固定的照明开启及关闭时间，临时用电设计远程开关操作，统计项目各区域每天每月用电量（图 12-13）。

（11）通过"资料共享"功能上传资料并生成二维码，现场张贴，便于劳务工人扫描，可随时了解进度要求、施工规范、保证施工质量，实现资料共享和技术交底（图 12-14）。

（12）重量传感器实时监控，避免可能发生的倾覆和坠落等事故。APP 移动端可显示在线状态及实时载重数据、载重声光报警、现场重量校准、载重数据传输（图 12-15）。

用电管理硬件设备　　用电管理移动端数据统计及开关控制

智能电表

485转换器

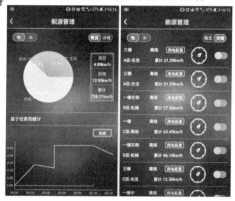

图 12-13　用电管理移动数据端

图 12-14　资料共享系统数据端

卸料平台系统构成及现场展示　　卸料平台移动端数据服务

主控＋重量传感器
＋操作面板

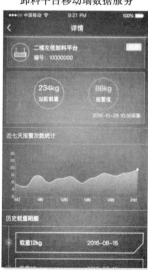

图 12-15　卸料平台移动数据端

（13）将施工实况展现于客户面前，向客户展现工地的建设规划和进度，达到一个宣传效果，也使得销售计划能够合理制定。

（14）实现施工工地现场的实时监控、数据回传、远程应急指挥等功能。

（15）通过传感器实时监控塔吊运行，保障作业安全及使用规范，实现对塔式起重机等设备的状态监测和监督管理等功能（图 12-16）。

塔机硬件系统构成

塔机移动端数据服务

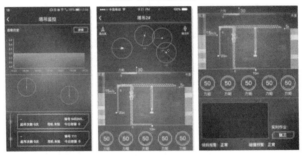

图 12-16　塔机移动数据端

3. 智慧施工安全防范系统建设的相关行业规范、标准

（1）《智能建筑设计标准》GB/T 50314—2015；

（2）《民用建筑电气设计标准》GB 51348—2019；

（3）《综合布线系统工程验收规范》GB/T 50312—2016；

（4）《视频安防监控系统工程设计规范》GB 50395—2007；

（5）《入侵报警系统工程设计标准》GB 50394—2007；

（6）《安全防范工程技术标准》GB 50348—2018；

（7）《出入口控制系统工程设计规范》GB 50396—2007；

（8）《安全防范工程程序与要求》GA/T 75—1994；

（9）《安全防范系统验收规则》GA308—2001；

（10）《安全防范系统通用图形符号》GA/T 74—2017；

（11）《民用闭路监视电视系统工程技术规范》GB 50198—2011；

（12）《某市建设工程塔式起重机安全监控管理系统技术规定》。

4. 智慧施工应用构架

基于政府职能部门出台的相关建筑工程质量安全监督管理业务标准体系和责任追溯和查证体系的要求，运用物联网综合应用技术建设《建设工程质量安全物联网管理应用平台》。将平台建设、实践应用、数据服务和行业监管有机结合起来（图 12-17）。

项目建设采用先进的物联网技术，主要由信息采集层、网络接入层、网络传输层、信息存储与处理层组成。综合管理平台对各子系统进行融合，进行报警联动等处理。各级管理部门可以及时准确地了解工地现场的状况，将有效提高项目管理和现场管理的效率。

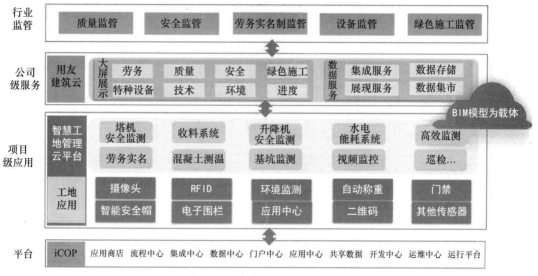

图 12-17 智慧施工应用框架图

5. 智慧施工工地监控系统组成

建设工地视频监控系统架构由三部分组成：前端施工现场、传输网络、监控中心。

（1）工地前端系统。

主要负责现场图像采集、录像存储、报警接收和发送、传感器数据采集和网络传输（图 12-18）。

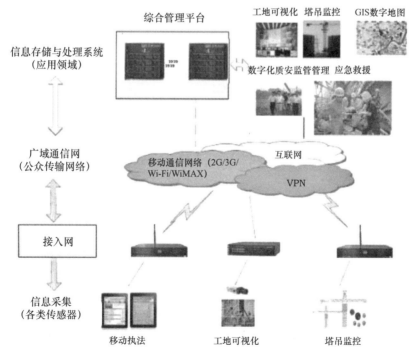

图 12-18 智慧施工管理系统拓扑图

前端监控设备主要包括分布安装在各个区域的球型鹰眼全景相机、高清红外星光网络摄像机、网络硬盘录像机（表 12-1），用于对建筑工地的全天候图像监控、数据采集和安全防范，满足对现场监控可视化、报警方式多样化和历史数据可查化的要求（图 12-19）。当出现突发事件时，工地现场管理人员可以通过紧急报警按钮向企业领导和上级单位报警，启动应急预案，满足应急指挥协同化的要求（图 12-20）。

视频监控系统设施基本配置表　　　　　　　　　　　表 12-1

序号	覆盖范围	选用设备类型	实现目的
1	工地出入口	高清枪式摄像机和人脸抓拍机	监控进出人员，能看清进出物品细节。人员通道设置人脸抓拍机
2	建筑材料堆放处	高清枪式摄像机	监控建筑材料所在区域，防止材料被盗
3	材料加工区	高清枪式摄像机	监控工作人员，能看清是否规范作业
4	塔吊上方	高清网络球机	监控吊塔作业层情况，监控整个工地情况
5	围墙周界及内部区域	高清网络球机	监控围墙周界及内部区域巡视
6	制高点（如塔吊上）	碗型鹰眼	360 度全面画面、多方向、多角度观察画面
7	制高点（如塔吊上）	热成像测温摄像机	对整个工地进行实时全天候监控及防火监控

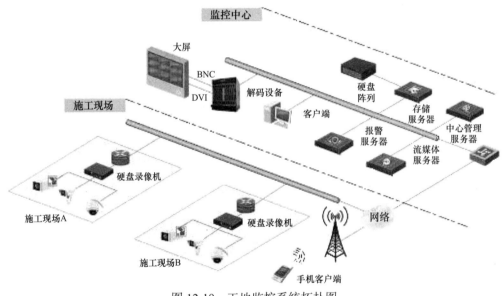

图 12-19　工地监控系统拓扑图

图 12-20　工地现场监控概念图

（2）传输网络。

工地和监控中心之间可采用专线和互联网两种方式，专线方式带宽有保证，网络稳定，通过软件预览的实时图像效果清晰，真正做到不仅看得见而且看得清，提升系统价值，但是租用专线价格比较昂贵；采用互联网方式，价格相对便宜，但是由于共享带宽，网络稳定性不如专线，高清摄像机的效果无法发挥到最大值。

工地现场的传输可以采用无线 AP 传输和有线传输两种方式，无线传输能适应工地现场复杂的环境，这样可以避免因为网线的损坏而不能传输的问题。而有线传输则信号传输比较稳定，但是容易受现场环境限制，比如塔吊的升级会对网线的长度有所要求，这样容易损坏网线。

（3）监控中心。

监控中心是系统的核心所在，是执行日常监控、系统管理、应急指挥的场所。内部署视频监控综合管理平台，包括数据库服务模块、管理服务模块、接入服务模块、报警服务模块、流媒体服务模块、存储管理服务模块、Web 服务模块等，它们共同形成数据运算处理中心，完成各种数据信息的交互，集管理、交换、处理、存储和转发于一体，是视频监控系统能稳定、可靠、安全运行的先决条件。支持随时抽查全部视频监控资源，接收报警信息，查阅各类统计数据，实现管理的高度集中化，做到管控一体集中处理。

平台支持分布式部署，当系统容量较大时，能够有效降低局部服务器性能和网络带宽压力，提升系统的稳定性。

6. 智慧施工环境监测系统

施工工地环境监测系统对建筑工地固定监测点的扬尘、噪声、气象参数等环境监测数据进行采集、存储、加工和统计分析，监测数据和视频图像通过有线或无线（3G/4G）方式进行传输到后端平台（图 12-21、图 12-22）。该系统能够帮助监督部门及时准确的掌握建筑工地的环境质量状况和工程施工过程对环境的影响程度。满足建筑施工行业环保统计的要求，为建筑施工行业的污染控制、污染治理、生态保护提供环境信息支持和管理决策依据（图 12-23）。

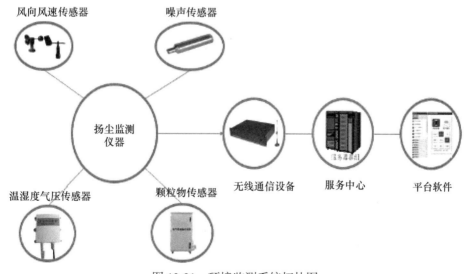

图 12-21 环境监测系统拓扑图

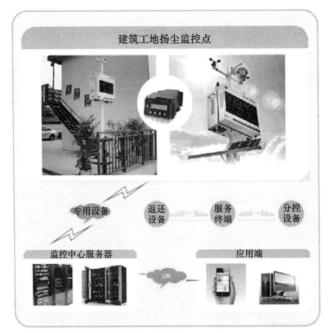

图 12-22 施工工地扬尘监控点系统设备组成图

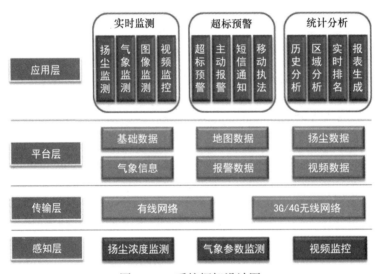

图 12-23 系统框架设计图

12.3.3 智慧园林管养

1. 园林绿化管养现状

随着时代的发展，城市建设日新月异，城市园林绿化也面临 3 个方面的转变，即从"重数量"向"量质并重"，从"单一功能"向"复合功能"，从"重建设"到"建管并重"转变（图 12-24）。因此，面对城市园林绿化管理越来越复杂的元素和工作内容，传统的管理方式早已无法满足城市园林绿化管理者的需要，利用新一代的信息技术，构建城市园林绿化智慧化管理体系，提高园林绿化精细化和科学化管理水平，是园林绿化行业发展大势所趋，也是城市园林绿化管理部门必然的选择。

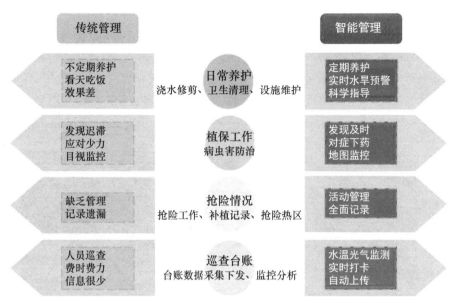

图 12-24　林绿化传统管理与智能管理对比图

2. 园林绿化综合监管平台

园林绿化综合监管平台主要针对城市绿地建设、绿地管养、绿地保护开展动态监督和管理。综合监管平台建立基于移动巡查、视频监控、物联网监测、遥感监测、绿地管养监控的多种园林绿化监督数据采集手段，全面及时掌握城市园林绿化事件的发生情况，通过对园林绿化事件的精细化分类，明确各类事件处置的责任主体，制定覆盖城市园林绿化各级部门的事件闭环处理流程，并通过监督管理考核评价，形成常态化的管理模式，全面提高城市园林绿化监督管理水平（图 12-25）。

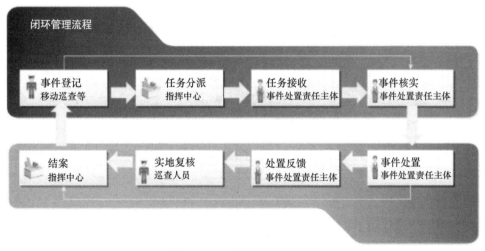

图 12-25　闭环管理流程图

（1）园林绿化移动巡查。

依托移动智能终端 APP 应用软件，采用无线数据传输技术，通过园林绿化网格划分体系、园林事件分类体系、全球卫星定位技术，完成园林事件的文本、图像、声音、位置信息的实时传递，实现园林绿化监督人员在巡查过程中实时上报园林事件信息。

（2）园林绿化养护监督管理。

基于电子地图划分园林养护图斑，集成 GPS/ 北斗定位和无线互联网技术，实时动态采集园林绿化管养人员、管养车辆的地理空间位置，基于电子地图进行直观展示（图 12-26）。及时掌握每个园林养护图斑的管养人员是否到位，是否按照园林养护要求进行作业。同时，养护人员需要通过智能终端，定时回传养护作业数据，实现园林养护精细化管理（图 12-27）。

图 12-26　园林管理 GIS 图

图 12-27　监测浇灌图

（3）园林绿地视频监控。

采集或调用公园、古树名木及后备资源、园林古建筑、大型广场、行道树等区域视频监控数据，实现城市园林绿化重点区域的实时监控（图 12-28）。

（4）园林绿地环境物联网监测。

运用物联网技术，在城市重要绿地安装各种传感设备，对园林绿地墒情、肥力、温度、盐分、病虫害、冰雪冻害等绿地环境指标进行智能监测，动态获取绿地现场环境指标数据，形成符合园区实际情况，具备覆盖全园的园林综合监测网络（图 12-29）。方便城市园林绿化管理部门实时掌握城市绿地管养现状情况，更好地指导绿地养护工作，并为管养考核与评价提供依据。

图 12-28 园林视频监控系统图

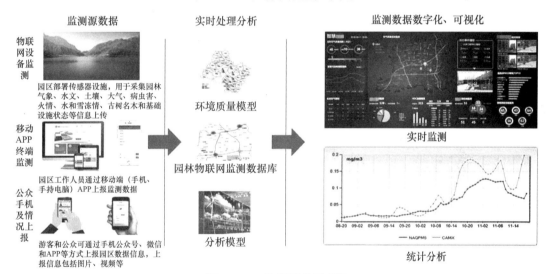

图 12-29 物联网监测系统

（5）城市古树名木管理与服务。

建设城市古树名木数据库，采集空间位置和属性信息，以电子地图方式实现对古树名木的定位和查询统计（图 12-30）。同时，为城市古树名木挂上名牌，市民可通过扫描二维码获取古树名木的名称、树龄、科目、历史沿革等信息，提高社会公众的古树名木保护意识，实现古树名木的监督管理与服务。

（6）城市绿地智能灌溉。

整合绿地环境物联网监测数据、城市气象数据、园林养护计划数据、园林物候数据等信息，安装城市绿地智能灌溉设备，建立自动控制模型，实现绿地智能灌溉，既可节约用水，又能节省人力物力，提高园林养护智能化水平。

苗木身份证

建立古树名木的具体位置、树种、权属、特点、树龄、古树等级、树高、胸围、冠幅、立地条件、生长势、生长环境、现存状态、古树历史、管护单位、管护人等。并与GIS可视化平台关联，在GIS平台上可实时查看古树名木身份信息

视频监控及视频结构化分析

对园区重点苗木进行高清视频监控和影像记录，通过视频影像智能分析苗木生产态势，基于苗木专家库、知识库智能分析苗木生产态势，给园林管理提供养护数据依据

病虫害专家会诊

应用超声波探测仪等先进仪器，监测古树名木生长势，通过大数据分析发出病虫害预警和提出复壮方案，指导园林管理单位及时开展复壮支撑等保护措施

古树名木互动平台

以古树名木为主题的交流互动平台，市民更加深入地了解和认识古树名木及其保护现状提供一个平台

图 12-30　名木监管图

智能浇灌系统由控制器、传感器、电磁阀、后台云服务监控系统以及供水系统等共同组成。传感端进行实时温湿度等气象信息监测并传送到控制器进入控制终端节点，终端节点会对来自传感器的信号进行处理后再进行转换。一般的园林或道路绿化自动浇灌采用的是设置定时浇灌参数方法。控制器根据实时的气象信息进行水量微调，定时控制电磁阀开关浇水。智能浇灌控制系统可以通过中央控制室集中进行监控调度，也可以通过手机 APP 遥控浇水，设定浇水的频率，监控用水量（图 12-31）。

图 12-31　城市垂直绿化智能灌溉图

以养护中最需要关注的浇水为例：某项目种植了一批香樟大苗作为行道树，因香樟对干旱的耐受性较低，可以在项目现场适当部署土壤湿度感应器在苗木根层。单个传感器及基站造价约 2000 元，可无线传输至服务器端，取具有代表性的节点布设，1km 的道路长度内布设 2～4 处即可（图 12-32）。

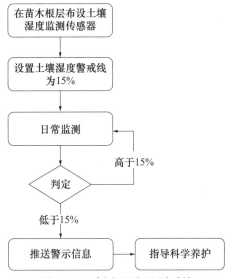

图 12-32　树木湿度监测系统

3. 智慧管养标准化建设的国家相关行业规范、标准

（1）《公园设计规范》GB 51192—2016；

（2）《城市道路绿化规划与设计规范》CJJ 75—1997；

（3）《园林绿化工程施工及验收规范》CJJ 82—2012；

（4）《垂直绿化工程技术规程》CJJ/T 236—2015；

（5）《城市古树名木养护和复壮工程技术规范》GB/T 51168—2016；

（6）《园林行业职业技能标准》CJJ/T 237—2016；

（7）《园林绿化养护标准》CJJ/T 287—2018；

（8）《边坡喷播绿化工程技术规程》CJJ/T 292—2018；

（9）《园林绿化工程盐碱地改良技术标准》CJJ/T 283—2018；

（10）《园林绿化木本苗》CJ/T 24—2018；

（11）《绿化种植土壤》CJ/T 340—2016。

参 考 文 献

[1] 刘玉华. 园林工程 [M]. 北京：高等教育出版社，2015.

[2] 陈科东. 园林工程技术 [M]. 北京：高等教育出版社，2012.

[3] 孟兆祯. 风景园林工程 [M]. 北京：中国林业出版社，2012.

[4] 赵兵. 园林工程 [M]. 南京：东南大学出版社，2011.

[5] 陈祺，陈佳. 园林工程建设现场施工技术（第二版）[M]. 北京：化学工业出版社，2011.

[6] 叶要妹，包满珠. 园林树木栽植养护学（第四版）[M]. 北京：中国林业出版社，2017.

[7] 陈远吉. 园林假山工程施工 [M]. 北京：机械工业出版社，2014.

[8] 建设设计资料集 [M]. 北京：中国建筑工业出版社，2017.

[9] 李雄飞. 快速建筑设计图集（上、中、下）[M]. 北京：中国建筑工业出版社，1994.

[10] 赵飞鹤. 园林建筑小品及构造 [M]. 上海：上海科技出版社，2015.

[11] 武佩牛. 园林建筑材料与构造 [M]. 北京：中国建筑工业出版社，2016.

[12] 刘国华. 园林植物造景（第二版）[M]. 北京：中国农业出版社，2019.

[13] 臧德奎. 园林植物造景（第二版）[M]. 北京：中国林业出版社，2017.

[14] 祝遵凌. 园林树木栽培学（第二版）[M]. 南京：东南大学出版社，2015.

[15] 石进朝. 园林植物栽培与养护 [M]. 北京：中国农业大学出版社，2012.

[16] 祝遵凌，王瑞辉. 园林植物栽培养护 [M]. 北京：中国林业出版社，2007.

[17] 居婷. 园林建筑设计 [M]. 北京：中国林业出版社，2018.

[18] 中华人民共和国住房和城乡建设部. GB 50858—2013 园林绿化工程工程量计算规范. 北京：中国计划出版社，2013.

[19] 中华人民共和国住房和城乡建设部. GB/T 50563—2010 城市园林绿化评价标准. 北京：中国计划出版社，2010.

[20] 中华人民共和国建设部. GB 50014—2006 室外排水设计规范（2016 年版）. 北京：中国计划出版社，2012.

[21] 中华人民共和国住房和城乡建设部. GB 50003—2011 砌体结构设计规范. 北京：中国计划出版社，2012.

[22] 中华人民共和国住房和城乡建设部. GB 51192—2016 公园设计规范. 北京：中国建筑工业出版社，2017.

[23] 中华人民共和国住房和城乡建设部. GB 50420—2007 城市绿地设计规范. 北京：中国计划出版社，2007.

[24] 中华人民共和国住房和城乡建设部. CJJ/T 67—2015 风景园林制图标准. 北京：中国建筑工业出版社，2015.

[25] 中华人民共和国住房和城乡建设部. CJJ 82—2012 园林绿化工程施工及验收规范. 北京：中国建筑工业出版社，2013.

[26] 中国工程建设标准化协会. CECS 243—2008 园林绿地灌溉工程技术规程. 北京：中国计划出版社，2008.